Formenschutz von Maschinen und Anlagen

Schriften zur Praxis des Gewerblichen Rechtsschutzes
Herausgegeben von Gerhard Ring

Band 8

PETER LANG
Frankfurt am Main · Berlin · Bern · Bruxelles · New York · Oxford · Wien

Heiko J. Beplat

Formenschutz von Maschinen und Anlagen

Schutz des äußeren Erscheinungsbildes von Investitionsgütern im Spannungsverhältnis zwischen Geschmacksmuster-, Marken-, Wettbewerbs- und Urheberrecht

PETER LANG
Internationaler Verlag der Wissenschaften

Bibliografische Information der Deutschen Nationalbibliothek
Die Deutsche Nationalbibliothek verzeichnet diese Publikation in der Deutschen Nationalbibliografie; detaillierte bibliografische Daten sind im Internet über <http://www.d-nb.de> abrufbar.

Zugl.: Dresden, Techn. Univ., Diss., 2008

88
ISSN 1615-004X
ISBN 978-3-631-58034-9

www.peterlang.de

Meinen Eltern

Renate und Hans-Georg Beplat

Vorwort

Diese Dissertation wurde an der Technischen Universität Bergakademie Freiberg, Lehrstuhl für Bürgerliches Recht, Deutsches und Europäisches Wirtschaftsrecht, von Professor Dr. Gerhard Ring betreut und von der juristischen Fakultät der TU Dresden im Mai 2007 angenommen.

Besonderen Dank schulde ich an erster Stelle meinem Doktorvater Herrn Professor Dr. Gerhard Ring, TU Freiberg, der sich sofort bereit erklärt hat, diese Arbeit, die berufsbegleitend gefertigt wurde, zu begleiten. Weiter danke ich Herrn Professor Dr. Horst-Peter Götting für die Erstellung des Zweitgutachtens sowie Herrn Dr. Thomas Klingelhöfer für die zügige Fertigung des Drittgutachtens.

Für die thematische Anregung und die in mir entfachte Begeisterung zur Erstellung der vorliegenden Arbeit danke ich, Stellvertretend für den Verband Deutscher Maschinen- und Anlagenbau (VDMA), Herrn Christian Steinberger, Leiter der VDMA Rechtsabteilung.

Die Fertigung einer solchen Arbeit ist ohne private Unterstützung nicht denkbar und so danke ich weiter meiner Claudia für das aufgebrachte Verständnis und das mir entgegengebrachte Vertrauen. Meiner kleinen Tochter Emmy-Charlotte danke ich für die Motivation.

Hamburg im Juli 2008 Heiko J. Beplat

Inhaltsverzeichnis

Wegen der verwendeten **Abkürzungen** wird verwiesen auf:

Kirchner, Hildebert/Butz, Cornelie: Abkürzungsverzeichnis der Rechtssprache, 5. Auflage, Berlin/New York 2003

Einleitung und Gang der Arbeit

Dem Ausspruch „Hässlichkeit verkauft sich schlecht“[1] wird man ohne weiteres zustimmen, wenn es um den Absatz von Luxus- oder Konsumgütern geht. Nahezu jedes für den Endabnehmer erhältliche Produkt ist heutzutage ästhetisch gestaltet. Wendet man sich jedoch der Investitionsgüterindustrie zu, so scheinen hier andere Regeln zu gelten. Das liegt in den Besonderheiten von Maschinen und Anlagen begründet, bei denen eine ästhetische Formgebung meist der Funktion untergeordnet ist. Nur allzu häufig wird im Maschinen- und Anlagenbau auf eine ansprechende Formgebung vollends verzichtet, was unkritisch mit den designbedingten Mehrkosten begründet wird[2]. Dabei wird allerdings übersehen, dass Investitionsgüterdesign durchaus eine wirtschaftliche Berechtigung hat, dem die Unternehmen künftig mehr Aufmerksamkeit entgegenbringen sollten. Dies haben einige Branchenführer bereits erkannt mit der Folge, dass bei ihnen das Maschinendesign einen festen Bestandteil der Produktentwicklung und Marketingstrategie bildet.

In der Investitionsgüterindustrie, namentlich im Maschinen- und Anlagenbau, ist die Innovationskraft der Unternehmen heute mehr denn je zentrale Voraussetzung für den wirtschaftlichen Erfolg. Innovationen sind unverzichtbar, wenn es darum geht, schnell neue Marktnischen zu besetzen oder dem Wettbewerb einen Schritt voraus zu sein. Die Investitionsgüterindustrie ist eine hoch technologische Branche. Zentrales Schutzrecht ist daher auch das Patent.

Neben technischen Innovationen zeichnen sich die führenden Maschinenbauunternehmen aber auch durch Designinnovationen aus[3], die allerdings zunehmend nachgeahmt werden, was jüngst und erneut durch eine Untersuchung des Verbands Deutscher Maschinen- und Anlagenbau e.V. belegt wird. Demnach sind rund zwei Drittel der Investitionsgüterhersteller von Plagiaten betroffen, wobei in 60% der Fälle komplette Maschinen unter Übernahme des äußeren Erscheinungsbildes nachgebaut werden[4]. Auf den Schutz des äußeren Erscheinungsbildes ver-

1 So der gleichnamige Titel der Autobiografie des Industriedesign-Pioniers *Raymond Loewy* (Häßlichkeit verkauft sich schlecht) von 1992.

2 Nach einer Studie der Bayern Design GmbH im Auftrag des Bayerischen Staatsministeriums für Wirtschaft „Der Rang des Designs in Bayern 2004 – Strukturanalyse und Handlungsempfehlungen“ messen 20% der Investitionsgüterhersteller dem Design keine Bedeutung zu. Nur jedes fünfte Unternehmen der Branche bewertet Design als „sehr wichtig“, S. 29 der Studie *Bayern Design*.

3 „Design als zentraler Wertschöpfungsfaktor“, in: Frankfurter Allgemeine Zeitung vom 12.9.2005, S. 24.

4 „Piratenjäger auf der Messe“, in: Frankfurter Allgemeine Zeitung vom 17.4.2007, S. 17.

zichtet die Industrie nur allzu oft und lässt außer Acht, dass erst durch ein zielgerichtetes Management aller gewerblichen Schutzrechte die Wettbewerbsfähigkeit des Unternehmens nachhaltig gesichert werden kann. In diesem Zusammenhang sollte dem über lange Zeit vernachlässigten Schutz des äußeren Erscheinungsbildes von Maschinen und Anlagen künftig eine gesteigerte Aufmerksamkeit entgegengebracht werden. Durch Gesetzesnovellierungen auf europäischer und nationaler Ebene hat der Formenschutz eine erhebliche Aufwertung erfahren, von der – und dies ist Gegenstand nachfolgender Untersuchungen – auch die Investitionsgüterbranche profitieren könnte.

Soweit ersichtlich wurde den rechtlichen Maßnahmen zum Schutz des äußeren Erscheinungsbildes von Investitionsgütern in der Literatur bislang kaum Beachtung geschenkt. Die aktuellen Arbeiten, die sich mit dem Thema des Formenschutzes befassen, argumentieren meist aus dem Blickwinkel der Konsumgüterindustrie. Eine Differenzierung zwischen Konsum- und Investitionsgütern erfolgt hingegen kaum, obwohl diese durchaus geboten sein kann. Im Gegensatz zu Konsumgütern handelt es sich bei Maschinen und Anlagen ausschließlich um komplexe Erzeugnisse, die aus einer Vielzahl einzelner Bauelemente zusammengesetzt werden, wobei die Möglichkeiten einer freien Formgebung durch den technischen Zweck und/ oder durch gesetzliche Bestimmungen stark eingeschränkt werden. Die Mittel, sich vom bestehenden Formenschatz deutlich abzuheben, sind folglich begrenzt. Aufgrund der technischen Zweckbestimmung werden beim Formenschutz Ausschlussgründe relevant, deren Erörterung sich bei Konsumgütern nicht oder nicht in der gleichen Schärfe stellt. Beispielsweise verlangt das neue Geschmacksmusterrecht für den Formenschutz komplexer Erzeugnisse die Sichtbarkeit der einzelnen Bauelemente. Daneben sind Merkmale, die ausschließlich technisch bedingt oder zur Erreichung einer technischen Wirkung erforderlich sind, vom Schutz ausgenommen.

Ziel der Arbeit ist es, rechtliche Möglichkeiten und Grenzen des Formenschutzes von Investitionsgütern aufzuzeigen. Dabei werden unter dem Begriff des Investitionsgutes solche Waren verstanden, die nicht von Privatpersonen, sondern ausschließlich von Unternehmen und sonstigen Organisationen beschafft werden, um mit dem Einsatz dieser Güter weitere Produkte zu erstellen[5]. Was ein Investitionsgut ist, lässt sich also nicht anhand technischer Merkmale, sondern anhand der Zielgruppe bestimmen[6]. Für den Gang der nachfolgenden Arbeit ist der Begriff des „Investitionsgutes" als Oberbegriff für Maschinen und Anlagen zu verstehen, ohne dass damit eine sachliche Differenzierung erfolgen soll. Zwar können auch

5 Backhaus/Voeth-*Voeth*, S. 5; Investitionsgüter sind beispielsweise Druckmaschinen, Werkzeugmaschinen, Nahrungs- und Verpackungsmaschinen, Landmaschinen, Industrieroboter oder Schweißanlagen. Für einen exemplarischen Überblick über die Branche s. Deutsche Standards – Weltmarkenführer, hrsg. von *Langenscheidt* von 2005.

6 *Backhaus*, S. 8.

chemische Produkte, Gase und andere Stoffe zu den Investitionsgütern gezählt werden, doch spielen diese für nachfolgende Betrachtung keine Rolle, denn die Frage der Formgebung stellt sich hier allenfalls bei der Verpackung, der Lagerung und dem Transport.

Als Ausgangspunkt wird in Kapitel 1 zunächst ein Überblick über den Nutzen und die möglichen Anwendungsfelder des Investitionsgüterdesigns gegeben, denn eine bewusste und ansprechende Formgebung von Maschinen und Anlagen ist bislang nicht selbstverständlich[7]. Weiter werden die einer freien Formgebung entgegenstehenden Rahmenbedingungen dargestellt, wobei sich in der Investitionsgüterindustrie Besonderheiten aus der technischen Zweckbestimmung und dem Arbeitsschutz ergeben. Es wird gezeigt, dass eine bewusste Formgestaltung trotz der funktionsbedingten Determination der Ware durchaus eine Berechtigung haben kann.

In Kapitel 2 werden die rechtlichen Instrumentarien, die für einen Formenschutz zur Verfügung stehen, erörtert und auf ihre Tauglichkeit für Investitionsgüter hin überprüft. Unter Berücksichtigung der jüngeren Rechtsprechung erfolgt eine kritische Würdigung der gesetzlichen Vorschriften. Dabei handelt es sich namentlich um das neue Gemeinschaftsgeschmacksmustergesetz, das grundlegend novellierte nationale Geschmacksmustergesetz, das Markenrecht und das Gesetz gegen den unlauteren Wettbewerb (UWG), welches seit seiner Novellierung im Juli 2004 den ergänzenden wettbewerbsrechtlichen Leistungsschutz in Deutschland erstmalig ausdrücklich normiert. Der Vollständigkeit halber wird auf das Urheberrecht eingegangen, welches allerdings für den Formenschutz von Investitionsgütern derzeit nur eine theoretische Möglichkeit darstellt. Für die Betrachtung ausgeklammert bleiben das Patent- und Gebrauchsmusterrecht, die allenfalls einen mittelbaren Formenschutz gewähren können.

Im dritten Kapitel der Arbeit wird das Verhältnis der einzelnen Schutzrechte zueinander untersucht. Das Geschmacksmusterrecht steht, so zumindest eine bislang weit verbreitete Auffassung, unterhalb des Urheberrechts und neben dem Markenrecht. Berücksichtigt man hingegen die neuere Rechtsprechung zum markenrechtlichen Formenschutz und die durch das Gemeinschaftsgeschmacksmusterrecht eröffnete Möglichkeit, Schutz für nicht eingetragene Muster zu erlangen, so drohen auf den ersten Blick die Grenzen zwischen dem Geschmacksmusterrecht, dem Urheberrecht und dem Markenrecht zu verwischen. Dies führt zwangsläufig zu Abgrenzungsproblemen, die eine dogmatische Neubestimmung der Rechte erfordert. Es wird sich zeigen, ob weiterhin von einem Stufenverhältnis zwischen Geschmacksmusterrecht und Urheberrecht ausgegangen werden kann, in welchem

---

7 Wenn nachfolgend von einer „bewussten Formgebung" gesprochen wird, so soll dies verdeutlichen, dass selbstverständlich jedes Investitionsgut eine Form aufweist, die aber rein zufällig aus der Maschinenform folgt. Eine willentliche Formgebung fand gerade nicht statt.

Verhältnis der Markenschutz zum Geschmacksmuster steht und welcher Anwendungsbereich dem wettbewerbsrechtlichen Leistungsschutz verbleibt.

Das Kapitel 4 gibt einen Überblick über die wesentlichen Ergebnisse dieser Arbeit. Im Ergebnis wird festgestellt, dass durch die einen Formenschutz gewährenden Gesetze ein Schutzsystem zur Verfügung steht, welches für überwiegend technisch geprägte Produkte und designschwache Branchen an Attraktivität gewonnen hat. Dennoch lässt sich an einigen Stellen ein legislativer Nachbesserungsbedarf ausmachen.

Grundlage der Arbeit bildet ausschließlich das nationale deutsche Recht sowie das entsprechende Gemeinschaftsrecht, namentlich das Gemeinschaftsgeschmacksmusterrecht und die Gemeinschaftsmarke. Um eine Eingrenzung vorzunehmen, bleiben für die weiteren Ausführungen die innerhalb der Europäischen Gemeinschaft nicht harmonisierten nationalen Regelungen ausgeklammert. Auch außereuropäische Rechtsordnungen sind nicht Gegenstand der Untersuchung. Hier könnten für die Investitionsgüterindustrie die Möglichkeiten des Formenschutzes in den absatzrelevanten Märkten der USA[8], Chinas[9] und Indiens[10] von weiterem Interesse sein.

8 S. hierzu *Koschtial*, S. 27 ff.

9 S. hierzu *Bottenschein*, GRUR Int. 2005, 121 ff.

10 S. hierzu *Heath*, Intellectual Property Law in Asia.

1. Kapitel

Nutzen und Anwendungsfelder des Investitionsgüterdesigns

Anders als bei Konsumgütern, bei denen nicht selten Emotionen zum Kauf führen, stehen bei Investitionsgütern Preis, leistungs- und gebrauchsbezogene Merkmale im Mittelpunkt der Kaufentscheidung[11]. Daher wird eine ansprechende Formgebung bei diesen Wirtschaftsgütern bislang auch meist vernachlässigt[12]. Darüber hinaus ist das fehlende Designverständnis bei Maschinen[13] und Anlagen[14] – nicht zuletzt aufgrund der technischen Zweckbestimmung – teilweise historisch bedingt.

Im Folgenden wird zunächst ein Blick auf die Entwicklung des Maschinen- und Anlagenbaus sowie auf die Ursprünge des Investitionsgüterdesigns gerichtet, bevor Nutzen und Grenzen einer freien Formgebung von Investitionsgütern aufgezeigt werden.

A. Entwicklung und volkswirtschaftliche Bedeutung der Investitionsgüterindustrie

Das Grundproblem jeder Befassung mit Investitionsgütern ist deren Vielgestaltigkeit. Schon in der Mitte des 19. Jahrhunderts brachte der Maschinen- und Anlagenbau unzählige Maschinenarten hervor, wobei jede ihre Geschichte, ihre konstruktiven Besonderheiten und fertigungstechnischen Probleme hat[15]. Deshalb hat die technikhistorische Forschung bis heute kein umfassendes Bild der gesamten Investitionsgüterindustrie herausgearbeitet[16]. Finden sich über die Entwicklung

11 *Kaluza*, brand eins 2005, 121; *Homburg/Krohmer*, S. 896.

12 *Mayer*, S. 67.

13 Unter einer Maschine wird die Gesamtheit von miteinander verbundenen Teilen oder Vorrichtungen verstanden, von denen mindestens eines beweglich ist, sowie gegebenenfalls von Antriebselementen, Steuer- und Energiekreisen, die für eine bestimmte Anwendung, wie beispielsweise die Verarbeitung, die Behandlung, die Fortbewegung und die Aufbereitung eines Werkstoffs zusammengefügt sind. Als Maschine wird auch eine Gesamtheit von Maschinen betrachtet, die so angeordnet und gesteuert werden, dass sie als einheitliches Ganzes zur Erreichung ein und desselben Ziels zusammenarbeiten, vgl. Europäische Norm EN 292-1:1991.

14 Bei Anlagen handelt es sich um fest installierte Maschinen bzw. einer Prozesskette mehrerer meist aufeinander abgestimmter Maschinen.

15 *Benad-Wagenhoff*, S. 17.

16 *Benad-Wagenhoff*, in: VDMA 100 Jahre, S. 33.

des Konsumgüterdesigns zahlreiche Veröffentlichungen, so wurde der Historie des Investitionsgüterdesign, von wenigen Ausnahmen abgesehen, bislang kaum Beachtung geschenkt. Dies mag damit zusammenhängen, dass es sich beim Investitionsgüterdesign um eine vergleichsweise junge Gestaltungswissenschaft handelt.

Im Folgenden wird ein Überblick über die historische Entwicklung der Investitionsgüterindustrie am Beispiel des Maschinen- und Anlagenbaus gegeben. Dabei soll soweit möglich die Entwicklung des Maschinendesigns herausgestellt werden. Anschließend wird die volkswirtschaftliche Bedeutung der Branche anhand ausgewählter Kerndaten skizziert.

I. Historische Entwicklung des Investitionsgüterdesigns

Der Maschinen- und Anlagenbau entstand aus dem Industrialisierungsprozess in der zweiten Hälfte des 18. Jahrhunderts. Technischer Kern der industriellen Revolution war die Ablösung der Handarbeiten durch die Maschinenarbeit. Maschinen ersetzten, von Kraft und Geschick des Arbeiters unabhängig, das Halten und Führen der Werkzeuge. Unter dem Druck der neu entstandenen Nachfrage wandelte sich der Bau von Maschinen um 1800 zur industriellen Maschinenfertigung[17]. Die Ursprünge des Maschinenbaus liegen in Großbritannien um 1770 und sind eng mit der Textilindustrie verbunden. Die gesteigerte Garnproduktion erzwang die Maschinisierung vor- und nachgeordneter Arbeitsschritte mit der Folge, dass Unternehmen der Textilindustrie nach immer mehr und neuen Arbeitsmaschinen, Motoren und Transmissionsmechanismen verlangten. Diese Nachfrage konnte zunächst nicht bewältigt werden, da die Maschinen mit Rahmen aus Holz und Zahnradgetriebe noch in Handarbeit gefertigt wurden. Bald verdrängte aber Gusseisen das Holz, ein Werkstoff also, der sich nur schwer formen ließ[18]. Der Maschinenbau stand vor dem Problem, seine Produktion steigern und zugleich neue, festere Werkstoffe bearbeiten zu müssen. Dies erzwang die Entwicklung neuer Fertigungstechniken, wobei zunächst die spanabhebende Metallbearbeitung maschinisiert wurde.

Lange Zeit war der britische Maschinenbau führend, der wiederum unmittelbar die deutsche Maschinenfertigung beeinflusste. Schon um 1800 wurden in Sachsen Spinnfabriken nach englischem Muster gebaut. Bis 1830 bestimmte die Nachfrage nach Textil-, Kraft- und Werkzeugmaschinen die Maschinisierung der Fertigung[19]. Ein weiterer bedeutender Motor für die Entwicklung der Investitionsgü-

---

17 *Benad-Wagenhoff*, in: VDMA 100 Jahre, S. 34.

18 *Benad-Wagenhoff*, S. 13.

19 *Benad-Wagenhoff*, in: VDMA 100 Jahre, S. 38.

terbranche war der Eisenbahnbau. Dieser erzeugte eine direkte Nachfrage über Lokomotiven, Wagons, Weichen, Signalanlagen und Brücken[20].

Eine Maschinisierung fand überwiegend beim Drehen, Hobeln und Bohren, also in der spanenden Fertigung statt. Fräsen und Schleifen wurde nur in Ausnahmefällen auf Maschinen betrieben, weil die Herstellung brauchbarer Werkzeuge in der Mitte des 18. Jahrhunderts noch nicht beherrscht wurde. Trotzdem konnten alle wichtigen Oberflächen maschinell gefertigt werden. Auf dieser Grundlage unternahm man von Anfang an auch Schritte zur Automatisierung, die nichts anderes ist als eine Maschinisierung der menschlichen Steuertätigkeit an den Maschinen[21].

Weil Maschinen langlebige Investitionsgüter für ganz unterschiedliche Industriezweige sind, ist die Nachfrage nach ihnen uneinheitlich. Das galt im 19. Jahrhundert in noch stärkerem Maße als heute[22]. In der Regel wurden Einzelstücke individuell auf Bestellung gefertigt, wobei auch Sonderwünsche der Kunden Berücksichtigung fanden. Nur selten war es möglich, kleinere Serien auf Lager zu produzieren. Das zwang die Betriebe zu hoher Flexibilität. Der Einzelstückcharakter war aber auch technologisch bedingt. Mit den sehr einfachen Messmitteln konnte man zwar passgenau, aber nicht maßgenau fertigen. Selbst baugleiche Maschinen waren Einzelstücke, weil sich ihre Teile untereinander nicht austauschen ließen[23].

Gesamtwirtschaftlich bestanden keine Absatzschwierigkeiten, sodass sich die Industrie vornehmlich der Lösung produktionstechnischer Aufgaben widmete. Die Erkenntnis, eine Maschine selbst könne eine ansprechende Gestalt haben, gab es zu jener Zeit nicht[24]. Ebenso bestand noch keine wirtschaftliche Notwendigkeit an einer ästhetischen Formgebung. Das Maschinendesign blieb somit auf wenige Ausnahmen begrenzt. Wurde aber die Form bewusst gestaltet, so ist zu beobachten, dass vielfach auf Architekturstile zurückgegriffen wurde. Als Beispiel lassen sich hier Dampfmaschinen anführen, die teilweise gotische oder klassische Formelemente aufweisen[25].

Im beginnenden 20. Jahrhundert breitete sich die Maschinisierung auf den privaten Lebensbereich aus[26]. Die maschinell gefertigten Massenprodukte sollten einer neuen städtischen Mittelklasse gefallen, die eine große Nachfrage nach billigen Produkten schuf. Die Massenfertigung führte dazu, dass sich der Markt von einem

---

20 *Benad-Wagenhoff*, in: VDMA 100 Jahre, S. 41.

21 *Benad-Wagenhoff*, in: VDMA 100 Jahre, S. 38.

22 *Benad-Wagenhoff*, in: VDMA 100 Jahre, S. 42.

23 *Benad-Wagenhoff*, in: VDMA 100 Jahre, S. 44.

24 *A. Busse*, S. 21.

25 *Steinmeier*, S. 197.

26 *Benad-Wagenhoff*, in: VDMA 100 Jahre, S. 50.

Verkäufer- zu einem Käufermarkt entwickelte[27]. Am Anfang stand bei den Konsumgütern nur die Befriedigung des reinen Sachbedürfnisses im Vordergrund. Nachdem dieses aber befriedigt war und die Konsumenten über mehr Einkommen verfügten, wurden an die Produkte auch ästhetische Forderungen gestellt[28]. Bei der Produktgestaltung wurde nunmehr darauf geachtet, dass die Form der Funktion folgt[29]. Diese neue Versachlichungstendenz wurde 1907 vom Deutschen Werkbund weitergeführt. Ziel des Werkbundes war es, den Gegensatz zwischen Ästhetik und Zweck zu überwinden und künstlerische Gestaltung mit Massenproduktion zu verbinden[30]. Das 1919 gegründete Bauhaus griff unter der Leitung Walther Gropius diese Gedanken auf und erhob die Einheit von Kunst, Handwerk, Architektur und Technik zum Programm[31]. Das Bauhaus verlangte nach dogmatischer Klarheit, symmetrischer Einfachheit und Gesetzmäßigkeit in der funktionellen Gestaltung. Die Idee bestand darin, für breite Bevölkerungsschichten finanziell erschwingliche und funktionsbestimmte Produkte zu entwickeln. Kennzeichnend für die industrielle Formgebung war fortan die Funktionalität und Materialgerechtigkeit. Während sich die ansprechende Gestaltung der äußeren Form auf dem Konsumgütermarkt aus verschiedenen Gründen schnell durchzusetzen begann[32], war eine ästhetische Formgebung der für die Herstellung von Konsumgüter notwendigen Produktionsmittel weiterhin unüblich.

Auch in der Zeit bis 1945 bestand keine Notwendigkeit, über eine ansprechende Gestaltung von Maschinen nachzudenken. Wie alle Bereiche der von Krieg, Inflation und Reparationsverpflichtungen gezeichneten deutschen Wirtschaft stand der Maschinenbau unter äußerstem Rationalisierungsdruck. Viele Betriebe versuchten daher, ihre Produktpalette zu reduzieren. Um die Typenvielfalt zu vermindern, gingen die Betriebe um 1930 zum Baukastensystem über, sodass verschiedene Maschinentypen aus einer beschränkten Zahl gleicher Grundeinheiten zusammengesetzt werden konnten[33].

In der Folgezeit wurde die Entwicklung von Maschinen durch neue technische Erfindungen bestimmt, die sich mehr oder weniger stark auf die äußere Form der Investitionsgüter auswirkten. So nahm an den Werkzeugmaschinen seit den 20er Jahren die Elektrifizierung merklich zu; diese hatte 1940 bereits ein beachtliches Niveau erreicht. Immer mehr Funktionen wurden nicht mehr mechanisch mit

---

27 *Felber*, S. 50.

28 *Loewy*, S. 76.

29 Dieses Dogma geht auf den amerikanischen Architekten *Sullivan* zurück, der bereits 1892 die Losung „Form follows function" formuliert hatte.

30 *Fiell*, S. 79.

31 *A. Busse*, S. 23.

32 *Eck*, S. 5.

33 *Benad-Wagenhoff*, in: VDMA 100 Jahre, S. 52.

Handrädern und Hebeln gesteuert, sondern durch Druckknöpfe. Damit begann die Automatisierung, die nicht mehr auf mechanischer Steuerung beruhte[34].

In den 50er Jahren rückte der Aspekt der Sicherheitstechnik in den Vordergrund, da die Maschinisierung und Automatisierung erhebliche Gefahrenquellen in sich barg[35]. Mit dem Arbeitsschutz gewannen schließlich auch Aspekte der Produktergonomie an Bedeutung, deren Umsetzung auf das äußere Erscheinungsbild der Maschinen und Anlagen ausstrahlte. Aus Sicherheitsgründen wurden beispielsweise Verhaubungen notwendig, welche zwar das Bedienpersonal bzw. die Umwelt vor von der Maschine ausgehenden Immissionen und Gefahren schützte, aber dazu führten, dass besondere Qualitätsmerkmale und technische Leistungsmerkmale der Maschinen, die früher anhand der verbauten Komponenten sichtbar waren, durch die Sicherheitsbauteile verdeckt wurden. Erst jetzt bestand die Notwendigkeit, über Wege zur Leistungsvisualisierung nachzudenken. Dennoch ist bis heute eine bewusste Gestaltung der äußeren Form von Investitionsgütern nicht in allen Branchen des Maschinen- und Anlagenbaus selbstverständlich, was damit zusammenhängen mag, dass die wirtschaftlichen Vorteile, die mit einem innovativem Maschinendesign einhergehen können, von einigen Unternehmen noch nicht realisiert wurden.

II. Volkswirtschaftliche Bedeutung der Investitionsgüterindustrie

Der Maschinen- und Anlagenbau nimmt in der Bundesrepublik Deutschland einen hohen Stellenwert ein. Volkswirtschaftlich betrachtet gehört der Maschinenbau seit Jahrzehnten zu einer der wichtigsten Industriegruppen. Von Antriebstechnik und Armaturen bis zu Zahnrädern und Zerspanwerkzeugen umfasst der Maschinenbau geschätzte 20.000 verschiedene Maschinenarten in über 20 unterschiedlichen Maschinengruppen[36]. Der Maschinen- und Anlagenbau erbringt die höchste Wertschöpfung und ist in der Bundesrepublik der größte Arbeitgeber[37]; lediglich im Umsatz liegen Elektroindustrie und Fahrzeugbau vor dem Maschinen- und Anlagenbau[38]. Die Investitionsgüterwirtschaft ist seit langem Deutschlands führende Exportindustrie mit einer Exportquote zwischen 60 bis 70% in den letzten

34 *Benad-Wagenhoff*, in: VDMA 100 Jahre, S. 53.

35 *Benad-Wagenhoff*, in: VDMA 100 Jahre, S. 54.

36 Nach der Wirtschaftsklassifikation WZ 2003, basierend auf der Verordnung (EWG) Nr. 29/2002.

37 Im Jahre 2007 lag die bundesweite Beschäftigtenzahl bei 914.000, was einem Anteil von 16% am verarbeitenden Gewerbe entspricht, vgl. VDMA, Statistisches Handbuch für den Maschinenbau, S. 16.

38 Im Jahre 2007 betrug der Umsatz für den Maschinen- und Anlagenbau 190 Mrd. EUR, für die Elektroindustrie 175 Mrd. EUR, für die Fahrzeugbau 293 Mrd. EUR.

zehn Jahren[39]. Für Forschung und Entwicklung wenden die Unternehmen durchschnittlich 3,5% ihres Umsatzes auf[40].

Der Branchenumsatz entwickelte sich stetig: In der Weimarer Republik hielt der Maschinenbau 1925 an dem Gesamtumsatz im Bergbau und verarbeitenden Gewerbe einen Anteil von 5,4%. Vor und während des Zweiten Weltkrieges gab es zwar einen stärkeren Gewinn, dieser ging aber mit Kriegsende weitgehend verloren[41]. In der Bundesrepublik wies der Maschinenbau 1950 einen Umsatzanteil von 6,9% auf, der bis 1970 kontinuierlich auf 12% wuchs. Dieser konnte in den letzten 35 Jahren gefestigt werden, wie die Marke von 11,8% für 2007 zeigt[42]. Im Ländervergleich belegte Deutschland 2007 nach den USA den zweiten Platz der weltgrößten Maschinenproduzenten[43].

B. Gründe einer bewussten Formgebung von Investitionsgütern

Die aufgezeigte volkswirtschaftliche Stärke des Maschinenbaus findet keine Entsprechung in besonders ansprechendem oder innovativem Maschinendesign. Dies mag vordergründig betrachtet damit zusammenhängen, dass die bewusste Gestaltung des äußeren Erscheinungsbildes von Investitionsgütern keinen unmittelbaren Mehrwert schafft und Design nicht messbar Nutzen und Leistung von Produktionsmitteln steigert. Dennoch kann Investitionsgüterdesign für die Unternehmen einen erheblichen wirtschaftlichen Nutzen bedeuten. Investitionsgüterhersteller sind sich dessen teilweise jedoch nicht bewusst, wie eine im November 2001 durchgeführte Untersuchung des Verbands Deutscher Maschinen- und Anlagenbau e.V. unter 195 Investitionsgüterherstellern ergab. Befragt nach der Bedeutung unterschiedlicher Marketinginstrumente wurden Produktqualität, Servicequalität, das Auftreten der Mitarbeiter und das Preisniveau genannt. Auch der Bedeutung der Marke wurde eine überdurchschnittliche und für die Zukunft steigende Bedeutung beigemessen[44]. Erst an letzter Position nannten die befragten Unternehmen die Produktgestaltung als relevantes Werbemittel[45].

---

39 In 2007 lag die Exportquote bei 75,6%, VDMA, Statistisches Handbuch für den Maschinenbau, S. 43.

40 VDMA, Statistisches Handbuch für den Maschinenbau, S. 42.

41 *Kriegbaum*, in: VDMA 100 Jahre, S. 18.

42 In Bezug auf das verarbeitende Gewerbe, VDMA, Statistisches Handbuch für den Maschinenbau, S. 16.

43 Das Produktionsvolumen im Maschinen- und Anlagenbau lag 2007 in den USA bei 257 Mrd. EUR, in Deutschland bei 207 Mrd. EUR und in China bei 190 Mrd. EUR, vgl. VDMA Weltmaschinen-Produktion 2007, in: Statistisches Handbuch für den Maschinenbau.

44 Ebenso *Luk*, Wissenschaftsmanagement 2005, 31. Die Bedeutung der Markenpolitik ist in der Investitionsgüterbranche allerdings umstritten, vgl. Backhaus/ Voeth-*Sabel*, S. 784, die

Gleichwohl sprechen gute Gründe dafür, der bewussten äußeren Gestaltung von Maschinen und Anlagen mehr Aufmerksamkeit entgegenzubringen. Führende Investitionsgüterhersteller haben dies bereits erkannt und sehen in der Formgebung für die Zukunft – aus den nachfolgend darzustellenden Gründen – einen absatzrelevanten Faktor[46].

I. Design als Marketingwert und Differenzierungsmittel gegenüber Wettbewerbern

In vielen Investitionsgütermärkten lassen sich in den vergangenen Jahren Sättigungstendenzen und ein verschärfter Wettbewerbsdruck ausmachen[47]. Die Märkte entwickeln sich teilweise von Verkäufer- zu Käufermärkten[48]. Weiter kommt hinzu, dass sich viele Produkte hinsichtlich technischer Funktion, Qualität und Preis angleichen und in ihren Leistungsmerkmalen nur geringfügig unterscheiden. Bei technischer Vergleichbarkeit muss sich die Innovationstätigkeit der Unternehmen daher auf andere Gebiete verlagern, was sich insbesondere auf den nicht technischen Bereich auswirkt, denn Produktqualität und moderne Technik wird vom Kunden als selbstverständlich vorausgesetzt[49]. Dies hat zur Folge, dass Werbe- und Vermarktungsfragen von Investitionsgütern künftig an Bedeutung gewinnen[50].

Kann eine Abgrenzung gegenüber Wettbewerbern durch technische Lösungen nur noch schwer erreicht werden und stoßen Vertrieb und Marketing bei ihren Bemühungen um die Gunst des Kunden an ihre Grenzen, bietet das Produktdesign eine

---

einen Überblick über die uneinheitlichen Ergebnisse empirischer Untersuchungen zur Markenpolitik geben. Traditionell weisen Marken im Industriemarketing einen niedrigen Stellenwert auf, was auf die hohe Bedeutung der objektiven Qualitätsbeurteilung durch den Kunden zurückzuführen ist; vgl. auch *Homburg/Krohmer*, S. 892.

45 *Luk*, Wissenschaftsmanagement 2005, 31, der 46 Maschinenbauunternehmen untersucht hat. Ebenso ifo Instituts 1991, wonach weniger als 10% der untersuchten Maschinenbauunternehmen um ein marktorientiertes Designkonzept für ihre Produkte bemüht sind, vgl. *Mayer*, S. 4.

46 Für die Zukunft erwarten Investitionsgüterhersteller jedoch einen teilweise höheren Stellenwert des Designs, vgl. Studie im Auftrag des Bayerischen Staatsministeriums für Wirtschaft „Der Rang des Designs in Bayern 2004 – Strukturanalyse und Handlungsempfehlungen", S. 40; so auch *Mayer*, S. 6.

47 *Schmidt*, S. 28; Backhaus/Voeth-*Mühlfeld*, S. 251.

48 Backhaus/Voeth-*Voeth*, S. 5.

49 *Schmidt*, S. 28.

50 Backhaus/Voeth-*Bruhn*, S. 700.

weitere Möglichkeit, sich wirksam vom Wettbewerb zu differenzieren[51]. Die Produktform stellt dann ein alternatives Marketing- und Kommunikationsmittel dar[52]. Bei Investitionsgütern spielt das Design bislang jedoch eine deutlich geringere Rolle als bei Konsumgütern[53]. Ein Vergleich der marktführenden Investitionsgüterhersteller mit den nur durchschnittlich erfolgreichen Unternehmen der Branche zeigt aber, dass für erfolgreiche Marken das Design wesentlich wichtiger ist als für weniger erfolgreiche Produkte[54]. Gleichen sich konkurrierende Produkte in Preis und Leistung an, wird auch im Maschinenbau die Ästhetik immer mehr zum Verkaufsargument, wobei sich das Design allerdings stets durch greifbare Vorteile legitimieren muss[55]. Über ein innovatives Produktdesign und die Schaffung einer eigenständigen Produktpersönlichkeit lassen sich dann Differenzierungspotenziale gegenüber Wettbewerbern eröffnen. Für Investitionsgüterhersteller kann es somit künftig erfolgsentscheidend sein, die Möglichkeiten des Produktdesigns auszuschöpfen und Design als Teil einer allgemeinen Marketing- und Kommunikationsstrategie zu begreifen[56].

II. Design als Informationsträger

Als weiteres Argument für eine bewusste Gestaltung von Maschinenformen ist anzuführen, dass das Produktdesign, gleichwohl ob bewusst oder unbewusst, zahlreiche Informationen über die Ware vermittelt. Dem Design kommt somit als Informationsträger eine kommunikationspolitische Aufgabe zu, indem es komplexe Funktionen einer Maschine visualisiert und erklärt. Daneben kann das Maschinendesign als Informationsträger entscheidend zur öffentlichen Wahrnehmung und Bildung eines Corporate Identity des Maschinenherstellers und dessen Kunden beitragen.

---

51 „Design als zentraler Wertschöpfungsfaktor", in: Frankfurter Allgemeine Zeitung vom 12.9.2005, S. 24; *Schmidt*, S. 32, mit einem Beispiel für Produktangleichung; *Mayer*, S. 33; ähnlich bereits *Gerstenberg*, BB 1964, 439, 445.

52 S. zur Theorie der Produktsprache *Mayer*, S. 41.

53 *Schmidt*, S. 253.

54 Dies belegen auch Designpreise der Firmen Festo AG (für die pneumatische Achse HMLP, 2000), Heidelberger Druckmaschinen AG (für die Bogenoffsetmaschine Speedmaster CD 74, 2002), KUKA GmbH (für den Industrieroboter 150, 2002), Homag AG (für die Kantenanleimmaschine KAL 310, 2004), Trumph GmbH & Co. KG (für die Medizin-Systeme), s. auch „Design als zentraler Wertschöpfungsfaktor", in: Frankfurter Allgemeine Zeitung vom 12.9.2005, S. 24, mit Verweis auf weitere Investitionsgüterhersteller. Als Beispiel zu einem praktischen Designprozess (vorher/nachher) s. Maschinen made in Germany, hrsg. von *Heckmann/Langenscheidt*, S. 380 ff.

55 *Mayer*, S. 2.

56 Backhaus/Voeth-*Bruhn*, S. 718; vgl. auch *Homburg/Krohmer*, S. 892, die im Zusammenhang mit der technischen Informationsüberflutung der industriellen Kunden und der Globalisierung eine steigende Bedeutung der Markenpolitik erkennen.

1. Design als Mittel zur Produkterklärung

Bedingt durch die Automatisierung und Elektronisierung fällt es immer schwieriger, die Grundfunktionen einer Maschine oder Anlage zu erkennen[57]. Dies gilt auch für den Maschinenbenutzer, der sich mit den Steuerungseinheiten und den unterschiedlichen Funktionen vertraut machen muss. Der sichtbare Anwendungsbereich einer Maschine vermittelt in der Regel eine Vielzahl an Informationen, welche die menschliche Wahrnehmung verarbeiten muss. Dabei nimmt mit steigender Komplexität der Ware die Produktverständlichkeit ab.

Die Erklärungsbedürftigkeit eines Produkts ist subjektiver Natur und kann im Zeitverlauf Änderungen unterliegen. Eine klare Einteilung in erklärungsbedürftige und nicht erklärungsbedürftige Ware lässt sich daher nicht geben[58]. Allgemein kann jedoch die Aussage getroffen werden, dass es sich bei erklärungsbedürftigen Produkten um solche Wirtschaftsgüter handelt, bei denen der Vertrieb in aller Regel anspruchsvoller ist als bei klassischen Konsumgütern. Daneben lassen sich weitere Merkmale identifizieren, die tendenziell auf eine gesonderte Erklärungsbedürftigkeit hindeuten[59]. Beispielsweise spricht eine umfangreiche Gebrauchsanweisung oder der Umstand, dass die Leistungsfähigkeit abschließend erst nach dem Kauf beurteilt werden kann, für die Erklärungsbedürftigkeit einer Ware. Erfordert das Produkt eine regelmäßige Wartung, wie dies bei Investitionsgütern durchaus üblich ist, und wird mit dem Produktverkauf ein gesonderter Servicevertrag angeboten, so spricht dies ebenfalls für die Erklärungsbedürftigkeit. Selbiges gilt, wenn aufgrund der erhöhten Kaufbedeutung oftmals mehrere Personen in den Kaufentscheidungsprozess eingebunden sind[60]. Um den Anwendungsbereich von Maschinen und Anlagen zu erkennen, sind somit zusätzliche Informationen erforderlich. Man spricht daher von erklärungsbedürftigen Produkten[61].

Kaufentscheidungen im Umfeld erklärungsbedürftiger Produkte sind für den industriellen Entscheider häufig durch ein hohes Maß an Unsicherheit hinsichtlich Leistungsfähigkeit, Problemlösungskompetenz und Folgekosten geprägt. Es besteht sowohl ein erhöhtes faktisches als auch ein erhöhtes wahrgenommenes Kaufrisiko. Je höher die Produktkomplexität und je geringer der Anteil an evidenten Produktinformationen, desto bedeutender ist es, die Produkteigenschaften leicht verständlich darzustellen. Standardmäßig erfolgt die Produkterklärung, und so auch verbindlich in der Maschinenrichtlinie vorgeschrieben, durch Betriebsanlei-

---

57 *Mayer*, S. 68.

58 *Schmidt*, S. 24.

59 *Schmidt*, S. 24.

60 Zur Funktion des Buying Centers und die Aufgabe des Designs bei kollektiven Kaufentscheidungen s. unten S. 32.

61 *Schmidt*, S. 22; s. auch *Mayer*, S. 64 ff., die in diesem Zusammenhang von „komplexen Produkten" spricht.

tungen[62]. Bei einer besonderen Erklärungsbedürftigkeit können zusätzlich Anwenderschulungen erforderlich werden. Ergänzend zu solchen Warenerklärungen kann das Maschinendesign als weiteres Kommunikationsmittel eingesetzt werden und dem Kunden bzw. Anwender mittels der Produktsprache Informationen vermitteln.

Betrachtet man einige Marketingkampagnen erklärungsbedürftiger Produkte, so ist festzustellen, dass die technische Informationsvermittlung in der Branche eine zentrale Rolle einnimmt[63]. Dies geht nicht selten mit einer Informationsschwemme technischer Kennzahlen einher. Im Marketing dieser Warengruppe scheint also nach wie vor eine technikorientierte Sichtweise zu dominieren[64]. Durch eine klare optische Gestaltung der technischen Schlüsselinformationen kann einer Informationsüberlastung jedoch entgegengewirkt werden[65]. Denn technische Details lassen sich durch leicht verständliche und verdichtete Designinformationen visualisieren[66]. Eigenschaften wie Kapazität, Geschwindigkeit, Umrüstzeit und Steuerungsfunktionen müssen daher optisch dargestellt werden[67]. Die gebrauchstechnische Funktion und Qualität eines Produkts muss für den Kunden erkennbar sein, wobei das Design jedoch nicht derart dominieren darf, dass es von den tatsächlichen Leistungsmerkmalen der Maschine ablenkt. Design bündelt die Qualitätsmerkmale der Ware und visualisiert die gebrauchstechnische Funktion des Produkts. Mittels der Produktsprache lassen sich technische Neu- oder Weiterentwicklungen sichtbar machen[68], denn eine grundlegend überarbeitete und leistungsstärkere Technik in der „Produkthülle“ eines alten Vorgängermodells wird es am Markt schwer haben, den Kunden das höhere Leistungspotenzial zu vermitteln. Nicht unerwähnt bleiben soll, dass das Design auch dazu missbraucht werden kann, eine Neuentwicklung zu suggerieren[69].

2. Design als Imageträger – Corporate Identity-Strategie

Maschinendesign gewinnt auch im Rahmen einer Corporate Identity-Strategie an Bedeutung, denn die Produkthülle ist ein Instrument zur Schaffung einer Unternehmenspersönlichkeit. Corporate Identity bezeichnet die strategische Selbstdar-

---

62 Vgl. Richtlinie 98/37/EG des Europäischen Parlaments und des Rates zur Angleichung der Rechts- und Verwaltungsvorschriften der Mitgliedsstaaten für Maschinen vom 22.6.1998, Anhang I, 1.7.4.

63 *Homburg/Krohmer*, S. 896.

64 *Homburg/Krohmer*, S. 896; *Schmidt*, S. 29.

65 *Geipel*, S. 190.

66 *Mayer*, S. 67.

67 *Steinmeier*, S. 30.

68 *Steinmeier*, S. 35; *R. Busse*, S. 23.

69 Ähnlich *Fiell*, S. 77.

stellung eines Unternehmens nach innen und außen auf Grundlage eines festgelegten Soll-Image und eines definierten Erscheinungsbildes[70]. Die Wahrnehmung der Unternehmensidentität durch eine Zielgruppe, der Öffentlichkeit oder der Kunden soll diesem Erscheinungsbild entsprechen.

In der herstellenden Industrie ist das Produkt das wichtigste Element der Corporate Identity[71]. Dabei bedeutet Corporate Identity, durch die Wiederholung von gestalterischen Elementen Ähnlichkeiten zu transportieren, die von hohem Wiedererkennungswert sind. Damit ist aber nicht die Gleichheit im Design gemeint, sondern eine Beständigkeit in der Formgebung einzelner oder mehrerer prägender Merkmale. So lässt sich durch den Einsatz wiederkehrender Gestaltungselemente wie Farbe, Form, Beschriftung, Logo, Haptik oder Oberflächenbeschaffenheit ein einheitlicher Produktauftritt erreichen[72]. Das einheitliche Erscheinungsbild der Waren schafft für den Kunden die Möglichkeit, ihm unbekannte Produkte einem bestimmten Unternehmen zuzuordnen. Eine beim Kunden vorhandene Qualitätsvorstellung wird von diesem mittels des Produktdesigns automatisch auf andere Waren des Unternehmens übertragen und führt zu einem Imagetransfer. Das neue Produkt partizipiert dann an dem unter Umständen über Jahre mühselig aufgebauten Unternehmensimage und Vertrauen[73] – im positiven wie im negativen Sinne. Einzelne Designmerkmale werden somit zum Herkunftszeichen, wobei über das sichtbare Design automatisch Assoziationen zu nicht sichtbaren Eigenschaften, wie Qualität, Garantie- und Serviceleistungen, hervorgerufen werden können. Ein hoher Wiedererkennungswert der Ware ist insbesondere auf Messen und Ausstellungen notwendig, auf denen erstmalig Produktinnovationen vorgestellt werden. Hier kommt es darauf an, dass der Kunde die für ihn neuen Produkte unter einer hohen Anzahl ähnlicher Maschinen über das äußere Erscheinungsbild schnell einem bestimmten Unternehmen zuordnen kann.

Das Maschinendesign muss den Interessen mehrerer Unternehmen und Personen gerecht werden. Zum einen erwartet der Kunde des Investitionsgüterherstellers, dass sich das Design in sein Unternehmen einfügt und seinem Corporate Identity-Konzept entspricht. Zum anderen hat der Investitionsgüterhersteller ein Interesse daran, dass die Maschine als aus seinem Unternehmen stammend erkannt wird. Über die Gestaltung des äußeren Erscheinungsbildes muss ein Ausgleich dieser Interessen gefunden werden. Erschwerend kommt hinzu, dass Investitionsgüterhersteller beim Produktdesign nicht nur ihre direkten Kunden, sondern, aufgrund der abgeleiteten Nachfrage von Investitionsgütern, auch die Kunden ihrer Kunden, also die Kunden aller nachgelagerten Wertschöpfungsstufen, zu berücksichtigen haben[74].

---

70 *Abdullah/Hübner*, S. 13.

71 *Steinmeier*, S. 99.

72 Maschinen made in Germany, hrsg. von *Heckmann/Langenscheidt*, S. 378.

73 *Abdullah/Hübner*, S. 14.

74 Backhaus/Voeth-*Bruhn*, S. 702; *Homburg/Krohmer*, S. 898.

Denn bei der Kaufentscheidung muss der Kunde des Maschinenbauers neben den technischen Leistungsmerkmalen des Investitionsgutes – zumindest teilweise – auch die Wirkung des Designs gegenüber seinen Kunden beachten. Welche weiteren Personengruppen bei der Produktgestaltung letztlich zu berücksichtigen sind, hängt entscheidend von der sog. Kontaktintensität der Zielgruppe mit der Maschine ab. Die Kontaktintensität bezeichnet die Dauer und Intensität der Bindung des Menschen zur Ware[75]. Daneben spielt die Öffentlichkeit des Produkts eine erhebliche Rolle, denn abhängig von der Dauer und dem Grad der Wahrnehmung tritt das Design in Beziehung zum Endkunden und prägt den Öffentlichkeitsauftritt des Verwenders[76]. Ein EC-Bankautomat weist beispielsweise eine hohe Kunden-Kontaktintensität auf und hat somit unmittelbar Einfluss auf das Ansehen der Bank. Eine Windkraftanlage dominiert das Landschaftsbild und prägt wesentlich das Image des Energieproduzenten beim Endverbraucher. Hingegen beeinflusst das Design einer Baumaschine nur indirekt das Image eines Bauträgers, denn für den Bauherrn dürfte es in aller Regel unerheblich sein, mit welchen Maschinen sein Gebäude errichtet wird. Im letzten Beispiel besteht eine designrelevante Kontaktintensität daher nur im Verhältnis zum Benutzer der Baumaschine, nicht aber gegenüber den Kunden des Bauunternehmens.

III. Design als Klammer bei organisatorischem Beschaffungsverhalten

Ein ansprechendes Design erlangt auch bei der Kaufentscheidung über eine Maschine an Relevanz. Dabei ist jedoch zu berücksichtigen, dass sich das Beschaffungsverhalten bei Investitionsgütern grundlegend von dem auf Konsumgütermärkten unterscheidet. Dies liegt daran, dass es sich bei den Kunden der Investitionsgüterhersteller um andere Industrieunternehmen, Behörden oder Organisationen handelt[77]. Geht es um die Anschaffung von kostspieligen Investitionsgütern, ist der Erwerbsprozess dadurch gekennzeichnet, dass mehrere Mitglieder einer Organisation an der Entscheidung beteiligt sind. Bei dem Beschaffungsprozess werden aber nicht die persönlichen Bedürfnisse der Entscheidungsträger befriedigt, sondern die der juristischen Personen. Im Gegensatz zum Konsumgütermarkt besteht daher auf dem Investitionsgütermarkt eine wesentlich unpersönlichere Beziehung zu dem zu beschaffenden Wirtschaftsgut, sodass ein ansprechendes Design für die Kaufentscheidung zunächst von untergeordneter Bedeutung ist.

Bei der Entscheidung über den Erwerb eines Investitionsgutes gilt es, eine Vielzahl unterschiedlicher Fragestellungen zu klären, die selten von nur einer Person beantwortet werden können. So muss ein technisches Anforderungsprofil erstellt und die wirtschaftliche Entwicklung begutachtet werden. Darüber hinaus sind

---

75 S. näher unten S. 39.

76 *Steinmeier*, S. 54.

77 Backhaus/Voeth-*Bruhn*, S. 701.

häufig auch Fragen der Finanzierung zu klären. Abhängig von der Komplexität des Investitionsgutes und der Bedeutung der Kaufentscheidung für das Unternehmen sind unterschiedlich viele Personen an der Kaufentscheidung beteiligt, die sich zu einem sog. Buying Center zusammenschließen[78]. Ein solches Einkaufsgremium setzt sich in der Regel aus einem Anwender der Maschine oder Anlage, einem Einkäufer, einem technischen Berater und einem Entscheidungsträger zusammen. Zusätzlich können am Beschaffungsprozess Gutachter, Ingenieurbüros oder Kreditgeber beteiligt werden[79].

Aus dieser Multipersonalität der Kaufentscheidung folgt die Notwendigkeit, die unterschiedlichen Erwartungen und Ansprüche der verschiedenen Individuen des Buying Centers im Rahmen der Angebotsphase zu berücksichtigen und in Einklang zu bringen. Hierbei kann das Investitionsgüterdesign eine wichtige Aufgabe erfüllen, indem es quasi als Klammer zwischen den verschiedenen am Kaufprozesses beteiligten Personen fungieren und dazu beiträgt, mögliche Diskrepanzen zu überwinden[80]. Abhängig von Fachrichtung und Rolle, die eine Person im Buying Center wahrnimmt, kann das Design unterschiedliche Wirkungen ausüben. So wird der Maschinenanwender bzw. Benutzer stark von der gebrauchstechnischen Funktion, der Ergonomie und der Handhabung beeinflusst, der Ingenieur durch die Visualisierung des technischen Leistungsvermögens und der Entscheider durch die sichtbare Qualität und Ästhetik[81].

Auch wenn bei dem hier beschriebenen institutionalisierten Beschaffungsprozess nicht die Bedürfnisse des einzelnen Individuums befriedigt werden und dieses daher zu dem Kaufgegenstand keine persönliche Beziehung hat, entscheidet letztlich nicht der Buying Center, sondern dessen Individuen. Dabei wird häufig übersehen, dass industrielle Einkäufer Produkte nicht ausschließlich rational bewerten, sondern selbst bei kostspieligen Anschaffungen Emotionen eine Rolle spielen[82]. Neben den sachlichen Erwägungen lassen sich die Buying Center-Mitglieder daher auch von äußeren Eindrücken leiten[83]. In den letzten Jahren ist folglich neben den technischen und sachlich geprägten Kommunikationsbotschaften auch eine emotionale Ansprache der Entscheidungsträger zu erkennen[84].

---

78 *Homburg/Krohmer*, S. 884; Backhaus/Voeth-*Bruhn*, S. 704.

79 *Homburg/Krohmer*, S. 86.

80 *Steinmeier*, S. 47.

81 Backhaus/Voeth-*Bruhn*, S. 704.

82 *Schmidt*, S. 29.

83 *Steinmeier*, S. 48.

84 Backhaus/Voeth-*Bruhn*, S. 702; *Schmidt*, S. 235 mit Beispielen.

IV. Produktergonomie und Sicherheitsdesign

Investitionsgüter werden in ihrer Funktion und Bedienung zunehmend komplexer, sodass eine sichere und zuverlässige Steuerung nur durch eine vom Produkt ausgehende Übersichtlichkeit gewährleistet wird[85]. In diesem Zusammenhang erlangen Aspekte der Produktergonomie und des Sicherheitsdesigns, eine in der Geschichte des Industriedesigns relativ junge Disziplin[86], an Bedeutung[87].

Ergonomie ist die Wissenschaft, die sich mit der Aufklärung der Wechselwirkungen zwischen menschlichen und anderen Elementen eines Systems befasst, und der Berufszweig, der die Theorie, Prinzipien, Daten und Methoden auf die Gestaltungen anwendet mit dem Ziel, das Wohlbefinden des Menschen und die Leistung des Gesamtsystems zu optimieren[88]. Aufgabe der Produktergonomie ist es somit, die Beziehung des Menschen zu seiner Arbeitsumwelt zu erforschen und zu optimieren mit der Folge, Arbeitsplätze so auszustatten, dass Gesundheitsschäden vermieden werden[89]. Mit der Technisierung und den daraus resultierenden Steuerungs-, Überwachungs- und Kontrolltätigkeiten des Anwenders nimmt dessen physische Beanspruchung ab und die psychische Belastung zu. Investitionsgüterdesign befasst sich daher auch mit der psychischen Wirkungsdimension von Arbeitsmitteln[90].

Das Design trägt dazu bei, die Komplexität der Technik für den Anwender zu reduzieren und Maschinen und Anlagen ergonomisch, also übersichtlich und folglich benutzerfreundlich, zu gestalten[91]. Dies führt zu einer menschengerechteren Arbeitsplatzgestaltung, bei der erfahrungsgemäß weniger Fehlbedienungen und Arbeitsunfälle auftreten[92].

---

85 *Mayer*, S. 39. Übersichtlichkeit bedeutet nach der zurückgezogenen VDI-Richtlinie 2224 „Formgebung technischer Erzeugnisse", dass das Wie und Wo der Anordnung der wesentlichen Funktions- und Bedienungsteile rasch erfassbar ist.

86 *Fiell*, S. 74.

87 *Mayer*, S. 31, die in der ergonomischen Gestaltung von Investitionsgütern die zentrale Differenzierungsmöglichkeit sieht.

88 Europäische Norm EN 13861:2002, 4.

89 Dies ist auch eine Forderung der Maschinenrichtlinie, Anhang 1 Nr. 1.1.2 d).

90 *Steinmeier*, S. 27.

91 *R. Busse*, S. 19. Zu einem praktischen Beispiel s. die Gestaltung der Fahrerkabine des Jungheinrich Gabelstaplers EFG D30 mit Drehkabine, abgebildet in: Maschinen made in Germany, hrsg. von *Heckmann/Langenscheidt*, S. 83.

92 *Fiell*, S. 84.

V. Design als Mittel zur Reduzierung von Fertigungskosten

Ein weiterer Vorteil innovativen Investitionsgüterdesigns liegt darin, dass dieses die Möglichkeit zur Reduzierung von Fertigungs- und Wartungskosten eröffnet. Zunächst führt die Konzeption eines neuen Produktauftritts jedoch zu zusätzlichen Kosten[93]. Designbedingte Mehrkosten bedeuten aber nicht zwangsläufig, dass die Produktgestaltung zu einer Erhöhung der Gesamtkosten führen muss, da intelligentes Design neben der ästhetischen Formgebung auch die Konstruktion der Maschine überprüft und somit Kostensenkungspotenziale eröffnen kann[94]. Bei der Kostenbetrachtung muss daher zwischen den unmittelbaren Kosten für das Design und den Folgekosten differenziert werden.

In einem professionellen Designprozess wird das Produkt unter anderem auf Verbesserungspotenziale hinsichtlich seiner technischen Lösung, der Fertigungsabläufe, einer möglichen Bauteilverringerung, der Verwendung kostengünstigeren Materials oder seines Montage- und Wartungsaufwands hin überprüft. Dabei kann bereits die Optimierung einer der aufgezeigten Faktoren zu einer Reduzierung der Material-, Produktions- und/ oder Servicekosten führen[95]. Beispielsweise können neue Fertigungstechniken und Materialinnovationen die Herstellungskosten senken und weitere Gestaltungsspielräume zur Kostensenkung eröffnen, so wie dies bei dem Einsatz von bruchfestem und hitzebeständigem Kunststoff der Fall ist. Auch Verbindungselemente, Verkleidungen und Schutzhüllen können so gestaltet werden, dass sich diese leichter entfernen lassen, was sich wiederum unmittelbar aufdie Dauer der Wartungsarbeiten auswirkt[96]. Eine leicht zu wartende Anlage reduziert wiederum künftige Serviceaufwendungen der Kunden und dient dem Hersteller als zusätzliches Differenzierungsmerkmal und Verkaufsargument gegenüber Wettbewerbsprodukten. Im Idealfall ist die Entwicklung eines neuen Designs kostenneutral, wobei die Designkosten von den gesenkten Fertigungskosten getragen werden.

Ein ansprechendes Design steigert darüber hinaus die Preisakzeptanz beim Zielpublikum. Viele Unternehmen nutzen diesen Vorteil, indem sie ihre professionell gestalteten Produkte im höheren Preissegment positionieren. In Märkten, die unter hohem Preisdruck stehen, wird nicht selten umgekehrt vorgegangen, wobei Unternehmen versuchen, ihr Preisniveau durch ein innovatives Produktdesign zu stabilisieren. Da es möglich sein kann, das Design kostenneutral einzubringen, verbessern die Unternehmen damit ihre Ertragssituation.

---

93 S. *R. Busse*, S. 18, mit einem Beispiel der Kostenreduzierung.

94 Im Idealfall lassen sich so Fertigungskosten um bis zu 20% senken, Maschinen made in Germany, hrsg. von *Heckmann/Langenscheidt*, S. 379.

95 *Loewy*, S. 82, 185; s. zu einem praktischen Beispiel: Maschinen made in Germany, hrsg. von *Heckmann/Langenscheidt*, S. 20, 379.

96 *Steinmeier*, S. 103.

VI. Design als Grundlage zum Schutz vor Produktpiraterie

Eine neuartige bzw. unterscheidungsfähige Formgebung kann die rechtliche Grundlage zum Schutz gegenüber Nachahmern bilden[97]. Produkt- und Markenpiraterie ist bei Konsum- und Luxusgütern ein bekanntes Phänomen[98]. In zunehmendem Maße findet jedoch eine Verlagerung auf andere Branchen statt. So ist es zu erklären, dass nunmehr auch Investitionsgüter im hohen Maße von unzulässigen Nachbauten betroffen sind[99]. Laut einer Umfrage der Beijinger Zeitung Commercial Times sind in China 56% aller Personenkraftwagen mit kopierten Komponenten, wie gefälschten Stoßdämpfern oder Bremsanlagen, ausgestattet[100]. In einer Vielzahl der Fälle werden auch komplette Maschinen nachgebaut[101]. Den betroffenen Unternehmen fällt es oft schwer, gegen diese Nachbauten vorzugehen, da sie es teilweise versäumt haben, das äußere Erscheinungsbild schützen zu lassen oder Formenschutz aufgrund technischer Gegebenheiten schlicht nicht zu

---

97 Neben den gewerblichen Schutzrechten erlangt auch die technische Sicherung vor Fälschungen, wie z.B. der Einsatz von RFID-Chips oder Laser-Erkennung für die Industrie, zunehmend an Bedeutung, s. „Keine Chance für Fälscher“, in: Frankfurter Allgemeine Zeitung vom 16.4.2007, S. 16.

98 *Harte-Bavendamm*, Handbuch der Markenpiraterie in Europa, § 1 Rz. 13; s. beispielsweise *Probe*, in: TextilWirtschaft vom 12.1.2006, 42 ff.; zur historischen Entwicklung und zum Begriff der Produkt- und Markenpiraterie s. ausführlich *Schuhmacher*, S. 20 ff.

99 S. nur Plagiarius-Preis unter www.plagiarius.de: Kehrmaschine „TopSweep 55“, 2007; Stihl AG, Motorsäge „MS 380“, 2006; Füllstand-Messgerät „VEGAPULS 51-54“, 2005. „Der Pirat wird zum Erfinder“, in: Die Zeit vom 24.8.2006, S. 17 f.; „Angriff der Produktpiraten“, in: Handelsblatt vom 11.5.2006, S. 2; „Der große Know-how-Klau“, in: Der Spiegel vom 20.2.2006, S. 70 ff.; „Plagiatoren auf die Finger klopfen“, in: Industrie-Anzeiger vom 6.2.2006, S. 4 f.; „VDMA fordert von der EU den Kampf gegen Produktpiraterie“, in: Nachrichten für Außenhandel vom 5.12.2005, S. 12; „Maschinenbau: Gefahr durch billige Plagiate“, in: VDI Nachrichten vom 7.11.2003; „Plagiate schaden deutschem Maschinenbau“, in: Süddeutsche Zeitung vom 23.12.2003, S. 19. Dabei ist das Phänomen der Produktpiraterie von Investitionsgütern kein sonderlich neues Problem, s. bereits *Osterrieth*, GRUR 1925, 131, 137.

100 S. auch *Fuchs*, S. 19.

101 Nach einer Untersuchung des Verbands Deutscher Maschinen- und Anlagenbau e.V. (VDMA) von April 2007 sind rund zwei Drittel der Investitionsgüterhersteller von unzulässigen Nachbauten betroffen. Bei einer Untersuchung 2003 gaben lediglich 50% der Unternehmen an, Opfer von Produktpiraterie geworden zu sein. Überwiegend werden die unzulässigen Nachbauten im asiatischen Bereich hergestellt. Ein Vertrieb erfolgt weltweit. Der Wirtschaft entstehen dadurch erhebliche Schäden. Rund 30% der Maschinen- und Anlagenbauer schätzen ihren Jahresumsatzverlust auf 5% und höher. Nach der Studie werden in rund der Hälfte aller Fälle die Maschinen identisch, also gleiche Technik und äußere Erscheinung, nachgebaut. In 21% kommt es zu einer identischen Übernahme der äußeren Erscheinung (Designübernahme) bei abweichender Technik. Gegenüber den in den Jahren 2003 und 2006 durchgeführten Untersuchungen nehmen Designverletzungen im Maschinen- und Anlagebau erheblich zu.

erlangen war. Über eine neue und eigenartige bzw. unterscheidungsfähige Gestaltung der äußeren „Hülle“ kann bewusst die Möglichkeit geschaffen werden, Formenschutz zu beanspruchen[102]. Den Investitionsgüterherstellern steht dann ein weiteres Schutzrecht in ihrem Vorgehen gegen Plagiatoren zur Verfügung.

Der Formenschutz kann die in der Investitionsgüterindustrie dominierenden technischen Schutzrechte ergänzen und weist gegenüber diesen bedeutende Vorteile auf, denn im Gegensatz zu den technischen Schutzrechten lässt sich ein rechtlicher Schutz des äußeren Erscheinungsbildes in aller Regel schnell und kostengünstig erlangt. Da Designverletzungen leichter als Patent- und Gebrauchsmusterverletzungen erkannt und nachgewiesen werden können[103], bestehen diese Vorteile auch bei der Rechtsverfolgung. Für einen effektiven Rechtsschutz ist ein schnelles Vorgehen gegenüber Nachahmern unerlässlich. Dies gilt in besonderem Maße auf Messen[104] und bei der Grenzbeschlagnahme[105]. Das Grenzbeschlagnahmeverfahren ermöglicht es, Waren, die Schutzrechte verletzen, an den EU-Außengrenzen durch den Zoll zu beschlagnahmen und ggf. vernichten zu lassen[106]. Erforderlich ist dazu ein Antrag bei der Zollstelle und eine genaue Warenbeschreibung unter Angabe der Schutzrechtsposition[107]. Im Rahmen des Grenzbeschlagnahmeverfahrens kommt den Hinweisen auf Identifizierungsmerkmale der Originalware besondere Bedeutung zu[108]. Da der Zöllner auf leicht erkennbare und idealerweise sichtbare Produktkennzeichen angewiesen ist[109], stellt der Formenschutz in dieser Situation gegenüber dem Patentschutz das effektivere Schutzrecht dar. Ähnliches gilt auf Messen, bei denen Schutzrechtsverletzungen aufgrund der zeitlichen Kürze der Ausstellungen meist nur visuell wahrgenommen werden können.

---

102 S. Kapitel 2.

103 Jahresbericht der Zollverwaltung 2006, 21.

104 „Piratenjäger auf der Messe“, in: Frankfurter Allgemeine Zeitung vom 17.4.2007, S. 17; „Tatort Messe“, in: Frankfurter Allgemeine Zeitung vom 14.4.2005, S. 16, mit Verweis auf eine VDMA-Untersuchung. Demnach erlangt rund jedes zweite Unternehmen auf Messen erstmalig von den Plagiaten Kenntnis.

105 Grenzbeschlagnahmeverfahren VO (EG) Nr. 1383/2003; in Kraft seit dem 1.7.2004. Weitere Informationen zum Beschlagnahmeverfahren und zur Statistik unter www.Grenzbeschlagnahme.de.

106 Harte-Bavendamm-*Hoffmeister*, Handbuch der Markenpiraterie in Europa, § 5 Rz. 198 ff.; *Hoffmeister/Böhm*, in: FS Eisenführ, S. 161, 163 ff.

107 2006 wurde 748 Beschlagnahmeanträgen stattgegeben und 9.164 Beschlagnahmen vorgenommen, Jahresbericht der Zollverwaltung 2006, S. 32; im Jahre 2005 wurde 352 Beschlagnahmeanträgen stattgegeben und 7.217 Beschlagnahmen durchgeführt, Jahresbericht der Zollverwaltung 2005, 31.

108 Harte-Bavendamm-*Hoffmeister*, Handbuch der Markenpiraterie in Europa, § 5 Rz. 216.

109 Ähnlich *Günther/Beyerlein*, WRP 2004, 452, 453.

Wird bei Investitionsgütern das äußere Erscheinungsbild in unzulässiger Weise nachgebaut und ist das Maschineninnere, ggf. unter Umgehung etwaiger Patente, gegenüber dem Original technisch oder qualitativ minderwertig, so ist dies für die betroffenen Unternehmen besonders ärgerlich. Im Falle eines identischen Nachbaus fällt es erfahrungsgemäß besonders schwer, potenzielle Kunden davon zu überzeugen, dass es sich trotz des identischen Erscheinungsbildes um einen minderwertigen Nachbau handelt. Das betroffene Unternehmen wird es am Markt folglich schwer haben, den höheren Preis der Originalware durchzusetzen[110]. Leistungsmomente und Qualität sind eben „innere Werte", die sich nicht so schnell wie die äußere Form vermitteln lassen. Auch das Gewährleistungsrecht spielt im Zusammenhang mit der Produktpiraterie eine bedeutende Rolle[111]. Besonders kritisch wird es, wenn es sich bei vermeintlichen Garantie- oder Produkthaftungsfällen nicht um ein Original, sondern um identische Nachbauten handelt und der Originalhersteller darlegen muss, dass er für die identischen Nachbauten keine Haftung übernehmen kann.

C. Grenzen einer freien Formgebung von Investitionsgütern

Wurde in dem vorstehenden Kapitel von der freien Formgebung bei Maschinen und Anlagen gesprochen, so findet diese ihre Grenzen in den jeweils einschlägigen gesetzlichen Sicherheitsbestimmungen und in den technischen Besonderheiten der Produkte. Bei der Erörterung von Gestaltungsmöglichkeiten ist daher stets auf die jeweilige Warengruppe abzustellen, denn Investitionsgütermärkte zeichnen sich durch ein heterogenes Produktspektrums aus. Dieses reicht von Standardschrauben über Spezialmaschinen bis hin zu komplexen Kraftwerken und Anlagen[112]. Wenn es um die Gestaltung des äußeren Erscheinungsbildes von Investitionsgütern geht, wird die Form daher nicht selten durch die Funktion bestimmt[113]. Zwar kommt grundsätzlich jedem Investitionsgut eine gewisse Designrelevanz zu[114], doch ist diese je nach Investitionsgütertyp unterschiedlich stark ausgeprägt. Abhängig von den produktspezifischen Besonderheiten, namentlich der technischen Bestimmung, dem konkreten Verwendungszweck und den gesetz-

110 Plagiierte Maschinen können rund 50% weniger als die Originalware kosten, s. Wirtschaftswoche, „Vorsicht Fälschung" vom 30.6.2005, S. 68.

111 Markenartikler wehren sich verstärkt gegen Produktpiraterie, s. Handelsblatt v. 30.8.2005, S. 15.

112 Backhaus/Voeth-*Mühlfeld*, S. 233.

113 „Form follows Function", Zitat nach dem Architekten *Louis Sullivan* (1856–1924) und Maxime des Bauhauses, vgl. *Fiell*, S. 90 f.

114 *Steinmeier*, 92. Im Folgenden wird „Design" als gestalterische Leistung, gleichbedeutend mit der Gestaltung der äußeren Form, verstanden. Zu den unterschiedlichen Design-Begriffen und zur Abgrenzung gegenüber der technischen Konstruktion s. *Mayer*, S. 14 ff.

lichen Rahmenbedingungen kann die Bedeutung des Designs sehr hoch liegen oder auf Null reduziert sein. Auch die unterschiedlichen Geschäftstypen, das ökonomische Umfeld sowie wirtschaftliche Zwänge wirken sich auf das Produktmarketing[115] und somit auf das Designbedürfnis aus. Im Folgenden wird ein Überblick über Umstände gegeben, welche einer freien Gestaltung des äußeren Erscheinungsbildes von Investitionsgütern entgegenstehen können.

I. Einschränkung der Gestaltungsfreiheit aufgrund produktspezifischer Gründe

Wenn es um die Einschränkung der gestalterischen Freiheit geht, kann zwischen unmittelbar produktbezogenen und umfeldbezogenen Umständen unterschieden werden. Im Folgenden werden die Gestaltungsgrenzen aufgezeigt, die unmittelbar aus dem Investitionsgut folgen können.

1. Einfluss der technischen Funktion und der Kontaktintensität auf die Gestaltungsfreiheit

Die Gestaltungsfreiheit von Investitionsgütern wird in erster Linie durch die technisch-funktionalen Produkteigenschaften beschränkt. Je größer die technische Zweckbindung, desto geringer ist der gestalterische Freiheitsgrad und umgekehrt[116]. Bei der Herstellung einiger Komponenten, wie beispielsweise einer Antriebswelle oder einem Getriebezahnrad, ist aufgrund der technischen Funktion der Gestaltungsfreiraum auf Null reduziert. Ähnlich verhält es sich bei einem Flugzeug oder einem Schiffsrumpf, die, bedingt durch die Aerodynamik, nur eine ideale Gestaltung zulassen. Hingegen besteht bei der Formgebung einer Getriebehülle bereits ein größerer Freiheitsgrad. Die begrenzten Gestaltungsmöglichkeiten aufgrund technischer Funktionalitäten hat auch der Gesetzgeber erkannt und daher entsprechende Ausschlussgründe in die einen Formenschutz gewährenden Gesetze aufgenommen[117].

Einen weiteren Einfluss auf das Gestaltungsbedürfnis hat die Beziehung des Menschen zu dem Produkt. Denn je enger der Kontakt zwischen dem Menschen und dem Investitionsgut ist, desto bedeutender wird das Investitionsgüterdesign[118]. Die Dauer und Intensität der Bindung des Menschen zur Ware wird als „Kontaktintensität" bezeichnet. Abhängig von dieser Kontaktintensität kann die Formgebung erheblich an Bedeutung gewinnen oder entsprechend eingeschränkt sein. Einbauaggregate weisen beispielsweise eine geringe Kontaktintensität auf, da sich die

---

115 *Homburg/Krohmer*, S. 888.

116 *Mayer*, S. 76.

117 S. hierzu Kapitel 2.

118 *Geipel*, S. 184, der hier von „Objekt-Umwelt-Beziehung" spricht.

menschliche Wahrnehmung in dem Einbau und unter Umständen der Wartung erschöpft. Obwohl eine freie Formgebung dieser Ware möglich sein kann, ist das Gestaltungsbedürfnis aufgrund der geringen Kontaktintensität von untergeordneter Bedeutung. Rechtlich problematisch ist in diesem Zusammenhang, ob Verbauteile mangels Sichtbarkeit einem Geschmacksmusterschutz zugänglich sind[119].

2. Einfluss der individuellen Fertigung auf die Gestaltungsfreiheit am Beispiel Produktgeschäft/Anlagengeschäft

Auch das Geschäftsmodell bzw. das wirtschaftliche Umfeld kann Einfluss auf das Gestaltungsbedürfnis von Investitionsgütern nehmen. Im Produktgeschäft werden in der Regel standardisierte und in Massenfertigung hergestellte Waren auf einem anonymen Markt angeboten. Der Kunde fragt diese Leistungen zum isolierten Einsatz nach, sodass keine langfristige Geschäftsbeziehung zwischen dem Anbieter und dem Kunden bestehen muss[120]. Die Produkte sind im hohen Maße austauschbar[121]. In einem solchen Massengeschäft gewinnt die äußere Form als Mittel der Differenzierung gegenüber Wettbewerbern erheblich an Bedeutung[122].

Im Anlagen- und Projektgeschäft lässt sich ein solcher Differenzierungsdruck und ein daraus resultierendes Gestaltungsbedürfnis nicht ohne weiteres ausmachen. Hier liegt nämlich der Vermarktungsprozess vor dem Herstellungsprozess[123]. Die Anlage wird also speziell für einen bestimmten Kunden erstellt bzw. modifiziert. Um die Leistung an den Wünschen der Kunden auszurichten, bedarf es deren Mitwirkung am Entwicklungsprozess. Designvorgaben der Kunden können unmittelbar bei der Entwicklung berücksichtigt und umgesetzt werden. Aufgrund der bedarfsabhängigen Fertigung weisen Leistungen im Anlagen- und Projektgeschäft einen im Gegensatz zum Produkt- und Systemgeschäft hohen individuellen Charakter auf, sodass die für einen bestimmten Kunden erstellte Anlage meist keinen anderen Käufer am Markt findet[124].

Welche Bedeutung der Formgebung im Anlagengeschäft zukommt, ist umstritten. Teilweise wird vertreten, dass diese im Anlagen- und Projektgeschäft aufgrund der hohen Auftragsbezogenheit an Bedeutung verliere. Informationen über das Produkt und die Leistung können individuell auf den Kunden abgestimmt und kommuniziert werden[125], sodass eine Produkterklärung oder Marktdifferenzierung

---

119 Zur Diskussion um das Erfordernis der „Sichtbarkeit" s. unten S. 83 ff..

120 *Homburg/Krohmer*, S. 887.

121 Backhaus/Voeth-*Mühlfeld*, S. 243.

122 S. oben S. 27.

123 *Homburg/Krohmer*, S. 889.

124 *Homburg/Krohmer*, S. 887.

125 Backhaus/Voeth-*Bruhn*, S. 714.

mittels Design nicht notwendig sei[126]. Dieser Aussage kann nicht uneingeschränkt zugestimmt werden. Zutreffend ist zwar, dass der Kunde einen wesentlichen Einfluss auf die Gestaltung der Anlage haben kann und das Design daher nicht den Stellenwert einnimmt wie im Produktgeschäft. Dennoch stellt auch im Anlagenbau das Design einen bedeutenden Wettbewerbsfaktor dar[127]. Zunehmend verwenden die Anlagenbauer standardisierte Teile, die nach Art eines Baukastensystems individuell kombiniert werden[128]. Diese standardisierten Baugruppen werden bei einer Vielzahl unterschiedlicher Projekte modular verwendet und weisen als Teile eines übergeordneten Systems ebenfalls eine Designrelevanz auf. Daneben vermittelt der häufig dominante Charakter einer gesamten Anlage eine Unternehmensbotschaft, mit der sich der Kunde des Investitionsgüterherstellers in der öffentlichen Wahrnehmung darstellt. Als Teil einer Corporate Identity-Strategie kommt somit der bewussten Formgebung im Anlagen- und Projektgeschäft eine kommunikationspolitische Aufgabe zu[129]. Daneben kann eine ansprechende Gestaltung einer Anlage als Referenzobjekt für den Investitionsgüterhersteller dienen, mit dem er sich von anderen Anlagenbauern sichtbar abhebt.

3. Einfluss einer notwendigen Integrationsfähigkeit auf die Gestaltungsfreiheit am Beispiel Systemgeschäft/Zuliefergeschäft

Im System- und Zuliefergeschäft ist die Integrationsfähigkeit der Ware von entscheidender Bedeutung. Abhängig davon, ob es sich um das Systemgeschäft oder das Zuliefergeschäft handelt, bestehen unterschiedliche Anforderungen an die Integrationsfähigkeit, was sich wiederum unmittelbar auf das Gestaltungsbedürfnis der Ware auswirken kann.

Das Systemgeschäft ist durch langfristige Geschäftsbeziehungen mit Folgecharakter bei geringer Individualität der Leistung gekennzeichnet. Aus Anbietersicht besteht die zentrale Herausforderung darin, sich im Markt so zu positionieren, dass sich der Kunde für seine Systemtechnologie entscheidet[130]. Das System muss so gestaltet werden, dass der Kunde von der Systembindung überzeugt wird. Hier gelten die allgemeinen Grundsätze der Produktsprache, die eine ansprechende Gestaltung des gesamten Systems rechtfertigen können[131]. Entscheidet sich der Kunde schließlich für ein System, so kann er zu einem späteren Zeitpunkt in nachgelagerten Käufen weitere Bausteine der Systemtechnologie erwerben. Die Systemgebundenheit selber setzt jedoch eine Integrationsfähigkeit der einzelnen

---

126 So *Geipel*, S. 185.

127 *Steinmeier*, S. 78.

128 Backhaus/Voeth-*Mühlfeld*, S. 251; *Mayer*, S. 70.

129 S. oben S. 30.

130 *Homburg/Krohmer*, S. 889.

131 Z.B. Produkterklärung, Produktergonomie, Design als Imageträger, s. oben.

Module unter Wahrung größtmöglicher Kompatibilität voraus. Je höher die Einbindung in das übergeordnete System ist, desto eingeschränkter sind die Gestaltungsmöglichkeiten. Bei einzelnen Modulen wird die Gestaltungsfreiheit dadurch beschränkt, dass das Erscheinungsbild des zu integrierenden Systembausteins den Anforderungen des Gesamtsystems entsprechen muss. Eine farbliche, materielle und formbedingte Abstimmung wird dann erforderlich[132]. Ebenfalls möglich ist die freie Gestaltung von Systembaustein-Schnittstellen. Geht es aber um den rechtlichen Formenschutz dieser Schnittstellen, so sind besondere Ausschlussgründe zu beachten[133].

Im Zuliefergeschäft ist das Gestaltungsbedürfnis hingegen von den Vorgaben des Kunden abhängig. Das Zuliefergeschäft ist ähnlich wie das Systemgeschäft durch Kaufverbunde gekennzeichnet. Hier entwickelt der Anbieter für seinen Kunden im Rahmen einer langfristigen Geschäftsbeziehung individuelle Lösungen, die der Kunde dann sukzessive in Anspruch nimmt[134]. Wenn Zulieferer und Kunde gemeinsam neue Produkttechnologien entwickeln, sind sie meist für die Dauer des Produktlebenszyklus aneinander gebunden. Dies gilt insbesondere für die Hersteller von Komponenten, deren Ware mit Produkten anderer Hersteller zu einem Ganzen verschmelzen und darin aufgehen. Zunehmend werden Maschinen flexibel eingesetzt, sodass diese nach- oder umgerüstet werden müssen. Es entsteht ein Markt für Umrüstteile, wobei sich Umrüstteile in bestehende Maschinen einfügen bzw. integrieren lassen müssen. Diese Teile gehen in einem übergeordneten System auf, was nach einer Abstimmung hinsichtlich der Formgebung verlangt.

II. Einschränkung der Gestaltungsfreiheit aufgrund gesetzlicher Vorgaben

Die Gestaltungsfreiheit von Investitionsgütern kann weiter durch Richtlinien, Gesetze, Rechtsvorschriften, Verordnungen, Sicherheitsnormen[135], spezifische Betriebserfordernisse und Einheitsblätter eingeschränkt werden[136]. Daneben können Schutzrechte Dritter der freien Formgebung Grenzen setzen[137]. Bei diesen Einschränkungen handelt es sich um Faktoren, die im Umfeld des jeweiligen Pro-

---

132 *Steinmeier*, S. 82.

133 Z.B. § 3 Abs. 1 Nr. 2 GeschmMG; Art. 8 Abs. 2 GGVO; s. hierzu Kapitel 2.

134 *Homburg/Krohmer*, S. 887.

135 Das gesamte Normungsprogramm zur Maschinensicherheit umfasst rund 800 Normungsprojekte, davon 670 Produktnormen, s. VDMA, Europäische Richtlinien und Sicherheitsnormen für Maschinen, S. 25.

136 S. weiter *Mayer*, S. 81 ff., die ökologische Rahmenbedingungen, wie beispielsweise eine Teile-Wiederverwertbarkeit oder eine schadstoffarme Werkstoffauswahl aufführt, welche die Formgebung beeinflussen kann.

137 S. Kapitel 2.

dukts begründet sind. So darf eine Maschine nur in den Verkehr gebracht und in Betrieb genommen werden, wenn diese allen einschlägigen Sicherheits- und Umweltschutzbestimmungen entspricht. Dabei setzen die Vorschriften zumeist keine zwingenden Gestaltungsanforderungen, sondern zeigen zu erfüllende Regelungsziele auf. Wie diese Ziele technisch bzw. gestalterisch erreicht werden, ist meist nicht näher vorgegeben. Aufgrund der begrenzten technischen Möglichkeiten, die zur Verwirklichung eines solchen Regelungsziels zur Verfügung stehen, führt dies teilweise zu einer erheblichen Einschränkung der gestalterischen Freiheit. Nachfolgende Darstellung gibt einen nicht abschließenden Überblick über bedeutende maschinenbau-relevante Regelwerke, welche einer willkürlichen Formengebung entgegenstehen können.

1. Maschinenrichtlinie

Die EG-Maschinenrichtlinie stellt verbindliche Regelungen zum erstmaligen Inverkehrbringen und Inbetriebnehmen von Maschinen im europäischen Wirtschaftsraum auf[138]. Hauptanliegen der Maschinenrichtlinie ist die Integration der Sicherheit[139]. Alle Maschinen und Anlagen, die in den Anwendungsbereich der Richtlinie fallen, müssen die im Anhang 1 der Richtlinie aufgeführten Sicherheits- und Gesundheitsanforderungen erfüllen[140]. Diese für Maschinen geltenden allgemeinen Anforderungen werden teilweise durch Normen ergänzt und konkretisiert. Für bestimmte Investitionsgüter, die ein besonderes Gefahrenpotenzial aufweisen, bestehen gesonderte Regelungen[141].

---

138 Richtlinie 98/37/EG des Europäischen Parlaments und des Rates zur Angleichung der Rechts- und Verwaltungsvorschriften der Mitgliedsstaaten für Maschinen vom 22.6.1998; umgesetzt in nationales Recht durch die 9. Verordnung zum Gerätesicherheitsgesetz (Maschinenverordnung, 9. GSGV 1) (BGBl. I, 704), zuletzt geändert am 28.9.1995 (BGBl. I, 1213). Am 17.5.2006 wurde die neue Maschinenrichtlinie 2006/42/EG unterzeichnet und am 9.6.2006 im Amtsblatt der Europäischen Union (Abl. L 157) veröffentlicht. Diese ist bis zum 29.6.2008 in nationales Recht umzusetzen und ab dem 29.12.2009 für alle der Richtlinie unterfallenden Produkte bindend.

139 Eine weitere Richtlinie, welche Sicherheitsanforderungen für Betriebsmittel, Maschinen und Anlagen aufstellt und die sich auf das äußere Erscheinungsbild auswirken kann, ist beispielsweise die Richtlinie zur Angleichung der Rechtsvorschriften der Mitgliedsstaaten über umweltbelastende Geräuschemissionen von zur Verwendung im Freien vorgesehenen Geräten und Maschinen (Richtlinie 2000/14/EG).

140 Die Sicherheitsanforderungen der Maschinenrichtlinie 98/37/EG entsprechen denen der neuen Maschinenrichtlinie 2006/42/EG Anlage 1.

141 Beispielsweise Richtlinie zur Angleichung der Rechtsvorschriften der Mitgliedsstaaten für Geräte und Schutzsysteme zur bestimmungsgemäßen Verwendung in explosionsgefährdeten Bereichen, sog. ATEX-Richtlinie (Richtlinie 94/9/EG); Richtlinie über die Angleichung von Druckgeräten (Richtlinie 97/23/EG).

Die Anforderungen der Richtlinie können sich teilweise unmittelbar auf die Gestaltung der äußeren Erscheinung auswirken. Beispielsweise ist der Sicherheitsaspekt bereits während der Entwicklung einer Maschine zu berücksichtigen. Dazu benennt die Richtlinie Werkstoffe und Materialien, die für besondere Nutzungen geeignet sind. Auch ist bei der Konstruktion die zu erwartende Ermüdung und psychische Belastung des Bedienungspersonals zu berücksichtigen und durch ergonomische Prinzipien auf das mögliche Mindestmaß zu reduzieren (Anhang 1 Nr. 1.1.2 der Richtlinie)[142]. Die Maschine ist so zu gestalten, dass die Nutzer einen ausreichenden Sicherheitsabstand zu Gefahrenquellen einhalten müssen und Verletzungen durch scharfe Oberflächen, Kanten und Ecken vermieden werden. Die Richtlinie verlangt vom Konstrukteur, alle für die Lärmminderung verfügbaren Mittel zu nutzen. Der Austritt von und eine Gefährdung durch Emissionen wie Staub, Strahlungen und Gase ist zu vermeiden. Bewegen sich Menschen auf der Maschine, so müssen geeignete Vorkehrungen getroffen werden, die ein Aus- oder Abrutschen verhindern. Es sind also Schutzgitter oder Geländer zu montieren. Weiter muss die Standfestigkeit der Maschine sichergestellt sein. Kann aufgrund der Form der Maschine oder der geplanten Installation eine ausreichende Stabilität nicht gewährleistet werden, müssen geeignete Befestigungshilfen vorgesehen werden.

Bei Maschinen, die bei extrem niedrigen oder hohen Temperaturen betrieben werden, hat das Bedienpersonal Schutzbekleidung zu tragen. Die zur Maschine erforderlichen Steuerungseinheiten sind daher bei Bedarf so zu dimensionieren und zu entwickeln, dass sie vom Personal selbst beim Tragen von Schutzausrüstung sicher betätigt werden können. Daher muss die Maschinensteuerung auch mit Handschuhen oder Fußsteuerhebel mit Sicherheitsschuhen bedient werden können (Anhang 1 Nr. 1.2.2 der Richtlinie). Weiter muss jede Maschine mit einem Notschalter zum Stillsetzen der ganzen Maschine ausrüstet sein. Diese Befehlseinrichtung muss im Notfall gut sichtbar, deutlich kenntlich und schnell zugänglich sein. Dabei sind für bestimmte Schaltvorgänge festgelegte Farben zu verwenden, beispielsweise Ingangsetzung und Einschaltung: weiß, Stillsetzung und Abschaltung: schwarz, Notausschaltung: rot.

Unter gewissen Voraussetzungen müssen bestimmte Maschinen einen Splitterschutz aufweisen. Die Montage von Splitterschutzvorrichtungen ist vor allem bei Maschinen erforderlich, deren Werkzeuge aufgrund von Zentrifugalkräften oder Druck außergewöhnlichen Belastungen ausgesetzt und somit bruchgefährdet sind. Dies gilt vor allem für Schleifmaschinen und bestimmte Drehwerkzeuge. Die Schutzeinrichtungen müssen den vorhersehbaren mechanischen Beanspruchungen, wie Spanauswurf, Auswurf von Bruchstücken aus dem Maschineninneren sowie Stößen oder Belastungen, standhalten können. Das Bedienungspersonal darf jedoch nicht durch Schutzeinrichtungen an der Beobachtung des Arbeitszyk-

142 S. auch VDI-Richtlinie 2242 „Grundlagen und Vorgehen" über das Konstruieren ergonomiegerechter Erzeugnisse.

lus gehindert werden[143]. Der Hersteller muss für den Arbeitsbereich seiner Maschine und ggf. für deren Innenteile eine Beleuchtung gewährleisten (Anhang 1 Nr. 1.1.4 der Richtlinie)[144]. Die zur Wartung zugänglichen Teile sollen außerhalb der Gefahrenbereiche liegen und ebenerdig zugänglich sein.

Für besondere Maschinenarten stellt die Richtlinie gesonderte Anforderungen auf. So müssen bei Nahrungsmittelmaschinen alle Flächen sowie ihre Verbindungen glatt sein und dürfen weder Rauheit noch Vertiefungen, in denen sich organische Stoffe festsetzen können, aufweisen. Alle mit Lebensmitteln in Berührung kommenden Flächen müssen, eventuell nach Entfernen einer Verkleidung, leicht zu reinigen und zu desinfizieren sein. Besteht die Gefahr von herabfallenden Gegenständen, wie beispielsweise auf eine Gabelstaplerkabine, so muss ein Schutzaufbau vorgesehen werden (Anhang 1 Nr. 3.4.4 der Richtlinie). Bei Überrollgefahr muss ein Überrollschutz vorhanden sein.

2. Gesetze

Auf nationaler Ebene setzt das Gesetz zur Neuordnung der Sicherheit von technischen Arbeitsmitteln und Verbraucherprodukten, kurz Geräte- und Produktsicherheitsgesetz (GPSG) vom 1. Mai 2004 die Anforderungen der EG-Produktsicherheitsrichtlinie um[145]. Auch dieses Gesetz kann, zumindest indirekt, durch Normen, die auf Grundlage des Gesetzes erlassen werden, die freie Formgebung von Investitionsgütern einschränken.

Das Gerätesicherheitsgesetz und das Produktsicherheitsgesetz wurden vom GPSG abgelöst, wobei letzteres den Kernbereich des alten Gerätesicherheitsgesetzes (GSG) abbildet und vom Produktsicherheitsgesetz (ProdSG) die Auffangfunktion für Produkte, für die es kein Spezialrecht gibt, sowie die Dachfunktion bezüglich spezieller Regelungen für Verbraucherprodukte übernimmt. Mit dem GPSG liegt nunmehr ein umfassendes Gesetz für die Sicherheit technischer Produkte vor. Zuordnungsprobleme und Doppelregelungen, wie sie durch das Nebeneinander von GSG und ProdSG bestanden, wurden beseitigt[146].

Durch die Bezugnahme auf die allgemein anerkannten Regeln der Technik stellt das GPSG keine materiellrechtlichen Anforderungen auf[147]. § 3 GPSG sieht jedoch eine Ermächtigungsgrundlage für das Bundesministerium für Wirtschaft und Arbeit vor, wonach dieses, unter näher aufgezeigten Voraussetzungen, durch

143 Weitere Grundsätze für Schutzeinrichtungen enthält Norm EN 953.

144 Bestimmte C-Normen enthalten nähere Angaben über die zu beleuchtenden Maschinenteile.

145 Richtlinie 2001/95/EG.

146 *Potinecke*, DB 2004, 55.

147 *Potinecke*, DB 2004, 57.

Rechtsverordnung Anforderungen an die Gewährleistung von Sicherheit und Gesundheit oder zum Schutz sonstiger Rechtsgüter erlassen kann. Soweit eine dem Regelungsbereich des Gesetzes unterfallende Maschine einer Norm oder technischen Spezifikation entspricht, die von der Bundesstelle im Bundesanzeiger bekannt gegeben worden ist, wird für dieses Produkt vermutet, dass es den relevanten Sicherheits- und Gesundheitsanforderungen genügt (§ 4 Abs. 2 Nr. 4 GPSG).

3. Technische Normen

Einen wesentlichen Einfluss auf die äußere Gestaltung von Maschinen können auch Normen haben. Technische Normen sind unverbindliche Regelwerke und Empfehlungen, deren Beachtung den Unternehmen grundsätzlich freisteht. Eine Anwendungspflicht kann allerdings aus Gesetzen, Verwaltungsvorschriften oder vertraglichen Regelungen folgen[148].

Normen sind Erkenntnisquellen für technisch ordnungsgemäßes Verhalten im Regelfall[149], welche unbestimmte Rechtsbegriffe wie den „Stand der Technik"[150] definieren. Beispielsweise ist der Hersteller einer Maschine nach DIN EN ISO 12100-1:2004, Abschnitt 5 – diese Norm greift die grundlegenden Sicherheitsanforderungen der EU-Maschinenrichtlinie auf – verpflichtet, mögliche Risiken und Gefährdungen, die aus der Vernachlässigung ergonomischer Grundsätze resultieren können, zu vermeiden[151]. Wurde eine Maschine entsprechend einer europäischen Produktnorm hergestellt, die als sog. „harmonisierte Norm" zur Maschinenrichtlinie im Amtsblatt der EG bezeichnet worden ist, spricht eine Vermutung dafür, dass die Maschine den grundlegenden Sicherheitsanforderungen entspricht (§ 4 Abs. 2 Nr. 4 GPSG). Eine zentrale Ergonomie-Norm bei der Gestaltung von Maschinen und Anlagen ist DIN EN 13861:2003. Darüber hinaus werden in einer Vielzahl weiterer Normen Anforderungen an die Gestaltung von Maschinen aufgestellt[152], die über die Einhaltung allgemeiner ergonomischer Grundlagen[153] und die Gestaltung von Anzeigen und Steuereinheiten[154] bis hin zu der Berücksichti-

---

148 *Creifelds*, S. 1346, unter „Technische Regeln".

149 Anwendung von Ergonomienormen bei der Gestaltung von Maschinen, DIN-Taschenbuch 352, S. 4.

150 Beispielsweise enthält Europäische Norm EN 953 allgemeine Grundsätze für Schutzeinrichtungen.

151 Anwendung von Ergonomienormen bei der Gestaltung von Maschinen, DIN-Taschenbuch 352, S. 5.

152 In dem DIN-Taschenbuch 352 werden 28 Ergonomienormen dargestellt, die bei der Gestaltung von Maschinen zu berücksichtigen sind. Dabei handelt es sich jedoch keinesfalls um eine abschließende Sammlung von einschlägigen Vorschriften.

153 DIN EN 614-1:2003.

154 DIN EN 894-1:1997 regelt beispielsweise Sichtachsen, Stärke von Lichtquellen und Anforderungen an taktile Anzeigen.

gung von menschlichen Körpermaßen[155] oder Anforderungen an berührbare Oberflächen[156] reichen.

D. Zusammenfassung der Gründe und Grenzen einer bewussten Formgebung

Investitionsgüterdesign ist kein reiner Selbstzweck zur ästhetischen Gestaltung der Umwelt, sondern ein effizientes Instrument zur Darstellung von Produktqualität und Unternehmensindividualität. Selbst im Investitionsgütermarkt, der betont sachlichen Anforderungen gerecht werden muss, ist Design ein Wettbewerbsfaktor, der von den Unternehmen als solcher nach und nach erkannt wird. Dabei weisen jedoch nicht alle Investitionsgüter umfassende Gestaltungsmöglichkeiten auf. Abhängig von dem jeweiligen Produkt, dessen technischer Funktion, der konkreten Wettbewerbssituation sowie der Öffentlichkeitswirkung, also der Mensch-Maschine-Beziehung, kann das Designpotenzial bzw. das Gestaltungsbedürfnis unterschiedlich ausgeprägt sein. Gesetzliche Vorschriften, Sicherheitsanforderungen, Normen, Schutzrechte Dritter sowie eine geforderte Integrationsfähigkeit können den verbleibenden Gestaltungsspielraum weiter einengen.

Bedingt durch die Globalisierung und die sich qualitativ und preislich immer stärker angleichenden Produkte verändern sich die Investitionsgütermärkte. Bei zunehmender Konkurrenz kann die bewusste Gestaltung der äußeren Erscheinung von Maschinen und Anlagen für das entsprechende Unternehmen einen Wettbewerbsvorteil bedeuten. Beispielsweise kann ein innovatives Produktdesign, als Teil einer übergeordneten Marketing- und Kommunikationsstrategie, für die notwendige Abgrenzung am Markt sorgen. Über die Produktsprache können Maschinenfunktionen und Bedienelemente erläutert und Leistungsmomente sowie Produktinnovationen visualisiert werden. Im Investitionsgütermarketing kann das Design als Klammer zwischen den verschiedenen, an der organisationalen Kaufentscheidung beteiligten Personen fungieren und die Entscheidung des Buying Center beeinflussen. Auch bei Investitionsgütern trägt das Produktdesign zur Corporate Identity bei. Eine ansprechende Maschinenform schafft einen Wiedererkennungswert und kann – bei Wiederholung identischer Gestaltungselemente – zu einem Imagetransfer zwischen den unterschiedlichen Produkttypen eines Unternehmens führen. Daneben lassen sich durch einen modernen Produktauftritt technologische Wettbewerbsnachteile ausgleichen. Wurde das Design als Wertschöpfungsfaktor erkannt, muss dieses allerdings langfristig gesteuert und gepflegt werden.

155 DIN EN 547-3:1997 regelt beispielsweise die Größe von Einstiegsluken.

156 DIN EN ISO 13732-1:2004 regelt Maßnahmen, die einer Verbrennung aufgrund hoher Temperaturen vorbeugen sollen.

Erfolgreiche Designkonzepte werden nicht nur bei Konsum- und Luxusgütern kopiert, sondern im steigenden Maße auch in der Investitionsgüterindustrie. Den durch die Designinnovation erlangten Wettbewerbsvorteil gilt es daher umfassend gegen Nachahmungen zu schützen. Für die Investitionsgüterindustrie gewinnen daher neben etwaigen technischen Schutzmaßnahmen insbesondere die im folgenden Kapitel darzustellenden Rechte an Bedeutung.

2. Kapitel

Rechtliche Möglichkeiten zum Formenschutz

Aus den in Kapitel 1 aufgezeigten Gründen kann es für Investitionsgüterhersteller durchaus sinnvoll sein, das äußere Erscheinungsbild von Maschinen und Anlagen bewusst zu gestalten. Mit zunehmendem Gestaltungsaufwand steigt auch das Interesse der Unternehmen, ihre Designinnovationen gegen Nachahmung angemessen zu schützen. Nachfolgend werden die für einen Formenschutz von Investitionsgütern bedeutenden nationalen und europäischen Rechtsinstitute, unter Berücksichtigung der aktuellen Rechtsprechung, dargestellt.

A. Geschmacksmusterschutz

Das Geschmacksmuster dient dem Schutz der äußeren Erscheinung von zwei- oder dreidimensionalen Gegenständen und gewährt einen Designschutz für Form- und Farbgestaltungen. Um Geschmacksmusterschutz beanspruchen zu können, muss das Muster „neu" sein und eine „Eigenart" aufweisen.

Seit dem 1. Juni 2004 gilt in Deutschland ein grundlegend überarbeitetes Geschmacksmustergesetz. Eine Novellierung des in die Jahre gekommenen Musterrechts wurde aufgrund der Europäischen Geschmacksmusterrichtlinie[157] notwendig, welche die unterschiedlichen nationalen Regelungen zum Schutz industrieller Formgestaltungen in den Mitgliedsstaaten der Europäischen Union harmonisiert. Neben den nationalen Geschmacksmustern kann bereits seit dem 1. April 2003 ein Formenschutz auch über das Gemeinschaftsgeschmacksmusterrecht erlangt werden, welches einen einheitlichen Schutz innerhalb der gesamten Europäischen Gemeinschaft gewährt[158]. Im Gegensatz zum nationalen Musterrecht[159] sieht das Gemeinschaftsgeschmacksmuster neben dem Schutz für eingetragene Muster auch Schutz für nicht eingetragene Muster vor[160].

157 Richtlinie 98/71/EG des Europäischen Parlaments und des Rates vom 13.10.1998 über den rechtlichen Schutz von Mustern und Modellen.

158 Verordnung (EG) Nr. 6/2002 des Rates vom 12.12.2001 über das Gemeinschaftsgeschmacksmuster.

159 Wenn im Folgenden vom „nationalen Musterrecht" gesprochen wird, so beziehen sich die Ausführungen auf das neue deutsche Geschmacksmusterrecht.

160 Auf die Schutzmöglichkeit vor der WIPO nach dem „Haager Abkommen über die internationale Hinterlegung gewerblicher Muster oder Modelle" und die künftige Verknüpfung zwischen dem Gemeinschaftsgeschmacksmustersystem und der internationalen Anmeldung vor der WIPO wird an dieser Stelle der Vollständigkeit halber hingewiesen, s. vertiefend

Bevor näher auf die einzelnen Schutzvoraussetzungen des Geschmacksmusterrechts einzugehen ist, wird zunächst die Entwicklung des deutschen und europäischen Geschmacksmustersystems dargestellt.

I. Entwicklung des Geschmacksmustersystems

Am 12. Dezember 2001 hat der Rat der Europäischen Union die Verordnung über das Gemeinschaftsgeschmacksmuster verabschiedet[161]. Diese Verordnung ist am 6. März 2002 in Kraft getreten und schafft in der Europäischen Gemeinschaft ein einheitliches Gemeinschaftsgeschmacksmusterrecht. In allen Mitgliedsstaaten hat es dieselbe Wirkung. Parallel zu der Geschmacksmusterverordnung schafft die Richtlinie 98/71/EG[162] des Europäischen Parlaments und des Rates über den rechtlichen Schutz von Mustern und Modellen vom 13. Oktober 1998 die Grundlage zur Harmonisierung der nationalen Musterordnungen innerhalb der Mitgliedsstaaten. Mit dem Geschmacksmusterreformgesetz vom 12. März 2004, in Kraft getreten am 1. Juni 2004, wurde diese Richtlinie in nationales Recht umgesetzt. Das neue deutsche Geschmacksmustergesetz hat das alte Geschmacksmustergesetz mit der amtlichen Bezeichnung „Gesetz betreffend das Urheberrecht an Mustern und Modellen“[163] abgelöst. Um die aktuellen Problemfelder des Geschmacksmusterschutzes darzustellen, ist zunächst ein Blick auf die Entwicklung des Designschutzes zu richten.

1. Historische Entwicklung des deutschen Geschmacksmustergesetzes

Der Musterschutz, wie wir ihn heute kennen, findet seinen Ursprung 1806 in Frankreich in dem von Napoleon erlassenen Gesetzesakt, der auf dem Lyoner Dekret von 1744 zum Schutze der Seidenindustrie fußt[164]. Erst nach Gründung des Deutschen Reiches forderte die Textilindustrie ab 1874 die Schaffung eines eigenständigen und einheitlichen Musterschutzgesetzes. Hintergrund waren die Erfahrungen der Wiener Weltausstellung von 1873, auf der der Rückstand der deutschen Kunstindustrie im Vergleich zur französischen hervortrat, was nicht zuletzt auf das Fehlen eines Musterschutzgesetzes zurückgeführt wurde[165]. Um die kritisierten Missstände zu beheben, wurden 1875 drei Gesetzesakte vorgeschlagen.

Weiden, GRUR 2006, 212, 214. Zu den internationalen Musterabkommen s. einführend *A. Busse*, S. 40 ff.

161 Verordnung (EG) Nr. 6/2002 des Rates vom 12.12.2001, ABl. EG 2002 Nr. L 3 S. 1 (GGVO).

162 ABl. EG Nr. L 289, 28; im Folgenden als „Richtlinie“ bezeichnet.

163 Zuletzt geändert durch Art. 8 des Gesetzes vom 23.7.2002 (BGBl. I, 2850).

164 *Pagenkopf*, Mitt. 2002, 206, 206, m.w.N. zu den Vorläufern des Musterschutzes; s. dazu auch *Eck*, S. 15 ff. m.w.N..

165 *Pagenkopf*, Mitt. 2002, 206, 208.

Dabei handelte es sich neben dem „Gesetz betreffend das Urheberrecht an Werken der bildenden Künste“ und dem „Gesetz betreffend den Schutz der Photographien gegen unbefugte Nachbildungen“ um das „Gesetz betreffend das Urheberrecht an Mustern und Modellen“. Bei der Schaffung dieser Gesetze ging der Gesetzgeber (noch) von einer konsequenten Trennung des Schutzes der reinen von dem der bildenden Kunst aus[166]. Am 11. Januar 1876 wurde das Gesetz betreffend das Urheberrecht an Mustern und Modellen verabschiedet. Das gesetzgeberische Ziel, mit dem Regelwerk der Wirtschaft ein attraktives System zum Formenschutz zur Seite zu stellen sowie neue Impulse zur Formengestaltung zu schaffen[167], schien zunächst verwirklicht, denn die Möglichkeit, die das neue Gesetz bot, Gestaltungen gegen Entrichtung einer geringen Gebühr als Muster schützen zu lassen, wurde von den Fabrikanten rasch angenommen[168].

Da das Geschmacksmustergesetz seit seinem Inkrafttreten am 1. April 1876 über einen Zeitraum von über 125 Jahren – von kleineren Änderungen und Ergänzungen abgesehen – im Wesentlichen unverändert blieb[169], galt es als mittlerweile unübersichtlich[170] und seit langem reformbedürftig[171]. Bedeutsame Änderungen hat das alte Musterrecht lediglich durch das Gesetz zur Änderung des Geschmacksmustergesetzes[172] und dem Gesetz zur Stärkung des geistigen Eigentums und zur Bekämpfung der Produktpiraterie erfahren[173], die allerdings von wesentli-

---

166 Vgl. *Eck*, S. 22.

167 *Eichmann/Falckenstein*, Geschmacksmustergesetz, 2. Aufl., Allgem. Rz. 18.

168 *Gerstenberg*, in: FS GRUR, S. 619, 696; *Pagenkopf*, Mitt. 2002, 206, 208, der darauf hinweist, dass bereits in den ersten 50 Jahren des Gesetzes fast fünf Millionen Geschmacksmuster eingetragen wurden.

169 *Falckenstein*, GRUR 2001, 672, 672.

170 BT-Drucks. 15/1075 vom 28.5.2003 zum Geschmacksmusterreformgesetz, S. 26.

171 Neuer Entwurf eines Geschmacksmustergesetzes, GRUR 1940, 243, 248.

172 Gesetz zur Änderung des Geschmacksmustergesetzes vom 18.12.1986 (BGBl. I, 2501), mit dem insbesondere das Anmeldeverfahren neu gestaltet wurde. Während bis dahin das Musterregister von den für die Führung der Handelsregister beauftragten Amtsgerichten geführt wurde, erfolgte ab dem 1.7.1988 die zentrale Registrierung beim Deutschen Patent- und Markenamt. Darüber hinaus wurden die Bildhinterlegung zum Regelfall einer Musteranmeldung und die Erzeugnishinterlegung im Original auf einige Ausnahmefälle beschränkt. Zur Gewährung einer größeren Publizität wurde die Bildbekanntmachung der eingetragenen Geschmacksmuster im Geschmacksmusterblatt eingeführt. Registereintragungen und Bekanntmachungen werden seither im Interesse einer besseren Übersicht nach Warenklassen geordnet. Weiter wurde eine sechsmonatige Neuheitsschonfrist in das Geschmacksmusterrecht aufgenommen, sodass eigene Offenbarungen des Musteranmelders innerhalb dieser Frist nicht mehr als neuheitsschädlich der Entstehung des Schutzrechts entgegenstehen konnte.

173 Mit dem Gesetz zur Stärkung des geistigen Eigentums und zur Bekämpfung der Produktpiraterie vom 7.3.1990 (BGBl. I, 422) wurden Vernichtungs- und Einziehungsmöglichkeiten bei Schutzrechtsverletzungen erweitert sowie ein besonderer Auskunftsanspruch geschaf-

chen materiellen Änderungen bewusst absahen[174]. Seit Bestehen des Musterschutzes gab es daher immer wieder Novellierungsvorschläge, die teilweise an die vorhandene Gesetzessystematik anknüpften[175], teilweise aber auch neue Ansätze verfolgten, die sich entweder für eine stärkere urheberrechtliche[176] oder eine stärkere patentrechtliche[177] Prägung aussprachen. Diesen grundlegenden Reformforderungen dürfte die Europäische Kommission und der Bundesgesetzgeber mit der Neuordnung des Musterschutzes nunmehr ein Ende bereitet haben.

Das geltende Geschmacksmustersystem ist durch ein Nebeneinander von Gemeinschaftsrecht und nationalem Recht geprägt. Fraglich ist zunächst, ob überhaupt eine parallele Regelung des Musterrechts auf europäischer und nationaler Ebene notwendig war oder ob nicht die Schaffung eines Gemeinschaftsgeschmacksmusters ausreichend gewesen wäre.

2. Notwendigkeit der „doppelten" Regelung durch Verordnung und Richtlinie

Eine Regelung des Geschmacksmusters sowohl auf nationaler als auch auf europäischer Ebene ist nicht selbstverständlich. So könnte man erwägen, dass es in einem einheitlichen Binnenmarkt keine nationalen Schutzrechte mehr bedürfe und eine Regelung auf Gemeinschaftsebene ausreichend wäre. Nach dem in Art. 5 EG-Vertrag niedergelegten Subsidiaritätsgrundsatz darf die Gemeinschaft legislativ allerdings nur tätig werden, wenn der EG-Vertrag ihr hierfür ausdrücklich die Kompetenz einräumt. Darüber hinaus steht der Gemeinschaft eine weitere Regelungsbefugnis nur dann zu, wenn die Ziele auf Ebene der Mitgliedsstaaten nicht ausreichend und auf Gemeinschaftsebene besser erreicht werden können. Die Gemeinschaft hätte demnach für die Abschaffung der nationalen Musterrechte überhaupt keine Befugnis besessen[178]. Um das Ziel eines einheitlichen Schutzsystems zu erreichen, musste also auf Gemeinschaftsebene ein neues Schutzrecht implementiert werden, wobei hier die Kompetenz für den Erlass der Verordnung aus Art. 308 EG-Vertrag folgt[179].

---

fen, der zur Aufklärung der Quellen und Vertriebswege schutzrechtsverletzender Waren dient. Ebenso wurden die strafrechtlichen Sanktionen verschärft.

174 *Pagenkopf*, Mitt. 2002, 206, 209.

175 *O. v. Gamm*, GRUR 1985, 889 ff.

176 *Henssler*, GRUR 1961, 397, 402; *Osterrieth*, GRUR 1909, 73, 77.

177 Neuer Entwurf eines Geschmacksmustergesetzes, GRUR 1940, 249, vorgelegt vom Fachausschuss für Wettbewerbs- und Warenzeichenrecht in der Akademie für Deutsches Recht; *Gerstenberg*, GRUR 1978, 26, 30, vorgelegt vom Fachausschuss für Geschmacksmusterrecht der Deutschen Vereinigung für gewerblichen Rechtsschutz und Urheberrecht 1977.

178 S. *Lorenzen*, S. 86, die einen solchen Eingriff für unverhältnismäßig hält.

179 Ex-Art. 235 EG-Vertrag.

Für ein Nebeneinander von Verordnung und Richtlinie ist weiter entscheidend, dass noch nicht sämtliche Leistungsschutzrechte harmonisiert wurden und es bei einem einheitlichen Gemeinschaftsgeschmacksmustergesetz im Verhältnis zu den einzelnen nationalen Schutzrechten, insbesondere im Verhältnis zum Wettbewerbs- und Urheberrecht, zu Regelungslücken bzw. Kollisionen kommen könnte[180]. Weiter wäre problematisch, wie die unterschiedlichen nationalen Schutzrechte in ein Gemeinschaftssystem zu überführen wären. In jedem Falle wäre daher eine parallele Regelung für einen gewissen Zeitraum notwendig[181]. Schließlich ist anzumerken, dass kleine bzw. ausschließlich national agierende Unternehmen häufig kein Bedürfnis an einem europaweiten Schutz haben und daher auch weiterhin die Möglichkeit eines günstigeren nationalen Schutzes gewährt werden sollte[182]. Um also eine Umgehung des Gemeinschaftsrechts durch die verschiedenen nationalen Musterordnungen zu vermeiden, mussten diese gleichfalls angeglichen werden[183]. Die dafür notwendige Richtlinienzuständigkeit folgt aus Art. 95 EG-Vertrag[184].

Das auf Grundlage der Verordnung erlassene Gemeinschaftsgeschmacksmuster tritt eigenständig neben die nach der Richtlinie harmonisierten nationalen Musterordnungen, sodass sich Musteranmelder sowohl für eine gemeinschaftsweite als auch für eine nationale Anmeldung entscheiden können[185]. Selbst nachdem sich der Anmelder für den Schutz in einem dieser Rechtssysteme entschieden hat, kann noch eine Anmeldung in dem anderen Rechtssystem erfolgen, sofern dies innerhalb der zwölfmonatigen Neuheitsschonfrist geschieht[186]. Die fehlende Neuheit und Eigenart kann dem Musterentwerfer oder seinem Rechtsnachfolger dann nicht entgegengehalten werden.

Nachfolgend wird die Entwicklung der Gemeinschaftsgeschmacksmusterverordnung sowie der Geschmacksmusterrichtlinie skizziert.

3. Entwicklung der Gemeinschaftsgeschmacksmusterverordnung

Die Schaffung eines einheitlichen europäischen Geschmacksmustersystems wurde wegen der steigenden wirtschaftlichen Bedeutung des Designs in der Industrie,

---

180 *Lorenzen*, S. 87.

181 *A. Busse*, S. 138.

182 *Lorenzen*, S. 87.

183 *Schennen*, in: FS Eisenführ, S. 99, 100.

184 Ex-Art. 100a EG-Vertrag.

185 Die Anmeldung des nationalen Geschmacksmusters ist an das Deutsche Patent- und Markenamt, Dienststelle Jena, zu richten. Für die Anmeldung des eingetragenen Gemeinschaftsgeschmacksmusters ist das Harmonisierungsamt für den Binnenmarkt (HABM) mit Sitz in Alicante, Spanien, zuständig.

186 Vgl. Art. 7 Abs. 2 GGVO; § 6 GeschmMG, der Art. 6 Abs. 2 und 3 der Richtlinie umsetzt. Art. 7a GeschmMG a.F. sah demgegenüber nur eine sechsmonatige Neuheitsschonfrist vor.

wegen des Wunsches nach einem einheitlichen europäischen Markt und wegen der großen Unterschiede in den einzelnen nationalen Rechtsordnungen erforderlich[187]. Erste Bemühungen um eine Angleichung des Musterrechts hatten daher bereits kurz nach Gründung der Europäischen Gemeinschaft 1959 eingesetzt. Da die Unterschiede der nationalen Mustergesetze aber unüberbrückbar erschienen, konnten keine Ergebnisse erzielt werden[188], bis schließlich 1991 die Kommission ein Grünbuch über den rechtlichen Schutz gewerblicher Muster und Modelle nebst Verordnungs- und Richtlinienvorschlag zur Angleichung der Rechtsvorschriften der Mitgliedsstaaten über den Rechtsschutz von Mustern vorlegte[189]. Ziel war es, einen einheitlichen Rechtsraum, nach dem Vorbild des Markenrechts[190], mit einem neuen Gemeinschaftsgeschmacksmusterrecht und einer Rechtsangleichung der nationalen Gesetze zu schaffen. Der von der Kommission vorgelegte Vorentwurf einer Verordnung zum Gemeinschaftsgeschmacksmusterrecht orientierte sich dabei wesentlich an dem vom Max-Planck-Institut entworfenen Vorschlag[191] für ein europäisches Musterrecht[192], ging aber über diesen hinaus, da er auch die Harmonisierung der nationalen Rechtsordnungen durch eine Richtlinie vorsah[193].

Die Arbeiten an dem Verordnungstext gerieten mehrmals ins Stocken, da man zunächst keine Einigung über grundsätzliche Fragen erzielen konnte. So war lange Zeit umstritten, in welchen Sprachen die Anmeldung erfolgen sollte. Weiter war bei der Ersatzteilproblematik unklar, ob Ersatzteile dem Gemeinschaftsgeschmacksmuster unterfallen, oder, wie dies in einigen Mitgliedsstaaten der Fall ist, ausdrücklich vom Musterschutz ausgenommen werden sollen[194]. Auch gegen das neu zu schaffende nicht eingetragene Gemeinschaftsgeschmacksmuster wurden Bedenken hinsichtlich der Rechtssicherheit erhoben[195]. Nach langen Diskus-

---

187 *Bayona*, GRUR Int. 2003, 24, 24.

188 *Pilla*, S. 44.

189 KOM Dok. III/F/5131/91-DE. – Verordnungsvorschlag Anhang 1, Richtlinienvorschlag Anhang 2.

190 S. unten S. 115.

191 Veröffentlicht bei *Ritscher*, GRUR 1990, 559, 560. Zur Diskussion über den MPI-Entwurf s. *Eck*, S. 31 ff.

192 S. für einen Vergleich des MPI-Vorschlags mit dem Kommissionsentwurf im Grünbuch über den rechtlichen Schutz gewerblicher Muster und Modelle, KOM Dok. III/F/5131/91-DE: *Eck*, 42 ff. So nimmt das Grünbuch über den rechtlichen Schutz gewerblicher Muster und Modelle (KOM Dok. III/F/5131/91-DE) beispielsweise ausdrücklich Verbindungselemente (S. 68) sowie Computerprogramme und Halbleitererzeugnisse (S. 72) vom Musterschutz aus und sieht für den formlosen Musterschutz eine drei- statt eine zweijährige Schutzfrist vor.

193 S. unten S. 55.

194 S. unten S. 96.

195 Kritik kam hier insbesondere von den skandinavischen Staaten, vgl. *Lorenzen*, S. 95.

sionen konnte schließlich eine Einigung erzielt werden. Die Verordnung wurde am 12. Dezember 2001 im Ministerrat verabschiedet und trat am 6. März 2002 in Kraft[196]. Automatisch mit Inkrafttreten der Verordnung bestand die Möglichkeit, Schutz für nicht eingetragene Muster zu erlangen. Schutz für eingetragene Muster gewährt das Harmonisierungsamt für den Binnenmarkt (HABM) hingegen erst seit dem 1. April 2003.

4. Entwicklung der Geschmacksmusterrichtlinie

Die Geschmacksmusterrichtlinie und der dadurch bedingte Anpassungsbedarf des nationalen Musterrechts ist ebenfalls auf das Bestreben der Europäischen Kommission zurückzuführen, die durch die unterschiedlichen Musterordnungen in den Mitgliedsstaaten[197] bestehenden Hindernisse auf dem Weg zu einem einheitlichen Binnenmarkt zu beseitigen. Ausgehend von dem im Grünbuch der Kommission als Diskussionsgrundlage unterbreiteten Richtlinienvorschlag folgten verschiedene Kommissionsentwürfe[198].

Die Richtlinie sieht für alle Mitgliedsstaaten der Europäischen Union verbindliche Vorgaben für die wesentlichen Elemente des Geschmacksmusterrechts vor. Dies betrifft beispielsweise die Definition eines Musters, die Schutzvoraussetzungen der Neuheit und Eigenart, die Bestimmung der Offenbarung sowie Regelungen zum Schutzumfang und zur Schutzdauer. Regelungsgegenstand sind weiter eine Reihe von Unwirksamkeits- und Ausschlussgründen, die einem Musterschutz entgegenstehen können. Schließlich werden die Rechte aus einem Geschmacksmuster und deren Beschränkung geregelt. Außerhalb dieser Kernbereiche behalten die Mitgliedsstaaten uneingeschränkte Gestaltungsbefugnis. Dies betrifft insbesondere das Eintragungsverfahren, die Art und Weise der Schutzrechtsverlängerung sowie die Ausgestaltung der Verfahren, in denen die Unwirksamkeit eines Geschmacksmusters geltend gemacht werden kann.

Das deutsche Geschmacksmustergesetz entspricht weitestgehend der Richtlinie und soll, ausweislich der Gesetzesbegründung, soweit möglich mit den Regelungen der Gemeinschaftsgeschmacksmusterverordnung übereinstimmen[199]. Dadurch verspricht sich der Gesetzgeber eine möglichst einheitliche Rechtsprechung in den Geschmacksmusterordnungen. Ein wesentlicher Unterschied besteht allerdings für

---

196 Verordnung (EG) Nr. 6/2002, ABl. EG 2002 Nr. L 3, 1.

197 So weisen beispielsweise die Neuheitsbegriffe in den nationalen Mustergesetzen einen unterschiedlichen Bedeutungsgehalt auf, s. Grünbuch über den rechtlichen Schutz gewerblicher Muster und Modelle, KOM Dok. III/F/5131/91-DE, S. 73, Ziff. 5.5.1 ff.; zu den unterschiedlichen Regelungen in einigen Mitgliedsstaaten s. ausführlich *Lorenzen*, S. 116 ff.; *Eichmann*, GRUR 1990, 121, 122 ff.; *Ritscher*, GRUR 1990, 559, 560.

198 S. näher *Lorenzen*, S. 90.

199 BT-Drucks. 15/1075 vom 28.5.2003 zum Geschmacksmusterreformgesetz, S. 27.

den Schutz nicht eingetragener Muster. Weil der nicht eingetragene Musterschutz den nationalen Geschmacksmusterordnungen teilweise zuwiderlief[200], wurde dieser nur im Gemeinschaftsrecht vorgesehen (vgl. Art. 3 der Richtlinie). Abhängig von den Erfahrungen auf der Gemeinschaftsebene behält sich der Bundesgesetzgeber allerdings das Recht vor, einen nicht eingetragenen Musterschutz einzuführen, sofern an einer gesonderten nationalen Regelung neben dem Gemeinschaftsrecht überhaupt ein Bedürfnis besteht[201]. Da das nicht eingetragene Gemeinschaftsgeschmacksmuster unmittelbar in allen Mitgliedsstaaten gilt und eine nationale Regelung keinen darüber hinausgehenden Schutz begründen würde, muss ein solches Schutzbedürfnis derzeit bezweifelt werden[202]. Der Entschluss des deutschen Gesetzgebers, von einer nationalen Regelung abzusehen, verdient daher Zustimmung.

Die Richtlinie wurde, nachdem sich Rat und Parlament im Vermittlungsausschuss auf einen gemeinsamen Entwurf einigen konnten, am 13. Oktober 1998 verabschiedet. Rund 5 ½ Jahre später erfolgte mit dem Geschmacksmustergesetz vom 12. März 2004 die Umsetzung in deutsches Recht, welches am 1. Juni 2004 in Kraft trat[203].

II. Eingetragenes Geschmacksmuster

Im Folgenden werden die Schutzvoraussetzungen sowohl des nationalen Geschmacksmusters als auch des eingetragenen bzw. nicht eingetragenen Gemeinschaftsgeschmacksmusters, unter besonderer Berücksichtigung der für die Branche des Maschinen- und Anlagenbaus bedeutenden Regelungen, eingehend dargestellt. Zentrale Voraussetzung ist dabei stets die Neuheit[204] und Eigenart[205] einer industriellen oder handwerklichen Erscheinungsform bzw. eines Erzeugnisses[206]. In den Musterordnungen bestehen keine Anhaltspunkte dafür, dass es sich bei der zu schützenden Form um bewegliche Gegenstände handeln muss[207], sodass grundsätzlich

200 Nur das britische Recht gewährt noch einen nicht eingetragenen Musterschutz.

201 BT-Drucks. 15/1075 vom 28.5.2003 zum Geschmacksmusterreformgesetz, S. 27.

202 Ebenso *Bulling*, Mitt. 2004, 254, 257.

203 Anzumerken ist, dass die Richtlinie eine Umsetzung in nationales Recht bis zum 28.10.2001 vorsah und die Umsetzung somit rund 31 Monate verspätet erfolgte, was aber keine Konsequenzen hatte.

204 Art. 5 Gemeinschaftsgeschmacksmusterverordnung (GGVO); § 2 Abs. 2 Geschmacksmustergesetz (GeschmMG).

205 § 2 Abs. 3 GeschmMG; Art. 6 GGVO.

206 Beide Voraussetzungen werden im Eintragungsverfahren keiner Prüfung unterzogen (§ 16 GeschmMG; Art. 45 GGVO), eine solche erfolgt erst im Verletzungsverfahren.

207 *Bulling*, Mitt. 2004, 254, 254, der darauf hinweist, dass eine selbstständige Verkehrsfähigkeit der Muster und Modelle, wie nach alter deutscher Rechtslage noch erforderlich, nicht mehr verlangt wird.

auch nicht mobile Anlagen schutzfähig sein können, sofern die nachfolgenden Voraussetzungen erfüllt sind[208]. Diese Sichtweise wird durch die Auffassung des HABM bestätigt, welches von einem weiten Geschmacksmusterbegriff ausgeht und nur selten Gegenständen die Musterfähigkeit abspricht[209].

Da sich der Bundesgesetzgeber bei der Umsetzung der Richtlinie, soweit möglich, an der Gemeinschaftsgeschmacksmusterverordnung orientiert hat[210] und sich die materiellen Teile von Verordnung und Richtlinie weitestgehend gleichen[211], werden beide Rechtssysteme nachfolgend gemeinsam dargestellt. Auf Unterschiede wird an entsprechender Stelle eingegangen.

1. Neuheit

Nur neue Muster können Geschmacksmusterschutz beanspruchen. Ein Muster gilt als neu, wenn der Öffentlichkeit vor dem Anmeldetag kein identisches Muster offenbart bzw. zugänglich gemacht worden ist. Muster gelten als identisch, wenn sich ihre Merkmale nur in unwesentlichen Einzelheiten unterscheiden[212]. Dabei spricht das nationale Geschmacksmuster von „offenbaren"[213] und das Gemeinschaftsgeschmacksmuster von „der Öffentlichkeit zugänglich machen"[214], ohne dass darin ein sachlicher Unterschied gesehen werden kann, denn § 5 GeschmMG definiert den Begriff der „Offenbarung" als „der Öffentlichkeit zugänglich machen". Der Neuheitsbegriff des neuen deutschen Geschmacksmusterrechts entspricht somit den Vorgaben der Richtlinie und der Verordnung.

Eine Einschränkung erfährt der Neuheitsbegriff allerdings durch § 6 GeschmMG bzw. Art. 7 Abs. 2 GGVO, die eine zwölfmonatige Neuheitsschonfrist für eingetragene Muster vorsehen. Wird ein Geschmacksmuster vor dem Anmelde- bzw. Prioritätstag der Öffentlichkeit zugänglich gemacht, steht diese Veröffentlichung der Neuheit des Geschmacksmusters für die Dauer der Neuheitsschonfrist nicht entgegen. Gleiches gilt für die missbräuchliche Veröffentlichung Dritter[215], also die Fälle der Produktpiraterie oder der Verstöße gegen bestehende Geheimhaltungspflichten.

---

208 A.A. *Wang*, S. 159, der Bauten und Anlagen begründungslos vom Musterschutz ausnehmen möchte.

209 HABM – Jahresbericht 2005, S. 19.

210 BT-Drucks. 15/1075 vom 28.5.2003 zum Geschmacksmusterreformgesetz, S. 27.

211 *Lorenzen*, S. 92; *Pentheroudakis*, GRUR Int. 2002, 668, 679.

212 Daraus wird gefolgert, dass für die Beurteilung der Neuheit nicht die Gemeinsamkeiten, sondern die Unterschiede der zu vergleichenden Muster entscheidend seien, s. nur *Bulling*, Mitt. 2004, 254, 255; *E. v. Gamm*, S. 123.

213 § 2 Abs. 2 GeschmMG.

214 Art. 5 Abs. 1b) GGVO.

215 Vgl. § 6 S. 2 GeschmMG; Art. 7 Abs. 3 GGVO.

Nach alter deutscher Rechtslage war lediglich eine sechsmonatige Neuheitsschonfrist vorgesehen (Art. 7a GeschmMG a.F.), die auch nur für Offenbarungen des Anmelders selbst oder seines Rechtsvorgängers galt. Veröffentlichungen durch Dritte, ungeachtet ob diese zur Offenbarung berechtigt waren oder nicht, wurden hingegen nicht von der Neuheitsschonfrist erfasst und konnten somit einer späteren Anmeldung durch den Berechtigten als neuheitsschädlich entgegenstehen[216]. Nach dem alten Geschmacksmustergesetz konnte also die Veröffentlichung eines Plagiats dem Original die Neuheit nehmen[217]. Anders nunmehr die neue Rechtslage, wonach Zwischenveröffentlichungen Dritter während der Neuheitsschonfrist nicht mehr neuheitsschädlich sind. Im Vergleich zum alten Geschmacksmustergesetz führt das geltende Recht somit zu einer Einschränkung der bei der Prüfung von Neuheit und Eigenart zu berücksichtigenden Muster[218].

In den Musterordnungen ist nicht näher geregelt, welche Qualität die Neuheit aufweisen muss. Da das eingetragene Geschmacksmusterrecht mit einer absoluten Sperrwirkung ausgestattet ist[219], wäre zumindest eine Abkehr vom bislang vorherrschenden relativ-objektiven Neuheitsbegriff[220] hin zu einem reinen objektiven Neuheitserfordernis denkbar[221]. Die Neuheit wird, wie bereits nach dem altem Geschmacksmustergesetz, im Wege eines Einzelvergleichs ermittelt[222]. Entscheidend für die Beurteilung der Neuheit ist, welche Vergleichsmuster bei einer Prüfung zu berücksichtigen sind. Hierfür bieten sich mehrere Möglichkeiten an.

a) Überblick über Neuheitsbegriffe in Literatur und Rechtsprechung

In Literatur und Rechtsprechung war die Qualität des Neuheitsbegriffs unter Grundlage des alten Geschmacksmusterrechts jahrzehntelang umstritten[223]. Da der Gesetzeswortlaut keine Spezifizierung der Neuheit vorsah wurden eine objektive, eine subjektive, eine absolute und eine relative Neuheit diskutiert[224]. Objektiv neu ist ein Muster, wenn es nicht nur niemandem bekannt war, sondern auch zuvor nicht existierte[225]. Dem steht die subjektive Neuheit gegenüber. Nach dem subjektiven Neuheitsbegriff ist neu, was selbstständig und ohne Vorbild geschaffen wurde,

---

216 *Eichmann/Falckenstein*, Geschmacksmustergesetz, 2. Aufl., § 7a Rz. 6.

217 *Günther/Beyerlein*, WRP 2003, 1422, 1424.

218 BT-Drucks. 15/1075 vom 28.5.2003 zum Geschmacksmusterreformgesetz, S. 36.

219 S. unten S. 98.

220 BGH GRUR 1969, 90 ff. – Rüschenhaube.

221 Vgl. *O. v. Gamm*, GRUR 1985, 889, 891, der einen rein objektiven Neuheitsbegriff nur im Zusammenhang mit einer absoluten Sperrwirkung für möglich hält.

222 *Stolz*, S. 118, mit Verweis auf BGH GRUR 1960, 256, 257 – Chérie.

223 *Gerstenberg*, in: FS GRUR, S. 619, 714; *Nicolini*, GRUR 1963, 407, 407.

224 *Nicolini*, GRUR 1963, 407 ff.; *Furler*, S. 20.

225 Vgl. § 3 Abs. 1 PatentG, Art. 54 EPÜ; *Schulte*, Patentgesetz, § 3 Rz. 10.

selbst wenn bereits identische Muster bestehen[226]. Die objektive Neuheit schließt die subjektive stets ein, da ein objektiv neues Muster nur ohne Vorbild geschaffen werden kann. Hingegen kann ein Muster subjektiv neu sein, ohne dass eine objektive Neuheit vorliegt, wenn nämlich der Entwerfer die objektiv vorhandene ältere Schöpfung nicht kannte[227]. Auf Grundlage der objektiven Neuheit kann weiter zwischen einer absoluten und einer relativen Neuheit differenziert werden[228]. Nach der objektiv-absoluten Neuheit ist ein Muster neu, wenn es der Allgemeinheit nicht bekannt sein konnte. Die objektiv-relative Neuheit wiederum stellt auf die Kenntnis einer bestimmten Personengruppe ab. Konnte das Muster dieser Gruppe zeitlich, örtlich und sachlich nicht bekannt sein, so gilt es als neu[229].

b) Neuheitsbegriff in Geschmacksmusterverordnung und deutschem Musterrecht

Der Gemeinschaftsgeschmacksmusterverordnung und dem harmonisierten nationalen Musterrecht liegt ein objektiv-relativer Neuheitsbegriff zugrunde[230]. Dies ist in der Literatur einhellige Auffassung[231]. Der objektive Maßstab folgt bereits aus der Einbeziehung der Öffentlichkeit (§ 5 GeschmMG; Art. 5 Abs. 1 GGVO). Die Relativierung des Neuheitsbegriffs ergibt sich aus der Bezugnahme auf die in der Gemeinschaft tätigen Fachkreise (§ 5 GeschmMG; Art. 7 Abs. 1 GGVO)[232]. Demnach sind Offenbarungen nicht zu berücksichtigen, die den in der Gemeinschaft tätigen Fachkreisen des betreffenden Wirtschaftszweiges im normalen Geschäftsverlauf vor dem Anmeldetag nicht bekannt sein konnten. Um eine „Weltneuheit" muss es sich bei dem Muster folglich nicht handeln[233]. Der Gesetzgeber führt somit die Gedanken der auf Grundlage des alten Geschmacksmusterrechts ergangenen *Rüschenhauben*-Entscheidung[234] im neuen Recht fort.

---

226 *Nicolini*, NJW 1958, 368, 369; *Becker-Bender*, BB 1959, 1085; *Henssler*, GRUR 1961, 397, 399; *Reimer*, GRUR 1962, 151, 152, Anmerkungen zu Buntstreifensatin.

227 *Nicolini*, GRUR 1963, 407, 408.

228 *O. v. Gamm*, Geschmacksmustergesetz, § 1 Rz. 43.

229 BGH GRUR 1969, 90, 95 – Rüschenhaube.

230 BT-Drucks. 15/1075 vom 28.5.2003 zum Geschmacksmusterreformgesetz, S. 30.

231 S. nur *Lorenzen*, S. 167; *Eck*, S. 154; *Pilla*, S. 224; *Stolz*, S. 114; *E. v. Gamm*, S. 122; *Rother*, in: FS Eisenführ, S. 85, 92; *Bulling*, Mitt. 2004, 254, 255.

232 Diese Relativierung war nicht unumstritten. So wurde von der Kommission auch ein objektiv-absoluter Neuheitsbegriff erwogen. Ein gewisses absolutes Moment wird teilweise jedoch in der aufgeschobenen Bekanntmachung nach § 21 GeschmMG und Art. 50 GGVO gesehen, so *Lorenzen*, S. 169 u. 172. A.A. *Rehmann*, Rz. 26, der eine aufgeschobene Bekanntmachung nicht für neuheitsschädlich hält, mit der Folge, dass zwei voneinander unabhängige Geschmacksmuster entstehen.

233 *Schack*, S. 339 Rz. 815.

234 BGH GRUR 1969, 90 ff. – Rüschenhaube.

aa) Beurteilung der Neuheit durch die Fachkreise

Der Offenbarung eines Musters kommt für die Beurteilung der Neuheit eine zentrale Rolle zu, denn nur Muster, die offenbart wurden und den in der Gemeinschaft tätigen Fachkreisen des betreffenden Wirtschaftszweiges bekannt werden konnten, sind schutzfähig[235]. Im Umkehrschluss handelt es sich nicht um eine neuheitsschädliche Offenbarung, wenn vor dem maßgeblichen Anmeldetag des vermeintlich neuen Musters ein identisches Muster offenbart wurde, dieses aber den in der Gemeinschaft tätigen Fachkreisen des betreffenden Sektors nicht bekannt sein konnte.

Welche Personen zu den „Fachkreisen" zählen, ist in den Geschmacksmustergesetzen nicht näher geregelt. In Abgrenzung zu dem „informierten Benutzer", dessen Sichtweise für die Bestimmung der Eigenart maßgebend ist, ist davon auszugehen, dass der Kreis der Fachleute eng verstanden werden muss und dieser nur Spezialisten, Designer, Kaufleute und Hersteller erfasst[236]. Der Anwender einer Spezialmaschine wird daher, auch wenn es sich bei ihm um einen Fachmann handelt, nicht zu den für die Beurteilung der Neuheit relevanten Kreisen zählen, denn andererseits liefe die Begrenzung der Fachkreise ins Leere und ginge in der Sichtweise des informierten Benutzers auf. Die Gruppe der Fachleute entspricht daher nicht dem Personenkreis des Buying Center[237], also den bei der Kaufentscheidung eines Investitionsgutes beteiligten Personen, sondern ist wesentlich enger.

Geografisch ist der Neuheitsbegriff nicht begrenzt. Eine Relativierung erfolgt jedoch durch die für die Beurteilung maßgebende Kenntnis einer geografisch bestimmten Personengruppe. Das neue Geschmacksmusterrecht weitet den Beurteilungshorizont gegenüber der alten deutschen Rechtslage dahingehend aus, als dass es nicht mehr auf die inländischen nationalen, sondern auf die in der gesamten Gemeinschaft tätigen Fachkreise abstellt[238]. Die Gruppe der Fachkreise wurde gegenüber der alten Rechtslage erheblich erweitert. Teilweise wird daher vertreten, dass in der geografischen Erweiterung des für die Beurteilung der Neuheit maßgebenden Personenkreises eine „etwas höhere Hürde der Neuheit" liege[239]. Dieser Ansicht kann nicht gefolgt werden. Bereits nach alter Rechtslage waren Muster der Länder einzubeziehen, die auf unsere nationale Kultur Einfluss haben

235 § 5 GeschmMG; Art. 7 GGVO. Eine Ausnahme vom Erfordernis der Offenbarung sieht die aufgeschobene Bekanntmachung nach § 21 GeschmMG bzw. Art. 50 GGVO vor.

236 S. auch Grünbuch über den rechtlichen Schutz gewerblicher Muster und Modelle, KOM Dok. III/F/5131/91-DE, S. 76, Ziff. 5.5.5.2; ebenso *Bulling*, Mitt. 2004, 254, 255.

237 S. zum Begriff des Buying Center S. 32 f..

238 Auf die Kenntnis der Fachkreise außerhalb der Gemeinschaft kommt es hingegen nicht an, *Bulling*, Mitt. 2004, 254, 255.

239 *E. v. Gamm*, S. 122; s. auch *Eichmann*, MarkenR 2003, 10, 14, der darin eine „Änderung" des Neuheitsbegriffs erkennt, aber offen lässt, welche Auswirkungen die erweiterten Kreise auf die Bewertungspraxis haben werden.

konnten[240]. Zu diesen Kreisen gehörten auf jeden Fall die Länder Europas und die USA[241]. Bei Erzeugnissen mit einem stark technischen Einschlag sind darüber hinaus die relevanten ausländischen Märkte zu beachten[242]. Für die stark exportorientierte und auf dem Weltmarkt tätige Investitionsgüterindustrie bedeutet dies, dass zur Feststellung der Neuheit alle Industriemärkte, u.a. auch Asien und Indien, zu berücksichtigen sind. Der erweiterte Fachkreis dürfte angesichts des freien Warenverkehrs im EU-Binnenmarkt für die Beurteilung der Neuheit daher praktisch keine Auswirkungen haben[243].

bb) Bekanntgabe im normalen Geschäftsverlauf/ Problem der Internetveröffentlichung

Für die Kenntnis der Fachkreise ist das „im normalen Geschäftsverlauf" erlangte Wissen maßgebend. Konnte den Experten in der Europäischen Gemeinschaft vor der Anmeldung ein identisches älteres Muster auf dem Weltmarkt bekannt sein, so ist dieses Muster neuheitsschädlich und steht einer erfolgreichen Anmeldung entgegen. Fraglich ist, welche Möglichkeiten die Fachkreise zur Kenntniserlangung ausschöpfen müssen. Sicherlich gehört dazu das Besuchen der für die jeweilige Branche bedeutenden nationalen und internationalen Fachmessen, wobei auch die benachbarten Produktgebiete zu beachten sind. Problematisch ist jedoch, wie die bildliche Veröffentlichung von Mustern im Internet, insbesondere auf einer Unternehmens-Homepage, zu werten ist.

Die Veröffentlichung im Internet, eine Veröffentlichung in sonstiger Weise i.S.v. § 5 GeschmMG bzw. Art. 7 GGVO, weist die Besonderheit auf, dass Muster weltweit recherchierbar und verfügbar sind. Theoretisch besteht für die Fachkreise die Möglichkeit der Kenntnisnahme, sodass alle im Internet veröffentlichten Muster neuheitsschädlich sein können. Gleichwohl können die Muster an „entlegener Stelle" im Internet veröffentlicht werden, was die Recherchierbarkeit erheblich erschwert und die Kenntnisnahme nahezu unmöglich werden lässt. Das Problem der Internetveröffentlichung kann auch bei der Schutzrechtsbegründung des nicht eingetragenen Gemeinschaftsgeschmacksmusters nach Art. 11 GGVO relevant werden. Auch hier kommt es entscheidend darauf an, ob die entsprechenden Fachkreise von einer solchen Offenbarung im normalen Geschäftsverlauf Kennt-

---

240 *Eichmann/Falckenstein*, Geschmacksmustergesetz, 2. Aufl., § 1 Rz. 27.

241 BGH GRUR 1969, 90, 95 – Rüschenhaube.

242 BGH GRUR 2004, 427 – Computergehäuse; LG Frankfurt a.M. GRUR-RR 2005, 4, 5 – Ab Swing-Hometrainer.

243 BT-Drucks. 15/1075 vom 28.5.2003 zum Geschmacksmusterreformgesetz, S. 30; *Wandtke/Ohst*, GRUR Int. 2005, 91, 95; a.A. *E. v. Gamm*, S. 122, die in der Erweiterung eine höhere Hürde der Neuheit sieht.

nis erlangen konnten. Die Möglichkeit einer Kenntniserlangung richtet sich wiederum nach der Zielgruppe der Internetveröffentlichung.

Weiter ist entscheidend, ob es den Fachkreisen zumutbar war, auf den entsprechenden Webseiten zu recherchieren[244]. Grundsätzlich gehört eine umfassende Marktbeobachtung zum normalen Geschäftsverlauf[245]. Ob diese im konkreten Fall allerdings zumutbar ist, hängt von einer Einzelfallbetrachtung unter Berücksichtigung der jeweiligen Branche und den besonderen Gegebenheiten des Marktes ab. Werden nach den Branchengepflogenheiten Muster im Internet präsentiert, was bei Investitionsgüterherstellern durchaus der Fall sein kann, stellt sich die Frage nach der praktischen Durchführbarkeit einer umfassenden Internetrecherche. Dies hängt wesentlich von der Anzahl der Marktteilnehmer ab. In einem unübersehbaren Markt, wie beispielsweise dem Produktgeschäft, wird eine Internetrecherche in aller Regel nicht zumutbar sein, in einem überschaubaren Markt mit nur wenigen Teilnehmern, wie beispielsweise dem Sondermaschinenbau, hingegen schon. Im letzteren Falle sind dem betreffenden Unternehmen die Wettbewerber meist namentlich bekannt, was wiederum zur Folge hat, dass eine Kenntniserlangung durch Internetrecherche im normalen Geschäftsverlauf durchaus möglich, da zumutbar, ist[246]. Ist eine Kenntnisnahme möglich und zumutbar, ist es unbeachtlich, ob von dem Muster tatsächlich Kenntnis genommen wurde[247].

c) Stellungnahme zum Neuheitsbegriff

Seit der *Rüschenhauben*-Entscheidung vertritt der BGH einen relativ-objektiven Neuheitsbegriff[248]. Konnte das Muster den inländischen Fachkreisen trotz zumutbarer Beachtung der einschlägigen oder auf den benachbarten Gewerbegebieten vorhandenen Gestaltungen nicht bekannt sein, so gilt das Muster als neu. Dieser vom BGH auf Grundlage des alten Rechts entwickelte relativ-objektive Neuheitsbegriff fußt auf der Vorstellung, dass das Geschmacksmuster ein gewerbliches Schutzrecht auf urheberrechtlicher Grundlage ist[249]. Eine absolute Sperrwirkung, wie sie beispielsweise im Patentrecht besteht, gewährte das alte Geschmacksmuster nicht.

---

244 Zum Merkmal der Zumutbarkeit ähnlich BGH GRUR 2004, 427, 428 – Computergehäuse; *Niedlich*, Mitt. 2004, 349, 350, der Veröffentlichungen von technischen Lehren dem patentrechtlichen Stand der Technik zuschreibt, sofern diese auf branchenbekannten Internetseiten oder in fachbezogenen Dateien eingestellt wurden.

245 *Eichmann/Falckenstein*, Geschmacksmustergesetz, 3. Aufl., § 5 Rz. 9.

246 A.A. *Oldekop*, WRP 2006, 801, 805, der eine Kenntnisnahme der Fachkreise im Internet grundsätzlich für unzumutbar hält.

247 *Eichmann/Falckenstein*, Geschmacksmustergesetz, 3. Aufl., § 5 Rz. 8, die sich allerdings nicht mit der Offenbarung im Internet auseinandersetzen.

248 BGH GRUR 1969, 90, 94 – Rüschenhaube.

249 BGH GRUR 1969, 90, 93 – Rüschenhaube; *Pagenkopf*, GRUR 1999, 875, 877.

Durch die Gesetzesänderung wurde das Geschmacksmuster nunmehr, zumindest was das eingetragene Muster anbelangt, mit absoluter Sperrwirkung ausgestattet[250]. Eine Abkehr von der relativ-objektiven Neuheit hin zu einem weiten, absoluten Neuheitsbegriff wäre daher durchaus vertretbar[251]. Dies hatte auch der europäische Gesetzgeber erkannt und anfangs noch einen objektiv-absoluten Neuheitsbegriff erwogen, wovon er allerdings später bewusst abrückte[252]. Diese Entscheidung ist zu begrüßen, da ein absoluter Neuheitsbegriff in der Praxis zu erheblichen Beweisproblemen führt und, was den Bestand bereits erteilter Muster anbelangt, mit einer gewissen Rechtsunsicherheit einhergeht[253]. Ein solch strenger Neuheitsbegriff ist auch vor dem Hintergrund der Schutzgründe des Geschmacksmustergesetzes nicht geboten, denn Muster aus entlegenen Gegenden oder vergangenen Zeiten können durchaus zur Bereicherung des Formenschatzes beitragen. Wer ein unbekanntes oder vergessenes Muster „ausgräbt", trägt zur Bereicherung des Formenschatzes bei und verdient die Belohnung des Geschmacksmusterrechts[254].

Der subjektive Neuheitsbegriff wurde ebenfalls zu Recht verworfen. Die wesentliche Aufgabe der materiellen Schutzvoraussetzungen ist es, eine Abgrenzung schutzfähiger und schutzwürdiger von schutzunfähigen und schutzunwürdigen Mustern zu ermöglichen. Diese Abgrenzung findet ihre Entsprechung in der durch das Geschmacksmustergesetz angestrebten Bereicherung des Formenschatzes. Nur wenn eine Gestaltung objektiv neu ist, bereichert sie den Fundus verfügbarer Formen[255]. Ist eine Gestaltung den Fachleuten jedoch bereits bekannt, wird durch deren gewerbliche Anwendung oder Wiederverwendung der Formenbestand nicht erweitert, sondern ausschließlich eine bekannte Form in eine konkrete Produktidee umgesetzt[256]. Der subjektive Neuheitsbegriff ist folglich nicht in der Lage, die das Geschmacksmustergesetz rechtfertigenden Gründe in den materiellen Schutzvoraussetzungen widerzuspiegeln[257]. Nur der relativ-objektive Neuheitsbegriff wird den wesentlichen Schutzgründen des Geschmacksmusterrechts, nämlich der Bereicherung des Formenschatzes, gerecht.

Schließlich könnte noch erwogen werden, dass der formlose Charakter des nicht eingetragenen Gemeinschaftsgeschmacksmusters[258] einen anderen Neuheitsbegriff

---

250 Vgl. § 38 Abs. 1 GeschmMG; Art. 19 Abs. 1 GGVO.

251 So auch die Kommission 1993 in den Vorentwürfen zum Gemeinschaftsgeschmacksmuster, s. *Stolz*, S. 113.

252 *Kur*, GRUR Int. 1998, 353, 356.

253 *Kahlenberg*, S. 125.

254 BT-Drucks. 15/1075 vom 28.5.2003 zum Geschmacksmusterreformgesetz, S. 35; so auch *Stolz*, S. 114.

255 *Eck*, S. 149.

256 BGH GRUR 1977, 547, 550 – Kettenkerze.

257 *Eck*, S. 150.

258 S. unten S. 102 ff.

rechtfertige als der des eine Anmeldung und Registereintragung voraussetzende eingetragene Musterschutz. Dafür spräche zunächst, dass das nicht eingetragene Gemeinschaftsgeschmacksmuster gerade keinen Schutz mit absoluter Sperrwirkung vorsieht, sondern, dem Urheberrecht vergleichbar, lediglich vor den in Kenntnis von dem Original gefertigten Kopien schützt (Art. 19 Abs. 2 S. 2 GGVO). Eine solche Überlegung könnte dazu führen, dass das Neuheitserfordernis bei dem nicht eingetragenen Gemeinschaftsgeschmacksmuster anders auszulegen wäre als bei dem eingetragenen Geschmacksmuster. Gegen solche Erwägungen sprechen jedoch mehrere Gründe. Zum einen differenziert das Gemeinschaftsgeschmacksmuster bei den materiellen Schutzvoraussetzungen nicht zwischen dem eingetragenen und dem nicht eingetragenen Muster. Vielmehr sind die Begriffe der Neuheit und Eigenart für beide Schutzrechte einheitlich aufgeführt und folglich gleich auszulegen. Zum anderen lässt der Wortlaut des Gemeinschaftsgeschmacksmusters für eine andere Interpretation des Neuheitsbegriffs als für den objektiv-relativen aufgrund des eindeutigen Wortlauts keinen Raum. Im Gemeinschaftsgeschmacksmustergesetz ist daher von einem einheitlichen Neuheitsbegriff auszugehen, der gleichermaßen für das eingetragene wie für das nicht eingetragene Geschmacksmuster gilt.

d) Beweislast über die Neuheit des Musters

Nach bislang geltendem deutschen Geschmacksmusterrecht bestand eine Vermutung für die Neuheit des Musters (§ 13 GeschmMG a.F.), die vom Gegner zu widerlegen war[259]. Eine solche Neuheitsvermutung existiert nun nicht mehr. Vielmehr führt der Begriff der Offenbarung[260] in den Mustergesetzen mit der Wendung „[...] es sei denn, dass das Muster den in der Gemeinschaft tätigen Fachkreisen [...] nicht [...] bekannt sein konnte“ zu einer Verschiebung der Darlegungs- und Beweislast auf den Musterinhaber. Teilweise wird in dieser Formulierung eine indirekte Verschärfung der Eintragungsvoraussetzung „Neuheit“ gesehen, denn der Musterinhaber muss im Zweifel den Beweis erbringen, dass das Muster den relevanten Fachreisen nicht bekannt sein konnte[261]. Ob dies allerdings tatsächlich eine zusätzliche Hürde bedeutet, ist angesichts von § 39 GeschmMG bzw. Art. 85 GGVO zu bezweifeln, die zunächst von der Rechtsbeständigkeit des Geschmacksmusters ausgehen[262]. Prozessual dürfte dies jedenfalls die Beweislastproblematik entschärfen.

---

259 BGH GRUR 1963, 328, 329 – Fahrradschutzblech; BGH GRUR 1980, 235, 236 – Play-Family.

260 Vgl. § 5 GeschmMG; Art. 7 GGVO.

261 *E. v. Gamm*, S. 122; *Kur*, GRUR 2002, 661, 665.

262 *Schack*, S. 339 Rz. 815.

2. Eigenart

Die Eigenart ist neben der Neuheit weitere Voraussetzung, um Musterschutz zu beanspruchen. Bei diesem Merkmal handelt es sich um die zentrale Schutzvoraussetzung zur Erlangung des Geschmacksmusters. Unklar ist, ob und wie sich das Tatbestandsmerkmal der „Eigenart" von der nach alter deutscher Rechtslage erforderlichen „Eigentümlichkeit" unterscheidet. Diese Frage ist eng mit der Funktion des Merkmals verbunden, der im Folgenden nachgegangen wird.

a) Eigenart – Begriff im deutschen Geschmacksmustergesetz und in der Verordnung

Nach neuer Rechtslage weist ein Muster die erforderliche Eigenart auf, wenn sich der Gesamteindruck, den es beim informierten Benutzer[263] hervorruft, von dem Gesamteindruck anderer Muster unterscheidet[264]. Dabei ist das Erfordernis der Eigenart nicht als Qualitätsprüfung zu verstehen, sondern stellt den Unterschied im Verhältnis zu anderen bereits existierenden Formen sicher[265]. Notwendig, aber auch ausreichend ist also, dass sich der Gesamteindruck des Musters vom vorbekannten Formenschatz unterscheidet. Weder wird eine gewisse Gestaltungshöhe[266] noch ein ästhetischer Gehalt des Musters verlangt[267].

b) Eigentümlichkeit – Begriff nach altem deutschen Geschmacksmustergesetz

Das alte nationale Geschmacksmustergesetz setzte nach § 1 Abs. 2 GeschmMG a.F. neben der Neuheit auch die „Eigentümlichkeit" des Musters voraus. Nach ständiger Rechtsprechung forderte das Tatbestandsmerkmal der Eigentümlichkeit eine eigenpersönliche, form- oder farbschöpferische Tätigkeit, die in den für die ästhetische Wirkung maßgebenden Merkmalen über dem Durchschnittskönnen eines auf dem betreffenden Fachgebiet tätigen Mustergestalters lag[268]. Für die

---

263 Zum Begriff des „informierten Benutzers" s. unten S. 71 ff..

264 § 2 Abs. 3 GeschmMG; Art. 6 GGVO. S. *Schramm*, S. 158, der darauf hinweist, dass das Merkmal der „Eigenart" dem der markenrechtlichen „Unterscheidungskraft" damit sehr nahe komme.

265 *Kur*, GRUR Int. 1998, 353, 355; *v. Saint André*, Mitt. 2001, 544, 545; *Eichmann/ Falckenstein*, Geschmacksmustergesetz, 3. Aufl., § 2 Rz. 14. Ähnlich auch *Kahlenberg*, S. 134, die mit dem neuen Geschmacksmusterrecht nicht mehr die Qualität des Designs, sondern den reinen Marketingwert für geschützt hält.

266 BT-Drucks. 15/1075 vom 28.5.2003 zum Geschmacksmusterreformgesetz, S. 33.

267 Vgl. Erwägungsgrund 10 der GGVO, Erwägungsgrund 14 der Richtlinie.

268 BGH GRUR 1980, 235, 236 – Play-family; BGH GRUR 1978, 168, 169 – Haushaltsschneidemaschine I; BGH GRUR 1975, 81, 83 – Dreifachkombinationsschalter; BGH GRUR 1969, 90, 95 – Rüschenhaube; BGH GRUR 1960, 258 – Chérie. Zu den verschiedenen Eigentümlichkeitsbegriffen s. *Eck*, S. 158 ff.

Anerkennung der Eigentümlichkeit musste dem Muster eine besondere ästhetische Wirkung zukommen[269]. Da das Geschmacksmustergesetz alter Fassung als ein vom Urheberrecht abgeleitetes Schutzrecht galt[270], sah man zwischen der „Eigentümlichkeit" im Sinne des Geschmacksmusters und der „persönlichen geistigen Schöpfung" des Urheberrechts nur einen graduellen Unterschied, wobei die Gestaltungshöhe des Musterrechts unterhalb der des urheberrechtlichen Schutzes lag[271]. Gleichwohl wurden an die Eigentümlichkeit nicht zu niedrige Anforderungen gestellt[272]. Nur wenn das Muster eine besondere ästhetische Wirkung aufwies, wurde die Eigentümlichkeit angenommen[273]. Nicht schutzfähig war daher, was mit durchschnittlicher Begabung hervorgebracht werden konnte oder eine bloße handwerkliche Anwendung oder nahe liegende Weiterentwicklung bereits bekannter Formen darstellte[274]. Für die Gewährung des Musterschutzes bedufte es demnach mehr als die bloße Abgrenzbarkeit im Vergleich zu anderen Formen[275]. Die Eigentümlichkeit hatte vielmehr eine gewisse Qualität aufzuweisen[276]. Diese Anforderungen führten dazu, dass nach Auffassung einiger Autoren die Schutzuntergrenze so hoch angesetzt wurde, dass rund 80% aller Designleistungen nicht als Geschmacksmuster schutzfähig waren[277].

c) *Verhältnis der Eigenart zu der Eigentümlichkeit*

Der gesetzgeberische Entschluss, das Merkmal der „Eigenart" aufzunehmen und der damit verbundene Abschied von dem Begriff der „Eigentümlichkeit", ist weit mehr als eine Modernisierung des Sprachgebrauchs[278]. Durch den zentralen Begriff der Eigenart erlangt das Geschmacksmusterrecht eine eigenständige Bedeutung und tritt aus dem Schatten des Urheberrechts. Dabei legt die Eigenart im Vergleich zur Eigentümlichkeit den Schluss nahe, dass es künftig leichter fallen

---

269 BGH GRUR 1962, 144, 145 – Buntstreifensatin; BGH GRUR 1987, 518, 519 – Kotflügel.

270 *Furler*, S. 12 f.; *O. v. Gamm*, Geschmacksmustergesetz, § 1 Rz. 2.; *E. v. Gamm*, S. 91.

271 BGH GRUR 1995, 581, 582 – Silberdistel; *Pentheroudakis*, GRUR Int. 2002, 668, 676; *Henssler*, GRUR 1961, 397, 399; RGZ 76, 339 – Schulfraktur.

272 BGH GRUR 1975, 81, 83 – Dreifachkombinationsschalter; BGH GRUR 1988, 369, 370 – Messergriff.

273 BGH GRUR 1987, 518, 519 – Kotflügel; BGH GRUR 1965, 198, 199 – Küchenmaschine; s. auch *Lubberger*, in: FS Erdmann, S. 145, 153.

274 BGH GRUR 1960, 395, 397 – Dekorationsgitter.

275 *Koschtial*, GRUR Int. 2003, 973, 976.

276 BGH GRUR 1969, 90, 95 – Rüschenhaube.

277 *Nordemann/Heise*, ZUM 2001, 128, 138. S. aber BVerfG GRUR 2005, 410, 411 – Laufendes Auge, mit Zweifeln an der mathematischen Ermittlung von Prozentsätzen und dem Hinweis, dass eine empirische Untersuchung erforderlich sei.

278 S. auch *E. v. Gamm*, S. 123; *Kur*, GRUR 2002, 661, 665.

werde, Musterschutz zu erlangen, was nachfolgende Gegenüberstellung der Begrifflichkeiten zeigt.

aa) Richtlinienkonforme Auslegung der Eigentümlichkeit

Fraglich ist zunächst, ob das Merkmal der Eigentümlichkeit dem der Eigenart entspricht[279] bzw. richtlinienkonform hätte ausgelegt werden können[280]. Ausgehend von der Überlegung, dass bei der Eigentümlichkeitsprüfung nach der vom BGH zur alten Rechtslage vertretenen Auffassung neben der eigenschöpferischen Tätigkeit und dem Durchschnittskönnen des Mustergestalters auch der Unterschied zur Gesamtheit aller bislang bekannten Formen zu berücksichtigen war, wird teilweise vertreten, dass auch nach alter Rechtslage im Zentrum des Eigentümlichkeitsbegriffs der Abstand zum bekannten Formenschatz stand[281]. Dies wird damit begründet, dass das Merkmal der „eigenpersönlichen schöpferischen Tätigkeit" in der Praxis selten Bedeutung erlangt habe[282]. Auch das von der Rechtsprechung aufgestellte Erfordernis, dass die Musteranmeldung über dem Durchschnittskönnen eines mit der Kenntnis des betreffenden Fachgebiets ausgerüsteten Mustergestalters liegen müsse[283], sei in der Praxis relativiert worden, indem dieses Kriterium bereits dann als erfüllt angesehen wurde, wenn die Gestaltung eines Musters über das bloße handwerksmäßige Können des durchschnittlichen Mustergestalters hinausging oder die Gestaltung zumindest nicht so nahe lag, dass sie sich einem durchschnittlichen Mustergestalter aufgedrängt hätte[284]. Im Ergebnis, so wurde gefolgert, sei es daher grundsätzlich ausreichend gewesen, die Eigentümlichkeit an dem objektiven Kriterium der Gestaltungshöhe, also dem Abstand zum vorbekannten Formenschatz, zu messen[285]. Wurde die erforderliche Gestaltungshöhe erreicht, bedurfte es in der Regel keiner zusätzlichen Prüfung mehr, ob diese das Ergebnis einer eigenpersönlichen schöpferischen Tätigkeit war[286].

---

279 So *Eck*, S. 182, 236 zum MPI-Entwurf. S. auch *Gerstenberg/Buddeberg*, Geschmacksmustergesetz, § 1 S. 78, die in dem Begriff der Eigentümlichkeit die altertümliche Formulierung für Eigenart sehen, allerdings ohne Bezugnahme auf den neuen Begriff der Eigenart nach geltendem Recht.

280 S. *Lorenzen*, S. 221, die sich jedoch im Interesse der Rechtsklarheit für das neue Merkmal der „Eigenart" ausspricht.

281 *Eck*, S. 168.

282 *Eichmann/Falckenstein*, Geschmacksmustergesetz, 2. Aufl., § 1 Rz. 33; *Eck*, S. 168.

283 BGH GRUR 1966, 97, 99 – Zündaufsatz; BGH GRUR 1988, 369, 370 – Messergriff.

284 BGH GRUR 1975, 383, 386 – Möbelprogramm.

285 *Eichmann/Falckenstein*, Geschmacksmustergesetz, 2. Aufl., § 1 Rz. 33; *Eck*, S. 169; *Gerstenberg/Buddeberg*, Geschmacksmustergesetz, § 1 S. 79.

286 *Eichmann/Falckenstein*, Geschmacksmustergesetz, 2. Aufl., § 1 Rz. 33.

Die Ansicht die eine richtlinienkonforme Auslegung für möglich hält berücksichtigt nicht ausreichend, dass das alte deutsche Geschmacksmuster nach ständiger Rechtsprechung und herrschender Lehre als ein gewerbliches Schutzrecht auf urheberrechtlicher Grundlage angesehen wurde[287], wobei das Merkmal der Eigentümlichkeit als Ausfluss der geschützten eigenschöpferischen Leistungen galt[288]. Aufgrund der urheberrechtlichen Grundlage wurde daher folgerichtig neben dem Abstand zum bekannten Formenschatz eine gestalterische und ästhetische, eigenschöpferische Leistung gefordert, die gerade mehr ist als der Abstand gegenüber anderen bekannten Formen. So wird in der Entscheidung *Dreifachkombinationsschalter* ausgeführt, dass an die schöpferische Gestaltungshöhe im Geschmacksmuster geringere Anforderungen zu stellen sind als an die eines urheberrechtsschutzfähigen Werkes. Gleichwohl, so betont der BGH, dürfe die notwendige Gestaltungshöhe nicht zu niedrig angesetzt werden[289]. Es mag zwar zutreffen, dass den von der Rechtsprechung aufgestellten Merkmalen zur Bestimmung der Eigentümlichkeit ein differenzierendes Moment innewohnt[290], welches im Schwerpunkt den Abstand zum bestehenden Formenschatz berücksichtigt, doch kam es daneben eben auch auf die ästhetische Wirkung des Musters und der eigenpersönlichen Schöpfung des Mustergestalters an[291]. Mit dieser ästhetischen Wirkung ist gerade nicht der Abstand zu bekannten Formen gemeint, sondern die Prüfung der Eigentümlichkeit erfährt eine subjektive Komponente. Würde man die von der Rechtsprechung aufgestellten Kriterien ausschließlich auf den objektiv nachprüfbaren Abstand zum vorbekannten Formenschatz reduzieren, bliebe das Merkmal der „eigenschöpferischen Leistung“ gänzlich unberücksichtigt.

Im Ergebnis ist festzuhalten, dass sich das alte Tatbestandsmerkmal der Eigentümlichkeit gegenüber der Eigenart mehr durch Unterschiede als durch Übereinstimmungen auszeichnet[292]. Dies folgt nicht unmittelbar aus dem Begriff, sondern aus der über 125-jährigen Prägung durch Rechtsprechung und Literatur. Das Merkmal der „Eigentümlichkeit“ war daher vorbelastet und als solches nicht geeignet, durch eine richtlinienkonforme Auslegung Eingang in das neue Geschmacksmustergesetz zu finden[293].

---

287 *Eichmann/Falckenstein*, Geschmacksmustergesetz, 2. Aufl., § 1 Rz. 11, 12.

288 *Stolz*, S. 167.

289 BGH GRUR 1975, 81, 83 – Dreifachkombinationsschalter.

290 *Eck*, S. 166.

291 BGH GRUR 1960, 256, 258 – Chérie; BGH GRUR 1962, 144, 146 – Buntstreifensatin.

292 *Eichmann/ Falckenstein*, Geschmacksmustergesetz, 3. Aufl., § 2 Rz. 16; *Bulling*, Mitt. 2004, 254, 256.

293 Ähnlich auch *Bulling*, Mitt. 2004, 254, 256; anders *Eck*, S. 236, zum MPI-Entwurf, der den Begriff der Eigentümlichkeit rein objektiv verstanden wissen will und daher eine dem neuen Musterrecht entsprechende Auslegung der Eigentümlichkeit nicht nur für möglich, sondern bereits nach alten Recht für geboten hält.

bb) Geringere Anforderungen an den Begriff der Eigenart

Entspricht, wie dargestellt, das Merkmal der Eigenart nicht dem Begriff der Eigentümlichkeit, so sind nunmehr Umfang und Qualität der Eigenart zu untersuchen. Weiter ist zu klären, wie sich der Begriff der Eigenart auf die künftige Eintragungspraxis auswirken wird. Weder die Geschmacksmusterverordnung noch die Richtlinie oder das deutsche Mustergesetz treffen eine Aussage über die künftige Qualität der Eigenart[294]. Sollte der Begriff tatsächlich, wie von einigen Autoren vertreten, geringere Anforderungen an die Erlangung des Schutzrechts aufstellen, könnten künftig auch Investitionsgüter leichter einen musterrechtlichen Formenschutz beanspruchen.

Erklärtes gesetzgeberisches Ziel war es, mit einem verbesserten Formenschutz einen Innovationsanreiz für Entwickler und Industrie zu schaffen[295]. Alleine aus diesem Ziel kann aber nicht gefolgert werden, dass nunmehr geringere Anforderungen an die Schutzrechtserlangung gestellt werden[296], denn eine Aussage über die Qualität einzelner Tatbestandsvoraussetzungen lässt sich dem nicht entnehmen. So könnte der gewünschte Innovationsanreiz ebenso gut durch eine Anhebung der Eintrittsvoraussetzungen, namentlich der Eigenart, erreicht werden, aus dem dann ein größerer Schutzumfang des Rechts folgen würde.

Für eine Herabsetzung der Eintrittsvoraussetzungen spricht zunächst die Entstehungsgeschichte des Richtlinientextes. So wurde in dem endgültigen Gesetzestext unter Art. 5 „Ein Muster hat Eigenart, wenn sich der Gesamteindruck [...] unterscheiden" das dem Merkmal „unterscheiden" vorausgehende „erheblich" ersatzlos gestrichen[297]. Ein weiteres Indiz dafür, dass an die Eigenart künftig geringere Anforderungen zu stellen sind als an den Begriff der Eigentümlichkeit, lässt sich den Erwägungsgründen entnehmen. Die Geschmacksmusterverordnung legt unter Erwägungsgrund 10 bzw. die Richtlinie unter Erwägungsgrund 14 ausdrücklich fest, dass das Muster nicht unbedingt einen ästhetischen Gehalt aufweisen muss, wie dies nach ständiger Rechtsprechung zum alten Geschmacksmusterrecht noch verlangt wurde[298].

Der Auffassung, dass an die Eigenart künftig geringere Anforderungen zu stellen sind als an die Eigentümlichkeit, kann auch nicht Erwägungsgrund 14 der Verordnung bzw. Erwägungsgrund 13 der Richtlinie entgegengehalten werden. Dem-

---

294 *Eisenmann/Jautz*, S. 82 Rz. 210, mit Verweis auf das Patent- und Gebrauchsmusterrecht, die mit der Erfindungshöhe eine solche Schwelle aufzeigen.

295 BT-Drucks. 15/1075 vom 28.5.2003 zum Geschmacksmusterreformgesetz, S. 34; Erwägungsgrund 7 der Gemeinschaftsverordnung.

296 So aber *Wandtke/Ohst*, GRUR Int. 2005, 91, 96.

297 *Otero Lastres*, GRUR Int. 2000, 408, 413; *E. v. Gamm*, S. 125; so bereits gefordert von *Kahlenberg*, S. 137.

298 BGH GRUR 1962, 144, 145 – Buntstreifensatin; BGH GRUR 1987, 518, 519 – Kotflügel.

nach ist die Eigenart eines Musters danach zu beurteilen, inwieweit sich der Gesamteindruck „deutlich“ von vorbekannten Formen unterscheidet[299]. Diese Forderung hat in den verbindlichen Verordnungs- und Gesetzestext jedoch keinen Eingang gefunden. Einer Aufnahme in die Gesetze wurde entgegengehalten, dass dadurch die Gefahr begründet würde, zu hohe Anforderungen für die Erlangung des Musterschutzes zu stellen. Auch der dem Mustergestalter zur Verfügung stehende Grad an Gestaltungsfreiheit, der bei der Beurteilung der Eigenart zu berücksichtigen ist[300], relativiert deren Umfang und Qualität und spricht gegen das Erfordernis eines „deutlichen“ Unterscheidens. Bei begrenzten Designmöglichkeiten möchte das Geschmacksmustergesetz den Rechtsschutz nicht dadurch verwehren, dass allzu strenge Anforderungen an die Gestaltungshöhe gestellt werden[301]. Weist eine Warengruppe also eine hohe Musterdichte auf, so können auch geringfügige Abweichungen eigenartig sein und einen abweichenden Gesamteindruck vermitteln, denn dort, wo viele Muster vorliegen, ist es naturgemäß schwerer, eine weitere Lösung zu finden, die sich deutlich vom Vorbekannten abhebt[302]. Der Abstand zum vorbekannten Formenschatz, den es als Musterschöpfer einzuhalten gilt, ist folglich keine absolute, sondern eine relative Größe[303]. Je höher die Musterdichte, desto geringere Anforderungen sind an den abweichenden Gesamteindruck zu stellen und umgekehrt.

Dass mit dem Merkmal „deutlich“ keine zusätzliche Hürde auf dem Weg zur Erlangung geschmacksmusterrechtlichen Schutzes errichtet werden sollte, legt auch Erwägungsgrund 15 der Verordnung nahe. Demnach soll das Geschmacksmusterrecht den Bedürfnissen aller Wirtschaftszweige gerecht werden. Gerade in der Investitionsgüterindustrie besteht aber aufgrund der eingangs dargestellten technischen Bedingtheit der Ware nicht immer die Möglichkeit, für einen deutlichen Abstand gegenüber anderen offenbarte Formen zu sorgen. Einzelne Branchen dürfen aber nicht von vornherein durch einen kaum zu realisierenden „deutlichen“ Abstand vom Formenschutz ausgeschlossen werden. Dem Kriterium „deutlich“ kann folglich keine nennenswerte Bedeutung zukommen[304]. Es ist daher nur kon-

299 S. auch *Lorenzen* (Designschutz im europäischen und internationalen Recht), die damit argumentiert, dass mit dem Merkmal „deutlich“ sichergestellt werden soll, dass lediglich banale Abweichungen nicht schutzfähig sein sollen.

300 § 2 Abs. 3 S. 2 GeschmMG; Art. 6 Abs. 2 GGVO.

301 *Eisenmann/Jautz*, S. 82 Rz. 210.

302 *Eichmann*, GRUR 1982, 651, 655.

303 *Beyerlein*, WRP 2004, 676, 677; *Koschtial*, GRUR Int. 2003, 973, 977; *Rahlf/Gottschalk*, GRUR Int. 2004, 821, 822.

304 Mit Zweifeln *Kur*, GRUR 2002, 661, 666, die aufgrund des Begriffs „deutlich“ die Auffassung vertritt, dass eine abschließende Aussage über die Schutzschwelle nicht möglich sei und erst die Rechtsprechung Klarheit bringen werde. S. auch *Schramm*, S. 205, der für die Schutzfähigkeit eines Musters einen „beachtlichen Abstand“ gegenüber dem bestehenden Formenschatz fordert und dies aus dem Innovationsgedanken des Schutzrechts ableitet.

sequent, dass auf die Aufnahme des Merkmals in den Gesetzestext verzichtet wurde.

cc) Ergebnis zu den Anforderungen an die Eigenart

Das Merkmal der „Eigenart“ setzt gegenüber dem alten Begriff der „Eigentümlichkeit“ die Eingangsschwelle zum Musterschutz herab und führt dazu, dass es künftig leichter sein wird, einen entsprechenden Schutz zu beanspruchen[305]. Für die Beurteilung der Eigenart ist nicht mehr erforderlich, dass die für die ästhetische Wirkung maßgebenden Merkmale über dem Durchschnittskönnen eines Mustergestalters liegen[306], sondern entscheidend ist ausschließlich der Abstand zum vorbekannten Formenschatz[307]. Ein Umstand, der sich besonders positiv im Maschinen- und Anlagenbau bemerkbar machen sollte, da hier den Gestaltungsmöglichkeiten aufgrund der Besonderheiten von Investitionsgütern enge Grenzen gesetzt sind[308]. Wie groß der Abstand gegenüber anderen offenbarten Formen sein muss, ist letztlich Tatfrage, die durch die Gerichte zu klären sein wird. Die Absenkung der Eintrittsvoraussetzung fordert allerdings auch ihren Tribut und ist nicht uneingeschränkt zu begrüßen, denn als Kehrseite kommt den Mustern mit einer nur geringen „Eigenart“ ein begrenzter Schutzumfang zu[309].

d) Beurteilung der Eigenart durch den informierten Benutzer

Während es für die Bewertung der Neuheit auf die Kenntnis der Fachkreise ankommt, ist für die Beurteilung der Eigenart auf die Sichtweise des „informierten

---

305 *Schack*, S. 339 Rz. 816; *Koschtial*, S. 174, die von einer deutlichen Lockerung spricht; *Otero Lastres*, GRUR Int. 2000, 408, 413; *Pilla*, S. 327; *Bartenbach/ Fock*, WRP 2002, 1119, 1121; *Lorenzen*, S. 183; *v. Saint André*, Mitt. 2001, 544, 545; *Berlit*, GRUR 2004, 635, 637; *Bulling*, Mitt. 2004, 254, 256; *Jestaedt*, GRUR 2008, 19, 19; s. aber *Wandtke/ Ohst*, GRUR Int. 2005, 91, 96, die in dem Wortlaut ebenfalls eine Absenkung der Schutzschwelle sehen, für die Praxis hingegen keine einschneidenden Auswirkungen erwarten; *Kur*, GRUR 2002, 661, 665, die die Frage nach der Anhebung oder Senkung der Schutzschwelle für nicht abschließend zu beantworten hält; hingegen *dies.*, GRUR Int. 1998, 771, 773, als sie von einer „abgesenkten“ Schwelle ausgeht. S. weiter *Bulling/ Langöhrig/ Hellwig*, Gemeinschaftsgeschmacksmuster, Rz. 43, der den Begriff der „Eigenart“ mit der „wettbewerblichen Eigenart“ i.S.v. § 4 Nr. 9 UWG vergleicht und die Auffassung vertritt, dass die Schutzhürde des ergänzenden Leistungsschutzes höher liege, s. unten S. 169.

306 So wohl *Hefermehl/Köhler/Bornkamm*, § 4 Rz. 9.7.

307 *Eichmann/ Falckenstein*, Geschmacksmustergesetz, 3. Aufl., § 2 Rz. 16. Unklar *Dreier/ Schulze*, § 2 UrhG Rz. 177, die keinen Unterschied gegenüber der alten Rechtslage erkennen können und im Ergebnis das über dem Durchschnitt liegende Können für maßgebend erachten.

308 S. oben S. 38 ff..

309 S. unten S. 98 ff.

Benutzers“ abzustellen[310]. Die Sichtweise dieser Person ist weiter maßgebend, wenn es um die Ermittlung des Schutzumfangs geht[311]. Der Frage, welche Auswirkungen die Sichtweise des informierten Benutzers auf die Bewertungspraxis der Eigenart gegenüber der alten Rechtslage hat, wird im Folgenden nachgegangen.

aa) Bewertung der Eigentümlichkeit nach alter Rechtslage durch den durchschnittlichen Mustergestalter

Die Vielschichtigkeit des alten Eigentümlichkeitsbegriffs führte dazu, dass eine Prüfung der Tatbestandsvoraussetzung auf verschiedenen Ebenen und in mehreren Schritten vorzunehmen war[312]. Neben dem Abstand zum gesamten Formenschatz war auch die ästhetische Wirkung des Musters zu berücksichtigen. Nach alter Rechtslage war für die Bewertung des Abstands zu anderen Formen das Können eines durchschnittlichen Designers entscheidend[313]. Maßstab war die Fähigkeit eines durchschnittlichen Mustergestalters, der die Kenntnisse aufzuweisen hatte, die in dem konkreten Fachgebiet durchschnittlich zu erwarten waren. Damit dem Muster die Eigentümlichkeit zuerkannt werden konnte, musste dieses über dem gestalterischen Können eines durchschnittlichen Mustergestalters liegen. Dies war der Fall, wenn die Gestaltung nicht so nahe lag, dass sie sich einem durchschnittlichen Fachmann aufgedrängt hätte. Die Ermittlung der fiktiven Person des durchschnittlichen Mustergestalters führte in der Praxis regelmäßig zu Problemen, begleitet von einer gewissen Rechtsunsicherheit[314]. Neben dem gestalterischen Können des Designers war zusätzlich die ästhetische Wirkung des Musters zu berücksichtigen. Für die Beurteilung der ästhetischen Wirkung war die Sichtweise des für geschmackliche Fragen aufgeschlossenen Durchschnittsbetrachters maßgebend[315].

bb) Bewertung der Eigenart nach neuer Rechtslage durch den informierten Benutzer

Nach dem neuen Geschmacksmusterrecht ist für die Bewertung der Eigenart entscheidend, welchen Abstand das Muster aus der Sichtweise des informierten Be-

---

310 § 2 Abs. 2 GeschmMG; Art. 6 GGVO.

311 § 38 Abs. 2 GeschmMG; Art. 10 Abs. 1 GGVO, s. unten S. 98 f..

312 *Eichmann/Falckenstein*, Geschmacksmustergesetz, 2. Aufl., § 1 Rz. 35.

313 BGH GRUR 1975, 383, 386 – Möbelprogramm; BGH GRUR 1977, 547, 550 – Kettenkerze.

314 *Gerstenberg/Buddeberg*, Geschmacksmustergesetz, § 1, S. 80.

315 BGH GRUR 1977, 547, 550 – Kettenkerze; BGH GRUR 1981, 273, 274 – Leuchtenglas.

nutzers gegenüber anderen Formen aufweist. Dabei ist der dem Designer zur Verfügung stehende Gestaltungsspielraum mit zu berücksichtigen.

Die Anforderungen, die die Rechtsprechung an den informierten Benutzer stellen wird, entscheiden nicht nur über die Qualität der Eigenart, sondern auch über den Schutzumfang des Geschmacksmusters[316]. Daher kann die Bedeutung der Person des informierten Benutzers für die Schutzrechtserlangung und die Bewertung des Schutzumfangs des Geschmacksmusters nicht hoch genug eingeschätzt werden. Problematisch ist jedoch, dass weder die Geschmacksmusterverordnung noch die Richtlinie bzw. das deutsche Geschmacksmustergesetz eine Aussage über die „Vorbildung" treffen, die dieser Benutzer aufzuweisen hat. Bis zur höchstrichterlichen Klärung kann somit nur über die „Qualität" des informierten Benutzers spekuliert werden.

Die fiktive Person des informierten Benutzers ist denkbar weit auszulegen und geht über den Kreis der Endverbraucher hinaus. Für die Investitionsgüterindustrie bedeutet dies, dass darunter alle Maschinennutzer, aber auch Ingenieure und Mitglieder des Buying Center fallen[317]. Der Begriff „benutzen" ist also nicht wörtlich zu verstehen, sondern umfasst alle Personen, die mit dem Gegenstand bestimmungsgemäß in Berührung kommen. Wie ein Vergleich mit der Personengruppe der „Fachkreise" zeigt, deren Kenntnis für die Beurteilung der „Neuheit" maßgebend ist[318], sind Ähnlichkeiten bzw. Unterschiede der Muster nicht auf der Ebene von durchschnittlichen Mustergestaltern zu suchen[319]. Entscheidend ist nach neuer Rechtslage vielmehr die Produktzielgruppe. Diese Gruppe ist aber nicht homogen, sondern setzt sich aus Benutzern mit unterschiedlichstem Vorwissen und Aufmerksamkeitsgrad zusammen. Bei dem Benutzer muss es sich um eine aus dieser Gruppe stammende, durchschnittlich informierte Person handeln[320].

Dieser Durchschnittsbenutzer bringt dem Design eine gewisse Aufmerksamkeit entgegen[321], ohne einen detaillierten Vergleich einzelner Merkmale vorzuneh-

---

316 § 38 Abs. 2 GeschmMG; Art. 10 Abs. 1 GGVO, s. unten S. 98 f..

317 Ähnlich *Eichmann*, GRUR Int. 1996, 859, 863, der die Gruppe der Einkäufer ebenfalls zu den Benutzern zählt.

318 § 5 GeschmMG; Art. 7 Abs. 1 GGVO.

319 *Stolz*, S. 126; *Schlötelburg*, Mitt. 2002, 70, 72; *Eichmann*, GRUR Int. 1996, 859, 864.

320 S. BT-Drucks. 15/1075 vom 28.5.2003, S. 52, in dem von einem „Durchschnittsbetrachter" die Rede ist; s. aber *Koschtial*, S. 170, die in dem informierten Benutzer eine Person erblickt, dessen Erfahrungsschatz über dem des Durchschnittsmenschen liegt; ähnlich auch *Schramm*, S. 208, der den Durchschnittsbetrachter für einen „überdurchschnittlich interessierten und informierten Verbraucher" hält, da dann auch unscheinbare aber marktrelevante Abweichungen Berücksichtigung finden.

321 *Wang*, S. 216.

men[322]. Das Gesetz stellt daher auch zutreffend auf den beim Benutzer hinterlassenen Gesamteindruck ab. Nicht gefolgt werden kann der Auffassung, die dem „Benutzer“ einen minderen Grad an Aufmerksamkeit zuschreibt, als beispielsweise einem informierten „Betrachter“. Begründet wird dies mit dem Hinweis, dass das Benutzen einer Sache nicht ein aufmerksames Betrachten verlange[323]. Zutreffend mag zwar sein, dass jemand, der einen Gegenstand benutzt, diesen nicht zwingend im Detail betrachten muss[324]. Allerdings können sich auch beim Benutzen (sichtbare) Details erschließen, die bei einem durchschnittlichen Betrachten verborgen bleiben. Demnach kann dem informierten Benutzer gegenüber dem Durchschnittsbetrachter weder ein höherer Grad an Aufmerksamkeitsgrad zugesprochen werden[325] noch ein niedrigerer.

Zu berücksichtigen ist jedoch, dass es sich bei der Gruppe der Maschinenanwender um ein Fachpublikum handelt, bei dem der Grad an Aufmerksamkeit erfahrungsgemäß höher ist als bei einem nur flüchtigen Betrachter[326]. Eine dem „informierten Benutzer" vergleichbare Bewertungspraxis lässt sich bei der Entwicklung des Verbraucherleitbildes ausmachen[327]. Wurde früher auf den flüchtigen Verbraucher[328] abgestellt, so wird nunmehr, dem europäischen normativen Verbraucherbild folgend, von einem durchschnittlich informierten Marktteilnehmer ausgegangen[329]. Im Gegensatz zum Wettbewerbsrecht ist der Grad der vom Benutzer geforderten Aufmerksamkeit im Geschmacksmusterrecht nicht von der Art der betroffenen Ware abhängig. Eine gesteigerte Aufmerksamkeit des Benutzers bei besonders teuren und langlebigen Investitionsgütern, so wie dies die situationsadäquate Aufmerksamkeit des Wettbewerbs- und Markenrechts verlangt[330], ist dem Musterrecht fremd. Es kommt daher alleine auf den prägenden Gesamteindruck, nicht aber auf eine Verwechslungsgefahr an, denn die Herkunftsfunktion spielt bei der Ermittlung der Eigenart, anders als im Markenrecht, keine Rolle[331].

---

322 Nicht zutreffend ist daher die Folgerung, dass der informierte Benutzer oberhalb des Durchschnittsbetrachters anzusiedeln ist, so aber *Koschtial*, GRUR Int. 2003, 973, 974.

323 *Schlötelburg*, Mitt. 2002, 70, 72; a.A. *E. v. Gamm*, S. 124, die dem „informierten Benutzer“ gerade eine höhere Aufmerksamkeit zuweist als einem „Durchschnittsbetrachter“.

324 So *Schlötelburg*, Mitt. 2002, 70, 72.

325 So aber *E. v. Gamm*, S. 124.

326 Ähnlich auch BGH GRUR 1996, 210, 212 – Vakuumpumpen; *Omsels*, GRUR 2005, 548, 549.

327 Ähnlich auch *Bulling/Langöhrig/Hellwig*, Fn. 22; *Schramm*, S. 203.

328 *Sack*, WRP 2001, 327, 339; *W. Nordemann*, WRP 2000, 977, 977.

329 EuGH GRUR Int. 1998, 795, 797 – Gut Springenheide; EuGH GRUR 2002, 804, 808 Rz. 63 – Philips/Remington; eine parallele Entwicklung vollzieht auch das Markenrecht, s. *Sack*, Mitt. 2002, 494, 498; s. auch *Oppermann/Müller*, GRUR 2005, 280, 281.

330 Vgl. BGH GRUR 2000, 619, 621 – Orient-Teppichmuster.

331 *Eichmann*, MarkenR 2003, 10, 20; *Eichmann/Falckenstein*, Geschmacksmustergesetz, 3. Aufl., § 38 Rz. 33.

cc) Vom informierten Benutzer zu berücksichtigende Vergleichsmuster

Um die Eigenartigkeit zu bewerten, ist ein Vergleich mit anderen Mustern erforderlich. Problematisch ist hier, welche und wie viele Vergleichsmuster in diese Bewertung einzubeziehen sind. Analog zur Neuheitsprüfung sind zunächst nur solche Muster zu berücksichtigen, die den in der Gemeinschaft tätigen Fachkreisen des „betreffenden Sektors“ nach § 5 GeschmMG bekannt sein konnten. Die Gemeinschaftsgeschmacksmusterverordnung nimmt gemäß Art. 7 GGVO auf die „betreffenden Wirtschaftszweige“ Bezug, ohne dass darin ein sachlicher Unterschied gesehen werden kann.

Nach alter Rechtslage wurde die Eigentümlichkeit im Wege einer Gesamtbetrachtung mit mehreren Mustern beurteilt[332]. Nur so ließ sich feststellen, ob in der vorausgegangenen gestalterischen Entwicklung bereits Form- und Farbelemente vorhanden waren, die insgesamt dem Muster so nahe kamen, dass es auf dieser Grundlage bei durchschnittlichem Können des Mustergestalters ohne eigenschöpferischen Einsatz hätte geschaffen werden können[333]. Bei der Bewertung der Eigentümlichkeit wurde also der gesamte vorbestehende Formenschatz berücksichtigt. Die vorzunehmende Gesamtbetrachtung fand ihre Rechtfertigung in der urheberrechtlichen Grundlage des Geschmacksmusterrechts.

Fraglich ist, ob nach neuer Rechtslage an der Betrachtung aller offenbarten und bekannten Muster festzuhalten ist oder ob ein Einzelvergleich zwischen dem Originalmuster und dem angegriffenen Muster ausreicht. Die Erwägungen der Kommission erhalten hierzu keine eindeutige Aussage[334]. Für die Beibehaltung des Gesamtvergleichs sprechen zunächst Erwägungsgrund 14 der Verordnung bzw. Erwägungsgrund 13 der Richtlinie. Demzufolge beurteilt sich die Eigenart danach, „inwieweit sich der Gesamtvergleich, den der Anblick des Musters beim informierten Benutzer hervorruft, deutlich von dem unterscheidet, den der vorbestehende Formenschatz bei ihm hervorruft“. Die Erwägungsgründe gehen also nicht vom Vergleich mit nur „einem Muster“, sondern von einem Vergleich mit dem „vorbestehenden Formenschatz“ aus. Für einen Gesamtvergleich würde weiter sprechen, dass für den Kunden nicht die einzelnen Merkmale der Gestaltung kaufentscheidend sind, sondern die Wirkung des Erzeugnisses im Vergleich mit anderen bekannten Formen[335].

---

332 BGH GRUR 1981, 269, 270 – Haushaltsschneidemaschine II; BGH GRUR 1980, 235, 236 – Play-family; BGH GRUR 1960, 256, 258 – Chérie.

333 BGH GRUR 1975, 81, 83 – Dreifachkombinationsschalter; BGH GRUR 1980, 235, 236 – Play-family; BGH GRUR 1996, 767, 769 – Holzstühle.

334 Vgl. *Eichmann*, GRUR Int. 1996, 859, 862.

335 *Eck*, S. 193.

Nach zutreffender Auffassung ist bei der Beurteilung der Eigenart ein Einzelvergleich zwischen den streitgegenständlichen Mustern vorzunehmen[336]. Unberücksichtigt hat hingegen der gesamte vorbekannte Formenschatz zu bleiben. Gerade der eingangs erwähnte urheberrechtliche Ursprung des alten deutschen Geschmacksmustergesetzes war es, der zu einer solchen Gesamtbetrachtung führte[337]. Einen urheberrechtlichen Ursprung kennt das Gemeinschaftsgeschmacksmusterrecht aber nicht. Für eine Aufgabe des Gesamtvergleichs spricht weiter der Wortlaut der Mustergesetze. Demnach weist ein Muster die erforderliche Eigenart auf, wenn sich der Gesamteindruck „[...] von dem Gesamteindruck unterscheidet, den „ein" anderes Geschmacksmuster hinterlässt"[338]. Der Gesetzestext stellt also ausdrücklich nicht auf den gesamten Formenschatz als Vergleichsgruppe ab. Darüber hinaus würde ein Gesamtvergleich zu einer vom Gesetzgeber nicht gewollten Feinanalyse einzelner Gestaltungselemente führen, was im Ergebnis eine Anhebung der musterrechtlichen Eingangsschwelle bedeuten würde[339].

Stehen die zu vergleichenden streitgegenständlichen Muster fest, so entscheidet zwischen diesen der beim informierten Benutzer hinterlassene Gesamteindruck. Der Benutzer nimmt, im Gegensatz zu einem Design-Experten, keine zergliedernd-analytische Betrachtung vor, sondern beschränkt sich in seinem Vergleich auf den prägenden Gesamteindruck der Muster[340]. Die Betrachtung von Unterschiedlichkeiten im Einzelvergleich hat zur Folge, dass – bedingt durch die kleinere Vergleichsgruppe – die Eigenart häufig auch dann angenommen werden kann, wenn das Erfordernis der Eigentümlichkeit nicht erfüllt wäre[341].

dd) Auswirkungen des informierten Benutzers auf die Bewertungspraxis

Unklar ist, ob die Sichtweise des informierten Benutzers gegenüber der alten Rechtslage zu einer erleichterten Bewertung der Eigenart führt. Aus einem Vergleich mit der früher maßgebenden Gruppe des „durchschnittlichen Mustergestalters" könnte man folgern, dass die Sichtweise der Produktzielgruppe dem Design einen geringeren Grad an Aufmerksamkeit entgegenbringt als ein durchschnittlicher Experte. Zutreffend ist sicherlich, dass ein Fachmann eher Unterschiede zum vorbekannten Formenschatz wahrnimmt als ein bloßer Durchschnittsbenutzer. Aus der geringeren Aufmerksamkeit des Benutzers kann jedoch nicht der Schluss

---

336 *Wandtke/Ohst*, GRUR Int. 2005, 91, 97; *Koschtial*, GRUR Int. 2003, 973, 974; *Wang*, S. 218; *Eichmann*, GRUR Int. 1996, 859, 862; *Eichmann*, Mitt. 2003, 17, 20; *Bulling*, Mitt. 2004, 254, 256.

337 *Wandtke/Ohst*, GRUR Int. 2005, 91, 96.

338 § 2 Abs. 3 GeschmMG; Art. 6 Abs. 1 GGVO.

339 *Wandtke/Ohst*, GRUR Int. 2005, 91, 96.

340 *Oldekop*, WRP 2006, 801, 805; *Lorenzen*, S. 175; *Schlötelburg*, Mitt. 2002, 70, 72.

341 *Eichmann/Falckenstein*, Geschmacksmustergesetz, 3. Aufl., § 2 Rz. 16.

gezogen werden, dass es nunmehr leichter sei, den Abstand gegenüber anderen Mustern festzustellen. Wo früher der Fachmann eine Detailbetrachtung vorzunehmen hatte, kommt es nunmehr auf den beim Benutzer hinterlassenen Gesamteindruck an. Diese vermeintlich leichtere Beurteilung des Gesamteindrucks durch den Benutzer wird dadurch relativiert, dass der Fachmann früher den gesamten Formenschatz zu berücksichtigen hatte. Das dem Benutzer fehlende „Expertenwissen" wird somit durch die kleinere Vergleichsmenge kompensiert. Der Rückschluss, dass die Sichtweise des Benutzers mangels Expertenwissen zu einer erleichterten Annahme der Eigenart führen wird, ist daher nicht zwingend. Weder lässt der Blickwinkel des informierten Benutzers gegenüber der alten Rechtslage den Schluss zu, dass es künftig leichter fallen werde, Unterschiede festzustellen, noch kann daraus gefolgert werden, dass Abweichungen schwerer festgestellt werden können.

Einige Autoren sind der Auffassung, dass die Person des „informierten Benutzers" leichter zu ermitteln sei, als die nach alter Rechtslage entscheidenden Fähigkeiten des durchschnittlichen Mustergestalters. Dafür spreche zunächst, dass es sich bei dem informierten Benutzer um eine Person aus der bekannten Produktzielgruppe handelt. Dem steht entgegen, dass auch der informierte Benutzer eine fiktive Person ist, denn „informiert" bedeutet nichts anderes als „durchschnittlich informiert"[342]. Wenn also vertreten wird, dass die Sichtweise der Produktzielgruppe zu einer Erleichterung bei der Bestimmung der Personengruppe führe, so ist dies nur bedingt zutreffend, denn problematisch ist nicht die Ermittlung der Benutzergruppe, sondern der Grad an „durchschnittlicher Informiertheit". Wie bereits festgestellt, ist die Benutzergruppe nicht homogen und weist neben überdurchschnittlich informierten Benutzern auch solche auf, die unterhalb des Durchschnitts liegen. Im Ergebnis wird also die unbestimmte Gruppe des durchschnittlichen Mustergestalters durch eine andere fiktive Person ersetzt. Daneben kann auch die Feststellung des dem Designer zur Verfügung stehenden Gestaltungsspielraums bzw. die vorhandene Musterdichte der jeweiligen Erzeugnisklasse in der Praxis erhebliche Probleme bereiten. Inwieweit der informierte Benutzer bei der Bestimmung der maßgebenden Sichtweise zu einer Erleichterung führt, ist daher zweifelhaft und wird letztlich von der Rechtsprechung zu klären sein. Allerdings wird in einigen Fällen das erkennende Gericht selber, zumindest was den Konsumgüterbereich anbelangt, zu den informierten Benutzern gehören, was wiederum das Einholen aufwändiger Gutachten erübrigt[343].

---

342 *Lewalter/Schrader*, Mitt. 2004, 202, 204, die in dem „informierten Benutzer" daher auch einen Durchschnittsbetrachter i.S.v. BGH GRUR 1977, 547, 550 – Kettenkerze – sehen.

343 *Lorenzen*, S. 176; dies wäre mit dem noch in den Vorentwürfen vorgesehenen Begriff der maßgeblichen Öffentlichkeit nicht gewährleistet gewesen, so *Kur*, GRUR 2002, 661, 668; Art. 7 Grünbuch über den rechtlichen Schutz gewerblicher Muster und Modelle, KOM Dok. III/F/5131/91-DE.

3. Verhältnis der Neuheit zur Eigenart

Nicht abschließend geklärt ist bislang das Verhältnis der Neuheit zur Eigenart. Dieses Verhältnis ist für die Prüfungsreihenfolge entscheidend, denn könnte eines der Merkmale so ausgelegt werden, dass es das jeweils andere umfasst, würde das verbleibende Tatbestandsmerkmal an Eigenständigkeit verlieren und könnte vernachlässigt werden. Um das Verhältnis der Merkmale zu erörtern, ist zunächst ein Blick auf die legislative Entwicklung zu richten. Dabei ist zu klären, ob es überhaupt zweier Tatbestandsmerkmale bedurfte oder ob nicht entweder „Neuheit" oder „Eigenart" bzw. ein bündelndes Merkmal, wie beispielsweise die in dem Grünbuch vorgesehene „Unterscheidungskraft"[344], ausreichend gewesen wäre.

a) Erfordernis von Neuheit und Eigenart oder Unterscheidungskraft

Bei den Entwürfen zu den Mustergesetzen wurde teilweise nur eine Schutzvoraussetzung gefordert[345]. Ausreichend wäre also das Tatbestandsmerkmal der Neuheit oder der Eigenart gewesen. Ausgangspunkt dieser Diskussion bildet Art. 25 des Agreements on Trade Related Aspects of Intellectual Property (TRIPS), welcher von den Unterzeichnerstaaten lediglich verlangt, dass diese den Schutz unabhängig geschaffener gewerblicher Muster und Modelle vorsehen, wenn die Muster neu sind „oder" Eigenart aufweisen (Art. 25 Abs. 1 S. 1 TRIPS). Einig ist man sich, dass das TRIPS-Abkommen für die Unterzeichnerstaaten verbindliche Mindeststandards festlegen soll[346]. Ein Unterschreiten dieses Schutzniveaus soll daher nicht, das Gewähren eines höheren Schutzstandards hingegen sehr wohl möglich sein[347].

Nach einer Ansicht hätte es einer kumulativen Anwendung der Schutzvoraussetzungen von Neuheit und Eigenart, wie es das Gemeinschaftsgeschmacksmusterrecht und die harmonisierten nationalen Musterordnungen nunmehr vorsehen, nicht bedurft. Eine Kumulierung des Neuheitserfordernisses mit der Eigenart führe in aller Regel zu erschwerten Eintrittsvoraussetzungen, die mit dem TRIPS-Abkommen nicht vereinbar seien[348]. Es sei daher eine alternative Anwendung der Tatbestandsmerkmale geboten, um den TRIPS-Vorgaben zu entsprechen. Dies

---

344 Grünbuch über den rechtlichen Schutz gewerblicher Muster und Modelle, KOM Dok. III/F/5131/91-DE, S. 81, Ziff. 5.5.9; s. zur Kritik am Prüfkriterium der „Unterscheidungskraft" *Eichmann*, Mitt. 1998, 252, 258, der mit der Einführung der Unterscheidungskraft die Abgrenzung zum Markenrecht schwinden sieht.

345 Grünbuch über den rechtlichen Schutz gewerblicher Muster und Modelle, KOM Dok. III/F/5131/91-DE, S. 81, Ziff. 5.5.9., s. auch *Kur*, GRUR Int. 1998, 353, 356, Fn. 22.

346 TRIPS Präambel 2. Absatz b).

347 *Pataky*, GRUR Int. 1995, 653.

348 *Pataky*, GRUR Int. 1995, 653.

folge aus dem eindeutigen Wortlaut des Abkommens und der Formulierung „neu oder Eigenart“[349].

Nach zutreffender Auffassung bestehen gegen die Kumulierung von Neuheit und Eigenart trotz des eindeutigen Wortlauts des TRIPS-Abkommens keine Bedenken, vorausgesetzt, dass daraus keine erschwerten Eintrittsvoraussetzungen folgen. Sinn und Zweck des TRIPS-Abkommens ist es, in den Mitgliedsstaaten für einheitliche Mindeststandards zum Schutz geistigen Eigentums zu sorgen. Dem TRIPS-Abkommen lassen sich keine Angaben zum Umfang und Verhältnis der Begriffe entnehmen. Entscheidend ist daher, in welchem Verhältnis die Merkmale zueinander stehen, denn beide Begriffe können so ausgelegt werden, dass sie den jeweils anderen mit umfassen[350]. Bei entsprechender Auslegung von Neuheit und Eigenart würde aus einem Zusammentreffen dieser Merkmale somit nicht die befürchtete höhere Eintrittsvoraussetzung folgen[351]. Genauso gut hätten diese Merkmale so zusammengefasst werden können, wie in dem Entwurf des Grünbuchs als einzige Voraussetzung auf die „Unterscheidungskraft“ eines Musters abgestellt wurde[352]. Für die Einhaltung der TRIPS-Vorgaben kommt es somit nicht auf die Anzahl der Tatbestandsmerkmale, sondern auf deren Auslegung bzw. deren Verhältnis zueinander an.

b) Verhältnis der Neuheit zur Eigentümlichkeit nach altem deutschen Geschmacksmusterrecht

Unter Grundlage des alten deutschen Musterrechts wurden Neuheit und Eigentümlichkeit stets gesondert und grundsätzlich unabhängig voneinander geprüft[353]. Dabei war die Prüfung der Eigentümlichkeit, anders als die der Neuheit, nicht durch einen Einzelvergleich des Klagemusters mit Entgegenhaltungen vorzunehmen, sondern durch einen Gesamtvergleich mit dem vorbekannten Formenschatz[354]. Eine getrennte Prüfung der Tatbestandsmerkmale war erforderlich, da die Eigentümlichkeit, aufgrund der Nähe des alten Geschmacksmusterrechts zum Urheberrecht, eine schöpferische eigenpersönliche Leistung des Mustergestalters

---

349 *Pataky*, GRUR Int. 1995, 653, der bei einer Kumulation der Tatbestandsmerkmale die Gefahr eines Panelverfahrens sieht.

350 *Kur*, GRUR Int. 1998, 353, 355; *Kur*, GRUR Int. 1995, 185, 189; *Wang*, S. 107.

351 *Lorenzen*, S. 25.

352 *Lorenzen*, S. 164; Grünbuch über den rechtlichen Schutz gewerblicher Muster und Modelle, KOM Dok. III/F/5131/91-DE, Art. 4 Abs. 1 Vorentwurf der VO, Vorentwurf der Richtlinie Art. 3 (Grünbuch über den rechtlichen Schutz gewerblicher Muster und Modelle, KOM Dok. III/F/ 5131/91-DE).

353 BGH GRUR 1996, 767, 769 – Holzstühle; BGH GRUR 1958, 509, 510 – Schlafzimmermodell.

354 BGH GRUR 1980, 235, 236 – Play-family; BGH GRUR 1981, 269, 270 – Haushaltsschneidemaschine II.

verlangte[355]. Neuheit und Eigentümlichkeit hatten somit unterschiedliche Schutzrichtungen und stellten qualitativ etwas anderes dar.

c) Verhältnis der Neuheit zur Eigenart nach neuer Rechtslage

In der Verordnung und der Richtlinie stehen beide Tatbestandsmerkmale gleichbedeutend nebeneinander. Eine Priorisierung nimmt der Gesetzgeber nicht vor, was zunächst eine eigenständige Prüfung von Neuheit und Eigenart nahe legt. Nach neuer Rechtslage ist jedoch für das Merkmal der Eigenart nicht mehr die eigenpersönliche schöpferische Leistung des überdurchschnittlich begabten Designers entscheidend, sondern alleine der Abstand zum Vergleichsmuster. Der Abstand zu anderen Formen wird aber bereits durch die Neuheitsprüfung sichergestellt. Mit Einführung des Merkmals der Eigenart könnte daher die Rechtfertigung für eine getrennte Prüfung von Neuheit und Eigenart entfallen sein.

aa) Nebeneinander von Neuheit und Eigenart

Teilweise wird vertreten, dass die Merkmale Neuheit und Eigenart als materielle Schutzvoraussetzungen eines Geschmacksmusters auch nach neuer Rechtslage selbstständig nebeneinander stehen. Um die Schutzfähigkeit anzunehmen, müssen beide Voraussetzungen erfüllt sein. Neuheit und Eigenart eines Musters dürfen nicht gleichgesetzt werden, sondern seien stets gesondert zu prüfen. Dabei sei, der alten Rechtsprechung folgend, die Neuheit im Wege eines Einzelvergleichs und die Eigenart im Wege eines Gesamtvergleichs mit dem bestehenden Formenschatz zu ermitteln[356].

bb) Stufenverhältnis von Neuheit und Eigenart

Nach anderer Auffassung stehen die Voraussetzungen der Neuheit und Eigenart in einem Stufenverhältnis zueinander[357]. Während für die Beurteilung der Neuheit nur identische Muster zum Vergleich herangezogen und damit nur sklavische Nachahmungen vom Schutz ausgeschlossen werden, seien für die Prüfung der Eigenart auch solche Muster zu berücksichtigen, die einen ähnlichen Gesamteindruck hinterlassen. Vor dem Hintergrund des Zusammenspiels der materiellen Schutzvoraussetzungen von Neuheit und Eigenart bestehe danach keine Veranlassung, bereits beim Neuheitsvergleich ähnliche Gestaltungen auszuschließen[358]. Der aus der Sichtweise der Fachleute vorzunehmende detaillierte Einzelvergleich lasse erkennen, dass das

---

355 *Eichmann/Falckenstein*, Geschmacksmustergesetz, 2. Aufl., Allgem. Rz. 11.

356 *Rehmann* Rz. 42.

357 *Lorenzen*, S. 164.

358 *Stolz*, S. 118; *Eck*, S. 153.

Neuheitskriterium allein der Filterung identischer oder nahezu identischer Gestaltungen diene[359]. Geboten sei zunächst ein Einzelvergleich mit den vorbekannten Gestaltungen, der quasi als Vorprüfung nur identische oder nahezu identische Gestaltungen vom Schutz ausnehme. Soweit in § 2 Abs. 2 S. 2 GeschmMG bzw. Art. 5 Abs. 2 GGVO auch Muster die sich in unwesentlichen Einzelheiten unterscheiden als neuheitsschädlich verstanden werden, sei diesem Tatbestand ein enger Bedeutungsbereich beizumessen, der sich auf nahezu identische Vorwegnahmen beschränke[360]. Dieser Ansicht folgend sollen erst in dem zweiten Prüfungsschritt die Muster Berücksichtigung finden, die einen ähnlichen Gesamteindruck vermitteln.

d) Stellungnahme zum Verhältnis der Merkmale „Neuheit" und „Eigenart"

Bei der Prüfung der Musterfähigkeit wird man den gesetzgeberischen Willen nicht missachten können und beide Schutzvoraussetzungen beachten müssen. Fraglich ist jedoch, ob nicht bereits die Bejahung eines der Merkmale, also entweder der Neuheit oder der Eigenart, das Vorliegen des anderen Merkmals impliziert, sodass es trotz des eindeutigen Wortlauts der Musterordnungen keine gesonderte Beurteilung des jeweils anderen Merkmals bedarf. Würde also eines der Merkmale „Neuheit" oder „Eigenart" das jeweils andere beinhalten und wäre das weitergehendere Tatbestandsmerkmal vor dem engeren zu prüfen, so wäre eine zusätzliche Prüfung des engeren Merkmals obsolet.

Nach den Musterordnungen handelt es sich bei dem Merkmal der Eigenart im Vergleich zur Neuheit um das weitreichendere und ungleich wichtigere Tatbestandsmerkmal, da die Eigenart über den beim informierten Benutzer hinterlassenen Gesamteindruck auch vor der Nachbildung ähnlicher Muster schützt. Erst recht hat sich dieser Schutz auch auf identische Gestaltungen zu erstrecken[361]. Der Schutz vor identischen Nachbildungen wird zwar ausdrücklich von dem Neuheitskriterium übernommen, aber darüber hinaus auch von dem Merkmal der Eigenart gewährleistet[362], denn ein Design, welches eigenartig, jedoch nicht neu ist, lässt sich kaum denken[363]. Schützt also der Begriff der Eigenart vor ähnlichen und identischen Gestaltungen, so kann das Merkmal der Eigenart auch so verstanden werden, dass dieses die Neuheit mit umfasst[364]. Auf eine gesonderte Neuheitsprüfung ließe sich dann, trotz des ausdrücklichen Wortlauts der Musterordnungen,

---

359 *Schramm*, S. 157.

360 So auch *Stolz*, S. 119.

361 Ähnlich auch *Otero Lastres*, GRUR Int. 2000, 408, 414, der davon ausgeht, dass das Merkmal der Eigenart inhaltlich einen großen Teil des Neuheitsbegriffs absorbiert.

362 So auch *Bayona*, GRUR Int. 2003, 24, 27.

363 So auch *Koschtial*, GRUR Int. 2003, 973, 978.

364 *Kur*, GRUR Int. 1998, 353, 355.

verzichten[365]. Ein solches Verständnis legt auch das TRIPS-Abkommen nahe, welches eben nur das Vorliegen der Neuheit „oder“ der Eigenart verlangt.

Das gleichwertige Nebeneinander von Neuheit und Eigenart trägt der geänderten Rechtslage nicht ausrechend Rechnung. War nach dem alten deutschen Geschmacksmustergesetz die getrennte Beurteilung von Neuheit und Eigentümlichkeit erforderlich, da Neuheit und Eigentümlichkeit im Kern unterschiedliche Zielrichtungen aufwiesen, so ist eine getrennte Prüfung nach neuer Rechtslage nicht zwingend. Unter den neuen Mustergesetzen weisen die Tatbestandsmerkmale der Neuheit und Eigenart die gleiche Zielrichtung mit einem nur quantitativen Unterschied auf[366]. Eine getrennte Betrachtung des Musters nach Neuheit und Eigenart gliedert die eigentliche Frage nach dem Abstand zum bekannten Formenschatz unnatürlich auf, denn auch der informierte Benutzer nimmt regelmäßig keine Differenzierung zwischen Neuheit und Eigenart vor. Der Verzicht auf eine eigenpersönliche Schöpfung hätte daher konsequenterweise in der Wahl nur einer Tatbestandsvoraussetzung Ausdruck finden sollen.

Ob man die Beurteilung der Eigenart anhand eines einstufigen oder anhand eines zweistufigen Tests – dann ergänzt um das Merkmal der „Neuheit“ – vornehmen möchte, ist letztlich eine methodische Frage[367]. Aus Praktikabilitätserwägungen wird sich in aller Regel weiterhin eine getrennte Prüfung der Tatbestandsmerkmale anbieten, auch wenn dies aus den dargelegten Gründen nicht zwingend ist. Insbesondere in Branchen mit einer hohen Musterdichte wird sich alleine aus Gründen der Übersichtlichkeit eine abgestufte bzw. getrennte Prüfung der Merkmale empfehlen, wohingegen in Bereichen mit einem nur geringen Formenschatz die Neuheitsprüfung unter die Prüfung der Eigenart gezogen werden kann[368]. Dabei sind allerdings stets die unterschiedlichen Beurteilungshorizonte zu berücksichti-

365 A.A. *Otero Lastres*, GRUR Int. 2000, 408, 414, der feststellt, dass in den nationalen Mustergesetzen das Merkmal der Neuheit häufiger anzutreffen ist als das der Eigenart und daher nur ein Merkmal, und zwar das der Neuheit, fordert, dies allerdings weit auslegen möchte. Ähnlich auch *Bayona*, GRUR Int. 2003, 24, 26, der anmerkt, dass sich Neuheit und Eigenart auf ein Merkmal, nämlich das der Neuheit, reduzieren ließen, *Bayona* dann aber den Neuheitsbegriff im Sinne der Eigenart auslegt.

366 So auch *Lorenzen*, die darauf hinweist, dass der Gesetzgeber Neuheit und Eigenart daher auch in einem Merkmal hätte zusammenfassen können, S. 164; ähnlich *Pentheroudakis*, GRUR Int. 2002, 668, 675, mit der Feststellung, dass das Merkmal der „Originalität“ (Eigenart) nicht signifikant von dem der „Neuheit“ abweiche.

367 So auch *Wang*, S. 219; a.A. *Lubberger*, in: FS Erdmann, S. 145, 159, der für das alte Recht eine konsequente und strenge Trennung der Prüfungsschritte fordert, da dies die Unsicherheiten in Bezug auf die Rechtsbeständigkeit eines Musters erheblich erhöhen würde.

368 Ähnlich wohl auch *Eichmann/Falckenstein*, Geschmacksmustergesetz, 3. Aufl., § 2 Rz. 6, die kein Bedürfnis für breit angelegte Ausführungen zur Neuheit sehen, da ein Einzelvergleich ohnehin bei der Prüfung der Eigenart erfolgt.

gen, denn die Neuheit ist durch die Fachkreise, die Eigenart hingegen durch den informierten Benutzer, zu bestimmen.

4. Für Investitionsgüter relevante Ausschlussgründe vom Musterschutz

Liegen Neuheit und Eigenart der Form vor, so dürfen der Geschmacksmusteranmeldung weiter keine der folgenden Ausschlussgründe entgegenstehen. Dabei liegt der Schwerpunkt der Betrachtung auf den für die Investitionsgüterbranche relevanten Regelungen. Dies betrifft namentlich den Ausschluss von Bauelementen, die bei bestimmungsgemäßer Verwendung nicht sichtbar bleiben[369], Erscheinungen, die ausschließlich durch eine technische Funktion bedingt sind[370], Verbindungselemente[371] und sichtbare Ersatzteile[372].

Der Anmelder ist dafür verantwortlich, dass sein Muster später auch verteidigt werden kann, denn eine Prüfung der materiellen Eintragungsvoraussetzungen bzw. der Ausschlussgründe[373] findet von Amts wegen nicht statt, sondern erst vor den ordentlichen Gerichten im Rahmen des Verletzungsverfahrens. Lediglich die formellen Voraussetzungen überprüft das Registeramt (§ 16 GeschmMG bzw. Art. 45 GGVO). Dies stellt einen wesentlichen Unterschied zum Markenrecht dar, bei dem auch die absoluten Eintragungshindernisse von Amts wegen geprüft werden[374]. Über eine rein formale Prüfung geht nur § 18 GeschmMG bzw. Art. 47 GGVO in eng begrenztem Umfang hinaus, der eine Überprüfung der Musterfähigkeit vorsieht. Stellt das Markenamt fest, dass es sich nicht um ein Muster im Sinne des Gesetzes handelt, weist dieses die Anmeldung zurück. Ebenso verfährt es bei einem Verstoß gegen die öffentliche Ordnung, gegen die guten Sitten oder einer missbräuchlichen Benutzung eines geschützten Zeichens.

In Ermangelung einer amtlichen Prüfung der Eintragungsvoraussetzungen hat der Musteranmelder selber eine eingehende Bewertung nachfolgender Ausschlussgründe vorzunehmen.

a) Ausschluss von nicht sichtbaren Bauelementen in komplexen Erzeugnissen

Vom Musterschutz ausgenommen sind Bauelemente, die in einem komplexen Erzeugnis verbaut werden und dann nicht mehr sichtbar sind. Unter einem komplexen Erzeugnis ist ein Erzeugnis zu verstehen, welches sich aus mehreren Bau-

---

369 § 4 i.V.m. § 1 Nr. 4 GeschmMG; Art. 4 Abs. 2 GGVO.

370 § 3 Abs. 1 Nr. 1 GeschmMG; Art. 8 Abs. 1 GGVO.

371 § 3 Abs. 1 Nr. 2 GeschmMG; Art. 8 Abs. 2 GGVO.

372 Art. 110 Abs. 1 GGVO.

373 § 3, § 4 GeschmMG; Art. 4, Art. 8 GGVO.

374 Vgl. *Eichmann*, MarkenR 2003, 10, 11.

elementen zusammensetzt[375], wie beispielsweise eine Maschine[376] oder Anlage. Die einzelnen Bauelemente dieses Erzeugnisses sind nach den Mustergesetzen nur schutzfähig, sofern sie bei bestimmungsgemäßer Verwendung des komplexen Erzeugnisses sichtbar bleiben und selbst neu und eigenartig sind[377]. Wird ein nicht sichtbares Bauteil einer Maschine erst bei der Instandhaltung, Wartung oder Reparatur sichtbar, so stellt dies nach den Mustergesetzen keine bestimmungsgemäße Verwendung dar. Das Bauteil gilt dann als weiterhin nicht sichtbar und somit nicht schutzfähig[378]. Bedeutend in diesem Zusammenhang ist, dass sich die Verwendungsbestimmung nicht auf das Bauelement selber, sondern auf das komplexe Erzeugnis bezieht, mit dem das Bauelement verbunden wird[379]. Dieser feinen Differenzierung wird in der Literatur häufig nicht ausreichend Rechnung getragen, was zur Folge hat, dass die Verwendungsbestimmung fälschlicherweise auf das Bauelement bezogen wird[380]. Die Folgen dieser Bezugnahme zeigen sich bei der vorzunehmenden Verwendungsprognose, auf die weiter unten einzugehen ist.

Der Grund für den Ausschluss nicht sichtbarer Bauelemente besteht darin, diejenigen Formen vom Geschmacksmusterschutz auszuschließen, die für den Verbraucher nicht kaufentscheidend sind, weil sie nur bei Reparatur- oder Wartungsarbeiten sichtbar werden[381]. Motiviert durch die Diskussion um den Schutz sichtbarer Kraftfahrzeug-Ersatzteile ist Sinn und Zweck des Sichtbarkeitskriteriums, den Ersatzteilmarkt von musterrechtlichen Beschränkungen freizuhalten[382]. Andere sehen in der Vorschrift ein Korrektiv für die dem Geschmacksmusterrecht nunmehr fehlende ästhetische Wirkung[383]. Das Sichtbarkeitskriterium erfasst nach

---

375 § 1 Nr. 3 GeschmMG; Art. 3 c) GGVO.

376 Unter einer Maschine wird die Gesamtheit von miteinander verbundenen Teilen oder Vorrichtungen verstanden, von denen mindestens eines beweglich ist, sowie gegebenenfalls von Antriebselementen, Steuer- und Energiekreisen, die für eine bestimmte Anwendung, wie beispielsweise die Verarbeitung, die Behandlung, die Fortbewegung und die Aufbereitung eines Werkstoffs zusammengefügt sind. Als Maschine wird auch eine Gesamtheit von Maschinen betrachtet, die so angeordnet und gesteuert werden, dass sie als einheitliches Ganzes zur Erreichung ein und desselben Ziels zusammenarbeiten, vgl. Europäische Norm EN 292-1:1991.

377 § 4 GeschmMG; Art. 4 Abs. 2 GGVO.

378 § 1 Nr. 4 GeschmMG; Art.4 Abs. 3 GGVO.

379 *Koschtial*, S. 186, die darauf hinweist, dass anderenfalls die Regelung leicht zu umgehen wäre, da jedes Erzeugnis vor seinem Einbau ausgestellt werden könne; *Eichmann*, Mitt. 1998, 252, 255; *Klawitter*, EWS 2001, 157, 162, der dies aus einem Vergleich mit dem insoweit eindeutigeren Wortlaut der englischen Originalfassung der Richtlinie folgert.

380 S. beispielsweise *Bulling*, Mitt. 2004, 254, 255, 260, „wenn das Bauelement bei seiner bestimmungsgemäßen Verwendung [...]".

381 *Eichmann*, Mitt. 1998, 252, 255; *Eichmann*, GRUR Int. 1996, 875.

382 *Lorenzen*, S. 98; *Stolz*, S. 134; *Eichmann/Falckenstein*, Geschmacksmustergesetz, 3. Aufl., § 4 Rz. 2.

383 *Schennen*, in: FS Eisenführ, S. 99, 106.

seinem Wortlaut nicht nur Kraftfahrzeug-Reparaturteile, sondern alle Bauelemente eines komplexen Erzeugnisses[384] und somit auch die Ersatzteile von Maschinen und Anlagen.

Das alte deutsche Geschmacksmusterrecht nahm keine derartige Einschränkung vor und setzte nicht die ausdrückliche Sichtbarkeit der Muster bei bestimmungsgemäßer Verwendung voraus[385]. Dennoch war auch dem alten Geschmacksmusterrecht die Beschränkung auf sichtbare Gestaltungen nicht fremd. Musterfähig waren nur solche Formen, die den durch das Auge vermittelten ästhetischen Form- und Farbsinn anzuregen bestimmt und geeignet waren. Ein selbstständig verkehrsfähiges Bauteil war nach seiner Einbringung in das Gesamtprodukt nur dann geschmacksmusterfähig, wenn es abgrenzbar und in seiner ästhetischen Wirkung in der Gesamtschau mit den anderen Teilen erkennbar blieb und ästhetisch wirkte[386]. Im Rahmen des für die Beurteilung maßgebenden Gesamteindrucks spielte auch die Zweckbestimmung des Erzeugnisses und seine Verwendungsweise eine Rolle[387]. Gleichwohl kann die alte Rechtslage nicht mit dem neuen Sichtbarkeitserfordernis verglichen werden, blieb diese doch in ihrer den Musterschutz einschränkenden Wirkung weit hinter der neuen Regelung zurück[388].

aa) Grundsätzliche Kritik an dem Merkmal „bei dessen bestimmungsgemäßer Verwendung sichtbar“

Die Einschränkung des Musterschutzes auf sichtbare Elemente ist aus dogmatischen, wirtschaftspolitischen, verfassungsrechtlichen und nicht zuletzt praktischen Erwägungen äußerst bedenklich, wie nachfolgende Darstellung zeigen wird.

Das Sichtbarkeitskriterium reduziert den Formenschutz auf die äußere Hülle der Ware[389] und verhindert einen Geschmacksmusterschutz für „inneres“ Design[390]. Von der Einschränkung sind insbesondere Komponentenhersteller sowie Zulieferer

---

384 Nicht zuzustimmen ist *Otero Lastres*, GRUR Int. 2000, 408, 410, der in der Vorschrift ein allgemeines Schutzmerkmal erblickt und das Sichtbarkeitskriterium für alle Muster angewendet sehen möchte. Einer derart weiten Auslegung steht der gesetzgeberische Wille entgegen, der in den Diskussionen zur Richtlinie bewusst von einem generellen Sichtbarkeitskriterium abgesehen hat.

385 *Klawitter*, EWS 2001, 157, 158 f.

386 *Gaul/Bartenbach* Rz. 41, mit Verweis auf BGH NJW-RR 1987, 499 – Kotflügel.

387 *O. v. Gamm*, Geschmacksmustergesetz, § 1 Rz. 24.

388 Ähnlich auch *Klawitter*, EWS 2001, 157, 161; a.A. *Koschtial*, die für die Praxis keine großen Unterschiede erwartet, dabei aber den Komponenten- und Ersatzteilmarkt unberücksichtigt lässt.

389 *Wandtke/Ohst*, GRUR Int. 2005, 91, 94.

390 *Rahlf/Gottschalk*, GRUR Int. 2004, 821, 822; *Koschtial*, GRUR Int. 2003, 973, 980.

von Maschinenbauteilen betroffen, deren Erzeugnisse, wie beispielsweise Antriebsaggregate, Pumpen oder Steuereinheiten, regelmäßig hinter einer Maschinenverkleidung verborgen werden[391]. Bei diesen Wirtschaftsgütern handelt es sich um selbstständig verkehrsfähige Erzeugnisse, die zunehmend eine über die technisch bedingte Form hinausgehende Gestaltung aufweisen, sodass auch hier ein Bedürfnis für Formenschutz bestehen kann. Bei einem weiten Verständnis der „bestimmungsgemäßen Verwendung" würde der Ausschlussgrund dazu führen, dass der Industrie der Komponentenhersteller die Möglichkeit des Musterschutzes grundsätzlich versagt bliebe. Ein solcher Ausschluss widerspricht aber dem erklärten Ziel der Geschmacksmustergesetze, ein Schutzsystem zu etablieren, welches den Interessen aller Branchen gerecht wird[392].

Auch der wirtschaftspolitische Zweck der Regelung ist fragwürdig. Ginge es allein um die Beschränkung des Ersatzteilmarktes[393], so wird dieses Ziel bereits durch die Ausschlussgründe von § 3 Abs. 1 Nr. 1, Nr. 2 GeschmMG bzw. Art. 8 Abs. 1, Abs. 2 GGVO erreicht. Gerade diesen Ausschlussgründen obliegt es, den „after-sales"-Markt vor Monopolstellungen durch das Musterrecht zu bewahren. Eine weitere Einschränkung des Ersatzteilmarktes hätte es zur Sicherung des freien Wettbewerbs nicht bedurft, denn der Ausschluss sichtbarer Bauelemente greift in einen eigenständigen Primärmarkt ein.

Das Design von nicht sichtbaren Bauteilen ist, im Gegensatz zu sichtbaren Kraftfahrzeug-Ersatzteilen, wegen der nur geringen Kontaktintensität mit dem Benutzer, bei der Kaufentscheidung von untergeordneter Bedeutung[394]. Bei nicht sichtbaren Bauelementen handelt es sich in aller Regel um substituierbare Güter, die aufgrund ihrer Gestaltung gerade nicht nachfragebedingt alternativlos sind, sodass die bei den sog. Indentteilen angeführte Gefahr eines De-facto-Produktmonopols hier gerade nicht besteht[395]. Eine Rechtfertigung für den Ausschluss nicht sichtbarer Bauelemente besteht somit nicht. Darüber hinaus wird in dem Ausschluss nicht sichtbarer Bauteile vom Musterschutz ein Verstoß gegen das verfassungsrechtliche Gebot der sachlichen Gleichbehandlung und angemessenen Entlohnung immaterialgüterrechtlich schutzwürdiger Leistungen gesehen[396].

---

391 Beispielsweise Festo (Elektrische Stellantriebe Typ MTR-DCI).

392 Vgl. Erwägungsgrund 15 der GGVO.

393 So *Lorenzen*, S. 98.

394 Dennoch können auch hier gute Gründe für eine bewusste Gestaltung der äußeren Form sprechen, s. Kapitel 1.

395 S. zu den Identteilen unten S. 125.

396 *Straus*, GRUR Int. 2005, 965, 973; *Klawitter*, EWS 2001, 157, 162; *Beier*, GRUR Int. 1994, 716, 726; a.A. *Kur*, GRUR Int. 1996, 876, 886, die in der Reparaturklausel eine zulässige Konkretisierung des Eigentums sieht, wobei allerdings in dem der Abhandlung zugrunde liegenden Kommissionsvorschlag noch eine Entschädigungszahlung vorgesehen war.

Unklar ist weiter, wie der Schutz von Bauteilen zu beurteilen ist, bei denen sowohl eine sichtbare als auch eine nicht sichtbare Verwendung möglich ist. Muster können je nach Kundenwunsch oder Ausführungsvariante unter einer durchsichtigen, transparenten oder undurchsichtigen Abdeckung liegen[397]. Sollten im ersteren Falle die Teile schutzfähig sein und im letzteren nicht, so würde die Entscheidung über den Musterschutz bei gleichen Bauteilen zu unterschiedlichen bzw. zufälligen Ergebnissen führen. Wird nunmehr auf die Art der Verwendung und nicht auf das Erzeugnis selbst Bezug genommen, so bedeutet dies einen systemwidrigen Bruch in der Konzeption des Geschmacksmustergesetzes[398]. Anders als die Neuheit und Eigenart ist die Sichtbarkeit nämlich keine einem Bauteil erkennbar und auf Dauer anhaftende Eigenschaft, sondern abhängig von seinem (variablen) Verwendungszweck[399]. In Bezug auf ein und denselben Gegenstand würde das Geschmacksmuster einmal entstehen, ein anderes Mal dagegen nicht. Die Musterfähigkeit muss jedoch bereits bei der Anmeldung zweifelsfrei feststehen und darf nicht, wie das Merkmal der Sichtbarkeit, vom Standpunkt des Betrachters oder von unterschiedlichen Verwendungsarten abhängen.

Das Sichtbarkeitskriterium begegnet aufgrund der aufgezeigten Kritik grundlegenden Bedenken. Zu überlegen ist, wie diesen durch eine sachgerechte Einschränkung des Sichtbarkeitserfordernisses Rechnung getragen werden kann.

bb) Auslegungsansätze zum Merkmal „bei dessen bestimmungsgemäßer Verwendung sichtbar“

Als korrigierende Auslegung des Tatbestandes käme zunächst eine Beschränkung auf Bauelemente in Betracht, die ausschließlich dem Sekundärmarkt zugeordnet werden[400], also Bauteile, bei denen es sich typischerweise um Verschleiß- bzw. Ersatzteile handelt[401]. Eine solch weitgehende Einschränkung des Ausschlussgrundes ließe sich jedoch nur schwer mit dem Wortlaut der Norm in Einklang bringen, der gerade keine Differenzierung zwischen Primär- und Sekundärmarkt vornimmt.

---

397 S. beispielsweise die durchsichtige Maschinenummantelung des Verpackungssystems von Behn + Beats oder die von Baumann gefertigte Montagelinie, beide abgebildet in: Maschinen made in Germany, hrsg. von *Heckmann/Langenscheidt*, S. 80, 156.

398 So auch *Wandtke/Ohst*, GRUR Int. 2005, 91, 94; *Kur*, GRUR 2002, 661, 666; *Lorenzen*, S. 189; *Pilla*, S. 227; *Kur*, GRUR Int. 1998, 353, 357; *Eichmann*, GRUR Int. 1996, 859, 875; *Eck*, S. 134; *Klawitter*, EWS 2001, 157, 161.

399 *Koschtial*, GRUR Int. 2003, 973, 981; *Klawitter*, EWS 2001, 157, 160.

400 *Wendenburg*, S. 2, Sekundärprodukte sind solche Waren, die einem anderen Produkt, dem Primärprodukt, dienen und zeitlich nach diesem benötigt werden.

401 So wohl *Lorenzen*, S. 98.

Um den Ausschluss der gesamten Branche der Komponentenhersteller vom Musterschutz zu vermeiden, könnte weiter erwogen werden, auf die selbstständige Verkehrsfähigkeit der Ware abzustellen. Der Ausschlussgrund würde nur dann greifen, wenn das schutzbegehrende Bauelement nicht selbstständig verkehrsfähig wäre. Zwar würde eine solche Auslegung gewährleisten, dass die Produkte der Komponenten- und Zulieferindustrie dem Musterschutz zugänglich sind. Überdies würde ein interessengerechter Ausgleich zwischen Primär- und Sekundärmarkt geschaffen. Dennoch ist auch diese Auslegung abzulehnen, da sie ebenfalls über den gesetzgeberischen Willen hinausgeht und nicht mit dem Wortlaut der Norm in Einklang zu bringen ist. Ein solches Verständnis würde zu einem faktischen Leerlaufen des Ausschlussgrundes führen, da praktisch alle Ersatzteile selbstständig handelbar sind.

cc) Lösungsvorschlag zum Merkmal „bei dessen bestimmungsgemäßer Verwendung sichtbar"

Die aufgezeigte Kritik am Sichtbarkeitskriterium verliert an Schärfe, wenn das Merkmal denkbar eng ausgelegt wird. Ist nach der Zweckbestimmung des Bauelements eine Verwendung in irgendeinem komplexen Erzeugnis – derzeit oder auch künftig – möglich und kann das Bauteil bei bestimmungsgemäßer Verwendung des komplexen Erzeugnisses sichtbar bleiben, so darf der Musterschutz nicht mit dem Hinweis auf die fehlende Sichtbarkeit abgelehnt werden[402]. Maßgebend ist dabei, dass die Entscheidung über die Sichtbarkeit im Interesse der Rechtssicherheit bereits zum Zeitpunkt der Musteranmeldung zu erfolgen hat[403]. Vorzunehmen ist also eine Ex-ante-Betrachtung, denn das Geschmacksmuster entsteht mit der Eintragung in das Register[404] und kann nicht von einem späteren und ggf. unterschiedlichen Einsatzbereich des Bauteils abhängig sein[405]. Zum Zeitpunkt der Anmeldung ist daher sowohl eine Prognose über sämtliche nur denkbare Einsatzmöglichkeiten des Bauelements zu treffen als auch eine Prognose über die bestimmungsgemäßen Verwendungen des komplexen Erzeugnisses.

Die Prognose über Verwendungsmöglichkeiten eines Bauelements wird in der Praxis zu erheblichen tatsächlichen Problemen führen, denn nur selten sind zum Zeitpunkt einer Produktentwicklung und der sich zeitnah anschließenden Musteranmeldung alle Einsatzbereiche des Bauelements bekannt. Wesentlich erschwert wird die Feststellung dadurch, dass nicht auf die Verwendungsmöglichkeiten des Bauelements, sondern auf die des komplexen Erzeugnisses abzustellen ist. Die

---

402 Ähnlich *Koschtial*, GRUR Int. 2003, 973, 981, die auf die Sichtbarkeit bei „variabel einsetzbaren Produkten" verzichtet.

403 *Müller-Broich*, Mitt. 2008, 201, 204.

404 § 27 Abs. 1 GeschmMG; Art. 12 GGVO.

405 *Klawitter*, EWS 2001, 157, 160.

Konstruktion eines Bauelements, beispielsweise eines Druckausgleichsbehälters[406], geht der Konstruktion eines komplexen Erzeugnisses, z.B. einer Maschine, aber nicht selten voraus, sodass sich sämtliche Einsatzbereiche des Bauteils erst während seines Produktlebenszyklusses zeigen werden. Jedenfalls ist zum Zeitpunkt der Geschmacksmusteranmeldung noch nicht abzusehen, in welchen Maschinen die Bauteile eingefügt werden und wie die bestimmungsgemäße Verwendung der komplexen Erzeugnisse aussehen wird, zumal dies ein Prozess ist, auf den die Hersteller einzelner Bauelemente keinen Einfluss haben. Diese zugegebenermaßen kaum zu bewerkstelligende Prognose ließe sich nur dann vermeiden, wenn die Entscheidung über die Musterfähigkeit – und somit über die bestimmungsgemäße Verwendung des komplexen Erzeugnisses – erst im Verletzungsverfahren entschieden würde. Ein Verweis auf das Verletzungsverfahren ist jedoch im Interesse der Rechtssicherheit und des Schutzbedürfnisses der Musterinhaber nicht statthaft[407].

Die zum Zeitpunkt der Musteranmeldung durchzuführende Prognose wird bei der gebotenen großzügigen Betrachtung ergeben, dass in einer Vielzahl der Fälle ein sichtbarer Einsatz möglich ist[408]. Nach der hier vertretenen denkbar engsten Auslegung des Ausschlussgrundes greift dieser nur dann, wenn zum Zeitpunkt der Musteranmeldung mit Sicherheit ausgeschlossen werden kann, dass das Bauteil bei bestimmungsgemäßer Verwendung eines komplexen Erzeugnisses niemals sichtbar wird. Anders formuliert: Der Ausschlussgrund findet immer dann keine Anwendung, wenn zum Zeitpunkt der Musteranmeldung Zweifel darüber bestehen, ob das Bauteil während seines gesamten Produktlebenszyklusses künftig nicht doch in kein komplexes Erzeugnis eingebaut werden kann, welches bei bestimmungsgemäßer Verwendung die Sichtbarkeit des Bauteils zuließe. Nicht maßgebend ist hingegen die typischerweise zu erwartende bzw. bestimmungsgemäße Verwendung des Bauelements.

Nach der hier befürworteten denkbar engsten Auslegung des Sichtbarkeitskriteriums könnte dies sogar zu einem Leerlaufen der Norm führen. Der Ausschlussgrund verliert damit für die Hersteller von Komponenten an Schrecken. Vor dem Hintergrund der geäußerten verfassungsrechtlichen Bedenken an dem Ausschlussgrund und Erwägungsgrund 15 der Verordnung, wonach das Geschmacksmuster

---

406 Für das Beispiel wurde das Bauteil eines Druckausgleichsbehälters gewählt, da dieser konstruktiv sowohl innerhalb als auch außerhalb einer Maschine und somit sichtbar eingesetzt werden kann.

407 *Klawitter*, EWS 2001, 157, 163.

408 *Klawitter*, EWS 2001, 157, 162, mit Beispielen aus der Kfz-Industrie; *Koschtial*, GRUR Int. 2003, 973, 980, die als Beispiel für einen Gegenstand mit offensichtlicher Bestimmung zum Einfügen ein künstliches Hüftgelenk anführt.

den Bedürfnissen aller Wirtschaftszweige entsprechen soll, erscheint eine solche Auslegung jedoch gerechtfertigt[409].

b) *Ausschluss ausschließlich technisch bedingter Merkmale*

Vom Geschmacksmusterschutz weiter ausgenommen sind Gestaltungen, die ausschließlich durch die technische Funktion bedingt sind (§ 3 Abs. 1 Nr. 1 GeschmMG; Art. 8 Abs. 1 GGVO)[410]. Das alte deutsche Geschmacksmusterrecht sah einen solchen Ausschlussgrund nicht ausdrücklich vor, dennoch blieben im Ergebnis ausschließlich technisch bedingte Formen vom Musterschutz ausgeschlossen. Eine solche Einschränkung des Musterschutzes ist notwendig, da über den Formenschutz keine technischen Monopolstellungen erlangt werden sollen. Mit Recht bleibt der Schutz technischer Funktionen den technischen Schutzrechten vorbehalten, deren speziellere Regelungen nicht durch das Geschmacksmusterrecht umgangen werden dürfen. Aus der Formulierung „ausschließlich" wird aber auch gefolgert, dass eine technische Form der Erlangung des Geschmacksmusterschutzes nicht entgegenstehen kann, sofern Gestaltungsalternativen bestehen. Dieser Grundsatz, der bereits nach alter Rechtslage anerkannt war[411], ist vor dem Hintergrund der jüngeren Rechtsprechung zum Markenrecht in Frage zu stellen. Problematisch ist dabei, wie weit der Begriff der „ausschließlich technischen Funktion" zu verstehen ist und wie mit Fällen zu verfahren ist, bei denen theoretisch nur zwei Formgebungen möglich sind, aber nur eine technisch sinnvoll erscheint.

aa) Auslegungsansätze zur „ausschließlich technisch bedingten Funktion"

Der Ausschlussgrund, der ausschließlich technisch bedingten Funktionen den Musterschutz versagt, stellt, jedenfalls vordergründig betrachtet, für Maschinen und Anlagen eine besonders relevante Beschränkung dar. Dies liegt daran, dass es sich bei Investitionsgütern zumeist um hochkomplexe Waren handelt, wobei die Produktform weit stärker als in anderen Branchen von der technischen Funktion bestimmt wird. Ein Geschmacksmusterschutz soll nur in den Fällen begründet werden können, in denen eine gestalterische Leistung vorliegt, was zwangsläufig vor-

---

409 Siehe auch *Müller-Broich*, Mitt. 2008, 201, 207 ff., der sich für eine Anwendung des Ausschlussgrundes nur auf „echte" Ersatzteile ausspricht. Der Ausschlussgrund solle hingegen nicht für Austausch- und Ergänzungsteile sowie Verbrauchsmaterialien wie z.B. Druckerpatronen, die keine Bauelemente im Sinne der Vorschrift darstellen, gelten.

410 Beachte die unterschiedliche Formulierung in den Markenrechten, welche Formen vom Schutz ausnehmen, die ausschließlich zur Erreichung einer technischen Wirkung erforderlich sind (§ 3 Abs. 2 Nr. 2 MarkenG; Art. 7 Abs. 1 e) ii GMVO), s. unten S. 128 ff.

411 BGH GRUR 1974, 406 – Elektroschalter; BGH GRUR 1975, 81, 83 – Dreifachkombinationsschalter.

aussetzt, dass ein Erzeugnis auf unterschiedliche Weise geschaffen werden kann. Sind andere Formen aufgrund technischer Vorgaben nicht möglich, so soll ein Erzeugnis nicht im Wege des Geschmacksmusterschutzes monopolisiert werden können[412].

Die Bedeutung des Ausschlussgrundes wird von einigen Autoren, die dieser Regelung einen sehr engen Anwendungsbereich einräumen, in Frage gestellt[413]. Bei der denkbar engsten Interpretation der Vorschrift könne der Anwendungsbereich sogar auf Null reduziert sein[414]. Dem liegt die Überlegung zugrunde, dass der Ausschlussgrund bereits dann nicht greifen soll, wenn zwei oder mehr Gestaltungsmöglichkeiten bestehen. Formen, die „ausschließlich" technisch bedingt sind und keinerlei andere Gestaltungsmöglichkeiten aufweisen, seien nämlich die Ausnahme, denn auch bei technisch determinierten Formen bestehen zumindest geringe Variationsmöglichkeiten. Zutreffend ist zwar, dass selbst bei technisch bedingten Formen häufig – seien es auch nur geringfügige – Variationsmöglichkeiten bestehen können. Diese geringen Gestaltungsmöglichkeiten werden aber weiter eingeschränkt, wenn technische Regelwerke und Normen zu berücksichtigen sind[415]. Das enge Verständnis des Ausschlussgrundes lässt sich nur damit erklären, dass aus Sicht der Konsumgüterindustrie argumentiert wird. Konsumgüter müssen neben der eigentlichen (technischen) Funktion zusätzlich die ästhetischen Bedürfnisse der Verbraucher befriedigen, was zur Folge hat, dass eine ausschließlich technische bedingte Formgebung tatsächlich die Ausnahme darstellt.

Andere Autoren sprechen dem Ausschlussgrund hingegen einen etwas weiteren Anwendungsbereich zu, der auch bei seiner engsten Auslegung nicht gegen Null tendiert. Der Tatbestand greife demnach erst dann, wenn neben der schutzbegehrenden Form noch andere und zwar herstellungs- und gebrauchstechnisch sowie wirtschaftlich gleichwertige Ausführungsvarianten zur Verfügung stehen[416]. Mit Blick auf die Gewährung der technischen Entfaltungsfreiheit von Mitbewerbern sei der Schutzbereich von § 3 Abs. 1 Nr. 1 GeschmMG und Art. 8 Abs. 1 GGVO daher so zu verstehen, dass technisch bedingte Formen vom Musterschutz nur dann ausgeschlossen sind, wenn für diese keine gleichwertigen Gestaltungsalternativen bestehen[417].

---

412 BT-Drucks. 15/1075 vom 28.5.2003, S. 34.

413 *Lorenzen*, S. 185; *Pilla*, S. 225.

414 *Kur*, GRUR Int. 1998, 353, 356; *Lubberger*, in: FS Erdmann, S. 145, 161.

415 Vgl. *Gerstenberg*, GRUR 1981, 567, 571.

416 *Wang*, S. 240.

417 *Koschtial*, S. 178, wobei es umstritten ist, ob wirtschaftliche Interessen bei der Prüfung zu berücksichtigen sind, s. weiter *Koschtial*, S. 179, die im Geschmacksmusterrecht kein wirtschaftliches Freihaltebedürfnis sieht.

bb) Stellungnahme zur „ausschließlich technisch bedingten Funktion“ unter Berücksichtigung der markenrechtlichen Rechtsprechung

Auch die Rechtsprechung zur alten Rechtslage knüpfte an das Bestehen von Variationsmöglichkeiten an[418]. Fraglich ist allerdings, ob es nach neuer Rechtslage überhaupt auf das Vorhandensein von Gestaltungsalternativen ankommt oder ob die vom EuGH in der *Philips/ Remington*-Entscheidung zum Formmarkenschutz vertretene Auffassung[419] auch auf das Geschmacksmusterrecht zu übertragen ist.

Einem solchen Vergleich ist vorauszuschicken, dass der Wortlaut des Geschmacksmusterrechts dem des Markenrechts, was den Ausschluss technischer Formen anbelangt, nahezu gleicht und sich die Vorschriften sowohl von ihrer Entstehungsgeschichte als auch von ihrer Funktion her entsprechen. Während das Geschmacksmusterrecht Formen den Schutz verwehrt, die „ausschließlich durch deren technische Funktion bedingt sind“ (§ 3 Abs. 1 Nr. 1 GeschmMG), nimmt das Markenrecht Zeichen vom Schutz aus, die „ausschließlich zur Erreichung einer technischen Wirkung erforderlich sind“ (§ 3 Abs. 2 Nr. 2 MarkenG). Ebenso wie im Geschmacksmusterrecht wurde auch im Markenrecht das Erfordernis etwaiger Gestaltungsalternativen diskutiert[420].

In der *Philips/ Remington*-Entscheidung hat der EuGH nunmehr festgestellt, dass es im Markenrecht gerade nicht auf das Vorhandensein von Gestaltungsalternativen ankommt, sondern alleine auf die „wesentliche technische Funktion“. Damit wird der Theorie der Gestaltungsalternative, wie sie teilweise auch im Geschmacksmusterrecht vertreten wird[421], zumindest im Markenrecht eine klare Absage erteilt[422].

Es ist davon auszugehen, dass der EuGH bei einer Entscheidung im Geschmacksmusterrecht ebenfalls auf das Kriterium der Formalternative verzichten würde. Die Begründung der *Philips/ Remington*-Entscheidung stützt jedenfalls eine solche Vermutung[423], denn die Berücksichtigung von Gestaltungsalternativen findet auch im Wortlaut des Musterrechts keinen Halt. Darüber hinaus lässt auch die Entstehungsgeschichte des Ausschlussgrundes eine solche Auslegung nur schwerlich zu, da in den Vorentwürfen zu der Verordnung und der Richtlinie der technischen Funktion zunächst ein weiter Bewertungsspielraum eingeräumt wurde, der Gesetzgeber später aber bewusst von einer solchen Regelung abgesehen

---

418 BGH GRUR 1966, 97, 99 – Zündaufsatz; BGH GRUR 1975, 81, 83 – Dreifach-Kombinationsschalter.

419 EuGH GRUR 2002, 804, 807, Ziff. 79 und 83 – Philips/Remington, s. näher unten S. 130.

420 S. nur *Daniels*, S. 88; *Fezer*, Markenrecht, § 3 Rz. 230a; *Kiethe/ Groeschke*, WRP 1998, 541, 545; *Thewes*, S. 92; *Böhmann*, S. 87.

421 *Koschtial*, S. 178; *Lorenzen*, S. 184; *Wang*, S. 240; *Schramm*, S. 251.

422 S. unten S. 130 f..

423 Ähnlich *Koschtial*, GRUR Int. 2003, 973, 979; *Eichmann*, MarkenR 2003, 10, 17.

hat[424]. Weiter erscheint es wenig sinnvoll, das erkennende Gericht mit der Bewertung technischer Gestaltungsalternativen zu belasten. Für die Prüfung des Ausschlussgrundes kommt es somit nicht auf das Bestehen von Formalternativen an, sondern ausschließlich auf die „wesentliche" technische Funktion. Wie der Begriff der „Wesentlichkeit" aber im Geschmacksmusterrecht zu verstehen ist, bleibt bis zur abschließenden höchstrichterlichen Klärung offen. Aufgrund der unterschiedlichen Wortwahl der Gesetzestexte besteht allerdings Raum für eine abweichende Auslegung der Begrifflichkeiten. Es ist daher durchaus möglich, im Geschmacksmusterrecht ein anderer „Wesentlichkeitsbegriff" zu vertreten als im Markenrecht[425]. Vor dem Hintergrund der zeitlichen Dauer des Geschmacksmusterschutzes und dem daraus folgenden kalkulierbaren Risiko eines Monopolmissbrauchs erscheint ein enges Verständnis des „Wesentlichkeitsmerkmals" denkbar. Dies hat zur Folge, dass eine technisch geprägte Form leichter musterrechtlichen Schutz erlangen kann als markenrechtlichen. Beweispflichtig für die Wesentlichkeit der technischen Merkmale ist der Musterinhaber[426].

c) Ausschluss von Verbindungselementen („must-fit"-Teile)

Ebenfalls nicht dem Geschmacksmusterschutz zugänglich sind Verbindungselemente, also sog. „must-fit"-Teile. Verbindungselemente weisen die Besonderheit auf, dass diese maßgenau nachgebildet werden müssen, damit die Kompatibilität gewährleistet werden kann (§ 3 Abs. 1 Nr. 2 GeschmMG; Art. 8 Abs. 2 GGVO). Der Ausschlussgrund greift nur dann nicht, wenn eine andere Gestaltung möglich ist, ohne dass die Interoperabilität beeinträchtigt wird[427]. Als Beispiel lässt sich hier das von der Firma Gardena entwickelte Stecksystem für Schlauchverbindungen anführen.

Mit dem Ausschluss von Verbindungselementen soll verhindert werden, dass das Geschmacksmuster zu einer Monopolisierung von Schnittstellen an Geräten missbraucht wird[428]. Nicht unter diesen Ausschlussgrund fallen jedoch Verbindungselemente, die den Zusammenbau oder die Verbindung einer Vielzahl von untereinander austauschbaren Teilen innerhalb eines modularen Systems ermögli-

---

424 Vgl. *Otero Lastres*, GRUR Int. 2000, 408, 415; *Kur*, GRUR 2002, 664.

425 Anders *Eichmann*, MarkenR 2003, 10, 18, der aufgrund der geringfügigen Abweichungen im Wortlaut der Gesetze keinen Anlass für eine unterschiedliche Handhabung erblickt.

426 S. OLG Hamburg Mitt. 2005, 136 zur Geschmacksmusterfähigkeit von Lkw-Ersatzteilen, welches den Musterinhaber allerdings mit dem Nachweis etwaiger Gestaltungsspielräume belastet, wobei sich dieser nicht auf § 39 GeschmMG berufen kann.

427 *Eichmann*, GRUR Int. 1996, 859, 865 f.

428 Grünbuch über den rechtlichen Schutz gewerblicher Muster und Modelle, KOM Dok. III/F/5131/91-DE, S. 68, Ziff. 5.4.10.1.

chen[429], wie dies beispielsweise bei dem erwähnten Gardena-Stecksystem der Fall ist. Diese Ausnahme, die sich an der *Klemmbausteine*-Rechtsprechung des BGH orientiert[430], ist aus Sicht der Hersteller von Systemtechnologien zu begrüßen, denn bliebe modularen Bauelementen der Musterschutz gänzlich versagt, so würde damit nicht nur der sekundäre Ersatzteilmarkt, sondern auch der Primärmarkt für den Wettbewerb freigegeben[431].

d) Ausschluss von sichtbaren Ersatzteilen („must-match"-Teile)

Neben Verbindungselementen sind teilweise auch sichtbare Ersatzteile vom Musterschutz ausgeschlossen. Bei sichtbaren Ersatzteilen, den sog. „must-match"-Teilen, kommt es nur auf die äußeren Einbaumaße an, die zur Wiederherstellung des Originalzustands eines komplexen Erzeugnisses in einer bestimmten Form gefertigt werden müssen. Im Gegensatz zu den Verbindungselementen ist hier die Gesamtgestaltung technisch nicht zwingend vorgegeben. Dies betrifft insbesondere die sichtbaren Einzelteile der Karosserie eines Kraftfahrzeugs wie beispielsweise Blinkerecken und Kotflügel. Bestimmten Ersatzteilen sind also genaue Abmessungen vorgegeben, damit die Teile in der Karosserie passgenau eingebaut werden können, wobei unter Beachtung der konkreten Öffnungsmaße auch vom Originalbauteil abweichende Gestaltungen möglich sind. Solche Abweichungen kommen in der Praxis, von Pkw-Tuningteilen abgesehen, allerdings kaum vor, da die gesamte optische Erscheinung erhalten bleiben soll. Die Besonderheit bei „must-match"-Teilen liegt also darin, dass sie zwar nicht technisch-alternativlos, aber wegen ihrer Bestimmung als Ersatzteil zur Herstellung eines einheitlichen Erscheinungsbildes nachfragebedingt alternativlos sind.

Der Geschmacksmusterschutz für sichtbare Ersatzteile wurde in den Mustergesetzen nicht harmonisiert und nicht abschließend geregelt, da über die Frage der Liberalisierung des Ersatzteilmarktes bislang keine Einigung erzielt werden konnte. Dies führt zu der Situation, dass das deutsche Geschmacksmusterrecht Schutz für sichtbare Ersatzteile gewährt[432], das Gemeinschaftsgeschmacksmustergesetz einen solchen Schutz hingegen nicht vorsieht[433]. Der Verzicht auf eine europaweite Harmonisierung ist folgerichtig, da anderenfalls durch das Gemeinschaftsgeschmacksmusterrecht das in diesem Bereich nicht harmonisierte nationale Recht umgangen werden könnte.

Der für sichtbare Ersatzteile diskutierte Ausschluss vom Geschmacksmusterschutz betrifft die Investitionsgüterindustrie kaum. Dies liegt daran, dass es sich

---

429 § 3 Abs. 2 GeschmMG; Art. 8 Abs. 3 GGVO.

430 BGH GRUR 1964, 621 – Klemmbausteine I; BGH GRUR 1992, 619 – Klemmbausteine II.

431 *Kur*, GRUR 2002, 661, 664.

432 § 3 i.V.m. § 67 GeschmMG.

433 Art. 8 i.V.m. Art 110 GGVO.

bei Maschinen und Anlagen teilweise um Spezialanfertigungen, um Produktionsserien mit geringer Stückzahl oder um Waren handelt, deren äußere Form kaum einer Abnutzung unterliegt. Ein nennenswerter Bedarf an designrelevanten, sichtbaren Ersatzteilen besteht somit nicht. Die Ersatzteilproblematik konzentriert sich daher auf die Automobilindustrie[434]. Der Vollständigkeit halber soll aber der derzeitige Diskussionsstand dargestellt werden, zumal nicht ausgeschlossen werden kann, dass diese Problemstellung künftig auch für Investitionsgüterhersteller an Bedeutung zunehmen wird.

aa) Argumente gegen einen musterrechtlichen Schutz sichtbarer Ersatzteile

Bei der Diskussion um den Schutz sichtbarer Ersatzteile stehen sich zwei Lager gegenüber. Die Vertreter, die einen Geschmacksmusterschutz für sichtbare Ersatzteile ablehnen, sprechen sich für die Einführung einer sog. Reparaturklausel aus. Als Argument wird angeführt, dass ein uneingeschränkter Schutz sichtbarer Ersatzteile den Wettbewerb im Ersatzteilgeschäft gänzlich ausschließen würde[435]. Hauptzweck des Musterschutzes sei die Gewährung ausschließlicher Rechte am Erscheinungsbild eines Produktes, nicht jedoch die Schaffung eines Monopols auf nicht substituierbare Erzeugnisse an sich[436]. Der Geschmacksmusterschutz soll eine angemessene Vergütung der betreffenden Investitionen ermöglichen und Innovation durch Wettbewerb fördern, was mit der Herstellung neuer Produkte erreicht wird. Wird aber der Geschmacksmusterschutz auf alternativlose Ersatzteile ausgedehnt, führt dies zu einer Beschränkung des freien Wettbewerbs, und die Inhaber des Geschmacksmusterrechts erhielten ein De-facto-Produktmonopol[437]. Ein solcher Schutz würde die Grundsätze des Immaterialgüterrechts missachten und in ihr Gegenteil verkehren.

---

434 So auch die Kommission im Vorschlag für eine Richtlinie des Europäischen Parlaments und des Rates zur Änderung der Richtlinie 98/71/EG über den rechtlichen Schutz von Mustern und Modellen, 2004/0203 (COD), S. 5. Der Einwand von *Riehle*, GRUR Int. 1993, 49, 51, sowie von *Kur*, GRUR Int. 1993, 71, 71, dass sich die Ersatzteilfrage auch in anderen Branchen stellen kann, ist sicherlich nicht von der Hand zu weisen. Dennoch fokussiert sich die Diskussion ausschließlich auf die Kfz-Industrie, da in anderen Branchen keine vergleichbar starke Ersatzteilindustrie existiert.

435 *Pilla*, S. 44.

436 *Drexl/Hilty/Kur*, GRUR Int. 2005, 449, 450.

437 Erwägungsgrund 1 des Vorschlags für eine Richtlinie des Europäischen Parlaments und des Rates zur Änderung der Richtlinie 98/71/EG über den rechtlichen Schutz und von Mustern und Modellen, 2004/0203 (COD); *Riehle*, GRUR Int. 1993, 49, 65 f.

bb) Argumente für einen musterrechtlichen Schutz sichtbarer Ersatzteile

Nach der gegenteiligen Auffassung, der meist die Hersteller von Gesamterzeugnissen anhängen, besteht die Sorge, dass im Falle der freien Nachahmbarkeit von „must-match"-Teilen die entsprechenden Gesamterzeugnisse nicht kostendeckend produziert werden können. Weiter wird darauf verwiesen, dass die Versagung des Geschmacksmusterschutzes zu einer systemwidrigen Aushöhlung des Musterschutzes führe[438] und der verfassungsrechtlichen Eigentumsgarantie widerspräche[439]. Es gäbe kein Rechtsprinzip, das in Übereinstimmung mit den Grundsätzen des geistigen Eigentums und der Marktwirtschaft stehe und den Inhaber von Geschmacksmusterrechten an Bauteilen zwingen könnte, alle Renditen für ihre Investitionen an geschützten Produkten im Primärmarkt zu erwirtschaften und im Anschlussmarkt leer auszugehen[440]. Im Übrigen gehe es bei dem geforderten Ausschluss des Musterschutzes für Kraftfahrzeug-Ersatzteile um Fragen der Marktmacht und des Wettbewerbsrechts, die sich nach dem Wettbewerbs- und Kartellrecht beurteilen, nicht aber Regelungszweck des Musterschutzes seien[441]. Weiter verletze die von der Kommission vorgesehene Reparaturklausel Art. 26 Abs. 2 TRIPS, wonach Ausnahmen vom Musterschutz vorgesehen werden können, wenn, allerdings unter Berücksichtigung des berechtigten Interesses Dritter, die Interessen des Musterinhabers nicht unangemessen beeinträchtigt werden[442]. Schlussendlich sind auch die ökonomischen Folgen der von der Kommission verfolgten Liberalisierung des Anschlussmarktes nicht unumstritten[443].

cc) Politischer Ausblick über den Schutz sichtbarer Ersatzteile

Die unterschiedlichen Ansätze und Auffassungen zum Ersatzteilschutz führen dazu, dass gegenwärtig 16 Mitgliedsstaaten, darunter Deutschland, einen Schutz für sichtbare Ersatzteile gewähren[444]. Hingegen ist in den übrigen neun Mitgliedsstaaten der Schutz von Ersatzteilen beschränkt[445] bzw. ausgeschlossen[446]. Diese

438 *Eichmann*, GRUR Int. 1996, 859, 871.

439 *Straus*, GRUR Int. 2005, 965, 973; *Eichmann*, GRUR Int. 1996, 859, 868.

440 *Straus*, GRUR Int. 2005, 965, 972.

441 S. ausführlich *Wendenburg*, S. 21 ff.; *Kur*, GRUR Int. 1993, 71, 71.

442 *Straus*, GRUR Int. 2005, 965, 970 f., mit einer eingehenden Analyse der Rechtsprechung.

443 S. *Straus*, GRUR Int. 2005, 965, 974, mit kritischen Anmerkungen zum EPEC-Report der Kommission über die Folgenabschätzung.

444 Dänemark, Deutschland, Estland, Finnland, Frankreich, Litauen, Malta, Österreich, Polen, Portugal, Schweden, Slowakei, Slowenien, die Tschechische Republik und Zypern sehen weiterhin einen Muster- und Modellschutz für Ersatzteile vor.

445 Griechenland sieht eine Reparaturklausel vor, die eine Schutzdauer von fünf Jahren mit einer fairen und angemessenen Vergütung verbindet.

uneinheitliche Regelung wird allgemein als unbefriedigend empfunden[447]. Damit die Ersatzteilfrage zu einem späteren Zeitpunkt geregelt werden kann, bestimmt Art. 14 der Richtlinie, dass die Mitgliedsstaaten ihre bestehenden Rechtsvorschriften für den Schutz eines Bauelements zur Reparatur eines komplexen Erzeugnisses beibehalten können und diese nur ändern dürfen, wenn dies zu einer Liberalisierung des Handels mit sichtbaren Ersatzteilen führt, sog. Freeze-plus-Lösung. Der Ausschlussgrund des § 3 Abs. 1 Nr. 2 GeschmMG erfasst daher auch keine „must-match"-Teile, sodass im nationalen deutschen Recht nach wie vor Geschmacksmusterschutz für Ersatzteile erlangt werden kann. Darüber hinaus verpflichtet Art. 18 der Richtlinie die Kommission, die Auswirkungen der Richtlinie auf den Ersatzteilmarkt zu überprüfen und Änderungsvorschläge zur Vollendung des Binnenmarkts in Bezug auf Ersatzteile vorzulegen[448]. Eine Analyse i.S.v. Art. 18 der Richtlinie auf die Auswirkungen der unterschiedlichen Regelungen auf den Markt wurde Anfang 2005 abgeschlossen. Die Positionen sind jedoch weiterhin diametral entgegengesetzt und liegen für eine freiwillige Einigung zu weit auseinander[449].

Wie sich der Gesetzgeber in der Ersatzteilfrage letztlich entscheiden wird, ist weniger eine rechtliche als vielmehr eine politische Frage, denn für beide Auffassungen lassen sich vertretbare Argumente anführen. Aufgrund der im Europäischen Parlament in dieser Angelegenheit bestehenden Sperrminorität konnte bislang keine Einigung über eine Harmonisierung erzielt werden, sodass es vorerst bei den unterschiedlichen nationalen Regelungen bleibt[450]. Solang sich die Kräfteverhältnisse im Parlament nicht nennenswert verschieben werden, ist mit einer Gesetzesänderung zugunsten einer Reparaturklausel in absehbarer Zeit nicht zu rechnen.

5. Schutzumfang und Qualität des eingetragenen Geschmacksmusters

Das eingetragene Geschmacksmuster gewährt nunmehr Schutz für maximal 25 Jahre beginnend mit der Eintragung in das Musterregister[451]. Die damit erfolgte

---

446 In Belgien, Irland, Italien, Lettland, Luxemburg, den Niederlanden, Spanien, Ungarn sowie dem Vereinigten Königreich gibt es Reparaturklauseln, wonach zwar neuen Erzeugnissen Muster- und Modellschutz gewährt wird, im Anschlussmarkt sind zu Reparatur- oder Ersatzzwecken jedoch auch Nachbauten zugelassen.

447 Vorschlag für eine Richtlinie des Europäischen Parlaments und des Rates zur Änderung der Richtlinie 98/71/EG über den rechtlichen Schutz von Mustern und Modellen, 2004/0203 (COD), S. 2.

448 S. hierzu *Vieregge*, GRUR 2004, 924.

449 Vorschlag für eine Richtlinie des Europäischen Parlaments und des Rates zur Änderung der Richtlinie 98/71/EG über den rechtlichen Schutz von Mustern und Modellen, 2004/0203 (COD), S. 7.

450 *Bulling*, Mitt. 2005, 163, 164.

Verlängerung der Schutzfrist des nationalen Musters um fünf Jahre spiegelt die wachsende wirtschaftliche Bedeutung der Formgebung als absatzrelevanten Faktor wider. Insbesondere aus Sicht langlebiger Wirtschaftsgüter ist diese Schutzrechtsverlängerung zu begrüßen. Ungeklärt ist bislang jedoch, ob das neue Geschmacksmusterrecht gegenüber der alten Rechtslage zu einem erweiterten Schutzumfang führt und wie die Qualität des Schutzrechts zu bewerten ist.

a) Nachahmungsschutz mit absoluter Sperrwirkung

Der Schutzumfang des neuen Geschmacksmusterrechts wurde gegenüber der alten Rechtslage erheblich aufgewertet, da dieses nunmehr über einen bloßen Nachahmungsschutz hinausgeht und ein Schutzrecht mit absoluter Sperrwirkung etabliert[452]. Der Musterinhaber kann folglich auch die in Unkenntnis seines geschützten Musters erfolgten Produktionen oder Verbreitungen identischer Formen untersagen[453], sofern solche Muster beim informierten Benutzer den gleichen Gesamteindruck hervorrufen[454]. Auf die positive Kenntnis des Nachahmers von dem geschützten Muster kommt es beim eingetragenen Geschmacksmuster – im Gegensatz zum alten deutschen Musterrecht – nicht (mehr) an. Unbeachtlich ist auch, in welcher Warenklasse der Schutz beansprucht wurde, da der Verwendungszweck im Geschmacksmusterrecht, anders als im Markenrecht, keinen Einfluss auf den Schutzumfang hat[455]. Im Gegensatz zum Markenrecht besteht jedoch kein Verwechslungsschutz, da die Herkunftsfunktion zur Ermittlung der Eigenart unerheblich und nicht Schutzgegenstand des Musterrechts ist[456].

b) Qualität des Schutzumfangs im Vergleich zum alten Geschmacksmuster

Fraglich ist, welche Qualität dem musterrechtlichen Schutzumfang zukommt und wie sich dieser gegenüber der alten Rechtslage verhält. Entscheidend für den Schutzumfang ist der Grad der Eigenart, der wiederum von dem dem Designer zur Verfügung stehenden Gestaltungsspielraum abhängt[457]. Die Sichtweise des informierten Benutzers entscheidet darüber, ob das Verletzungsmuster gegenüber dem

---

451 § 27 GeschmMG; Art. 12 GGVO.

452 S. *O. v. Gamm*, GRUR 1985, 889, 892, der eine solche Sperrwirkung beim Musterrecht nur dann für zulässig erachtet, wenn das Musterrecht als Leistungsschutzrecht ausgebildet wird.

453 Für die Schutzwirkung des nicht eingetragenen Gemeinschaftsgeschmacksmusters ist hingegen die Kenntnis des Nachahmers entscheidend, s. unten S. 107 f..

454 § 38 Abs. 1 GeschmMG; Art. 19 Abs. 1 GGVO.

455 *Eichmann/Falckenstein*, Geschmacksmustergesetz, 3. Aufl., § 38 Rz. 30.

456 *Eichmann*, MarkenR 2003, 10, 20; *Jestaedt*, mit dem Hinweis, dass es Ziel des Musterrechts ist, gestalterische Leistungen zu schützen, nicht jedoch Verwechselungen zu vermeiden, GRUR 2008, 19, 20.

457 *Eichmann/Falckenstein*, Geschmacksmustergesetz, 3. Aufl., § 38 Rz. 28.

geschützten Ausgangsmuster einen anderen Gesamteindruck aufweist und die „Kopie" somit einen ausreichenden Abstand gegenüber dem „Original" erkennen lässt[458]. Bei hoch funktionellen Formen ist der für die Schaffung eines solchen Abstands erforderliche Spielraum meist begrenzt, so beispielsweise im Maschinenbau, da der Gestalter gegebene Parameter sowie technische und physische Zwänge zu beachten hat[459]. Sind die Gestaltungsmöglichkeiten aber beschränkt, so wirkt sich dies zwangsläufig auf den Grad der Eigenart und folglich auch auf den Schutzumfang aus. Welche Qualität der Schutzumfang des neuen Geschmacksmusters im Vergleich zur bisherigen Rechtslage aufweisen wird, ist daher umstritten, wie nachfolgende Diskussion zeigt[460].

aa) Tendenziell höherer Schutzumfang als nach altem Geschmacksmuster

Teilweise wird vertreten, dass aus dem Blickwinkel des informierten Benutzers gegenüber der alten Rechtslage ein erweiterter Schutzbereich folge. Danach weiche zum einen die früher vorzunehmende Merkmalszergliederung einer Gesamtbetrachtung; zum anderen weise der informierte Benutzer in den wenigsten Fällen die hohe Aufmerksamkeit eines durchschnittlichen Mustergestalters auf. Gestalterische Details finden daher nicht in gleichem Maße Berücksichtigung, sondern gehen in dem prägenden Gesamteindruck unter[461]. Demnach könne der Gesamteindruck zwischen Mustern künftig eher als identisch angesehen werden, was zu einem höheren Schutzumfang des älteren Musters führe.

bb) Stellungnahme zur Qualität des Schutzumfangs

Aus der Sichtweise des informierten Benutzers künftig auf einen erweiterten Schutzumfang des Geschmacksmusters schließen zu wollen, erscheint zweifelhaft. Tatsächlich wird der Schutzumfang wesentlich von dem Begriff der Eigenart und dem dem Mustergestalter zur Verfügung stehenden Gestaltungsspielraum beeinflusst. Die Begriffe „Eigenart", „informierter Benutzer" und „Gestaltungsspielraum" korrelieren genauso wie die nach alter Rechtslage erforderliche „Eigentümlichkeit" und die Fähigkeiten des „durchschnittlichen Mustergestalters". Dabei liegt die dem informierten Benutzer zufallende Aufgabe (nur) in einem Einzelvergleich der streitgegenständlichen Muster. Der durchschnittliche Mustergestalter hatte hingegen den gesamten Formenschatz zu berücksichtigen, was eine ungleich komple-

---

458 *Eichmann/Falckenstein*, Geschmacksmustergesetz, 3. Aufl., § 38 Rz. 23.

459 *Eichmann/Falckenstein*, Geschmacksmustergesetz, 3. Aufl., § 2 Rz. 28; s. auch Teil 1.

460 S. auch *Schramm*, S. 160, der darauf hinweist, dass die Verordnung genügend Interpretationsraum bietet, um mehrere Ansichten bezüglich der Höhe der Schutzschwelle zu vertreten.

461 *Schlötelburg*, Mitt. 2002, 70, 72.

xere Aufgabe darstellte[462]. Die vermeintlich schwerere Aufgabe wurde also durch einen Experten bewerkstelligt, während nunmehr der leichter vorzunehmende Einzelvergleich durch den informierten Laien erfolgt. Man kann daher ebenso gut die Auffassung vertreten, dass die vermeintlich komplexere Aufgabe gegenüber der leichteren durch den Wissensvorsprung des Experten gegenüber dem informierten Laien kompensiert werde. Alleine die Sichtweise des informierten Benutzers trägt folglich nicht die Begründung des erhöhten Schutzumfangs gegenüber der alten Rechtslage.

Weiter ist zu berücksichtigen, dass nach alter Rechtslage noch ein gewisses Maß an Ästhetik erforderlich war. Stellte die alte Rechtslage zur Beurteilung der Ästhetik eines Musters noch auf den durchschnittlichen Betrachter ab, so entfällt diese Prüfung nunmehr vollends, da es auf eine ästhetische Wirkung gerade nicht mehr ankommt[463]. Daneben ist zweifelhaft, ob sich die Figur des informierten Benutzers überhaupt von derjenigen des durchschnittlichen Betrachters nach alter Rechtslage unterscheidet[464].

Maßstab für die Qualität des Schutzumfangs ist nunmehr ausschließlich der Abstand gegenüber anderen bekannten Formen, wobei die streitgegenständlichen Formen unmittelbar gegenübergestellt und verglichen werden[465]. Je geringer der Abstand zu anderen Formen, desto geringer ist auch der Schutzumfang des Geschmacksmusters[466]. Oder andersherum, je höher die Eigenart, desto größer ist auch der Schutzumfang des jeweiligen Musters, da ein Werk stärkerer Eigenart schwerer in einem nachschaffenden Werk aufgeht[467]. Dabei ist der dem Designer zur Verfügung stehende Gestaltungsspielraum in der jeweiligen Erzeugnisklasse zu berücksichtigen. Es besteht somit eine Korrelation zwischen der Musterdichte und dem Schutzumfang, was diesen als flexible Größe erscheinen lässt. Da für die Schutzwirkung alleine der Gesamteindruck maßgebend ist, kommt es auch nicht auf eine Verwechslungsgefahr an.

Wie oben festgestellt, lässt das Merkmal der Eigenart allerdings vermuten, dass es künftig leichter sein wird, Musterschutz zu beanspruchen[468]. Sinken die Maßstäbe für die Schutzgewährung, löst dies typischerweise einen Sog im Hinblick auf die Beantragung des Rechts aus, was wiederum zur Folge hat, dass die Musterdichte

---

462 S. oben S. 72.

463 Vgl. Erwägungsgrund 10 der GGVO, Erwägungsgrund 14 der Richtlinie.

464 *Rother*, in: FS Eisenführ, S. 85, 95, mit Verweis auf BGH GRUR 1980, 235, 237 – Play-Family. A.A. *E. v. Gamm*, S. 124, die in der Person des „informierten Benutzers“ eine Person mit gehobenen Kenntnissen erblickt.

465 *Eichmann/Falckenstein*, Geschmacksmustergesetz, 3. Aufl., § 38 Rz. 33.

466 *E. v. Gamm*, S. 126; *Eichmann/ Falckenstein*, Geschmacksmustergesetz, 3. Aufl., § 38 Rz. 29.

467 *O. v. Gamm*, GRUR 1985, 889, 892.

468 S. oben S. 71.

zunehmen wird[469]. Ein großer Formenschatz schränkt aber den zur Verfügung stehenden Gestaltungsspielraum ein, sodass die dabei entstehenden Muster in der Regel einen äußerst geringen Schutzumfang aufweisen werden. Eine hohe Musterdichte führt also dazu, dass sich die Gestaltungen über kurz oder lang angleichen und den Schutzumfang des Geschmacksmusters herabsetzen[470]. Es ist daher absehbar, dass das neue Geschmacksmustergesetz mit zunehmender Musterdichte in der jeweiligen Erzeugnisklasse zu einer Schutzrechtsverengung führen wird. Die in der Literatur teilweise befürchtete Marktbehinderung durch Muster mit einer nur geringen Eigenart kann daher nicht gesehen werden[471], da bei einer geringen Eigenart auch der Schutzumfang entsprechend herabgesetzt ist.

III. Nicht eingetragenes Gemeinschaftsgeschmacksmuster

Mit der Gemeinschaftsgeschmacksmusterverordnung wurde auch der Schutz für nicht eingetragene Muster geschaffen[472]. Die Möglichkeit, Musterschutz ohne Anmeldung und Registrierung zu erlangen, besteht seit dem 6. März 2002 und stellt gegenüber dem deutschen Recht ein Novum dar[473]. Der Schutz entsteht automatisch mit erstmaliger Offenbarung[474] und gilt für die Dauer von drei Jahren in der gesamten Gemeinschaft, wobei eine Schutzrechtsverlängerung nicht möglich ist. Im Gegensatz zum eingetragenen Muster entfaltet das nicht eingetragene Gemeinschaftsgeschmacksmuster nur gegenüber vorsätzlichen Nachahmungen Schutz. Die kurze Schutzdauer und die begrenzte Schutzwirkung können als Korrektiv für den fehlenden Registereintrag gesehen werden.

Das nicht eingetragene Gemeinschaftsgeschmacksmustergesetz wurde für den Schutz kurzlebiger Produkte, namentlich die Modeindustrie, konzipiert, da sich für diese ein zeit- und kostenaufwändiger Registerschutz regelmäßig nicht lohnt und ein

---

469 Ebenso *Koschtial*, S. 243 u. 277.

470 *Eisenmann/Jautz*, S. 87 Rz. 215b; so wohl auch *Pentheroudakis*, GRUR Int. 2002, 668, 679.

471 So aber *Koschtial*, S. 387; *Schramm*, S. 204.

472 Zu den Auswirkungen des nicht eingetragenen Gemeinschaftsgeschmacksmusters auf das nationale Musterrecht s. oben S. 55 f..

473 Lediglich dem nationalen Musterschutz in Großbritannien und Frankreich war vor Einführung des nicht eingetragenen Gemeinschaftsgeschmacksmusters ein nicht registrierter Designschutz bekannt, s. zum britischen Recht *Cornish*, GRUR Int. 1998, 368, 369; *Lorenzen*, S. 117 f.; s. zum französischen Recht *Schlötelburg*, Mitt. 2002, 70, 70.

474 Oft ist es den betreffenden Kreisen daher auch nicht bewusst, dass ihr Muster Schutz über das nicht eingetragene Gemeinschaftsgeschmacksmuster genießt. Dies insbesondere dann, wenn es sich nicht um den Musterschutz an Formen, sondern an Zeichen handelt, s. hierzu *Schlötelburg*, GRUR 2005, 123, 124 ff. Im Gegensatz zum Urheberrecht entsteht das nicht eingetragene Geschmacksmuster nicht durch den Schöpfungsakt, sondern erst durch den Publizitätsakt.

Rechtsschutz ohne Eintragungsformalitäten allgemein als vorteilhaft erachtet wurde[475]. Neben kurzlebigen Waren gilt der nicht registrierte Musterschutz aber auch für langlebige Erzeugnisse[476], wie beispielsweise Investitionsgüter, an denen allerdings ein über die gewährte Frist von drei Jahren hinausgehendes Schutzbedürfnis besteht. Dieses langfristige Sicherungsinteresse wird weitaus besser durch den eingetragenen Musterschutz befriedigt. Dennoch ist auch der nicht eingetragene Musterschutz für langfristige Wirtschaftsgüter interessant. Denn wird (nur) ein nationales Muster angemeldet, so entsteht mit erstmaliger amtlicher Veröffentlichung, sofern das Muster zuvor nicht offenbart wurde, automatisch ein nicht eingetragenes Gemeinschaftsgeschmacksmuster mit Schutzwirkung in der gesamten Europäischen Gemeinschaft[477]. Der nicht eingetragene Musterschutz kann daher das eingetragene nationale Geschmacksmuster für eine gewisse Zeit ergänzen.

Es ist zu erwarten, dass das nicht eingetragene Gemeinschaftsgeschmacksmuster für die Investitionsgüterindustrie aufgrund der kurzen Schutzdauer und des eingeschränkten Schutzumfangs nur als Auffangschutzrecht in den Fällen der versäumten Musteranmeldung oder als Ergänzung zum nationalen Musterschutz Bedeutung erlangen wird, denn mit einer nationalen Musteranmeldung entsteht automatisch das nicht eingetragene Musterrecht mit Wirkung in der gesamten Europäischen Gemeinschaft.

1. Schutzvoraussetzungen

Die Tatbestandsvoraussetzungen zur Erlangung des nicht eingetragenen Gemeinschaftsgeschmacksmusters sind mit denen des eingetragenen Geschmacksmusters identisch. Entsprechend wird auch hier die Neuheit und Eigenart des Musters gefordert (Art. 4 Abs. 1 GGVO). Im Falle des nicht eingetragenen Gemeinschaftsgeschmacksmusters gilt ein Muster nach Art. 5 Abs. 1a GGVO als neu, wenn der Öffentlichkeit vor dem Tag, an dem das zu schützende Geschmacksmuster erstmals der Öffentlichkeit zugänglich gemacht wird, kein identisches Geschmacksmuster zugänglich gemacht worden ist. Ebenso ist für die Beurteilung der Eigenart der Tag maßgebend, an dem das Muster erstmals der Öffentlichkeit zugänglich gemacht wurde (Art. 6 Abs. 1a GGVO). Bei der Auslegung der Merkmale ergeben sich, von dem Anknüpfungspunkt der öffentlichen Zugänglichmachung abgesehen, keine Abweichungen gegenüber dem eingetragenen Geschmacksmusterrecht. Auch der Umstand, dass das nicht eingetragene Gemeinschaftsgeschmacksmuster keinen absoluten Schutz vor Nachahmung gewährt, führt nicht zu einer anderen Auslegung der Neuheit[478] und Eigenart.

---

475 Vgl. Erwägungsgrund 16 der Verordnung; *Lubberger*, in: FS Erdmann, S. 145, 153.

476 *Rahlf/Gottschalk*, GRUR Int. 2004, 821, 822; *Kur*, GRUR Int. 1998, 771, 773.

477 *Bulling/Langöhrig/Hellwig* Rz. 70.

478 S. oben S. 56 ff..

2. Schutzbeginn durch öffentliches Zugänglichmachen

Ein Problem, das sich in Ermangelung einer Registereintragung stellt, ist die Bemessung des Beginns und somit auch des Endes der Schutzdauer. Nach Art. 11 Abs. 1 GGVO beginnt die Schutzfrist mit dem Tag, an dem das Muster der Öffentlichkeit innerhalb der Gemeinschaft erstmals zugänglich gemacht wurde. Musterinhaber sollten, da sie für den Beginn der behaupteten Schutzfrist beweispflichtig sind, das erstmalige Veröffentlichen auf Ausstellungen, Fachmessen oder in Prospekten dokumentieren[479]. Zweifel an dem Zeitpunkt der erstmaligen Veröffentlichung gehen zu Lasten des Schutzrechtsinhabers.

a) Musterveröffentlichung außerhalb der Europäischen Gemeinschaft

Der Schutz beginnt mit erstmaliger Veröffentlichung des Musters innerhalb der Europäischen Gemeinschaft (Art. 11 Abs. 1 GGVO). Zunächst unklar war, welche Auswirkung eine Veröffentlichung außerhalb der Gemeinschaft auf den Schutzbeginn des nicht eingetragenen Musters hatte.

Nach dem eindeutigen Wortlaut von Art. 11 Abs. 1 GGVO kann eine Veröffentlichung außerhalb der Gemeinschaft nicht den nicht eingetragenen Musterschutz begründen. Dem könnte jedoch Art. 11 Abs. 2 GGVO entgegenstehen. Gemäß Absatz 2 gilt ein Geschmacksmuster der Öffentlichkeit innerhalb der Europäischen Gemeinschaft zugänglich gemacht, wenn es in solcher Weise bekannt gegeben wurde, dass es den in der Gemeinschaft tätigen Fachkreisen des betreffenden Wirtschaftszweiges im normalen Geschäftsverlauf bekannt sein konnte. Abhängig davon, ob es sich um eine Konkretisierung oder Erweiterung von Absatz 1 handelt, kann im letzteren Fall auch an Mustern die außerhalb des Gemeinschaftsgebiets veröffentlicht wurden Schutz entstehen. Fraglich ist, welche Funktion der Gesetzgeber Absatz 2 zugedacht hat.

aa) Erweiterung des Gemeinschaftsbegriffs durch Art. 11 Abs. 2 GGVO

Einer Ansicht zufolge kann das nicht eingetragene Gemeinschaftsgeschmacksmuster auch an außerhalb der Europäischen Gemeinschaft veröffentlichten Mustern entstehen, sofern die Muster unter Beteiligung der europäischen Fachkreise, beispielsweise auf einer internationalen Leitmesse, offenbart wurden. Ein solches Verständnis lege der Wortlaut von Art. 11 Abs. 2 GGVO nahe, der die Offenbarung außerhalb der Gemeinschaft einer Veröffentlichung innerhalb der Gemeinschaft gleichstelle. Nach dieser Meinung begründet die Formulierung „gilt [...] als [...] innerhalb der Gemeinschaft zugänglich gemacht" eine Fiktion dergestalt, dass das Muster unter den aufgezeigten Voraussetzungen auch innerhalb der Ge-

---

479 *Oldekop*, WRP 2006, 801, 810; *Bulling*, Mitt. 2002, 170, 175.

meinschaft i.S.v. Art. 11 Abs. 1 GGVO veröffentlicht wurde. Der Ort der Offenbarung sei für eine Schutzbegründung folglich nicht maßgebend, wenn gewährleistet sei, dass die europäischen Fachkreise im normalen Geschäftsverlauf Kenntnis erlangen können[480].

bb) Konkretisierung des Öffentlichkeitsbegriffs durch Art. 11 Abs. 2 GGVO

Nach anderer Lesart könne das nicht eingetragene Geschmacksmuster nicht an außerhalb der Europäischen Gemeinschaft offenbarten Mustern entstehen, denn der Zweck von Art. 11 Abs. 2 GGVO bestehe alleine darin, den Begriff der „Öffentlichkeit" in Art. 11 Abs. 1 zu präzisieren[481]. Eine solche Konkretisierung könne notwendig werden, da beispielsweise unklar sei, wie die Veröffentlichung eines Musters auf einer Unternehmens-Homepage zu beurteilen ist. Eine Präsentation des Musters im Internet ist zwar der Öffentlichkeit innerhalb der Gemeinschaft zugänglich, doch müsse diese den Fachkreisen nicht zwangsläufig im „normalen Geschäftsverlauf" bekannt werden. Auch die Definition der Offenbarung nach Art. 7 GGVO helfe nicht weiter, da sich diese Regelung ausdrücklich nur auf Art. 5 und Art. 6 GGVO beziehe. Diese Auffassung werde von Art. 11 Abs. 2 S. 2 GGVO gestützt, bei dem es sich ebenfalls um eine Konkretisierung des Öffentlichkeitsbegriffs handele.

b) Stellungnahme zur Musterveröffentlichung außerhalb der Gemeinschaft

Die Arbeitspapiere zur Gemeinschaftsgeschmacksmusterverordnung lassen keinen eindeutigen Schluss zu, wie Art. 11 Abs. 2 GGVO zu verstehen ist[482]. Auch der Wortlaut der Norm schafft keine Klarheit, da Absatz 2 sowohl im Sinne einer Konkretisierung des Öffentlichkeitsbegriffs als auch im Sinne einer Erweiterung des Gemeinschaftsbegriffs verstanden werden kann. Ebenso lassen sich wirtschaftspolitisch beide Auslegungen rechtfertigen[483]. Wenn mit Art. 11 Abs. 2 GGVO die Konkretisierung des Öffentlichkeitsbegriffs bezweckt sein sollte, so würde Unternehmen, die darauf angewiesen sind, ihre Produktinnovationen erstmalig außerhalb der Europäischen Gemeinschaft auszustellen – beispielsweise weil die internationale Leitmesse im außereuropäischen Ausland stattfindet – die Schutzmöglichkeit des nicht eingetragenen Gemeinschaftsgeschmacksmusters

---

480 *Oldekop*, WRP 2006, 801, 805; *Rother*, in: FS Eisenführ, S. 85, 91; s. aber *Bulling*, Mitt. 2002, 170, 173, mit dem Hinweis, dass Klärung erst die Rechtsprechung bringen werde; *Bulling/Langöhrig/Hellwig* Rz. 66.

481 *Bulling*, Mitt. 2002, 170, 173; *Bulling/Langöhrig/Hellwig* Rz. 64; *Schennen*, in: FS Eisenführ, S. 99, 107; *Rahlf/Gottschalk*, GRUR Int. 2004, 821, 825.

482 *Rahlf/Gottschalk*, GRUR Int. 2004, 821, 825; *Bulling*, Mitt. 2002, 170, 173.

483 Anders *Rahlf/ Gottschalk*, GRUR Int. 2004, 821, 825, die eine Erweiterung des Gemeinschaftsbegriffs für wirtschaftspolitisch schwer erklärbar halten.

gänzlich versagt bleiben, denn auch die eigene Offenbarung des Musters außerhalb der Gemeinschaft gilt als neuheitsschädlich[484]. In einem solchen Fall können auch die Neuheitsschonfrist gemäß Art. 7 Abs. 2 GGVO und die Ausstellungspriorität nach Art. 44 GGVO nicht helfen, da diese nur für das eingetragene, nicht aber für das nicht eingetragene Geschmacksmuster gelten. Nur eine Erweiterung des Gemeinschaftsbegriffs würde diese Schutzrechtsversagung vermeiden und wäre daher im Interesse der international tätigen europäischen Industrie.

Gegen die Erweiterung des Gemeinschaftsbegriffs wird angeführt, dass dann die außerhalb der Gemeinschaft offenbarten Muster eine Schutzrechtserlangung innerhalb der Gemeinschaft verhindern und eine Nutzung der Form gänzlich untersagen könnten[485]. Diese Bedenken verlieren jedoch an Schärfe, denn das nicht eingetragene Gemeinschaftsgeschmacksmuster ist gerade nicht mit einer absoluten Sperrwirkung ausgestattet. Es besteht also nur Schutz gegenüber vorsätzlichen Nachahmungen. Eine zufällige Parallelentwicklung kann hingegen nicht untersagt werden. Solch ein Regelungsziel ist wirtschaftspolitisch jedoch vertretbar, zumal auch die international tätigen Unternehmen der Gemeinschaft von dem erweiterten Schutzrecht profitieren würden.

Auch die jüngere Rechtsprechung hat sich mit dem Verhältnis von Art. 11 Abs. 1 zu Abs. 2 GGVO befasst. Das Landgericht Frankfurt am Main vertritt in der Entscheidung *Ab Swing-Hometrainer* die Auffassung, dass das Geschmacksmuster nach Art. 11 GGVO nicht durch eine Offenbarung außerhalb der Europäischen Gemeinschaft entstehen kann[486]. Das Gericht stellt fest, dass die eigene Vorveröffentlichung eines Musters außerhalb der Gemeinschaft neuheitsschädlich ist und verwehrt dem Antragsteller den Schutz des nicht eingetragenen Gemeinschaftsgeschmacksmusters[487]. In der Begründung führt das Gericht aus, dass eine Offenbarung des Musters in den USA nicht zu einem Schutz innerhalb der Europäischen Gemeinschaft führen könne. Art. 11 GGVO begründe nämlich keinen Rechtsschutz, sondern regele lediglich die Schutzdauer des bereits entstandenen, nicht eingetragenen Gemeinschaftsgeschmacksmusters. Für die Entstehung des Geschmacksmusters müssen daher die im ersten Abschnitt der Verordnung genannten Voraussetzungen erfüllt sein. Dies betreffe insbesondere das Merkmal der Neuheit gemäß Art. 5 GGVO und der Offenbarung nach Art. 7 GGVO. Eine Vorverlagerung des Schutzes sei mit Art. 11 GGVO weder bezweckt noch durch die Gemeinschaftsgeschmacksmusterverordnung gestützt, zumal es sich vorliegend um ein nicht eingetragenes Schutzrecht handele[488].

---

484 LG Frankfurt a.M. GRUR-RR, 2005, 4, 5 – Ab Swing-Hometrainer.

485 *Rahlf/Gottschalk*, GRUR Int. 2004, 821, 825.

486 LG Frankfurt a.M. GRUR-RR, 2005, 4 ff. – Ab Swing-Hometrainer.

487 LG Frankfurt a.M. GRUR-RR, 2005, 4, 6 – Ab Swing-Hometrainer.

488 LG Frankfurt a.M. GRUR-RR, 2005, 4, 6 – Ab Swing-Hometrainer.

Diese Begründung überzeugt aus mehreren Gründen nicht. Zum einen regelt Art. 11 GGVO nicht nur die Schutzdauer, sondern auch den Beginn der Schutzfrist des nicht eingetragenen Gemeinschaftsgeschmacksmusters. Auf diese Frage kommt es in der Entscheidung aber gerade an, denn unstrittig war das in den USA offenbarte Muster neu und eigenartig. Mit der eigentlich entscheidenden Frage, der, wie es das Gericht nennt, „Vorverlagerung" des Schutzes, wurde sich aber nicht vertieft auseinandergesetzt. Weiter ist das Gericht nicht um eine Erklärung der Funktion des Art. 11 Abs. 2 GGVO bemüht. Der allgemeine Hinweis in den Entscheidungsgründen, dass ein außerhalb der Gemeinschaft offenbartes und nicht registriertes Muster keine Rechte innerhalb der Gemeinschaft begründen könne, ist unzutreffend. Der Rechtsordnung ist, betrachtet man das Urheberrecht, ein solcher Schutz jedenfalls nicht unbekannt. Auch bei dem Urheberrecht handelt es sich um ein formloses Recht, welches, unabhängig von dem geografischen Ort der Veröffentlichung Schutz gewähren kann[489]. Weiter ist auf das Wettbewerbsrecht zu verweisen, welches ebenfalls einen formlosen Nachahmungsschutz innerhalb der Gemeinschaft bereitstellt, wobei auch hier unerheblich ist, wo die Ware erstmalig offenbart wurde.

In der Entscheidung unberücksichtigt bleibt auch Art. 110a GGVO, der allerdings die Argumentation des Gerichts im Ergebnis gestützt hätte, denn die umstrittene Frage um die Auslegung von Art. 11 Abs. 2 GGVO wurde mit dem zum 23. September 2003 neu eingefügten Art. 110a GGVO im Sinne einer Konkretisierung des Öffentlichkeitsbegriffs entschieden. Art. 110a Abs. 1 GGVO erstreckt den Schutz des Gemeinschaftsgeschmacksmusters nunmehr auf die der Europäischen Gemeinschaft neu beigetretenen Mitgliedsstaaten. Ausdrücklich erweitert Art. 110a Abs. 5 GGVO den Anwendungsbereich des nicht eingetragenen Gemeinschaftsgeschmacksmusters und stellt unter Abs. 5 S. 2 klar, dass gemäß Art. 11 GGVO ein Geschmacksmuster, das nicht in der Gemeinschaft öffentlich zugänglich gemacht wurde, keinen Schutz als nicht eingetragenes Gemeinschaftsgeschmacksmuster genießt[490]. Wäre mit Art. 11 Abs. 2 GGVO die Erweiterung des Gemeinschaftsbegriffs bezweckt, so würde das nicht eingetragene Gemeinschaftsgeschmacksmuster ohnehin in den neuen Beitrittsländern gelten und der Verweis unter Art. 110a Abs. 1 i.V.m. Abs. 5 GGVO wäre folglich überflüssig.

c) *Kritik am Verständnis von Art. 11 Abs. 2 GGVO*

Die gesetzgeberische Entscheidung im Sinne einer Konkretisierung des Öffentlichkeitsbegriffs ist zu bedauern, da sie den Interessen des modernen Wirtschaftslebens nicht gerecht wird. Gerade in einer so international ausgerichteten Branche wie der Investitionsgüterindustrie besteht ein Bedürfnis für einen erweiterten Gemein-

489 S. auch *Thiele*, GRUR Int. 2006, 827, 829, der darauf hinweist, dass das nicht eingetragen Gemeinschaftsgeschmacksmuster daher auch dem Urheberrecht nahe steht.

490 Ebenso *Bulling*, Mitt. 2004, 254, 256.

schaftsbegriff. Insbesondere Maschinen und Anlagen werden häufig erstmalig auf Messen außerhalb der Europäischen Gemeinschaft, jedoch unter Beteiligung der europäischen Fachkreise, einer breiten Öffentlichkeit zugänglich gemacht. Unternehmen und Messegesellschaften legen oftmals Wert darauf, dass Produktinnovationen erstmalig auf bestimmten Leitmessen ausgestellt werden. Eine der außereuropäischen Messe zeitlich vorausgehende Veröffentlichung innerhalb der Gemeinschaft ist daher nicht immer möglich. Dies hat für den Schutzsuchenden zur Folge, dass bei der Entscheidung über die Markteinführung einer neuen Produktgestaltung außerhalb der Europäischen Gemeinschaft auch die möglichen Auswirkungen auf das nicht eingetragene Gemeinschaftsgeschmacksmuster zu berücksichtigen sind. Eine Offenbarung des Musters außerhalb des europäischen Schutzgebiets birgt die Gefahr, dass ein späterer Schutz innerhalb der Gemeinschaft durch ein nicht eingetragenes Gemeinschaftsgeschmacksmuster aufgrund fehlender Neuheit ausgeschlossen ist. Dem Musterinhaber bliebe dann nur die Möglichkeit, Schutz über den ergänzenden wettbewerbsrechtlichen Leistungsschutz zu ersuchen oder, sofern die Markteinführung außerhalb der Europäischen Gemeinschaft nicht länger als zwölf Monate zurück liegt, Schutz über ein eingetragenes Geschmacksmuster zu erlangen. Dies ist möglich, da sich das Problem der neuheitsschädlichen Offenbarung beim eingetragenen Gemeinschaftsgeschmacksmuster nicht in der gleichen Schärfe stellt wie beim nicht eingetragenen Musterschutz, denn nur beim eingetragenen Geschmacksmuster sieht die Verordnung eine zwölfmonatige Neuheitsschonfrist gemäß Art. 7 Abs. 2 GGVO vor.

Das erklärte gesetzgeberische Ziel, einen Musterschutz zu schaffen, der den modernen Anforderungen aller Wirtschaftszweige Rechnung trägt und dem internationalen Wirtschafts- und Warenverkehr gerecht wird, wurde bei dem nicht eingetragenen Gemeinschaftsgeschmacksmuster an dieser Stelle nicht erreicht. Die aufgezeigte Schwäche ließe sich allerdings durch die Einführung einer Neuheitsschonfrist auf das nicht eingetragene Gemeinschaftsgeschmacksmuster für Fälle der erstmaligen Offenbarung außerhalb der Gemeinschaft beheben. Außerhalb der Gemeinschaft erfolgte Vorveröffentlichungen des Musterinhabers wären dann für das Entstehen des nicht eingetragenen Musterschutzes für die Dauer der Neuheitsschonfrist unschädlich, sodass dem Musterinhaber die Möglichkeit verbleiben würde, eine Veröffentlichung während dieser Frist innerhalb der Gemeinschaft nachzuholen.

3. Schutzumfang des nicht eingetragenen Gemeinschaftsgeschmacksmusters

Das nicht eingetragene Gemeinschaftsmuster schützt seinen Inhaber lediglich vor vorsätzlichen Nachbildungen (Art. 19 Abs. 2 S. 2 GGVO). Eine absolute Sperrwirkung – auch gegenüber fahrlässigen Nachahmungen – besteht nicht. Dies bedeutet, dass Muster, die in Unkenntnis des nicht eingetragenen Musters geschaffen wurden und die einen gleichen Gesamteindruck hinterlassen, nicht untersagt werden können. Eine identische Parallelentwicklung ist unter den aufgezeigten Voraussetzungen somit nicht angreifbar. Die Beschränkung des Schutzumfangs auf vorsätzliche Nachahmungen erscheint vor dem Hintergrund der fehlenden Registereintragung und die daraus folgende eingeschränkte Recherchierbarkeit der Muster als interessengerecht.

a) Beweislast über objektive Voraussetzungen der Nachahmung

Den allgemeinen Grundsätzen zur Beweislast folgend[491], ist der Musterinhaber für das objektive Vorhandensein der Nachbildung, also für die Voraussetzungen der Neuheit und Eigenart, beweispflichtig, wobei ihm die vermutete Rechtsbeständigkeit seines Musters zugute kommt[492]. Neben der objektiven Komponente der Nachbildung setzt Art. 19 Abs. 2 S. 2 GGVO in subjektiver Hinsicht die Kenntnis des Nachahmers von der Existenz des offenbarten Musters voraus.

b) Beweislast über Kenntnis des Nachahmers

Nicht eindeutig ist, ob der klagende Musterinhaber auch den Beweis für die nach Art. 19 Abs. 2 S. 2 GGVO vorausgesetzte Kenntnis des Nachahmers zu erbringen hat. Eine solche Beweislast würde die Rechtsdurchsetzung des Musterinhabers erheblich erschweren. Die allgemeinen Regeln der Beweislast sprechen zunächst dafür, dass der Musterinhaber auch die Kenntnis des Nachahmers darzulegen und zu beweisen hat. Diese Lesart wird von dem Gedanken gestützt, dass das nicht eingetragene Gemeinschaftsgeschmacksmuster gegenüber dem eingetragenen Muster bewusst heruntergestuft werden soll[493]. Eine solche Betrachtung übersieht jedoch, dass die „Vorteile“ der fehlenden Registereintragung durch eine um maximal 22 Jahre reduzierte Schutzfrist und der fehlenden absoluten Sperrwirkung korrigiert werden. Da die Kenntnis ausschließlich in der Sphäre des Nachahmers liegt, könnte hier eine andere Beweisverteilung angezeigt sein.

c) Anscheinsbeweis über Kenntnis des Nachahmers

Angelehnt an die deutsche Rechtsprechung zum alten Geschmacksmusterrecht stellt sich die Frage, ob nicht eine Beweiserleichterung interessengerecht wäre. Hier kommt insbesondere der Beweis des ersten Anscheins in Betracht. Der An-

---

491 Baumbach/ Lauterbach-*Hartmann*, Anh. § 286 ZPO Rz. 10, grundsätzlich hat jede Partei die Tatsachen zu beweisen, aus der sie Rechte herleitet.

492 Art. 85 GGVO.

493 *Rahlf/ Gottschalk*, GRUR Int. 2004, 821, die sich im Ergebnis jedoch für eine Beweiserleichterung aussprechen.

scheinsbeweis ist eine Form des Indizienbeweises, der in das Gebiet der Erfahrungssätze fällt[494]. Anknüpfungspunkt ist die Lebenserfahrung oder der typische Geschehensablauf[495]. Es muss also ein gewisser Sachverhalt feststehen, der nach der Lebenserfahrung auf nur eine bestimmte Ursache hinweist[496].

Bei einer identischen Nachahmung spricht die Lebenserfahrung dafür, dass das früher geschaffene Werk dem Nachahmer bekannt gewesen sein muss[497]. Etwas anderes kann allerdings dann gelten, wenn es sich um eine zufällige Parallelschöpfung handelt. Von einer solchen ist auszugehen, wenn zwei oder mehrere Mustergestalter unabhängig von einander identische oder zumindest wesentlich übereinstimmende Formen geschaffen haben, ohne dass der eine bewusst oder unbewusst auf das Werk des anderen zurückgegriffen hätte. Eine identische Parallelschöpfung ist zwar theoretisch denkbar, liegt jedoch in der Regel außerhalb des typischen Geschehensablaufs und ist nach menschlichem Ermessen praktisch ausgeschlossen[498]. Von daher ist es nur sachgerecht, wenn nicht der Musterinhaber die Kenntnis, sondern der Nachahmer seine Unkenntnis von dem „Ausgangsmuster“ zu beweisen hat[499].

d) *Einschränkung des Anscheinsbeweises*

Der generellen Anwendbarkeit des Anscheinsbeweises könnte jedoch die fehlende Recherchemöglichkeit bei nicht eingetragenen Mustern und die dadurch bedingte Rechtsunsicherheit in Bezug auf den vorhandenen Formenschatz entgegenstehen[500]. Um unbillige Ergebnisse bei einer konsequenten Anwendung des Anscheinsbeweises zu vermeiden, bietet es sich an, den bestehenden Formenschatz der jeweiligen Warenklasse[501] zu berücksichtigen. Eine hohe Musterdichte in der entsprechenden Klasse würde dann für eine zufällige Parallelentwicklung sprechen, während umgekehrt eine geringe Musterdichte die Kenntnis des Nachahmers vermuten ließe, mit der Folge, dass die Grundsätze über den Anscheinsbeweis zur Anwendung gelangen. Neben der Musterdichte können auch die geogra-

494 BGH NJW 1998, 79, 81.

495 Baumbach/Lauterbach-*Hartmann*, Anh. § 286 ZPO Rz. 15.

496 BGH NJW 2002, 1634, 1645.

497 S. *Rother*, in: FS Eisenführ, S. 85, 94, der in Art. 19 Abs. 2 S. 2 GGVO eine Beweislastumkehr sieht.

498 *E. Schulze*, Rechtsprechung zum Urheberrecht, KGZ 111, KG Berlin, Urt. v. 26.09.2000 – Doppelschöpfung; so auch *O. v. Gamm*, GRUR 1985, 889, 892.

499 *Oldekop*, WRP 2006, 801, 806; im Ergebnis ebenso *Bulling*, Mitt. 2002, 170, 175, der die Beweispflicht des Nachahmers unmittelbar aus Art. 19 Abs. 2 S. 2 GGVO herleitet.

500 *Rahlf/Gottschalk*, GRUR Int. 2004, 821, 823, die sich für eine „zurückhaltende“ Anwendung aussprechen.

501 Internationale Klassifikation für gewerbliche Muster und Modelle nach dem Abkommen von Locarno.

fische Verbreitung des Musters sowie Absatzzahlen als Indizien für oder gegen die Kenntnis des Nachahmers herangezogen werden. Eine weite Verbreitung und große Absatzmengen legen dann eine Beweislastumkehr nahe.

B. Zusammenfassung zum Geschmacksmusterschutz

Das eingetragene Geschmacksmuster wurde als vollwertiges Schutzrecht aufgewertet und wird wegen der erleichterten Eingangsvoraussetzungen, der auf 25 Jahre verlängerten Schutzdauer und der absoluten Sperrwirkung künftig erheblich an Bedeutung gewinnen[502]. Dass das DPMA anfangs keinen nennenswerten Anstieg der Musteranmeldungen feststellen konnte[503], mag auf die „Konkurrenz" zwischen dem Gemeinschaftsrecht, dem nicht eingetragenen Geschmacksmuster und den nationalen Musterordnungen zurückzuführen sein oder schlicht an einer schwachen Konjunktur liegen[504]. Neuere Zahlen des DPMA zeigen aber eine steigende Beliebtheit des Geschmacksmusters[505].

Bei der Neuheit handelt es sich um eine objektiv-relative. Die Eigenart setzt im Vergleich zum Merkmal der nach alter Rechtslage geforderten Eigentümlichkeit die Schwelle zur Schutzrechtserlangung herab, denn auf eine eigenpersönliche schöpferische und ästhetische Gestaltung kommt es nicht mehr an. Dies hat zur Folge, dass die Eigenart, ebenso wie die Neuheit, im Wege eines Einzelvergleichs festzustellen ist. Eine den gesamten Formenschatz berücksichtigende Gesamtbetrachtung, wie sie noch nach alter deutscher Rechtslage zu erfolgen hatte, ist daher nicht mehr vorzunehmen. Der Einzelvergleich führt weiter dazu, dass – bedingt durch die kleinere Vergleichsgruppe – die Eigenart häufig auch dann angenommen werden kann, wenn das Erfordernis der Eigentümlichkeit nicht erfüllt wäre.

Der Abstand zu anderen bekannten Formen ist das zentrale Merkmal der Eigenart und auch maßgebend für den Schutzumfang des Musters, der wiederum aus der

---

502 Zu begrüßen sind auch die Beitrittspläne der EU-Kommission zum Haager Musterabkommen, da dies den Musterschutz auf internationaler Ebene erheblich stärken würde, s. Nachrichten für Außenhandel vom 27.12.2005, S. 2.

503 DPMA – Jahresbericht 2005, S. 56.

504 Ähnlich auch *Maier/ Schlötelburg*, Mitt. 2001, 285, 286, die von dem nicht eingetragenen Musterschutz einen dämpfenden Effekt auf die Anmeldezahl für möglich halten; a.A. *Pagenkopf*, Mitt. 2002, 206, 212, der aus den Erfahrungen mit der Gemeinschaftsmarke keinen Rückgang der Anmeldungen folgert, dabei aber die Möglichkeit des nicht registrierten Musterschutzes unberücksichtigt lässt.

505 Im Jahr 2007 wurden 54.301 Muster angemeldet. Damit ist gegenüber 2006 erneut eine deutliche Zunahme vom 6,4 % zu verzeichnen, DPMA – Jahresbericht 2007 S. 46. In 2006 stieg gegenüber dem Vorjahr die Zahl der neu angemeldeten Geschmacksmuster um 6,1 % auf 51.014. Hingegen ging der Gesamtbestand an Geschmacksmustern leicht um 2,7% auf 302.202 zurück, DPMA – Jahresbericht 2006 S. 8.

Sicht des „informierten Benutzers“ festgestellt wird. Ob die Person des informierten Benutzers allerdings zu einer Erleichterung bei der Bestimmung der Eigenart bzw. des Schutzumfangs führen wird, ist zweifelhaft und lässt sich nicht abschließend beurteilen. In der Summe aller Änderungen gegenüber dem alten deutschen Geschmacksmusterrecht setzt der Begriff der Eigenart die Eintrittsvoraussetzungen jedoch herab, sodass es künftig etwas leichter fallen dürfte, Geschmacksmusterschutz zu erlangen.

Eine für Komponentenhersteller bedeutende Einschränkung erfährt der Musterschutz durch das Sichtbarkeitskriterium. Dabei bezieht sich das Merkmal der „bestimmungsgemäßen Verwendung“ nicht auf das Bauelement selber, sondern auf das komplexe Erzeugnis, in das das Bauteil eingebaut wird. Der Ausschlussgrund ist aufgrund der aufgezeigten systematischen und verfassungsrechtlichen Bedenken möglichst eng auszulegen, wobei die Entscheidung über die spätere Verwendung des Bauteils bereits zum Zeitpunkt der Musteranmeldung zu treffen ist. Dies erfordert eine Prognose, die mit erheblichen praktischen Problemen verbunden ist. Erscheint die Sichtbarkeit des Bauteils bei bestimmungsgemäßer Verwendung des komplexen Erzeugnisses künftig auch nur im Entferntesten möglich, darf die Musteranmeldung nach der hier vertretenen Auffassung nicht an dem Einwand der fehlenden Sichtbarkeit scheitern. Bei einem solch engen Verständnis verliert der Ausschlussgrund erheblich an Bedeutung.

Der Ausschlussgrund der ausschließlich technisch bedingten Gestaltung ist ebenfalls eng zu begreifen, wobei zur Auslegung die markenrechtliche Rechtsprechung des EuGH heranzuziehen ist. Der Tatbestand ist demnach nur dann erfüllt, wenn die „wesentliche Funktion“ technisch bedingt ist. Auf etwaige Gestaltungsalternativen kommt es, entgegen einer weit verbreiteten Ansicht, auch hier nicht an.

Das Geschmacksmusterrecht bietet einen attraktiven Schutz für Investitionsgüterhersteller[506], wobei der für kurzlebige Produkte konzipierte nicht eingetragene Musterschutz wegen seiner begrenzten Schutzwirkung für Maschinen und Anlagen nur als Auffangschutzrecht Bedeutung erlangen wird. Muster, die erstmalig außerhalb der Europäischen Gemeinschaft der Öffentlichkeit zugänglich gemacht werden, begründen keinen nicht eingetragenen Musterschutz innerhalb der Gemeinschaft. Eine solche Veröffentlichung ist in der Regel neuheitsschädlich und steht der Erlangung des nicht eingetragenen Musterschutzes innerhalb der Gemeinschaft dauerhaft entgegen. Dem ließe sich durch die Einführung einer Neuheitsschonfrist für den nicht eingetragenen Musterschutz entgegenwirken. Außerhalb der Gemeinschaft erfolgte Vorveröffentlichungen durch den Musterinhaber wären dann für das Entstehen des nicht eingetragenen Musterschutzes unschäd-

506 S. auch *Maier/Schlötelburg*, Mitt. 2001, 285, 286, die für das Harmonisierungsamt für den Binnenmarkt (HABM) eine rege Anmeldetätigkeit aus neuen „Kundenkreisen“ erwarten.

lich, sodass dem Musterinhaber die Möglichkeit verbleiben würde, eine Veröffentlichung während dieser Frist innerhalb der Gemeinschaft nachzuholen.

Das nicht eingetragene Geschmacksmuster entfaltet Schutz nur gegenüber vorsätzlichen Nachahmungen. Liegt eine Nachahmung vor, spricht die Lebenserfahrung zunächst für die positive Kenntnis des Nachahmers von dem Ausgangsmuster. In einem solchen Fall erscheint eine Umkehr der Darlegungs- und Beweislast sachgerecht, mit der Folge, dass der Nachahmer seine Unkenntnis darlegen muss. Die konsequente Anwendung einer solchen Beweislastregelung sollte beim nicht eingetragenen Geschmacksmuster in Ermangelung einer Recherchemöglichkeit letztlich jedoch von der jeweiligen Erzeugnisklasse und der Musterdichte abhängen.

Als Kehrseite für die erleichterten Eintrittsvoraussetzungen ist die Qualität des Schutzrechts anzuführen, denn je geringer der Abstand zu anderen Formen, desto geringer ist auch der Schutzumfang des entsprechenden Musters. Das neue Geschmacksmusterrecht trat an, um eine Stärkung des Musterschutzes zu erlangen. Die Stärke des Musterrechts hängt aber nicht alleine von der Anzahl der angemeldeten Formen ab, sondern wird wesentlich von deren Qualität bestimmt. Mit zunehmender Musterdichte reduzieren sich die Gestaltungsmöglichkeiten und Formen gleichen sich zwangsläufig an, was wiederum zu einer Schutzrechtsreduzierung führen wird. Insofern kann nicht uneingeschränkt von einer Stärkung des Geschmacksmusterrechts gesprochen werden.

C. Formmarkenschutz

Eine weitere Möglichkeit, Formen zu schützen, bietet das Markenrecht. Seit der grundlegenden Novellierung des Warenzeichenrechts Anfang 1995 sehen die Markengesetze neben Wort- und Bildzeichen unter anderem auch Schutz für dreidimensionale Gestaltungen vor. Dies haben auch die Hersteller von Maschinen und Anlagen erkannt, wie jüngere Entscheidungen zum Formmarkenschutz belegen. Im Gegensatz zum Geschmacksmusterrecht und dem Urheberrecht ist Schutzzweck des Markenrechts jedoch nicht die Produktform als solche, sondern die Vorstellung des Verkehrs über die betriebliche Herkunft der Ware oder Dienstleistung[507]. Das Markenrecht knüpft daher auch nicht an eine Leistung, sondern an die Unterscheidungskraft an[508]. Von seiner Funktion her gewährt das Markenrecht somit nur einen mittelbaren Produktschutz, der allerdings zu Überschneidungen und Abgrenzungsproblemen mit dem Geschmacksmusterrecht führen kann.

---

507 Zu den weiteren Markenfunktionen s. *Fezer*, WRP 2000, 1 ff.; *Sambuc*, WRP 2000, 985 ff.

508 *Hubmann/Götting*, S. 274 Rz. 22.

Nachfolgend werden die gesetzlichen Voraussetzungen des Formmarkenschutzes dargestellt. Der Schwerpunkt der Betrachtung liegt dabei auf den Tatbeständen, die der Erteilung einer Formmarke entgegenstehen können. Untersucht werden die Ausschlussgründe am Beispiel von Investitionsgütern, wobei neben der technischen Zweckbestimmung der Ware auch die begrenzten Gestaltungsmöglichkeiten zu berücksichtigen sind.

I. Bedeutung der Formmarke für die Investitionsgüterindustrie

Traditionell nehmen Marken in der Investitionsgüterindustrie einen eher geringen Stellenwert ein[509]. Als Erklärung wird angeführt, dass die Hersteller von Maschinen und Anlagen den Kunden aufgrund einer über die Jahre gewachsenen Geschäftsbeziehung bekannt sind, wobei das Verhältnis meist von gegenseitigem Vertrauen geprägt ist. Eine durch Marken vermittelte Gütevorstellung war in dem lange Zeit überwiegend national geprägtem Markt daher nicht von absatzrelevanter Bedeutung. Mit zunehmender Globalisierung und steigendem Wettbewerbsdruck rückt die Bedeutung der Marke jedoch in den Blickpunkt der Vertriebsverantwortlichen[510]. Auch die sich technisch immer stärker angleichenden Produkte führen dazu, dass nach Möglichkeiten zur Differenzierung gegenüber Wettbewerbern gesucht wird, wobei über eine Markenbildung eine solche Abgrenzung erreicht werden kann[511]. Bei der im Maschinenbau gängigen Produktionsauslagerung und Fertigung an verschiedenen internationalen Standorten gibt die Marke ein Qualitätsversprechen für einen einheitlichen Produktionsstandard. Die internationalen Fertigungsstandorte sind auch der Grund dafür, dass gerade in der Investitionsgüterindustrie die Ursprungsbezeichnung „Made in Germany" verstärkt durch das Güteversprechen des Unternehmens „Made by Company …" abgelöst wird[512]. Darüber hinaus ist bei den immer komplexer werdenden Investitionsgütern die Marke eine Konstante im Kommunikationswettbewerb erklärungsbedürftiger Güter, die neben dem Markenversprechen eine Vielzahl anderer Informationen vermitteln kann[513].

In jüngerer Zeit haben auch Investitionsgüterhersteller die Bedeutung und den Nutzen von Marken erkannt[514]. Folgerichtig werden verstärkt Dach- und Produktmarken aufgebaut, wobei es sich meist um Wort- und Bildmarken handelt. Nur vereinzelt wird der Versuch unternommen, auch dreidimensionale Formen als

509 Backhaus/Voeth-*Bruhn*, S. 700.

510 *Backhaus*, S. 409, mit Verweisen auf weiterführende Literatur.

511 S. ausführlich oben S. 26 ff..

512 S. beispielsweise die aktuelle Werbekampagne von Volkswagen „Made by Volkswagen" in Welt Kompakt vom 19.4.2007, S. 16.

513 Backhaus/Voeth-*Bruhn*, S. 701; s. auch Kapitel 1.

514 VDMA Umfrage November 2000; Backhaus/Voeth-*Bruhn*, S. 700.

Marke schützen zu lassen. Beispielhaft kann hier auf die *Gabelstapler*-Entcheidung[515] oder die *Transformatorengehäuse*-Entscheidung[516] verwiesen werden, bei denen jeweils für die gesamte äußere Gestaltung Schutz beansprucht wurde. Die höchstrichterliche Rechtsprechung hat in diesen noch näher zu betrachtenden Entscheidungen grundlegende Anforderungen zum Umgang mit dreidimensionalen Marken aufgestellt.

In vielen Branchen können betriebswirtschaftlich sinnvolle Preise nur noch erzielt werden, wenn neben einem qualitativ hochwertigen Produkt und den ergänzenden Wartungsleistungen auch eine starke Marke angeboten wird. Darüber hinaus kann der Kampf gegen Produktpiraterie nur wirksam über Marken geführt werden[517]. Gleichwohl darf die Bedeutung der dreidimensionalen Marke nicht überbewertet werden. Ausweislich der Statistik des HABM nimmt der markenrechtliche Formenschutz, im Vergleich zu den anderen Markenformen, einen verschwindend geringen Anteil von nur 0,74% aller Anmeldungen ein[518].

II. Besonderheiten von Formmarken

Das vom Gesetzgeber originär für den Schutz von Formen vorgesehene Recht ist das Geschmacksmuster. Die (Form-)Marke bietet gegenüber dem Geschmacksmuster jedoch einige entscheidende Vorteile, die auch Investitionsgüterhersteller nutzen wollen. So gewährt das Markenrecht als einziges Immaterialgüterrecht einen zeitlich unbefristeten Schutz, was bei entsprechender Benutzung und Verlängerung zu einer dauerhaften Monopolstellung führen kann. Unternehmen versuchen daher vermehrt – unter Umgehung der zeitlich begrenzten Sonderschutzrechte –, über das Markenrecht eine Schutzposition auf unbestimmte Zeit zu erlangen[519]. In diesem Produktmonopol liegt auch die besondere Gefahr des Formmarkenschutzes, der das Freihaltebedürfnis der Wettbewerber tangiert[520], im Widerspruch zum zeitlich befristeten Patent-, Gebrauchsmuster- und Geschmacksmusterrecht steht und eine technische Weiterentwicklung der Ware dauerhaft blockieren kann[521].

---

515 BGH GRUR 2001, 334 f. – Gabelstapler; EuGH GRUR 2003, 515 f. – Linde/Winward/Rado; BGH GRUR 2004, 502 f. – Gabelstapler II.

516 BGH GRUR 2004, 507, 508 – Transformatorengehäuse.

517 *Fuchs*, S. 335.

518 Statistik des HABM zur Gemeinschaftsmarke, Stand 31.12.2007. S. auch *Kur*, in: FS 100 Jahre DPA, S. 175, 187, die darauf hinweist, dass Fälle, in denen ein Formmarkenschutz über die maximale Laufzeit des Geschmacksmusters hinausgehen wird, angesichts des Benutzungszwangs die große Ausnahme sein werden.

519 Z.B. BPatG, Beschluss vom 2.7.2003 – 26 W (pat) 60/01 – Sicherungsscheibe für den Maschinenbau, s. bei *Grabrucker*, GRUR 2004, 273, 275.

520 *Götting*, LMK 2004, 143, 143.

521 *Grabrucker*, Mitt. 2004, 106, 107.

Ein weiterer Vorteil des Formmarkenschutzes liegt in den schutzbegründenden Voraussetzungen. Anders als das Patent-, Gebrauchsmuster- und Geschmacksmusterrecht verlangt das Markenrecht nicht die Neuheit eines Zeichens bzw. einer Form. Wurde eine Geschmacksmusteranmeldung also versäumt und kann die fehlende Neuheit nicht über die zwölfmonatige Neuheitsschonfrist gerettet werden, so verbleibt als einziger registerrechtlicher Schutz die Anmeldung zur Marke. Darüber hinaus verlangt das Markenrecht, im Gegensatz zum Geschmacksmusterrecht, weder die Sichtbarkeit eines Zeichens, noch werden Ersatzteile ausdrücklich vom Schutz ausgenommen. Ob dies allerdings tatsächlich als Vorteil zu begreifen ist, wird an gesonderter Stelle noch erörtert[522]. Beim Schutzumfang ist darauf hinzuweisen, dass dieser, abweichend vom Geschmacksmusterrecht, auch Schutz vor Warenverwechselungen gewähren kann.

III. Gesetzliche Grundlagen des Formmarkenschutzes

Ausgangspunkt nachfolgender Betrachtung bildet das Gemeinschaftsmarkenrecht und das harmonisierte deutsche Markenrecht. Dieses bewährte Nebeneinander von Gemeinschaftsrecht und nationalen Regelungen diente auch als Vorbild für das Geschmacksmustersystem[523].

Das deutsche Markenrecht geht zurück auf die Richtlinie des Rates zur Angleichung der Rechtsvorschriften der Mitgliedsstaaten über die Marken[524]. Diese Richtlinie nahm der deutsche Gesetzgeber zum Anlass, das deutsche Warenzeichengesetz, welches seit der Verkündung 1874 in seiner Struktur nahezu unverändert geblieben war, grundlegend zu reformieren[525]. Am 1. Januar 1995 trat das Markenrechtsreformgesetz nach legislativen Verzögerungen, bedingt durch die deutsche Einheit, in Kraft[526]. Das neue Markenrecht modernisierte das deutsche Warenzeichengesetz grundlegend und vereinheitlichte den Schutz der Marken, der geschäftlichen Bezeichnungen und der geografischen Herkunftsangaben. Weiter wurde die Anpassung an die internationalen Entwicklungen im Kennzeichenrecht vollzogen[527]. Eine dieser Änderungen, die im Mittelpunkt nachfolgender Betrachtungen steht, betrifft die Anerkennung neuer Markenformen. Sah noch das alte Warenzeichengesetz keinen ausdrücklichen Schutz dreidimensionaler Zeichen vor[528], gewährt das Markengesetz einen solchen nunmehr explizit.

---

522 S. unten S. 138 ff..

523 S. oben S. 52 ff..

524 Die Richtlinie (89/104/EWG) vom 21.12.1998 ist abgedruckt in GRUR Int. 1989, 294 ff.

525 *Berlit* Rz. E 2.

526 *Kunz-Hallstein*, GRUR Int. 1992, 81; *Ingerl/Rohnke*, NJW 1994, 1247, 1247.

527 *Fezer*, Markenrecht, Einl. Rz. 11.

528 S. zum Ausstattungsschutz näher unten S. 116 ff..

Zeitgleich zu der Harmonisierung der nationalen Markenrechte arbeitete die Kommission an einem einheitlichen sog. Gemeinschaftsmarkenrecht. Nach zähem Ringen um die „klassischen" politischen Streitfragen – wie Amtssprachen und Sitz des Europäischen Markenamtes[529] – konnte schließlich die Verordnung des Rates über die Gemeinschaftsmarke (EG Nr. 40/94) verabschiedet werden. Die Gemeinschaftsmarkenverordnung, die ebenfalls den Schutz dreidimensionaler Kennzeichen gewährt, trat am 15. März 1994 in Kraft.

Die parallele Entwicklung der Gemeinschaftsmarkenverordnung und der Markenrichtlinie führte dazu, dass sich die Regelungen in weiten Teilen gleichen. Gemeinschaftsmarkenverordnung, Markenrichtlinie und das auf Grundlage der Richtlinie harmonisierte deutsche Markengesetz enthalten daher weitgehend identische Vorschriften[530]. Nachfolgende Erörterungen gelten somit für das deutsche Markenrecht und das Gemeinschaftsmarkenrecht gleichermaßen, wobei auf Abweichungen an entsprechender Stelle eingegangen wird.

IV. Begründung des Formmarkenschutzes

Markenschutz kann durch Registereintragung oder Benutzung eines Zeichens erlangt werden. Dabei entsprechen die Voraussetzungen für die Entstehung des Formmarkenschutzes, abgesehen von der Einschränkung nach § 3 Abs. 2 MarkenG bzw. Art. 7 Abs. 1 e) GMVO, denen der anderen Markenarten. Grundsätzlich setzt das Entstehen des Markenschutzes eine Eintragung des Zeichens in das beim zuständigen Markenamt geführte Register voraus[531]. Darüber hinaus gewährt das deutsche Recht auch ohne Registereintragung Markenschutz, wenn es sich um Kennzeichen mit Verkehrsgeltung handelt, sog. Benutzungsmarken[532]. Für das Verständnis der nachfolgenden Diskussion ist zunächst ein Überblick über den Formmarkenschutz vor Inkrafttreten des novellierten Markenrechts zu geben.

1. Begründung des Formmarkenschutzes nach alter Rechtslage

Nach alter Rechtslage konnte Kennzeichenschutz grundsätzlich nur für flächenmäßige Gestaltungen beansprucht werden. Dreidimensionale Formen waren nur bei Verkehrsgeltung über den Ausstattungsschutz gemäß § 25 Warenzeichenge-

---

529 S. *v. Mühlendahl*, in: FS 100 Jahre DPA, S. 215, 219 f.; *v. Mühlendahl*, GRUR Int. 1989, 353, 354. Die Sprachenfrage stellt sich aktuell wieder bei den Diskussionen zum Gemeinschaftspatent, wobei eine Einigung bislang nicht erzielt werden konnte.

530 *Seibt*, S. 45; *Böhmann*, S. 171 ff.

531 S. § 4 Abs. 1 MarkenG durch Eintrag in das beim Deutschen Patent- und Markenamt geführte Register. Für die Eintragung der Gemeinschaftsmarke (Art. 6 GMVO) ist, wie für das Gemeinschaftsgeschmacksmuster, das HABM in Alicante, Spanien, zuständig.

532 § 4 Abs. 2 MarkenG.

setz (WZG) schutzfähig, sofern diese einen „ästhetischen Überschuss" aufwiesen[533]. Dabei wurde unter dem Begriff der Ausstattung nach ständiger Rechtsprechung jede äußere Form der Aufmachung verstanden, in der ein Unternehmen seine Waren oder Dienstleistungen in den Verkehr brachte oder für sie warb, um sie von gleichen oder gleichartigen Waren oder Dienstleistungen anderer zu unterscheiden[534]. Die Beurteilung der Ausstattungsfähigkeit war stets mit schwierigen Abgrenzungsproblemen verbunden, denn das Warenzeichengesetz, wie auch das Markengesetz, schützen nur die Vorstellung des Verkehrs über die Herkunft der Ware, nicht aber die Ware selbst. Als Abgrenzungsmittel entwickelte das Reichsgericht daher den sog. Zutatenbegriff. Ausstattungsschutz war nur dann zu erlangen, wenn die Form eine willkürliche bzw. ästhetische „Zutat" zur Ware darstellte[535]. Diesen Gedanken führte der BGH fort und stellte zur Bestimmung der „Zutat" auf das „Wesen der Ware" ab, von dem sich die „Zutat" zu unterscheiden hatte[536]. Ausstattungsfähig waren demnach alle „äußeren Zutaten" zur Ware selbst, die zwar nicht körperlich von der Ware getrennt zu sein brauchten, aber begrifflich vom Wesen der Ware unterscheidbar waren[537]. Mit dem „Wesen der Ware" wird der unantastbare Kern, mit der „Zutat" die austauschbare Schale beschrieben[538]. Als nicht ausstattungsfähig wurde angesehen, was zum Wesen der Ware selbst gehörte[539]. Darunter fielen insbesondere technisch bedingte Funktionen[540].

In der Literatur wurde die Regelung des Ausstattungsschutzes als unvollständig[541] und die auf seiner Grundlage entwickelte Rechtsprechung als unbefriedigend angesehen[542]. Zentrales Problem des Ausstattungsschutzes stellte die begriffliche Trennbarkeit von Ware und Zutat dar. Je nachdem von welcher Abstraktionshöhe das Wesen der Ware bestimmt wurde, also welchen Vergleichsmaßstab man für die Abgrenzung wählte, erlangte man unterschiedliche und teilweise widersprüch-

---

533 *Busse/Stark*, Warenzeichengesetz, § 25 Rz. 3. Zu der Entwicklung des Ausstattungsschutzes in Deutschland s. *Beier*, GRUR 1967, 628, 629 ff.

534 S. RG GRUR 1940, 45, 47 – Lavendelwasserflasche; *Götting*, in: Handbuch des Ausstattungsrechts, S. 201, 221 ff. m.w.N.

535 RG GRUR 1940, 45, 47 – Lavendelwasserflasche.

536 BGH GRUR 1952, 516, 518 – Hummelfigur.

537 BGH GRUR 1952, 516, 518 – Hummelfigur; BGH GRUR 1954, 121, 121 – Zählkassetten.

538 *Eichmann*, in: FS Vieregge, S. 125, 131.

539 S. *Eisenführ*, in: FS GRUR, S. 766, 791; s. vertiefend *Götting*, in: Handbuch des Ausstattungsrechts, S. 201, 221 ff.

540 *Busse/Stark*, Warenzeichengesetz, § 25 Rz. 13.

541 *Götting*, in: Handbuch des Ausstattungsrechts, S. 201, 214 Rz. 4.

542 S. nur *Götting*, in: Handbuch des Ausstattungsrechts, S. 201, 224.

liche Ergebnisse über die Schutzfähigkeit[543]. Kritisiert wurde weiter, dass bei der Entscheidung über die Ausstattungsfähigkeit das Freihalteinteresse der Mitbewerber unberücksichtigt blieb, was jedoch zu interessengerechten Ergebnissen hätte führen können[544].

2. Begründung des Formmarkenschutzes ohne Registereintragung nach neuer Rechtslage

Im Gegensatz zum Gemeinschaftsmarkenrecht gewährt das deutsche Markengesetz auch Schutz ohne Registereintrag, sofern es sich um Zeichen mit Verkehrsgeltung handelt. Nicht geregelt ist allerdings, welcher Grad an Verkehrsgeltung erforderlich ist. Maßgebend ist hier eine einzelfallabhängige Prüfung unter Berücksichtigung der Unterscheidungsfähigkeit und des jeweiligen Freihaltebedürfnisses. Als Auslegungshilfe kann auf die von der Rechtsprechung entwickelten Grundzüge zum Ausstattungsschutz zurückgegriffen werden[545]. Literatur und Rechtsprechung haben für die Qualifizierung der Verkehrsgeltung die Formel von der Bekanntheit bei einem „nicht unerheblichen Teil" geprägt, ohne damit einen absoluten Wert festzulegen[546]. An den Nachweis der Verkehrsgeltung werden von der Rechtsprechung jedoch hohe Anforderungen gestellt. So ist ein Bekanntheitsgrad bei nicht unterscheidungskräftigen oder freihaltebedürftigen Zeichen jenseits von 50% nicht ungewöhnlich[547]. Hingegen kann bei unterscheidungskräftigen und nicht freihaltebedürftigen „Ausstattungen" bereits ein Durchsetzungsgrad von um die 20% ausreichen[548].

In dem Nachweis dieser Verkehrsgeltung liegt der Nachteil des nicht registrierten Markenschutzes. Darüber hinaus ist die Verkehrsgeltung einem ständigen Wandel unterworfen, sodass eine Marke i.S.v. § 4 Abs. 2 MarkenG keinen verlässlichen Schutz gewährt. Weiter setzt eine Marke ohne Registereintragung eine ständige Benutzung voraus, da anderenfalls die Verkehrsbekanntheit erlöschen könnte. Schlussendlich ist der Schutz nur territorial auf das Gebiet der Verkehrsgeltung, sei es das gesamte Bundesgebiet oder nur regional, beschränkt[549].

---

543 *Götting*, in: Handbuch des Ausstattungsrechts, S. 201, 224 f., mit Hinweis auf die ausstattungsunfähige Rosenthal-Vase (BGH GRUR 1959, 289, 291 – Rosenthal-Vase) und die schutzfähige Teekanne (BGH GRUR 1968, 419, 420 – feuerfest I).

544 *Götting*, in: Handbuch des Ausstattungsrechts, S. 201, 225.

545 *Berlit* Rz. 15; *Fezer*, Markenrecht, § 3 Rz. 226.

546 *Ströbele/Hacker*, Markengesetz, § 4 Rz. 50.

547 BGH GRUR 1997, 754, 755 – grau/magenta; BGH GRUR 1992, 72, 73 – quattro.

548 *Berlit* Rz. 17; *Henning-Bodewig/Ruijsenaars*, GRUR 1990, 821, 823.

549 *Fezer*, Markenrecht, § 4 Rz. 129.

V. Tatbestandsvoraussetzungen des Formmarkenschutzes

Nachfolgend werden die zur Erlangung des Markenrechts erforderlichen Voraussetzungen dargestellt. Damit ein Zeichen Markenschutz erlangen kann, muss es eine sog. Unterscheidungseignung aufweisen (§ 3 Abs. 1 MarkenG bzw. Art. 4 GMVO). Weiter darf bei Formmarken keiner der unter § 3 Abs. 2 MarkenG bzw. Art. 7 Abs. 1 e) GMVO aufgeführten besonderen Ausschlussgründe greifen. Überdies wird eine konkrete Unterscheidungskraft des Zeichens verlangt, und schließlich dürfen der Anmeldung keine absoluten Schutzhindernisse, wie beispielsweise ein allgemeines Freihaltebedürfnis, entgegenstehen.

Die weite Formulierung dieser Voraussetzungen schien zunächst nahezu jeder denkbaren Produktform Markenschutz zu ermöglichen[550]. Durch die Rechtsprechung aus den Jahren 2003 bis 2005 wurden diese Bedenken jedoch relativiert. Auch wenn viele Detailfragen noch ungeklärt sind, hat die Formmarke durch jüngere Entscheidungen, zumindest teilweise, wie nachfolgend zu zeigen sein wird, feste Konturen erlangt[551].

1. Unterscheidungseignung

Eine Unterscheidungseignung kommt all jenen Zeichen zu, die generell geeignet sind, Waren oder Dienstleistungen eines Unternehmens von denjenigen eines anderen Unternehmens zu unterscheiden[552]. Diese abstrakte Unterscheidungseignung, teilweise auch als „abstrakte Markenfähigkeit“ bezeichnet[553], ist wesensnotwendiges Merkmal und unverzichtbare Voraussetzung einer jeden Marke. Dabei darf die Unterscheidungseignung nicht mit der konkreten Unterscheidungskraft verwechselt werden, denn im Gegensatz zu letzterer ist die abstrakte Unterscheidungseignung ohne Bezug zu den angemeldeten Waren zu beurteilen und kann nicht durch den Erwerb einer Verkehrsdurchsetzung überwunden werden[554].

Für die Annahme der abstrakten Unterscheidungsfähigkeit darf die Marke kein funktionell notwendiger Bestandteil der Ware sein. Dies setzt voraus, dass sich die Marke vom Kennzeichnungsobjekt unterscheidet[555]. Das Erfordernis der Selbstständigkeit der Marke von der Ware scheint zunächst bei produktabhängi-

---

550 *Plaß*, WRP 2002, 181, 182.

551 S. auch *Felchner*, MarkenR 2004, 434, 435; ebenso *Grabrucker*, Mitt. 2005, 1, 1.

552 § 3 Abs. 1 MarkenG; Art. 4 GMVO.

553 BGH GRUR 2003, 149, 150 – abstrakte Farbmarke magenta/ grau II; BGH GRUR 2004, 329, 329 – Käse in Blütenform; BGH GRUR 2004, 502, 503 – Gabelstapler II.

554 *Fezer*, Markenrecht, § 8 Rz. 417. Nicht zugestimmt werden kann der Auffassung von *Koschtial*, S. 346, die die Prüfung auf die konkrete Unterscheidungskraft beschränken und auf die der generellen Unterscheidungseignung verzichten möchte.

555 BGH GRUR 2001, 56, 57 – Likörflasche; *Fezer*, Markenrecht, § 3 Rz. 211.

gen Formmarken nicht erfüllt zu sein. Da aber § 3 Abs. 1 MarkenG bzw. Art. 4 GMVO ausdrücklich die Warenform als Markenart anerkennen, darf die verlangte Selbstständigkeit nicht zu einem Ausschluss der Formmarke führen[556]. Begrifflich muss jedoch, wie bereits unter Geltung des Warenzeichengesetzes, stets zwischen dem Kennzeichnungsmittel und dem Objekt der Kennzeichnung unterschieden werden[557]. Die Selbstständigkeit ist somit dahingehend zu verstehen, dass die Marke nicht körperlich, jedoch gedanklich von der Ware abstrahierbar sein muss[558]. Willkürliche Ergänzungen oder Verzierungen einer Marke sind allerdings nicht erforderlich, auch wenn selbige den Vorwurf fehlender Unterscheidungseignung auszuräumen vermögen[559].

Als weitere Voraussetzung muss die Marke grafisch darstellbar sein[560]. Die grafische Darstellbarkeit stellt eine allgemeine Voraussetzung der Markenfähigkeit dar, die auch für Marken kraft Verkehrsgeltung gilt[561]. In der Regel bereitet die Darstellbarkeit von Formmarken keine besonderen Probleme[562], denn bei dreidimensionalen Marken kann der Anmelder bis zu sechs verschiedene Ansichten des Zeichens einreichen[563]. Anders als im Geschmacksmusterrecht wird bei Formmarken nicht die dauerhafte Sichtbarkeit des Kennzeichens, sondern nur die Sichtbarkeit zum Zeitpunkt der Eintragung verlangt. Formmarkenschutz kann daher auch für Bauelemente erlangt werden, die bestimmungsgemäß gerade nicht sichtbar bleiben, etwa weil diese hinter einer Maschinenverkleidung verborgen werden.

---

556 S. *Kur*, in: FS 100 Jahre DPA, 175, 185; *Seibt*, S. 49.

557 *Sambuc*, GRUR 1997, 403, 406; *Sambuc*, GRUR 1989, 547, 548.

558 BGH GRUR 2004, 502 – Gabelstapler II; so bereits BGH GRUR 1952, 516, 518 – Hummelfigur; BGH GRUR 1964, 621, 623 – Klemmbausteine. Nach dem Warenzeichengesetzt wurde darauf abgestellt, ob die äußere Gestaltung als „Zutat" zur Ware begrifflich von ihr unterscheidbar ist, s. oben S. 117.

559 HABM GRUR 1999, 1080, 1081 – Granini-Flasche.

560 § 8 Abs. 1 MarkenG, Art. 4 GMVO. Die grafische Darstellbarkeit gehört systematisch zur Markenfähigkeit und nicht zu den absoluten Schutzhindernissen, so *Erdmann*, GRUR 2001, 609, 611; *Fezer*, Markenrecht, § 8 Rz. 11.

561 *Seibt*, S. 52; *Fezer*, Markenrecht, § 3 Rz. 225, mit dem Hinweis, dass das Markenrecht von einem einheitlichen Markenbegriff ausgeht; a.A. *Koschtial*, S. 374; *Ströbele/Hacker*, Markengesetz, § 4 Rz. 21, die die absoluten Schutzhindernisse nur auf die Registermarke anwenden wollen, denn bei der Benutzungsmarke sei der Schutzgegenstand durch die konkrete Benutzungsform genau bestimmt.

562 Dies gilt selbst für die Darstellung von sog. Tastmarken, BGH Mitt. 2007, 31ff – Tastmarke, Beschluss vom 5.10.2006 – I ZB 73/05 (BPatG). Für die Darstellbarkeit genügen hinreichend bestimmte Angaben der maßgeblichen Eigenschaften des Gegenstands, durch dessen Berührung die Sinneswahrnehmung ausgelöst werden kann und die sich zur Unterscheidung von Waren aus einem bestimmten Unternehmen eignen. Die über den Tastsinn ausgelöste Sinnesempfindung ist hingegen nicht darzustellen.

563 Vgl. § 9 Abs. 1 S. 2 MarkenV.

2. Besondere Ausschlussgründe für Formmarken

Wurde die generelle Unterscheidungseignung der Form gegenüber anderen Unternehmenszeichen bejaht, darf der Eintragung weiter keiner der drei unter § 3 Abs. 2 MarkenG bzw. Art. 7 Abs. 1 e) GMVO genannten Ausschlussgründe entgegenstehen[564]. Diese Ausschlusstatbestände sollen im öffentlichen Interesse sicherstellen, dass weder technische Lösungen noch Eigenschaften monopolisiert werden und Wettbewerber aufgrund einer solchen Markeneintragung nicht dauerhaft daran gehindert werden, Waren mit eben dieser Lösung oder Eigenschaft zu verwenden[565].

Lange Zeit bestand Uneinigkeit über den Anwendungsbereich und den Umfang der speziell für Formmarken konzipierten Ausschlussgründe. Bevor näher auf die einzelnen Tatbestände eingegangen wird, bedarf es zunächst einer generellen Funktionsbetrachtung dieser Eintragungshürde.

a) Anwendungsbereich der Ausschlussgründe

Die Ausschlussgründe nach § 3 Abs. 2 MarkenG gelten ausschließlich für dreidimensionale Gestaltungen[566] und erfassen neben Warenformmarken auch Verpackungsformmarken[567]. Weiter greifen die Ausschlussgründe bei Register- und Benutzungsmarken gleichermaßen[568].

---

564 § 3 Abs. 2 MarkenG setzt Art. 3 Abs. 1 lit. e) der Markenrichtlinie um. Wenn nachfolgend von § 3 Abs. 2 MarkenG und Art. 7 Abs. 1 e) GMVO die Rede ist, werden diese Tatbestände gemeinsam als „Ausschlussgründe" bezeichnet.

565 EuGH GRUR 2003, 514, 518 Rz. 72 – Linde/Winward/Rado; BGH GRUR 2004, 502, 504 – Gabelstapler II.

566 *v. Schultz*, Markenrecht, § 3 Rz. 10; *Eichmann*, GRUR 1995, 184, 186; *Daniels*, S. 63; Begründung BT-Drucks. 12/6581, S. 65. A.A. *Meister*, WRP 2000, 967, 972, der unter „Form" i.S.v. § 3 Abs. 2 MarkenG nicht notwendig dreidimensionale Formen verstanden wissen möchte. Ähnlich auch *Thewes*, S. 140 f., die § 3 Abs. 2 MarkenG auch auf Abbildungen dreidimensionaler Gestaltungen anwenden möchte, da es anderenfalls zu einer Umgehung des Tatbestands und somit zu einer Schlechterstellung der Formmarke kommen würde. So auch *Marx* Rz. 59. Diese Auffassungen sind abzulehnen, da aus dem Wortlaut und dem Sachzusammenhang der Norm folgt, dass es sich ausschließlich um Warenformen handelt und diese in aller Regel eine dreidimensionale Gestaltung aufweisen.

567 EuGH MarkenR 2004, 116, 119 – Waschmittelflasche; BGH GRUR 2001, 56, 57 – Likörflasche. Die Anwendung der Ausschlussgründe auf Verpackungsformmarken war lange Zeit umstritten, da sich § 3 Abs. 2 MarkenG seinem Wortlaut nach ausschließlich auf die „Form der Ware" bezieht. Teilweise wurde daher eine Anwendung auf reine Verpackungen ausgeschlossen, vgl. *Eichmann*, GRUR 1995, 184, 186; *Eichmann*, in: FS Vieregge, S. 125, 152. Nach anderer Ansicht ist eine Differenzierung nicht angebracht, da für Verpackungen ohnehin großzügiger zu verfahren sei, *Kur*, in: FS 100 Jahre DPA, S. 175, 185; *Daniels*, S. 67, die aus Gründen der Rechtssicherheit eine Anwendung der Norm auf Verpackungen befürwortet; *Seibt*, S. 72, die sich für eine teleologische Erweiterung des Warenbegriffs in den

Teilweise wird die Anwendbarkeit der Schutzhindernisse auf die Benutzungsmarke allerdings mit dem Argument in Frage gestellt, dass die Markenrichtlinie nur Registermarken erfasse und die Mitgliedsstaaten für die Benutzungsmarke abweichende Regelungen erlassen können. Da es sich bei den Ausschlussgründen um Eintragungshindernisse handele, die Benutzungsmarke aber gerade nicht eingetragen werde, könne § 3 Abs. 2 MarkenG hier auch nicht greifen[569]. Eine solche Auffassung verkennt jedoch, dass das Markengesetz von einem einheitlichen Markenbegriff ausgeht und dass es sich bei den unter § 3 Abs. 2 MarkenG statuierten Ausschlussgründen um allgemeine Schutzanforderungen handelt, die der Gefahr eines über das Markenrecht erlangten Produktschutzes in besonderer Weise Rechnung tragen, unabhängig davon, ob es sich um eine Registermarke, Benutzungsmarke oder um eine notorisch bekannte Marke handelt[570]. Im Übrigen könnte die Missachtung der Ausschlussgründe zu einer Privilegierung der Benutzungsmarke führen, was mit der Systematik der europäischen Markenrichtlinie kaum zu vereinbaren wäre.

aa) Umfang der Ausschlussgründe und allgemeines Freihaltebedürfnis

Lange Zeit umstritten war, ob unter den Ausschlussgründen neben dem besonderen Freihaltebedürfnis auch ein allgemeines Freihaltebedürfnis an technischen und ästhetischen Warenformen zu berücksichtigen ist. Teilweise wurde vertreten, dass die speziellen Ausschlussgründe für Formmarken abschließend seien und an einer zusätzlichen Prüfung eines allgemeinen Freihaltebedürfnisses kein Bedarf bestehe[571], denn ein solches werde bereits bei der Beurteilung der Markenfähigkeit unter § 3 Abs. 2 MarkenG mit berücksichtigt. Im Übrigen lege der Wortlaut von § 8 Abs. 2 Nr. 2 MarkenG, aus dem das allgemeine Freihaltebedürfnis folge, nur eine Anwendbarkeit auf Wort- und Bildmarken nahe, nicht aber auf Formmarken[572].

Fällen ausspricht, in denen Waren- und Verpackungsform eine funktions- oder formenbedingte untrennbare Einheit bilden. Für Investitionsgüter ist diese Diskussion von keinerlei praktischer Bedeutung.

568 *Koschtial*, S. 361; *Daniels*, S. 60; *Böhmann*, S. 148; *Fezer*, Markenrecht, § 3 Rz. 225, *Körner/Gründig-Schnelle*, GRUR 1999, 535, 536.

569 *Kiethe/Groeschke*, WRP 1998, 541, 543.

570 *Koschtial*, GRUR Int. 2004, 106, 107.

571 Als überholt muss die Auffassung gelten, die das Freihaltebedürfnis in dem speziell für Formmarken konzipierten § 3 Abs. 2 MarkenG abschließend berücksichtigt sehen will, so *Eichmann*, GRUR 1995, 184, 188. Ebenso wohl auch *Mountstephens*, GRUR 2000 Int., 393, 397; *Mountstephens*, GRUR Int. 2000, 694, 698 f. Ähnlich *Daniels*, S. 143, die sich für eine restriktive Anwendung von § 8 Abs. 2 Nr. 2 MarkenG ausspricht. Eine Anwendung der Norm auf dreidimensionale Marken sei zwar grundsätzlich möglich, werde praktisch aber nicht vorkommen.

572 *Bauer*, GRUR 1996, 319, 321.

Diese Frage kann seit der *Linde-Winward-Rado*-Entscheidung[573] als geklärt gelten. Demnach soll § 3 Abs. 2 MarkenG verhindern, dass das Markenrecht seinem Inhaber ein Produktmonopol an technischen Lösungen oder Gebrauchseigenschaften einer Ware gewährt. Die Regelung trägt also dem bei Formmarken bestehenden besonderen Freihalteinteresse an technischen und ästhetischen Formen Rechnung. Als Rechtfertigung wird teilweise auch auf die bei technischen Produkten – im Gegensatz zu ästhetischen Gestaltungen, wie Wort- und Bildmarken – beschränkten Gestaltungsmöglichkeiten verwiesen[574], was allerdings nicht unumstritten ist, da auch ästhetische Formen und Wortmarken einer zumindest theoretischen Begrenzung unterliegen.

Ein an Formen bestehendes allgemeines Freihaltebedürfnis ist hingegen erst innerhalb der absoluten Schutzhindernisse unter § 8 Abs. 2 Nr. 2 MarkenG bzw. Art. 7 Abs. 1 c) GMVO zu berücksichtigen. Diese Normen verfolgen das im Allgemeininteresse liegende Ziel, beschreibende Zeichen frei verwenden zu können[575]. Der Wortlaut von Art. 3 Abs. 1 lit. c) der Markenrichtlinie ist hinreichend offen, um auch dreidimensionale Marken zu erfassen[576]. Wäre das allgemeine Freihaltebedürfnis i.S.v. § 8 Abs. 2 Nr. 2 MarkenG bereits unter § 3 Abs. 2 MarkenG zu prüfen, so würde dies für Formmarken eine erhebliche Schutzrechtsversagung darstellen, denn im Gegensatz zu den Schutzhindernissen nach § 8 Abs. 2 Nr. 1 bis 3 MarkenG[577] können die Ausschlussgründe unter § 3 Abs. 2 MarkenG grundsätzlich nicht durch den Nachweis der Verkehrsdurchsetzung überwunden werden. Dem allgemeinen Freihaltebedürfnis i.S.v. § 8 Abs. 2 Nr. 2 MarkenG bzw. Art. 7 Abs. 1 c) GMVO kommt daher bei Formmarken eine selbstständige Bedeutung zu[578].

§ 3 Abs. 2 MarkenG, dessen Voraussetzungen einer objektiven Feststellung unterliegen[579], hat die Funktion eines Grobfilters, der nur eindeutige Fallkonstellationen vom Schutz ausnehmen soll[580]. Daher wird auch unter Berufung auf den Wortlaut der Norm und die Formulierung „ausschließlich", die sich auf alle drei Alternativen des Tatbestands bezieht, überwiegend eine möglichst enge Auslegung der Aus-

---

573 EuGH GRUR 2003, 514, 518 Rz. 70 ff. – Linde/Winward/Rado.

574 *Sambuc*, GRUR 1989, 547, 547; s. auch BGH WRP 1976, 370, 371 – Puderdose.

575 EuGH GRUR 2003, 514, 518 Rz. 73 – Linde/Winward/Rado.

576 EuGH GRUR 2003, 514, 518 Rz. 69 – Linde/Winward/Rado.

577 Bzw. Art. 7 Abs. 1 b), c), d) GMVO.

578 BGH GRUR 2004, 502, 504 – Gabelstapler II; EuGH GRUR 2003, 514, 518 Rz. 67 – Linde/Winward/Rado; *Felchner*, MarkenR 2004, 434, 441. S. näher unten S. 149 f..

579 *Grabrucker*, Mitt. 2004, 106, 107; *Fezer*, in: FS Piper, S. 525, 529; *Eichmann*, in: FS Vieregge, S. 125, 155.

580 *Fezer*, Markenrecht, § 3 Rz. 230.

schlussgründe gefordert[581]. Auch die Rechtsprechung ist bei Zweifeln über das Vorliegen der abstrakten Markenfähigkeit geneigt, § 3 MarkenG zu bejahen und stattdessen die konkrete Unterscheidungskraft abzulehnen[582]. Dem Markenanmelder soll auf diese Weise nicht die Möglichkeit verschlossen werden, Schutz über den Nachweis der Verkehrsdurchsetzung zu erlangen[583]. Die meisten dreidimensionalen Zeichen weisen folglich eine abstrakte Unterscheidungseignung auf[584].

Die Rechtsprechung lässt die Frage der Unterscheidungseignung allerdings häufig dahingestellt, wenn erkennbar ein Schutzhindernis nach § 8 MarkenG vorliegt[585]. Der genaue Anwendungsbereich der Ausschlussgründe ist daher, mangels höchstrichterlicher Rechtsprechung, noch weitgehend ungeklärt[586].

bb) Kumulative Anwendbarkeit der Ausschlussgründe

Fraglich ist zunächst, ob die Ausschlussgründe von § 3 Abs. 2 MarkenG nebeneinander zur Anwendung gelangen können. Teilweise wird vertreten, dass es der Systematik des § 3 Abs. 2 MarkenG zuwiderliefe, die Ausschlusstatbestände kumulativ in Anspruch zu nehmen. Auch wenn die Formulierung der Ausschlussgründe eine klare Abgrenzung nicht vorsehe, folge aus der Regelungssystematik, dass eine Form stets nur einem der Tatbestände des § 3 Abs. 2 MarkenG zugeordnet werden könne, was auch aus der Verknüpfung „oder" ersichtlich werde[587].

Diese Auffassung ist abzulehnen. Es ist kein Grund erkennbar, warum die Tatbestände nicht kumulativ, also nebeneinander, Anwendung finden können, wenn eine Form Eigenschaften aufweist, die beispielsweise neben der technischen

---

581 *Körner/ Gründig-Schnelle*, GRUR 1999, 535, 536; *Ströbele*, GRUR 1999, 1041, 1044; BPatG GRUR 2005, 330 – Fahrzeugkarosserie; so wohl auch *Ullmann*, NJW-Sonderheft 100 Jahre Markenverband, 2003, 83, 83; *Daniels*, S. 75.

582 *Seibt*, S. 68; *Hubmann/Götting*, S. 274 Rz. 21; *Fezer*, in: FS Piper, S. 525, 529, der sich für eine großzügige Auslegung ausspricht.

583 *Körner/Gründig-Schnelle*, GRUR 1999, 535, 536; *Ströbele*, GRUR 1999, 1041, 1044.

584 *Plaß*, WRP 2002, 181, 184; s. zu der Problematik von Ersatzteilen BPatG GRUR 2005, 333 ff. – Kraftfahrzeugteile, die vom Schutz bereits wegen ihrer technisch bedingten Form ausgeschlossen sein sollen. Im jüngeren Schrifttum wird teilweise eine Überprüfung dieser restriktiven Auslegungspraxis gefordert, da die Gleichbehandlung aller Markenformen höhere Anforderungen an die speziell für Formmarken konzipierten Ausschlussgründe rechtfertige, so *Würtenberger*, GRUR 2003, 912, 915.

585 *Grabrucker*, GRUR 2004, 273, 275.

586 *Würtenberger*, GRUR 2003, 912, 912, der von einem „Schattendasein" des § 3 Abs. 2 MarkenG spricht.

587 *Eichmann*, GRUR 1995, 184, 191; *Daniels*, S. 118; ähnlich *Grabrucker*, Mitt., 2004, 106, 111, die von einem Stufenverhältnis von § 3 Abs. 2 Nr. 1 zu § 3 Abs. 2 Nr. 2 MarkenG ausgeht.

Funktion auch wertprägend sind[588]. Weder die Gesetzessystematik noch andere Gründe legen eine solche Einschränkung nahe. Vielmehr sprechen Sinn und Zweck der Ausschlussgründe für eine umfassende und folglich parallele Anwendung der einzelnen Tatbestände. Wenn teilweise vertreten wird, dass ein Zusammentreffen der Ausschlussgründe, insbesondere von § 3 Abs. 2 Nr. 1 und Nr. 3 MarkenG, kaum denkbar sei[589], so geht diese Ansicht von der freien Wählbarkeit der Warenform aus. Gerade bei sichtbaren Reparaturteilen, den sog. Identteilen, ist die freie Gestaltung jedoch faktisch auf Null reduziert, sodass für diesen Fall eine kumulative Anwendung aller Ausschlussgründe befürwortet werden muss. Von einem Nebeneinander der einzelnen Regelungen geht daher auch das Bundespatentgericht in einer jüngeren Entscheidung aus, in der es sich auf zwei der drei im Folgenden noch näher zu untersuchenden Tatbestände stützt[590].

3. Besondere Ausschlussgründe für Formmarken im Einzelnen

Nachfolgend werden die einzelnen Ausschlussgründe dargestellt und auf ihre Relevanz für die Investitionsgüterindustrie hin untersucht. Darauf hinzuweisen ist, dass die Ausschlusstatbestände von § 3 Abs. 2 MarkenG weitestgehend den von der Rechtsprechung zum Ausstattungsschutz dreidimensionaler Gestaltungen entwickelten Kriterien gleichen[591] und ihre Entsprechung in Art. 7 Abs. 1 e) (i-iii) GMVO finden. Allerdings gehören die Ausschlussgründe, anders als im deutschen Recht, nach dem Gemeinschaftsmarkenrecht systematisch nicht zu der Frage der Markenfähigkeit, sondern stellen absolute Eintragungshindernisse dar. Von der Ausschlusswirkung her dürfte dies jedoch nicht zu anderen Ergebnissen führen, da sich auch im Gemeinschaftsrecht die Eintragungshindernisse nicht durch eine nachgewiesene Verkehrsgeltung überwinden lassen (Art. 7 Abs. 3 GMVO). Jeder Form, bei der einer der nachfolgend näher zu betrachtenden Ausschlussgründen greift, fehlt zugleich die abstrakte Markenfähigkeit[592].

a) Ausschluss von Formen, die durch die Art der Ware bedingt sind (§ 3 Abs. 2 Nr. 1 MarkenG)

Nach § 3 Abs. 2 Nr. 1 MarkenG bzw. Art. 7 Abs. 1 e) i) GMVO sind dreidimensionale Formen vom Markenschutz ausgenommen, wenn das Zeichen ausschließ-

---

588 So auch *Ingerl*, S. 66.

589 So *Daniels*, S. 119.

590 BPatG GRUR 2005, 333 ff. – Kraftfahrzeugteile, s. näher unten S. 141.

591 *Daniels*, S. 70; Begründung BT-Drucks. 12/6581, S. 65.

592 *Seibt*, S. 49; *Fezer*, WRP 2000, 1, 7.

lich aus einer Form besteht, die durch die Art der Ware selbst bedingt ist[593]. Darunter ist nicht bereits die naturgetreue Abbildung einer Ware zu verstehen, da anderenfalls der ausdrücklich zulässige Schutz dreidimensionaler Formen ausgeschlossen bliebe[594]. Wie weit dieser Ausschlussgrund allerdings reicht, ist bislang noch unklar.

aa) Ausschluss von reinen Grundformen

Nach herrschender Auffassung greift der Ausschlussgrund (nur) dann, wenn sich die betreffende Form notwendig aus dem technischen oder dem funktionalen Zweck der Ware ergibt und sich darin erschöpft[595]. Ausgeschlossen werden soll, worauf zur Herstellung der Ware nicht verzichtet werden kann und wozu es keine gleichwertige und zumutbare Alternative gibt[596]. Teilweise wird auch vertreten, dass all jene Formen ausgeschlossen seien, die Elemente aufweisen, welche das maßgebliche Publikum aufgrund der Funktion des Produkts erwartet[597] bzw. die der Verkehr bei der Art der Ware als wesensgemäß voraussetzt[598]. Überwiegend wird daher angenommen, dass § 3 Abs. 2 Nr. 1 MarkenG nur bei reinen Grundformen einer Ware in Betracht zu ziehen sei[599] oder bei Formen, die einer solchen Grundform relativ nahe kommen[600].

Nach diesem engen Verständnis würde der Ausschlussgrund nur in den seltenen Fällen einer reinen Grundform, von der nicht abgewichen werden kann, greifen. Für die Beurteilung, ob es sich um eine Grundform handelt, ist die Gattungszugehörigkeit der betreffenden Ware maßgebend[601]. Die Bestimmung der entsprechenden Warengattung ist allerdings mit Problemen behaftet, denn abhängig davon, wie weit oder eng der Gattungsbegriff verstanden wird, gehört die Form unterschiedlichen Gattungen an. Nach der überwiegend befürworteten konkreten Betrachtungsweise sollen nur die Grundelemente einer jeden Warengattung aus-

---

593 *Seibt*, S. 67, die darauf hinweist, dass dieser Ausschlussgrund nicht der „Wesens"-Rechtsprechung des BGH zum Warenzeichengesetz entspricht, wonach Formen der Schutz versagt wird, die dem Wesen der Ware entsprechen, da anderenfalls die Ausschlussgründe § 3 Abs. 2 Nr. 2 und Nr. 3 MarkenG leer liefen.

594 S. oben S. 120.

595 *v. Schultz*, Markenrecht, § 3 Rz. 11.

596 *Seibt*, S. 288.

597 *Ineichen*, GRUR Int. 2003, 193, 198.

598 *Grabrucker*, Mitt. 2004, 106, 111.

599 *Thewes*, S. 80; *Böhmann*, S. 83; *Seibt*, S. 288; BPatGE 39, 238 – Pop-swatch.

600 *Kur*, in: FS 100 Jahre DPA, S. 175, 187; a.A. *Thewes*, S. 82, die auf die damit einhergehenden Abgrenzungsprobleme verweist und den Ausschlussgrund nur für reine Grundformen verstanden wissen will.

601 S. *Eichmann*, MarkenR 2003, 10, 16; *v. Mühlendahl/Ohlgart*, Die Gemeinschaftsmarke, § 4 Rz. 32.

genommen sein, die für die Funktion notwendig sind[602] und die jedes generische Produkt der entsprechenden Gattung aufweist[603]. Entscheidend ist also, dass die „Art der Ware“ nur in einer bestimmten Form und nicht anders hergestellt werden kann[604].

bb) Ausschluss von üblichen Warenformen

Da es schwer fallen dürfte, eine Ware zu finden, die sich in artbestimmenden Merkmalen erschöpft – von Naturprodukten abgesehen –, sprechen andere Autoren dem Ausschlussgrund einen wesentlich weiteren Anwendungsbereich zu. Eine warenbedingte Form läge bereits dann vor, wenn diese im Verkehr üblich sei und keinem bestimmten Unternehmen zugeordnet werden könne[605]. Ein solches Verständnis von dem Ausschlussgrund geht jedoch zu weit und überspannt den Wortlaut der Norm.

cc) Stellungnahme und eigener Ansatz

Die Gattungszugehörigkeit einer Ware kann, abhängig wie weit der Gattungsbegriff verstanden wird, Schwierigkeiten bereiten. Dies zeigt sich besonders deutlich bei sichtbaren Ersatzteilen, den sog. Identteilen. Wenn teilweise vertreten wird, dass praktisch immer Variationsmöglichkeiten bestehen und die Produktgrundform niemals zwingend vorgegeben ist[606], so mag dies zwar theoretisch zutreffen, doch verkennt ein solcher Einwand die Situation auf dem Markt für sichtbare Ersatzteile, bei dem es sich nachfragebedingt um alternativlose Gestaltungen handelt. Würde der Gattungsbegriff „Ersatzteil“ weit verstanden werden (z.B. Gattung: Ersatzteil Kotflügel für Pkw), so würde es sich um eine große Warengruppe mit zahlreichen Gestaltungsmöglichkeiten handeln, wobei die Form nicht durch die „Art der Ware“ begrenzt wäre. Erst wenn man den Gattungsbegriff derart verengt, dass beispielsweise das Ersatzteil „XY“ (z.B. Kotflügel für einen VW Golf, Baujahr 1995) für das Produkt „XZ“ (VW Golf) eine eigene Gruppe bildet, wäre die Form durch die Art der Ware (Ersatzteil XY für Erzeugnis XZ) vorgegeben – nur in einem solchen Fall würde der Ausschlussgrund greifen. Da es sich bei sichtbaren Ersatzteilen um nachfragebedingt alternativlose Formen handelt, ent-

---

602 *Daniels*, S. 76; *Eichmann*, in: FS Vieregge, S. 125, 148. A.A. *Fezer*, Markenrecht, § 3 Rz. 228; *Krüger*, in: FS Erdmann, S. 357, 362, die sich für eine abstrakte Betrachtung der warenbedingten Form aussprechen. Dies wird damit begründet, dass § 3 Abs. 1 die abstrakte Markenfähigkeit festlege. Eine abstrakte Betrachtungsweise führe allerdings dazu, dass der Ausschlussgrund nur in seltenen Fallkonstellationen greife.

603 BGH GRUR 2001, 334, 335 – Gabelstapler.

604 *Meister*, WRP 2000, 967, 974, der als Anwendungsbeispiel einen Tischtennisball anführt.

605 *Ströbele/Hacker*, Markengesetz, § 3 Rz. 111.

606 *Kur*, in: FS 100 Jahre DPA, S. 175, 187.

spricht diese Situation der einer Grundform, von der, allerdings aus absatzpolitischen und somit ökonomischen Gründen, nicht abgewichen werden kann.

Das aufgeführte Beispiel zeigt, dass der Ausschlussgrund nicht nur Gestaltungen erfasst, zu denen aus technischen Gründen keine Gestaltungsalternativen bestehen, sondern auch solche Formen, die nachfragebedingt aus wirtschaftlichen Gründen keine abweichende Gestaltung zulassen. Bei einem solchen Verständnis kommt dem Tatbestand ein völlig neuer Anwendungsbereich zu, der auch den sekundären Ersatzteilmarkt von markenrechtlichen Beschränkungen frei hält[607]. Die enge Anwendung auf reine Grundformen würde den Ausschlussgrund hingegen nahezu leer laufen lassen.

b) *Ausschluss von technisch erforderlichen Formen (§ 3 Abs. 2 Nr. 2 MarkenG)*

Vom Schutz weiter ausgenommen sind Formen, die ausschließlich zur Erreichung einer technischen Wirkung erforderlich sind[608]. Dieser Ausschlussgrund stellt die entscheidende Abgrenzung zu den technischen Schutzrechten dar und soll verhindern, dass über das Markenrecht, unter Umgehung vorrangig anwendbarer Spezialgesetze, technisch unbefristete Monopolstellungen erlangt werden können. Für Maschinen und Anlagen stellt dieser Tatbestand eine bedeutende Hürde auf dem Weg zum Formmarkenschutz dar.

aa) Auslegung des Merkmals der technisch erforderlichen Form

Umstritten ist, wie weit bzw. eng die Beschränkung der technisch erforderlichen Form zu verstehen ist. In der Literatur werden zu dieser Frage unterschiedliche Auffassungen vertreten, wobei sich zwei Hauptmeinungen ausmachen lassen, die wiederum von den einzelnen Autoren in ihrem Anwendungsbereich erweitert oder eingeschränkt werden. Geprägt wird die Diskussion von der Frage nach der Notwendigkeit und der Anzahl möglicher Gestaltungsalternativen.

Nach der Theorie von der Rechtserheblichkeit etwaiger Gestaltungsalternativen ist eine Form nur dann technisch bedingt, wenn für ein Abweichen keine Variationsmöglichkeiten bestehen. Diese Auslegung sei zwar nicht im Wortlaut der Norm angelegt, folge aber aus dem Normzweck, der eine sachgerechte Begrenzung des Ausschlussgrundes der Technizität verlange, denn würde jede technische Form den Ausschlussgrund begründen, dann käme ein Formmarkenschutz nur noch in den Fällen einer funktionslosen Formgebung in Betracht[609]. Ausschließlich ornamentale

607 Zur Sonderproblematik des markenrechtlichen Formenschutzes von Ersatzteilen s. näher unten S. 138 ff..

608 § 3 Abs. 2 Nr. 2 MarkenG; Art. 7 Abs. 1 e) ii) GMVO.

609 *Fezer*, GRUR 2003, 457, 467.

Formen würden aber bereits an dem Ausschlussgrund der wertbedingten Form nach § 3 Abs. 2 Nr. 3 MarkenG scheitern[610].

Auch über die Anzahl der Variationsmöglichkeiten herrscht Uneinigkeit. Nach der denkbar engsten Auslegung des Ausschlussgrundes sind nur solche Formen schutzunfähig, für die keinerlei Alternativen bestehen[611]. Ob diese „eine" Gestaltungsalternative technisch oder wirtschaftlich gleichwertig ist, sei hingegen unerheblich. Diese enge Auslegung wird damit gerechtfertigt, dass es nicht Aufgabe des Markenrechts sei, zumutbare Gestaltungsalternativen zu sichern. Erst wenn keinerlei Alternativen bestehen, entspreche die Ausschlusswirkung des Markenrechts der des Patentrechts. Erst wenn das Markenrecht eine dem Patentrecht vergleichbare Ausschlusswirkung entfalte, müsse das individuelle Schutzbedürfnis hinter das allgemeine Freihaltebedürfnis zurücktreten. Aufgrund der gesetzlichen Wertung des Markenrechts gehe das individuelle Kennzeicheninteresse jedoch grundsätzlich dem allgemeinen Nachahmungsinteresse vor[612].

Eine andere Ansicht verlangt mit Blick auf die über das Markenrecht gewährte dauerhafte Monopolstellung mehrere ernsthafte, gleichwertige und wirtschaftlich zumutbare Gestaltungsalternativen zur Erreichung der technischen Wirkung[613]. Die denkbar engste Auslegung des Tatbestands führe zu einem Leerlaufen der Norm, da angesichts der großen Bandbreite technischer Formen abweichende Gestaltungen theoretisch immer möglich seien[614]. Im Interesse des Freihaltebedürfnisses technischer Formen solle der Ausschlussgrund daher nicht zu schnell abgelehnt werden. Einzelne Autoren fordern darüber hinaus die willkürliche Wählbarkeit der Form[615]. Als Begründung für diese weite Auslegung wird angeführt, dass das Kennzeicheninteresse des Einzelnen generell hinter das Nachahmungsinteresse der Allgemeinheit trete[616].

---

610 *Fezer*, GRUR 2003, 457, 467.

611 *Seibt*, S. 295; so noch *Ingerl/Rohnke*, Markengesetz, 1. Aufl., § 3 Rz. 41.

612 *Seibt*, S. 296. Kritisch zu dieser Wertung *Ströbele*, GRUR 2001, 658, 659, der ein Überwiegen des Kennzeicheninteresses in Zweifelsfällen in Frage stellt, da das Allgemeininteresse an der Wahrung der Formenvielfalt mindestens gleichwertig mit dem Individualinteresse zu berücksichtigen sei.

613 *Daniels*, S. 88; *Fezer*, Markenrecht, § 3 Rz. 230a; *Kiethe/Groeschke*, WRP 1998, 541, 545; so wohl auch *v. Mühlendahl/Ohlgart*, Die Gemeinschaftsmarke, § 4 Rz. 35; unter den Meinungen ist umstritten, ob eine gleichwertige Formalternative ausreicht, so *Böhmann*, S. 87, oder mehrere substituierbare Formen vorliegen müssen, so wohl *Thewes*, S. 92.

614 *Althammer/Ströbele/Klaka*, Markengesetz, § 3 Rz. 37; *Böhmann*, S. 88; *Thewes*, S. 92.

615 *Althammer/Ströbele/Klaka*, Markengesetz, § 3 Rz. 37, in Anlehnung an die alte Rechtsprechung zum Ausstattungsschutz vgl. BGH GRUR 1962, 409, 409 – Wandsteckdose.

616 *Mountstephens*, GRUR Int. 2000, 393, 398.

Nach anderer Meinung komme es nicht auf das Vorliegen etwaiger Gestaltungsalternativen an[617]. Vom Markenschutz ausgeschlossen seien nur die Formen, deren Wahl auf der technischen Funktion und nicht auf dem Zweck der Unterscheidung beruhe[618]. Eine ähnliche Linie vertritt auch der EuGH in seiner jüngeren Rechtsprechung.

bb) Rechtsprechung des EuGH in der *Philips/Remington*-Entscheidung

Zum Ausschlussgrund der „ausschließlich technisch erforderlichen" Formen hat der EuGH in der *Philips/Remington*-Entscheidung grundlegende Auslegungssätze aufgestellt[619]. Demnach ist ein Zeichen, welches ausschließlich aus der Form einer Ware besteht, nicht eintragungsfähig, wenn nachgewiesen wird, dass die „wesentlichen funktionellen Merkmale" einer Form nur der technischen Wirkung zuzuschreiben sind[620]. Der Nachweis, dass sich mit anderen Formen die gleiche technische Wirkung erzielen lasse, räume das Eintragungshindernis hingegen nicht aus. Dies wird damit begründet, dass dem Wortlaut von Art. 3 Abs. 1 lit. e) MarkenRL keine Hinweise für das Vorhandensein etwaiger Formalternativen entnommen werden können[621]. Allein entscheidend sei, ob die wesentlichen funktionellen Merkmale der betreffenden Form ausschließlich auf das Erreichen einer technischen Wirkung ausgerichtet sind. Für die Prüfung des Ausschlussgrundes ist somit die technische Funktionalität, die Wesentlichkeit der funktionellen Formelemente und die Ausschließlichkeit der Technizität der Form entscheidend[622].

cc) Würdigung der *Philips/Remington*-Entscheidung

Mit dem Abstellen auf die „wesentlichen funktionellen Merkmale" erteilt der EuGH der in der deutschen Rechtsprechung und Literatur vertretenen Theorie von der Gestaltungsalternative eine klare Absage[623]. Der Verzicht auf Formalternativen verdient uneingeschränkte Zustimmung, denn nur so wird das erkennende Gericht nicht mit der Analyse gleichwertiger Alternativformen belastet.

---

617 *Fuchs-Wissmann*, MarkenR 1999, 183 ff.; ähnlich *Kur*, in: FS 100 Jahre DPA, S. 175.

618 *Körner/Gründig-Schnelle*, GRUR 1999, 535, 537.

619 S. auch *Schaeffer*, in: FS Eisenführ, S. 29, 34.

620 EuGH GRUR 2002, 804, 807, Ziff. 79 und 83 – Philips/Remington.

621 Kritisch hierzu *Fezer*, GRUR 2003, 457, 467, der die Theorie der Formalternative nicht aus dem Wortlaut der Norm, sondern aus dem Normzweck herleiten möchte, da dies eine sachgerechte Begrenzung des Ausschlussgrundes der Technizität ermögliche.

622 *Fezer*, GRUR 2003, 457, 468.

623 Ebenso *Grabrucker*, Mitt. 2005, 1, 1. Allerdings ist auf die Figur der Gestaltungsalternativen nicht vollends zu verzichten, denn etwaige Gestaltungsalternativen sind geeignet, ein bestehendes Freihaltebedürfnis unter § 8 Abs. 2 Nr. 2 MarkenG zu überwinden, s. unten S. 151.

Wenn allerdings die vom EuGH aufgestellten Kriterien der „Wesentlichkeit der technischen funktionellen Formmerkmale" und der „Ausschließlichkeit der Technizität" als sachgerechte Instrumentarien einer interessengerechten Abwägung gepriesen werden[624], so kann dem nicht uneingeschränkt gefolgt werden[625]. Denn ob mit der Entscheidung auch eine Abkehr von der bis dahin von der deutschen Rechtsprechung vertretenen engen Auffassung der Norm verbunden ist, lässt sich nicht mit Sicherheit beantworten[626], da fraglich bleibt, was unter dem Merkmal der „Wesentlichkeit" zu verstehen ist. Auch die von einigen Autoren vorgeschlagene Ergänzung des Begriffs der „Wesentlichkeit" um das Merkmal der „charakteristischen Technik" scheint kein taugliches Auslegungsmittel zu sein[627], da letztlich ein unbestimmter und erklärungsbedürftiger Rechtsbegriff durch einen anderen und möglicherweise weitergehenderen ersetzt wird. Die Auslegung bleibt letztendlich Tatfrage und ist nach wie vor davon abhängig, wie weit bzw. eng der Kern der (wesentlichen) technischen Merkmale zu fassen ist. Fest steht nur, dass Erscheinungen, die Gegenstand eines technischen Schutzrechts sein können, nicht markenfähig sind[628].

dd) Stellungnahme zum Umfang des Ausschlussgrundes

Weder die Markengesetze noch die Gesetzesmaterialien geben Aufschluss über den Umfang des Ausschlussgrundes und wie das Merkmal der technisch erforderlichen Form näher zu verstehen ist. Für die Beantwortung der Frage ist daher auch das Umfeld des Formmarkenschutzes, insbesondere das Geschmacksmustersystem, zu berücksichtigen. Während das Geschmacksmusterrecht technisch „bedingte" Merkmale vom Schutz ausnehmen möchte, spricht das Markengesetz von technisch „erforderlichen" Gestaltungen.

---

624 S. *Fezer*, GRUR 2003, 457, 468, der darauf hinweist, dass der EuGH mit dieser Rechtsprechung die im angloamerikanischen Rechtskreis geltende „Functionality-Doctrin" in das System des Markenrechts integriert.

625 Kritisch hierzu *Koschtial*, GRUR Int. 2004, 106, 110, die in der EuGH-Entscheidung eine Gleichstellung der „technisch erforderlichen Form" mit einer rein „technischen Form" erblickt, was dem Wortlaut des Gesetzes widerspräche. Dem kann nicht zugestimmt werden, denn der EuGH stellt gerade nicht auf die rein „technische Form", sondern auf die Wesentlichkeit der technischen Funktion ab.

626 S. aber *Ströbele/Hacker*, Markengesetz, § 3 Rz. 116, die die Konsequenzen der EuGH-Entscheidung für die deutsche Rechtsprechung für gering halten, was sie damit begründen, dass nach alter Rechtslage das Vorliegen „mehrerer gleichwertiger Gestaltungsmöglichkeiten" erforderlich gewesen sei. A.A. *Loschelder*, GRUR Int. 2004, 767, 769, der nur durch die Auslegung des EuGH sichergestellt sieht, dass technische Monopolstellungen über das Markenrecht vermieden werden.

627 So aber *Grabrucker*, Mitt. 2004, 106, 111, die eine Zuordnung der Charakteristika nach Gattungsformen vorschlägt.

628 *Eichmann*, MarkenR 2003, 10, 16.

Fraglich ist zunächst, ob der Gesetzgeber durch die unterschiedlichen Formulierungen überhaupt eine differenzierende Behandlung der Ausschlussgründe erreichen wollte, denn die Begrifflichkeiten lassen kein eindeutiges Stufenverhältnis erkennen[629]. Der BGH hält es daher in der *Gabelstapler*-Entscheidung auch nicht für angezeigt, aus der Wesensverschiedenheit von Marken und Geschmacksmustern einen strengeren Maßstab für die Beurteilung der Unterscheidungskraft dreidimensionaler Formen abzuleiten[630]. Der Senat betont ausdrücklich, dass es bei dreidimensionalen Marken für die Frage der Unterscheidungskraft nicht darauf ankommt, dass die Produktform eigenartig und einprägsam sei und die technisch oder ästhetisch notwendige Produktform erheblich übersteige[631], denn für die Eintragung einer Marke sind urheber- oder geschmacksmusterrechtliche Voraussetzungen unbeachtlich. Diese Feststellung bezieht sich allerdings nur auf das Verhältnis von Formmarken gegenüber anderen Markenformen, insbesondere gegenüber der Wort-Bild-Marke. Eine Aussage über die Beziehung der Formmarke zum Geschmacksmuster wird hingegen nicht getroffen. Ebenso erfolgt keine Erörterung der geschmacksmusterrechtlichen Vorschriften. Die *Gabelstapler*-Entscheidung steht daher einer im Vergleich zum Geschmacksmustergesetz anderen Auslegung des Merkmals der „technisch erforderlichen" Gestaltung grundsätzlich nicht entgegen. Vielmehr eröffnet die unterschiedliche Wortwahl der Gesetzestexte die Möglichkeit, die Begriffe verschieden auszulegen und so ein abgestuftes Regelungssystem zu schaffen. Denn die Formulierungen in den Marken- und Geschmacksmustergesetzen legen eine Differenzierung des Funktionalitätsbegriffs nahe[632].

Die in den Markengesetzen und der *Philips/Remington*-Entscheidung verwendeten Begrifflichkeiten „ausschließlich technisch erforderlich" und „wesentlich" sprechen zunächst dafür, dass die Vorschrift von der Tendenz her eng auszulegen ist. Ein eher enges Verständnis des Ausschlussgrundes lässt auch die jüngere Rechtsprechung vermuten. So konnte bei einer gesamten Fahrzeugkarosserie[633] und in den *Gabelstapler*-Entscheidungen, trotz der beschränkten Gestaltungsmöglichkeiten, die technische Dominanz der Form nicht festgestellt werden. Dies lässt den Schluss zu, dass auch komplexe Maschinenformen in der Regel die Hürde der technisch bedingten Form überwinden können. Dabei ist davon auszugehen, dass mit zunehmender Komplexität des Investitionsguts das Eintragungshindernis

---

629 S. aber OLG Karlsruhe GRUR 1995, 495, 498 – Lüftungsgitter; BGH GRUR 1981, 517, 519 – Rollhocker, mit einer Differenzierung zwischen technisch bedingten, aber trotz ihrer technischen Funktion willkürlich wählbaren Elementen oder technisch notwendigen, also nicht frei wählbaren Elementen.

630 BGH GRUR 2001, 334, 336 – Gabelstapler; s. auch *Kur*, GRUR Int. 2004, 755, 759.

631 BGH GRUR 2001, 334, 336 – Gabelstapler.

632 So auch *Renck/Petersenn*, WRP 2004, 440, 445.

633 BPatG GRUR 2005, 330, 331 – Fahrzeugkarosserie.

leichter überwunden werden kann. Mechanischen Einzelteilen dürfte es aber nach wie vor schwerer fallen, die Hürde der technischen Bedingtheit zu nehmen.

Als Argument gegen ein tendenziell enges Verständnis des Ausschlussgrundes wird der Monopoleinwand angeführt, denn der Gefahr einer dauerhaften Monopolisierung von Formen über das Markenrecht, als von vornherein einzig unbefristetes Schutzrecht, ist durch ein möglichst weites Verständnis der Ausschussgründe zu begegnen. Diese Bedenken sind allerdings nur bedingt zutreffend[634], denn das Markenrecht gewährt nur so lange Schutz, wie die Marke auch tatsächlich benutzt wird[635], anderenfalls droht die Löschung wegen Nichtbenutzung (§ 49 MarkenG). Berücksichtigt man weiter den Produktlebenszyklus und die, insbesondere bei technischen Gütern, einem ständigen Wandel unterliegende Produktgestaltung, so ist festzustellen, dass ein Industriedesign nur in Ausnahmenfällen über die 25-jährige Schutzfrist des Geschmacksmusters hinaus benutzt werden wird. In der Praxis, so wird teilweise gefolgert, sei die Gefahr eines dauerhaften Produktmonopols über das Markenrecht daher kaum größer als die Beschränkung der Nachahmungsfreiheit über das Geschmacksmusterrecht[636].

Gleichwohl besteht im Markenrecht eine nicht zu leugnende Gefahr, einen dauerhaften Produktschutz erlangen zu können[637]. Diese Bedenken dürfte der EuGH mit der *Philips/ Remington*-Entscheidung auch nicht vollständig beseitigt haben. Zwar kann Markenschutz demnach selbst dann verwehrt werden, wenn mehrere gleichwertige Formen existieren, was im Ergebnis die Bedeutung des Ausschlussgrundes aufwertet. Enthält eine Form aber so viel Zusätzliches, dass ihre wesentlichen funktionalen Merkmale nicht nur der technischen Wirkung zuzuschreiben sind, besteht das Risiko, dass durch das Abstellen auf die wesentlichen Merkmale Formen monopolisiert werden, zu denen es keine technische Alternative gibt[638]. Nur durch ein weites Verständnis des Wesentlichkeitskriteriums und folglich des Ausschlussgrundes kann sichergestellt werden, dass über das Markenrecht keine den zeitlich begrenzten Sonderschutzrechten widersprechende Position geschaffen wird.

Aus der *Philips/ Remington*-Entscheidung wird weiter der Schluss gezogen, dass der Markenanmelder für die „Wesentlichkeit" der technischen Merkmale beweispflichtig ist, was im Ergebnis ebenfalls zu einer höheren Hürde des Schutzhinder-

---

634 *Kur*, in: FS 100 Jahre DPA, S. 175, 179; *Seibt*, S. 294.

635 Vgl. § 26 MarkenG.

636 *Kur*, in: FS 100 Jahre DPA, S. 175, 180; ähnlich auch *Krüger*, in: FS Erdmann, S. 357, 374.

637 Vgl. *Kur*, in: FS 100 Jahre DPA, S. 175, 187; *Kiethe/ Groeschke*, WRP 1998, 541, 548; *Mountstephens*, GRUR Int. 2000, 694, 697. Ähnlich *Ströbele*, GRUR 2001, 658, 659, der die Ausstellung der Markenurkunde mit einem „Waffenschein" vergleicht.

638 *Koschtial*, GRUR Int. 2004, 106, 110.

nisses führt[639]. Der EuGH stellt mit seiner Entscheidung tendenziell strengere Anforderungen an die Überwindung des Ausschlussgrundes und wertet die Bedeutung der Vorschrift gegenüber der deutschen Rechtsprechung auf.

ee) Ausschluss von Normbauteilen

Auch Normbauteile fallen unter den Anwendungsbereich von § 3 Abs. 2 Nr. 2 MarkenG. Vereinzelt wird allerdings vertreten, dass bei genormten Bauteilen nur die absoluten Schutzhindernisse nach § 8 Abs. 2 Nr. 3 MarkenG bzw. Art. 7 Abs. 1 d) GMVO einschlägig seien[640], da es sich bei Normen um eine Art allgemeine Gattungsbezeichnung handele.

Eine solche Auffassung ist abzulehnen, denn die Form von Bauteilen wird durch die Norm oftmals erst vorgegeben und ist somit, wenn nicht technisch, so zumindest aufgrund vertraglicher Vorgaben zwingend. Der Zweck von Normbauteilen liegt gerade darin, diese – ungeachtet etwaiger technischer Alternativen – für eine Vielzahl von Anwendern verfügbar zu halten und als Standard zu etablieren. Würden die einer Norm entsprechenden Bauteile unter § 8 Abs. 2 Nr. 3 MarkenG fallen, so wäre ein Produktmonopol über eine nachgewiesene Verkehrsgeltung gemäß § 8 Abs. 3 MarkenG möglich und die Teile wären dem Zugriff des Marktes entzogen. Da es sich bei Normbauteilen oftmals um einen etablierten Standard handelt, für den keine wirtschaftliche Alternative besteht[641], erscheint eine analoge Anwendung des Ausschlussgrundes als sachgerecht. Die einer Norm entsprechenden Formen sind somit quasi technisch bedingt und unterfallen ebenfalls dem Ausschlussgrund von § 3 Abs. 2 Nr. 2 MarkenG[642].

c) Ausschluss von Formen, die der Ware einen wesentlichen Wert verleihen (§ 3 Abs. 2 Nr. 3 MarkenG)

Der Ausschlussgrund § 3 Abs. 2 Nr. 3 MarkenG bzw. Art. 7 e) iii) GMVO nimmt Formen vom Markenschutz aus, die der Ware einen wesentlichen Wert verleihen. Dies ist immer dann der Fall, wenn die Form die Kaufentscheidung wesentlich beeinflusst. Hintergrund des Ausschlussgrundes ist es, ausschließlich ästhetische Gestaltungen, die in den Anwendungsbereich des Urheber- oder Geschmacksmusterrechts fallen, den Markenschutz zu versagen[643]. Wird eine Ware alleine aufgrund ihrer ästhetischen Form gekauft und gerade nicht wegen ihres betrieblichen

---

639 *Renck/Petersenn*, WRP 2004, 440, 447.

640 *Seibt*, S. 97.

641 *Ullrich*, GRUR 2007, 817, 819.

642 Ähnlich *Grabrucker/Fink*, GRUR 2005, 289, 291, mit Verweis auf BPatG Beschluss vom 5.10.2004 – Taucherventil.

643 *Seibt*, S. 71.

Ursprungs, so ist das Vorliegen der markenrechtlich geschützten Herkunftsfunktion der Form ohnehin zweifelhaft[644].

Der Ausschlussgrund erfasst nur ästhetische Gestaltungen, nicht aber technische Formen. Dafür spricht, dass es sich bei § 3 Abs. 2 Nr. 2 MarkenG um eine speziell für technische Formen konzipierte Regelung handelt, die vorrangig zu berücksichtigen ist[645]. Dies bedeutet aber nicht, dass nicht auch Gestaltungen denkbar sind, die im Wesentlichen technisch bedingt sind und zugleich der Ware einen wesentlichen Wert verleihen können, wie die Diskussion um den markenrechtlichen Schutz sichtbarer Kraftfahrzeug-Ersatzteile zeigt[646]. Ein Überschneiden bzw. eine Kumulation der Ausschlussgründe ist daher, wie bereits festgestellt, durchaus möglich[647].

Würde man die wesentliche Beeinflussung der Kaufentscheidung über die Form als alleiniges Kriterium für die Erfüllung des Ausschlussgrundes verstehen, so hätte dieser Tatbestand einen sehr weiten Anwendungsbereich[648]. Der Ausschlussgrund wird daher allgemein als undeutlich, systemwidrig und weitgehend verfehlt angesehen, denn im modernen Wirtschaftsverkehr trägt die äußere Gestaltung einer Ware nicht unwesentlich zu deren Wert bei[649]. Blieben ästhetische Formen generell vom Musterschutz ausgenommen, so würde dies eine erhebliche Einschränkung des Formmarkenschutzes bedeuten. Es liefe dem Sinn und Zweck des Markenrechts zuwider, wenn der Hersteller eine Wertschätzung seiner Ware, die gerade aus der Herkunftsfunktion der fraglichen Gestaltung resultiert, nicht schützen lassen könnte[650]. Überdies ist unklar, ob der wesentliche Wert der Ware statisch oder dynamisch angelegt ist[651] und ob dieser Wert abstrakt in Bezug auf die Warengattung oder konkret auf das jeweilige Produkt zu beurteilen ist. Im letzteren Falle wird kritisiert, dass dem Gericht die Aufgabe einer „Design-Jury“ zukäme[652].

---

644 *Meister*, WRP 2000, 967, 974.

645 *Eichmann*, GRUR 1995, 184, 186; *Eichmann*, in: FS Vieregge, S. 125, 151.

646 BPatG vom 20.10.2004, Az.: 28 W (pat) 174/03 – BMW-Motorhaube, Az.: 28 W (pat) 173/03 – BMW-Kotflügel, Az.: 28 W (pat) 172/03 – BMW-Kühlergrill, s. unten S. 138 ff..

647 S. oben S. 1124.

648 *Daniels*, S. 104.

649 *Meister*, WRP 2000, 967, 974; *Körner/Gründig-Schnelle*, GRUR 1999, 535, 537; *Kiethe/Groeschke*, WRP 1998, 545; *Kur*, in: FS 100 Jahre DPA, S. 175, 191 ff.

650 *Daniels*, S. 108.

651 *Seibt*, S. 301.

652 *Kur*, in: FS 100 Jahre DPA, S. 175, 192.

aa) Literaturansätze zur einschränkenden Auslegung

Aufgrund der aufgezeigten Unwägbarkeiten wird der Ausschlussgrund allgemein einschränkend ausgelegt. Verschiedene Ansätze werden hierzu in der Literatur diskutiert.

Teilweise wird der Tatbestand nicht als eigenständige Schutzversagung verstanden, sondern lediglich als Auslegungshilfe, sodass die besondere Anziehungskraft, die eine Marke aufgrund ihrer Form aufweist, lediglich bei der Prüfung der Unterscheidungskraft zu berücksichtigen sei[653]. Von anderen Stimmen wird gefordert, dass die Anziehungskraft, die die Form eines Produkts aufgrund ihrer Bekanntheit entfalte, weil mit ihr eine bestimmte Herkunfts- oder Gütevorstellungen verbunden wird, bei der Prüfung außer Betracht zu bleiben habe[654]. Wiederum andere meinen, dass das Eintragungshindernis immer dann ausscheide, wenn der Verkehr die konkrete Gestaltung einem bestimmten Unternehmen zuordnen könne. Aber auch ohne Unternehmenszuordnung seien ästhetische Formen schutzfähig, wenn sie vom Verkehr als originelle oder individuelle Kennzeichen aufgefasst werden[655]. Einer weiteren Auffassung zufolge wird der Ausschlussgrund dann bejaht, wenn die ästhetische Gestaltung nach Ansicht des Verkehrs den eigentlichen bzw. alleinigen Wert der Ware ausmache und die Herkunftsfunktion neben der ästhetischen Gestaltung keine eigenständige Bedeutung erlange[656]. Teilweise wird auch erwogen, den Ausschlussgrund bei reinen Ziergegenständen anzunehmen, da dann das Wesen der Ware alleine durch die Ästhetik bestimmt würde. Wird diese Zierfunktion aber um eine Nutzfunktion ergänzt, so müsse Schutz zumindest über den Nachweis der Verkehrsdurchsetzung zu erlangen sein[657]. Andere wiederum reduzieren den Tatbestand dahingehend, dass Formen, die eine hohe Verkehrsgeltung genießen, nicht unter § 3 Abs. 2 Nr. 3 MarkenG fallen[658]. Einige wollen auch eine Wortlautkorrektur der Formulierung „der Ware *einen* wesentlichen Wert verleiht“ dahingehend vornehmen, dass eine Form nur dann nicht schutzfähig sei, wenn diese „der Ware *ihren* wesentlichen Wert verleiht“[659].

---

653 *Kiethe/Groeschke*, WRP 1998, 541, 546.

654 *Fezer*, Markenrecht, § 3 Rz. 232; *Krüger*, in: FS Erdmann, S. 357, 363.

655 *Ingerl/Rohnke*, Markengesetz, 2. Aufl., § 3 Rz. 59.

656 *Ströbele/Hacker*, Markengesetz, § 3 Rz. 120.

657 *Ineichen*, GRUR Int. 2003, 193, 198, der als Beispiel für einen Ziergegenstand mit Nutzfunktion Manschettenknöpfe anführt.

658 Vgl. *Kur*, in: FS 100 Jahre DPA, S. 175, 193, mit Hinweis auf systematische Bedenken, die allerdings aufgrund des sinnvollen Ergebnisses zu vernachlässigen sind.

659 *Seibt*, S. 306; *Koschtial* GRUR Int. 2004, 106, 112.

bb) Stellungnahme zur einschränkenden Auslegung

Die unterschiedlichen Ansätze zur Einschränkung der Norm führen in der Regel zum gleichen Ergebnis, denn die Autoren sind sich insoweit einig, dass ein reiner Produktschutz ästhetischer Formen, die nicht als Kennzeichen verstanden werden, nicht über das Markenrecht erlangt werden soll. Fraglich ist jedoch, über welchen Lösungsansatz eine sachgerechte Einschränkung des Tatbestands erlangt werden kann.

Die Meinung, die eine grundsätzliche Nichtanwendbarkeit des Ausschlussgrundes befürwortet und in diesem eine bloße Auslegungshilfe erblickt, ist nur schwer mit dem Richtlinientext und dem gesetzgeberischen Willen zu vereinbaren und daher abzulehnen. Die Auffassung, die stets originelle und individuelle Gestaltungen vom Schutz ausnehmen möchte, ist als zu weitgehend zu verwerfen[660]. Bei den Merkmalen der Originalität und Individualität handelt es sich um Beurteilungskriterien des Geschmacksmuster- und Urheberrechts, die dem Markenrecht fremd sind. Der zwischen Ziergegenständen und Nutzungsgegenständen differenzierende Ansatz ist ebenfalls untauglich, da dieser, wie die im Urheberrecht geführte Diskussion um den Gebrauchszweck von Kunst zeigt[661], mit erheblichen Abgrenzungsproblemen einhergeht. Auch die Wortlautlösung weist ihre Tücken auf, denn eine Abgrenzung zwischen „einem“ wesentlichen und „dem“ wesentlichen Wert erscheint nicht immer zweifelsfrei möglich. Damit nicht bekannte dreidimensionale Zeichen vom Markenschutz ausgeschlossen werden, ist auch bei diesem Ansatz eine weitere Einschränkung vorzunehmen.

Als taugliches Korrektiv für die Vorschrift lässt sich die dem Zeichen innewohnende Verkehrsgeltung anführen. Formen, die vom Verkehr als Kennzeichen wahrgenommen werden, erfasst der Ausschlussgrund[662], selbst wenn der wesentliche Wert in der Form begründet liegt, somit nicht. Eine „vorgezogene“ Prüfung der Verkehrsgeltung kann somit den Ausschlussgrund überwinden. Dogmatisch problematisch ist allerdings, dass bei dieser Lösung die Markenfähigkeit abhängig von der Verkehrsgeltung ist und sich die Rechtslage dem Ausstattungsschutz annähert. Um der Regelung jedoch einen eigenständigen Anwendungsbereich einzuräumen, haben systematische Bedenken hinter Zweckmäßigkeitserwägungen zu treten[663]. Von der Tendenz her wird diese Ansicht auch von der jüngeren Rechtsprechung gestützt[664]. Markenschutz ist daher immer dann zu gewähren, wenn eine Form vom Verkehr als Herkunftskennzeichen wahrgenommen wird und sich durchgesetzt hat.

---

660 *Ingerl/Rohnke*, Markengesetz, 2. Aufl., § 3 Rz. 59.

661 S. unten S. 205 ff..

662 *Daniels*, S. 110.

663 So bereits *Kur*, in: FS 100 Jahre DPA, S. 175, 193; *Daniels*, S. 113.

664 EuG MarkenR 2003, 162, 163 – Kühlergrill, s. unten S. 143.

cc) Neuer Anwendungsbereich des Ausschlussgrundes § 3 Abs. 2 Nr. 3 MarkenG

Die Literatur erörtert den Ausschlussgrund der „wertbedingten Form" häufig am Beispiel von Schmuckstücken[665]. Ein nennenswert anderer Anwendungsbereich wurde für diese Norm bislang nicht diskutiert[666]. Soweit ersichtlich, greift erstmals das Bundespatentgericht in der Entscheidung zum Schutze von Karosserieteilen auf diesen Tatbestand zurück, um sichtbaren Reparaturteilen den Markenschutz zu verwehren[667]. Sollte diese Rechtsprechung höchstrichterlich bestätigt werden, käme dem Ausschlussgrund eine bislang wohl ungeahnte Bedeutung zu. Der Anwendungsbereich von § 3 Abs. 2 Nr. 3 MarkenG ist auf den Sonderfall der Ersatzteile nachfolgend vor dem Hintergrund der hierzu bislang ergangenen Rechtsprechung näher zu untersuchen.

4. Sonderfall: Markenrechtlicher Schutz von Ersatzteilen und Bauelementen

Wegen der Schutzrechtsversagung, die das Geschmacksmusterrecht im Ersatzteilbereich vorsieht, versucht die betroffene Industrie verstärkt, (Produkt-)Schutz über das Markenrecht zu erlangen[668]. Ein solcher Ersatzteilschutz über das Markenrecht ist theoretisch möglich, da für die Erlangung der Unterscheidungskraft nicht die eigenständige Benutzung des Bauteils notwendig ist. Neuheit, Eigenart und Sichtbarkeit, wie es das Geschmacksmusterrecht voraussetzt, werden gerade nicht gefordert. Ausreichend, aber auch erforderlich ist, dass die angesprochenen Verkehrskreise die Marke, deren Eintragung begehrt wird, als von einem bestimmten Unternehmen stammend wahrnehmen[669] und dass die Eintragung nicht an der fehlenden Unterscheidungseignung oder den weiteren Ausschlussgründen scheitert.

---

665 *Kur*, GRUR Int. 2004, 755, 756; *Grabrucker*, GRUR 2002, 377, 380; *Seibt*, S. 71, 304; *Althammer/Ströbele/Klaka*, Markengesetz, § 3 Rz. 39.

666 So verweisen *Ingerl/ Rohnke*, Markengesetz, 2. Aufl., § 3 Rz. 58, beispielsweise darauf, dass der Ausschlussgrund in der Praxis kaum eine Rolle spielen wird, da es meist ohnehin an der Unterscheidungskraft fehlen werde. *Grabrucker*, Mitt. 2004, 107, 108, die diesen Ausschlussgrund aufgrund seiner vermeintlich geringen Bedeutung unter Verweis auf die Schmuckindustrie ausklammert.

667 Vgl. BPatG vom 13.10.2004, Az.: 28 W (pat) 95/00 – VW-Beetle, Az.: 28 W (pat) 102/00 – Porsche Boxter, Az.: 28 W (pat) 98/00 – Porsche 911, GRUR 2005, 330 ff..

668 Es ist zu erwarten, dass bis zu einer endgültigen Klärung der Ersatzteilfrage durch den EuGH die Hersteller komplexer Erzeugnisse versuchen werden, das ihnen über das Gemeinschaftsgeschmacksmuster verwehrte Schutzbedürfnis an Ersatzteilen durch andere Rechtsinstitute, namentlich das Markenrecht, zu befriedigen, s. auch *Grabrucker*, Mitt. 2004, 106, 116.

669 EuGH DB 2005, XVIII, Urteil vom 7.7.2005 – Nestle/Mars.

Betrachtet man die jüngere Rechtsprechung zum Schutz dreidimensionaler Marken, so ist festzustellen, dass komplexe Erzeugnisse bei der Beurteilung der abstrakten Unterscheidungseignung anders behandelt werden als einzelne Bauteile. In den Entscheidungen ging es meist um den Markenschutz von Kraftfahrzeug-Gesamtkarosserien[670] und Karosserieteilen[671]. Die vom Bundespatentgericht hierzu ergangenen Beschlüsse erlangen aber über die Grenzen der Kraftfahrzeug-Industrie hinaus an Bedeutung und betreffen alle Branchen, in denen einzelne Bauelemente in einem übergeordneten System aufgehen.

a) Markenfähigkeit komplexer Erzeugnisse – Gesamtkarosserie-Entscheidung

In den Entscheidungen über Gesamtkarosserien wurde die abstrakte Markenfähigkeit angenommen[672]. Einer Eintragung stand aber ein überragendes Interesse der Allgemeinheit an der Wahrung der Formenvielfalt nach § 8 Abs. 2 Nr. 2 MarkenG entgegen, welches durch den Nachweis der Verkehrsdurchsetzung von der VW-Beetle-[673], der Porsche 911-[674] und der Porsche Boxter-[675]Karosserie überwunden werden konnte. Ein solcher Nachweis gelang hingegen nicht bei der Form eines gesamten Gabelstaplers[676].

b) Markenfähigkeit einzelner Bauteile – Karosserieteile-Entscheidung

Was den Schutz einzelner Karosserieteile anbelangt, so wurde bereits die abstrakte Unterscheidungseignung verneint. Dabei wurde die markenrechtliche Schutzrechtsversagung der Ersatzteile auf die Ausschlussgründe der technisch bedingten Form gemäß § 3 Abs. 2 Nr. 2 MarkenG sowie der wertbedingten Form nach § 3 Abs. 2 Nr. 3 MarkenG gestützt. Die Prüfung der konkreten Markenfähigkeit nach § 8 Abs. 2 MarkenG erübrigte sich daher[677].

In einer anderen Entscheidung, in der es um den Schutz eines (bekannten) Kühlergrills ging, wurde diesem hingegen Markenschutz zugesprochen, da Unter-

---

670 BPatG vom 13.10.2004, Az.: 28 W (pat) 95/00 – VW-Beetle; Az.: 28 W (pat) 102/00 – Porsche Boxter; Az.: 28 W (pat) 98/00 – Porsche 911 (s. auch GRUR 2005, 330 ff.).

671 BPatG vom 20.10.2004, Az.: 28 W (pat) 174/03 – BMW-Motorhaube, Az.: 28 W (pat) 173/03 – BMW-Kotflügel, Az.: 28 W (pat) 172/03 – BMW-Kühlergrill; GRUR 2005, 333 f.; EuG MarkenR 2003, 162 – Kühlergrill.

672 So bereits in BGH GRUR 2004, 502 f. – Gabelstapler II.

673 BPatG vom 13.10.2004, Az.: 28 W (pat) 95/00 – VW-Beetle.

674 BPatG Az.: 28 W (pat) 98/00 – Porsche 911 (s. auch GRUR 2005, 330 ff.).

675 BGH GRUR 2006, 679 ff. – Porsche Boxter.

676 BPatG MarkenR 2005, 238, 239 f. – Gabelstapler III.

677 S. BPatG vom 20.10.2004, Az.: 28 W (pat) 174/03 – BMW-Motorhaube, Az.: 28 W (pat) 173/03 – BMW-Kotflügel, Az.: 28 W (pat) 172/03 – BMW-Kühlergrill; GRUR 2005, 333 f.

scheidungskraft bestand[678]. Dies wirft die Frage auf, wann ausschließlich die Gesamtform schutzfähig ist und wann auch Einzelteile eines komplexen Erzeugnisses eigenständigen Schutz beanspruchen können. Mit anderen Worten, worin unterscheiden sich komplexe Gesamterzeugnisse und einzelne Bauteile, wenn es um die Beurteilung der abstrakten Unterscheidungseignung geht.

c) Vergleich der Gesamtkarosserie- mit der Karosserieteile-Entscheidung

Um den markenrechtlichen Ausschluss von Karosserieteilen bzw. einzelnen Bauelementen nachzuvollziehen, ist eine Betrachtung der Produktbesonderheiten erforderlich. Je komplexer ein Erzeugnis ist, desto größer ist der gestalterische Spielraum bei der Formgebung. Die Gesamtform eines komplexen Erzeugnisses entspricht nämlich der Summe aller sichtbaren Einzelteile und weist daher in aller Regel ein höheres Gestaltungspotenzial auf. Umgekehrt nehmen die Variationsmöglichkeiten ab, je kleiner der Ausschnitt aus der Gesamtform ist. Dies führt zwangsläufig dazu, dass bei Einzelteilen im Vergleich zu der Gesamtform weniger Gestaltungsspielraum besteht. Die Gefahr einer Monopolisierung nimmt somit bei Einzelteilen erheblich zu.

Vor diesem Hintergrund sind die Entscheidungen bezüglich der Gesamtkarosserien zu begrüßen[679]. Die Gefahr einer marktbehindernden Monopolstellung liegt bei einem komplexen Erzeugnis nicht in gleicher Weise vor, wie bei einem einzelnen Bauteil. Hingegen ist die Entscheidung über die Ersatzteile näher zu betrachten, denn dem Markenrecht ist eine Differenzierung zwischen Einzelteil und Gesamterzeugnis fremd. Das Gericht ist aber gezwungen, die im Geschmacksmusterrecht geführte Diskussion der Ersatzteilproblematik im System des Markenrechts zu lösen[680]. Dabei ist zu berücksichtigen, dass, wenn schon das zeitlich befristete Gemeinschaftsgeschmacksmustergesetz keinen Schutz sichtbarer Ersatzteile gewährt, ein solcher Schutz erst recht nicht über das zeitlich unbefristete Markenrecht erlangt werden soll.

Für einen Ausschluss sog. Identteile bieten sich im Markenrecht drei Möglichkeiten an. Eine Alternative besteht darin, sichtbaren Ersatzteilen bereits die abstrakte Unterscheidungseignung i.S.v. § 3 Abs. 1 MarkenG abzusprechen. Weiter ist der Weg über die speziell für Formmarken vorgesehenen Ausschlussgründe nach § 3 Abs. 2 MarkenG denkbar. Schließlich kann erwogen werden, dass einer Eintragung ein absolutes Schutzhindernis, insbesondere ein Freihaltebedürfnis gemäß § 8 Abs. 2 Nr. 2 MarkenG, entgegensteht, wobei dieser Ausschlussgrund allerdings über den Nachweis der Verkehrsdurchsetzung überwunden werden kann.

---

678 EuG MarkenR 2003, 162 – Kühlergrill.

679 So bereits *Eichmann*, in: FS Vieregge, S. 125, 161, der einen markenrechtlichen Schutz einer Pkw-Karosserie für möglich hält.

680 Zum Diskussionsstand der Ersatzteilfrage im Geschmacksmusterrecht s. oben S. 94 ff..

Das Bundespatentgericht löst die Ersatzteilfrage im Markenrecht unter § 3 Abs. 2 MarkenG. Es stellt fest, dass es sich bei den Karosserieteilen nicht zwingend um eine warenbedingte Form i.S.v. § 3 Abs. 2 Abs. 1 MarkenG handelt, da Abweichungen von der typengemäßen Formgebung denkbar und auch gewollt sein können und verweist auf den Sekundärmarkt der Pkw-Tuningteile. Der Ausschlussgrund des § 3 Abs. 2 Nr. 2 MarkenG läge hingegen vor, weil die als Marke beanspruchte Form sich in der bloßen Reproduktion der zur Erreichung eines technischen Effekts erforderlichen Anordnung der Elemente der Ware erschöpfe[681]. Auch der Ausschlussgrund des § 3 Abs. 2 Nr. 3 MarkenG sei gegeben, da Karosserieteile nur in ihrer konkreten optischen Ausgestaltung und ästhetischen Wirkung markt- und verkehrsfähig seien. Der Kunde begnüge sich, zumindest was den deutschem Markt anbelange, nicht mit billigen, aber optisch abweichenden Varianten, sondern erwarte bei Reparaturteilen die Wiederherstellung des Status-quo-ante[682]. Der eigentliche Wert der Karosserie liege also in der Form des Ersatzteils zur Wiederherstellung des Originalzustands.

d) Würdigung der Karosserieteile-Entscheidung

Vom Ergebnis her ist die Entscheidung des Bundespatentgerichts und somit der Ausschluss von Reparaturteilen, die nichts anderes darstellen als ein bloßes Ersatzteil zur Wiederherstellung der äußeren Form eines Gesamterzeugnisses, nach § 3 Abs. 2 MarkenG zu begrüßen. Sinn und Zweck der Ausschlussgründe ist es, im öffentlichen Interesse sicherzustellen, dass über das Markenrecht kein Produktschutz erlangt wird und es nicht zu einer Monopolisierung technischer Lösungen oder Gebrauchseigenschaften kommt. Hingegen wird das Interesse an der Wahrung der Formenvielfalt im Rahmen der absoluten Schutzhindernisse unter § 8 Abs. 2 Nr. 2 MarkenG berücksichtigt[683]. Bei Ersatzteilen, die zur Wiederherstellung des äußeren Erscheinungsbildes verwendet werden, geht es gerade nicht um die Wahrung der Formenvielfalt, sondern um die Vermeidung von Monopolstellungen.

Nachfolgend werden die einzelnen Ausschlussgründe im Lichte der *Bundespatent*-Entscheidung näher untersucht.

aa) Ausschluss nach § 3 Abs. 2 Nr. 1 MarkenG

Zu hinterfragen ist, ob, entgegen der Auffassung des Bundespatentgerichts, sichtbare Ersatzteile dem Ausschlussgrund der artbedingten Form nach § 3 Abs. 2 Nr. 1 MarkenG unterfallen. Dafür spricht zunächst, dass die Form der Ware „Er-

---

681 BPatG GRUR 2005, 333, 335 – Kraftfahrzeugteile.

682 BPatG GRUR 2005, 333, 335 – Kraftfahrzeugteile.

683 *Krüger*, MarkenR 2005, 10, 13.

satzteil“ gerade durch den Reparaturzweck bestimmt wird. Auch wenn theoretisch abweichende Gestaltungen denkbar erscheinen, so ist nachfragebedingt die „Art der Ware“ zwingend vorgegeben. Variationsmöglichkeiten bestehen zwar, so beispielsweise bei Pkw-Tuningteilen, wie das Bundespatentgericht zutreffend anmerkt, doch sind sichtbare Ersatzteile zur Wiederherstellung des ursprünglichen Erscheinungsbildes gerade nachfragebedingt alternativlos und somit auf die ursprüngliche Form angewiesen. Eine gleichwertige und zumutbare Alternative zu der „Originalform“ besteht gerade nicht. Die Art der Warengattung bestimmt sich nach dem von ihr zu befriedigenden Zweck[684]. Für die Gattung Reparaturteil bedeute dies, dass der Zweck in der Wiederherstellung des identischen Erscheinungsbildes liegt. Die Ware „Reparaturteil“ bestimmt folglich den Zweck und somit unmittelbar die Warenform. Raum für abweichende Gestaltungen besteht faktisch nicht. Dies bedeutet, dass sich der Anwendungsbereich der Norm, entgegen der allgemeinen Auffassung, gerade nicht in bloßen „Grundformen“ erschöpft, die im Übrigen bereits nach § 3 Abs. 1 MarkenG ausgeschossen werden könnten. Für die überwiegend befürwortete strenge Anwendung des Ausschlussgrundes auf reine Grundformen finden sich darüber keine Anhaltspunkte im Wortlaut der Norm. Bei dem hier befürworteten engen Verständnis des Begriffs der Warengattung führt dies dazu, dass das konkrete Reparaturteil eine eigene Warengattung darstellt, mit der Folge, dass § 3 Abs. 2 Nr. 1 MarkenG auch für Identteile gilt, selbst wenn theoretisch andere Gestaltungsformen möglich wären.

bb) Ausschluss nach § 3 Abs. 2 Nr. 2 MarkenG

Was den Ausschluss der technisch bedingten Form nach § 3 Abs. 2 Nr. 2 MarkenG anbelangt, so sind die Ausführungen des Bundespatentgerichts zweifelhaft, denn die wesentliche technische Funktion eines Karosserieteils ist die Schutzfunktion und Wahrung der Karosseriestabilität. Zur Verwirklichung dieses Zieles sind allerdings nur die Außenmaße des Ersatzteils technisch bedingt – die flächenmäßige Gestaltung hingegen nicht zwingend. Die technische Wirkung des „Blechteils“ lässt sich im Wesentlichen unabgängig von der flächenmäßigen Gestaltung erreichen. Folglich kann der Umriss des Ersatzteils nicht als Marke geschützt werden, da dieser ausschließlich technisch vorgegeben ist. Was die Gestaltung der Fläche anbelangt, so kommt dieser in aller Regel keine wesentlich technische Funktion, sondern allenfalls eine ästhetische zu. Bei einer solchen Betrachtung wäre der Ausschlussgrund von § 3 Abs. 2 Nr. 2 MarkenG, entgegen der vom Bundespatentgericht befürworteten Auslegung, nicht einschlägig[685].

---

684 So *Thewes*, S. 81.

685 Die Argumentation zeigt auch die Probleme bei der Handhabung des Merkmals der „wesentlichen Funktion“, s. oben S. 130.

cc) Ausschluss nach § 3 Abs. 2 Nr. 3 MarkenG

Überraschend mag zunächst die Annahme einer wertbedingten Warenform i.S.v. § 3 Abs. 2 Nr. 3 MarkenG sein. Bei näherer Betrachtung scheint diese als „verfehlt“[686] kritisierte Vorschrift jedoch einen zweckmäßigen Anwendungsbereich gefunden zu haben. Auch wenn der Gesetzgeber bei der Formulierung der Vorschrift wohl kaum die Ersatzteilproblematik vor Augen hatte, passt der Ausschlussgrund erstaunlich gut für sichtbare Reparaturteile. Der eigentliche Wert von Ersatzteilen liegt nämlich nicht in den tatsächlichen Produktionskosten des „Blechteils“, sondern in dem Wiederherstellungsinteresse, welches die Produktionskosten um ein Vielfaches übersteigen kann. Reparaturteile werden auch nicht erworben, weil sie aus einem bestimmten Betrieb stammen, sondern weil sie mit dem zu ersetzenden Teil identisch sind. Die betriebliche Herkunft des Reparaturteils spielt dabei meist eine untergeordnete Rolle. Da nach § 3 Abs. 2 Nr. 2 MarkenG bereits technische Funktionen dem Ausschluss unterliegen, muss der wesentliche Wert von Nr. 3 außerhalb des Bereichs der Technik liegen[687], was bei sichtbaren Ersatzteilen auch der Fall ist. § 3 Abs. 2 Nr. 3 MarkenG bezieht sich somit nicht auf den ökonomischen, herstellungsabhängigen Wert der Ware, sondern auf den funktionalen oder ideellen Wert[688].

dd) Ergebnis zur *Karosserieteile*-Entscheidung

Im Ergebnis verdient die Entscheidung des Bundespatentgerichts Zustimmung, auch wenn man über die Auslegung der einzelnen Tatbestände unterschiedlicher Auffassung sein kann. In jedem Fall greift der Ausschlussgrund des § 3 Abs. 2 Nr. 3 MarkenG. Aus der Entscheidung lässt sich allerdings kein genereller Rechtssatz zum Ausschluss sichtbarer Ersatzteile ableiten. Vielmehr kommt es stets auf die Besonderheiten des jeweiligen Einzelfalls bzw. auf die zur Prüfung vorliegende Form an. Dies zeigt die *Kühlergrill*-Entscheidung, in der ein markenrechtlicher Schutz angenommen wurde, obwohl es sich dabei gleichfalls um ein sichtbares Ersatzteil handelt.

e) Vergleich der Kühlergrill-Entscheidung mit der Karosserieteile-Entscheidung

Problematisch ist, wie der Ausschluss von Ersatzteilen nach § 3 Abs. 2 MarkenG mit der *Kühlergrill*-Entscheidung in Einklang zu bringen ist, denn auch bei einem Kühlergrill handelt es sich um ein Ersatzteil zur Wiederherstellung des Original-

---

686 So *Kur*, in: FS 100 Jahre DPA, S. 175, 192; s. oben S. 135.

687 *Eichmann*, GRUR 1995, 184, 186.

688 Ähnlich *Meister*, WRP 2000, 967, 974.

zustands. Das EuG sprach dem bekannten Kühlergrill der Marke Jeep die Unterscheidungskraft nicht ab[689]. Nicht näher setzt sich das Gericht mit den Ausschlussgründen von § 3 Abs. 2 MarkenG bzw. Art. 7 Abs. 1 e) GMVO auseinander. Die Form des Kühlergrills wurde als nicht ausschließlich technisch bedingt ohne eingehende Prüfung angesehen. Gegen die übrigen Ausschlussgründe von § 3 Abs. 2 MarkenG wurden ebenfalls keine Bedenken erhoben. Dem liegt die zutreffende Überlegung zugrunde, dass ein Kühlergrill geeignet ist, auf die betriebliche Herkunft hinzuweisen, wobei die Unterscheidungs- und Herkunftsfunktion im Vergleich zu der Reparaturfunktion überwiegt[690].

Vordergründig betrachtet steht die *Kühlergrill*-Entscheidung des EuG im Widerspruch zu den *Kraftfahrzeugteile*-Entscheidungen des Bundespatentgerichts. Folgt man der Argumentation der *Karosserieteile*-Entscheidungen, so hätte auch für den Kühlergrill der Ausschluss nach § 3 Abs. 2 Nr. 1 bzw. Nr. 3 MarkenG nahe gelegen. Die *Kühlergrill*-Entscheidung lässt sich nur mit den Ausführungen der *Karosserieteile*-Entscheidung in Einklang bringen, wenn § 3 Abs. 2 MarkenG bei Zeichen mit einer hohen Verkehrsgeltung generell eine Einschränkung erfährt. Dies wurde für § 3 Abs. 2 Nr. 3 MarkenG bereits gefordert[691] und hat bei der hier favorisierten Auslegung von § 3 Abs. 2 Nr. 1 MarkenG ebenso für diesen Ausschlussgrund zu gelten. Auch bei dem Kühlergrill ist die Form durch das Wesen der Ware „Ersatzteil“ vorgegeben. Ein Markenschutz war aber aufgrund der Verkehrsbekanntheit der Form geboten. Die Rechtsprechung nähert sich in ihrer Argumentation der Praxis zum Ausstattungsschutz nach § 25 WZG an. Dies mag zwar als systemwidrig erscheinen, führt jedoch zu sachgerechten Ergebnissen[692].

f) Ergebnis zum markenrechtlichen Schutz von Ersatzteilen und Bauelementen

Im Ergebnis verdient die Entscheidung des Bundespatentgerichts Zustimmung. Wenn sichtbare Ersatzteile vom Markenschutz ausgenommen werden sollen, so zeigt das Gericht einen möglichen Weg auf. Dass die Entscheidung sichtbaren Ersatzteilen den Schutz über den Nachweis der Verkehrsdurchsetzung gemäß § 8 Abs. 3 MarkenG verschließt, ist vor dem Hintergrund der im Geschmacksmustergesetz geführten Diskussion nur konsequent. Denkbar – und vielleicht ehrlicher – wäre es gewesen, den Weg direkt über § 3 Abs. 1 MarkenG zu gehen und bereits die abstrakte Unterscheidungseignung abzulehnen. Die schutzbegehrende (Form)Marke lässt sich nicht von der Ware abstrahieren und weist gerade nicht die geforderte Eigenständigkeit auf. Aus Sicht des Verkehrs werden diese Formen auch nicht als Herkunftskennzeichen verstanden und – und dies ist entscheidend –

---

689 EuG MarkenR 2003, 162 – Kühlergrill.

690 EuG MarkenR 2003, 162, 165 – Kühlergrill.

691 *Kur*, in: FS 100 Jahre DPA, S. 175, 193.

692 S. oben S. 137.

vom Hersteller originär auch nicht als solche verwendet. Einem Ausschluss nach § 3 Abs. 1 MarkenG steht aber entgegen, dass die generelle Markenfähigkeit bereits dann angenommen wird, wenn dem Zeichen die mögliche Identifikation von Unternehmensprodukten bei abstrakter Betrachtung zukommen kann[693]. Auch dürfen Formen nicht generell vom Schutz ausgenommen werden, nur weil sich der Verkehr an diese noch nicht als Herkunftsmittel gewöhnt hat[694]. Ob sich der Verkehr aber an die zur Entscheidung vorgelegten Reparaturteile als Herkunftskennzeichen jemals gewöhnen wird, erscheint zweifelhaft.

Anders verhält es sich bei solchen Reparaturteilen, die vom Hersteller originär als Herkunftskennzeichen verwendet und vom Kunden als kennzeichnend aufgefasst werden, wie dies in der *Kühlergrill*-Entscheidung der Fall war. Hier steht nicht die Reparaturfunktion, sondern die Kennzeichnungsfunktion im Vordergrund, sodass grundsätzlich Markenschutz zu gewähren ist.

5. Absolute Schutzhindernisse

Liegt die Markenfähigkeit vor und wurden die Ausschlussgründe unter § 3 Abs. 2 MarkenG überwunden, so dürfen der Form weiter keine absoluten Schutzhindernisse entgegenstehen. Im Folgenden werden die für den Maschinen- und Anlagenbau relevanten absoluten Schutzhindernisse dargestellt. Dabei handelt es sich namentlich um die konkrete Unterscheidungskraft nach § 8 Abs. 2 Nr. 1 MarkenG und das allgemeine Freihaltebedürfnis gemäß § 8 Abs. 2 Nr. 2 MarkenG. Andere Schutzhindernisse spielen in der Investitionsgüterindustrie keine nennenswerte Rolle. Im Gegensatz zu den in den vorangestellten Abschnitten erörterten Ausschlussgründen, die als „Grobfilter" bezeichnet werden können, handelt es sich bei den absoluten Schutzhindernissen um einen „Feinfilter", der das negative Spiegelbild zu den positiven Eintragungsvoraussetzungen bildet[695]. Die absoluten Schutzhindernisse sind, anders als die Ausschlussgründe unter § 3 Abs. 2 MarkenG, nicht auf die Anwendung von Formmarken beschränkt, sondern gelten für alle Markenarten gleichermaßen.

a) Konkrete Unterscheidungskraft i.S.v. § 8 Abs. 2 Nr. 1 MarkenG

Die konkrete Unterscheidungskraft nach § 8 Abs. 2 Nr. 1 MarkenG bzw. Art. 7 Abs. 1 b) GMVO ist von der abstrakten Unterscheidungseignung nach § 3 Abs. 1 bzw. Art. 4 GMVO zu differenzieren[696]. Unter der nachfolgend darzustellenden konkreten Unterscheidungskraft versteht man die der Marke innewohnende Eig-

693 *Fezer*, Markenrecht, § 3 Rz. 203.

694 BGH GRUR 2004, 502, 504 – Gabelstapler II.

695 *Griss*, MarkenR 2001, 425, 430.

696 S. oben S. 119.

nung, vom Verkehr als Herkunftsmittel für Waren oder Dienstleistungen eines bestimmten Unternehmens gegenüber anderen Unternehmen verstanden zu werden[697]. Im Gegensatz zur abstrakten Unterscheidungseignung steht die konkrete Unterscheidungskraft im unmittelbaren Bezug zum jeweiligen Produkt[698]. Ein weiterer wesentlicher Unterschied gegenüber der abstrakten Unterscheidungseignung besteht darin, dass sich der Mangel der konkreten Unterscheidungskraft durch den Nachweis der Verkehrsdurchsetzung überwinden lässt[699].

aa) Umfang der konkreten Unterscheidungskraft

Der Eintragung nicht zugänglich sind Marken, denen „jegliche" Unterscheidungskraft fehlt[700]. Unklar war lange, wie eng das Merkmal der fehlenden Unterscheidungskraft bei Formmarken zu verstehen ist. Vom Bundespatentgericht wurde für die Annahme der Unterscheidungskraft zunächst ein fantasievoller Überschuss im Sinne einer Originalität verlangt[701]. Dem ist der BGH entgegengetreten. Nach seiner Auffassung sei bei dreidimensionalen Marken für die Frage der Unterscheidungskraft entscheidend, dass der angesprochene Verkehr in dem angemeldeten Zeichen einen Herkunftshinweis erblickt, wobei die durch die technische Funktion bestimmten Gestaltungselemente außer Betracht zu bleiben haben[702].

In der *Gabelstapler II*-Entscheidung hat der BGH ergänzend ausgeführt, dass es für die konkrete Unterscheidungskraft ausreichend sei, wenn die angemeldete Marke über die typischen Merkmale und die technisch notwendige Gestaltung der Ware hinausgehende charakteristische Elemente aufweist, die sich bei anderen Produkten der gleichen Art nicht finden[703]. Dabei ist auf die Besonderheiten des jeweiligen Warengebiets abzustellen und zu berücksichtigen, inwieweit sich der Verkehr bereits an die Herkunftsfunktion gewöhnt hat[704]. Den Kennzeichengewohnheiten auf dem jeweiligen Warengebiet kommt somit eine entscheidende Bedeutung zu[705]. Einer vom Bundespatentgericht noch geforderten willkürlichen

697 EuGH GRUR 2002, 804 – Philips/Remington.

698 *Ströbele*, GRUR 2001, 658, 662; *Fezer*, Markenrecht, § 8 Rz. 19.

699 Vgl. *Fezer*, Markenrecht, § 3 Rz. 204; § 8 Abs. 3 MarkenG; Art. 7 Abs. 3 GMVO.

700 Anders als § 8 Abs. 2 Nr. 1 MarkenG spricht Art. 3 Abs. 1 lit. b) MarkenRL und Art. 7 Abs. 1 b) GMVO statt von „jeglicher" Unterscheidungskraft von „keiner" Unterscheidungskraft. Darin ist jedoch kein sachlicher Unterschied zu sehen, wie *Daniels*, S. 130 f., zeigt. Bereits der Wortlaut „jegliche" lässt keinen graduellen Unterschied zu „keiner" erkennen.

701 S. nur *Fuchs-Wissmann*, MarkenR 1999, 183 ff. m.w.N.

702 BGH GRUR 2001, 413, 415 – Swatch.

703 BGH GRUR 2004, 502, 504 – Gabelstapler II.

704 BGH GRUR 2004, 502, 504 – Gabelstapler II.

705 *Rohnke*, NJW 2005, 1624, 1626.

Ergänzung bzw. Eigentümlichkeit bedarf es für die Annahme der Unterscheidungskraft hingegen nicht[706]. Dennoch kann eine gewisse Originalität der Marke als Indiz für ein produktidentifizierendes Kennzeichen gewertet werden, denn je weniger sich ein Zeichen aus der Masse des Alltäglichen abhebt, desto geringer ist dessen Kennzeichnungs- und Herkunftsfunktion[707]. Im Ergebnis ist festzuhalten, dass an das Merkmal der Unterscheidungskraft äußerst geringe Anforderungen gestellt werden, wobei dies bereits dann vorliegt, wenn der Marke „irgendeine“ – also eine noch so geringe – Unterscheidungskraft zukommt[708].

bb) Beurteilung der konkreten Unterscheidungskraft

Die Unterscheidungskraft beurteilt sich aus Sicht des durchschnittlich informierten, aufmerksamen und verständigen Durchschnittsverbrauchers[709]. Diesem muss es ohne analysierende und vergleichende Betrachtungsweise möglich sein, die betreffende Ware von den Produkten anderer Unternehmen zu unterscheiden[710]. Bei Formmarken, denen grafische oder Wortelemente fehlen, kann die Feststellung der konkreten Unterscheidungskraft allerdings Schwierigkeiten bereiten, da der Rechtsverkehr noch nicht im gleichen Maße an Produktformen als Herkunftskennzeichen gewöhnt ist wie bei herkömmlichen Wort- oder Bildmarken[711]. Dies gilt insbesondere für Investitionsgüter und andere technische Geräte, bei denen der Abnehmer in der beliebigen Kombination und Variation von technischen Gestaltungen regelmäßig keinen Hinweis auf die Herkunft der Ware erblickt, sondern die Merkmale für funktionsbedingt hält[712]. Ein solches Verkehrsverständnis darf

---

706 BGH GRUR 2001, 56, 57 – Likörflasche; BGH GRUR 2001, 239, 240 – Zahnpastastrang; EuGH GRUR 2002, 804, 807 Rz. 49 f. – Philips/Remington, womit auch der teilweise erhobenen Forderung nach „Originalität“ eine Absage erteilt sein dürfte. Dies fordert *Seibt*, S. 313 f., die in dem Merkmal der markenrechtlichen Originalität und Eigentümlichkeit keine erhöhten Anforderungen an die Markenfähigkeit erkennt, sondern die Voraussetzung für ein geringes Maß an Unterscheidungskraft. Diese Merkmale wurden in der Literatur zum Teil als dem Markenrecht sachfremd kritisiert und als untauglich verworfen, s. *Mountstephens*, GRUR Int. 2000, 694, 699. Auch könnte der Aufnahme eines originellen oder ästhetischen Merkmals § 3 Abs. 2 Nr. 3 MarkenG entgegenstehen, so *Osterloh*, in: FS Erdmann, S. 445, 452.

707 *Böhmann*, S. 133; BGH GRUR 2001, 56, 58 – Likörflasche; so bereits *Götting*, in: Handbuch des Ausstattungsrechts, S. 201, 220 Rz. 12, zum Ausstattungsschutz.

708 *Götting*, LMK 2004, 143, 144; *Kiethe/Groeschke*, WRP 1998, 541, 546; *Eichmann*, GRUR 1995, 184, 188; BGH GRUR 2006, 679, 681 – Porsche Boxter.

709 HABM GRUR-RR 2005, 189 – Handtrainingsgerät; EuGH GRUR 2003, 515 Rz. 41 – Linde/Winward/Rado; GRUR 2002, 507 – Philips/Remington.

710 EuGH GRUR 2006, 233, 234 – Standbeutel.

711 BGH GRUR 2004, 502, 504 – Gabelstapler II; *Ullmann*, GRUR 2005, 89, 90.

712 BGH GRUR 2004, 507, 508 – Transformatorengehäuse.

jedoch nicht zementiert werden[713]. Bei Formmarken ist daher auch kein anderer – also strengerer – Maßstab zur Beurteilung der Unterscheidungskraft anzulegen als bei herkömmlichen Markenformen[714].

Die Klarstellung dieser zunächst strittigen Frage ist folgerichtig und als konsequent zu bezeichnen, da die Markengesetze, von § 3 Abs. 2 MarkenG abgesehen, gerade keine strengeren Prüfungsanforderungen an die absoluten Schutzhindernisse bei Formmarken aufstellen. Dennoch gilt es, einen Produktschutz über das Markenrecht zu verhindern. Hat sich ein Verkehrsverständnis auf dem entsprechenden Warengebiet noch nicht gebildet, so ist im Wege einer Prognose zum Zeitpunkt der Anmeldung zu prüfen, ob die Formmarke es dem angesprochenen Verkehrskreis künftig ermöglichen kann, die betreffende Ware von denjenigen anderer Herkunft zu unterscheiden[715].

cc) Bedeutung der konkreten Unterscheidungskraft bei Investitionsgütern

Im Bereich des Maschinen- und Anlagenbaus ist problematisch, ob Gestaltungsmerkmale überhaupt als Herkunftshinweis verstanden werden oder ob der Verkehr grundsätzlich der Formgebung eine technische Funktion zuschreibt, selbst wenn das Merkmal tatsächlich nicht technisch bedingt ist. Erst wenn eine Vielfalt von Gestaltungen branchenüblich ist, wird der Verkehr dazu neigen, die jeweilige Warenform mit einer betrieblichen Herkunft zu verbinden, sofern es sich erkennbar um eine willkürliche Formgebung handelt[716]. Je mehr sich die angemeldete Marke der Form annähert, in der die betreffende Ware am wahrscheinlichsten in Erscheinung tritt, um so eher wird dieser Form die Unterscheidungskraft fehlen[717]. Ein bloßes Abweichen, eine leichte Abwandlung oder Variante von der Norm oder der Branchenüblichkeit genügt noch nicht, um die konkrete Unterscheidungskraft zu begründen. Möglich ist jedoch, dass aus der Addition oder Kombination einzelner Merkmale eine konkrete Herkunftskennzeichnung folgt[718]. Dabei besteht zwischen der Gewöhnung des Marktes und der Kennzeichnungsfunktion des Zeichens eine Wechselbeziehung[719]. Je stärker sich die Branche des Maschi-

---

713 BGH GRUR 2004, 507, 509 – Transformatorengehäuse.

714 EuGH GRUR 2003, 515 ff. – Linde/Winward/Rado, nachdem zunächst für Formmarken ein höherer Prüfungsmaßstab bzw. ein Mindestmaß an gestalterischer Eigentümlichkeit gefordert wurde, BPatG GRUR 1997, 530 ff. – Rohrreiniger; BPatG GRUR 1998, 706, 708 – Montre I; HABM GRUR Int. 2000, 360, 362 – TABS; *Fuchs-Wissmann*, MarkenR 1999, 183, 183.

715 EuGH GRUR Int. 2004, 639, 640 – Dreidimensionale Tablettenform III.

716 BGH GRUR 2004, 329 – Käse in Blütenform.

717 EuGH GRUR Int. 2004, 639, 643 – Dreidimensionale Tablettenform III.

718 BGH GRUR 2003, 515, 519 – Linde/Winward/Rado; BGH GRUR 2004, 506, 507 – Stabtaschenlampe II.

719 *Seibt*, S. 314.

nenbaus an Formmarken als Kennzeichnungsmittel gewöhnt, desto eher werden auch geringe Abweichungen von der Norm als kennzeichnend wahrgenommen.

Gestaltungen ohne technische Funktion sind im Maschinenbau bislang die Ausnahme. Damit Investitionsgüterherstellern nicht die Möglichkeit des Formmarkenschutzes verschlossen bleibt, sollten diese künftig mögliche Designpotenziale ausschöpfen und durch entsprechende Werbemaßnahmen ein Kundenbewusstsein für die Herkunft der Warenform schaffen. Dabei ist zu berücksichtigen, dass es sich bei den Abnehmern von Investitionsgütern um ein Fachpublikum handelt. Der Grad der Aufmerksamkeit ist unter Fachleuten gewöhnlich höher, sodass auch marginale Abweichungen von der jeweiligen „Maschinengrundform" wahrgenommen werden. An die Unterscheidungskraft von Investitionsgütern darf die Rechtsprechung somit keine unerreichbaren bzw. allzu hohen Anforderungen stellen.

b) Allgemeines Freihaltebedürfnis i.S.v. § 8 Abs. 2 Nr. 2 MarkenG

Wurde die konkrete Unterscheidungskraft bejaht, darf an der Form kein allgemeines Freihaltebedürfnis i.S.v. § 8 Abs. 2 Nr. 2 MarkenG bzw. Art. 7 Abs. 1 c) GMVO bestehen[720]. Dieses Freihaltebedürfnis folgt nicht ausdrücklich aus dem Wortlaut der Norm[721], sondern wurde von der Rechsprechung entwickelt[722]. Nach der *Linde-Winward-Rado*-Entscheidung ist Art. 3 Abs. 1 c) Markenrichtlinie (§ 8 Abs. 2 Nr. 2 MarkenG) die Schlüsselnorm, innerhalb der das Interesse des Verkehrs an der allgemeinen Freihaltung bestimmter Warenformen Beachtung findet[723]. Nicht Gegenstand der Prüfung des allgemeinen Freihaltebedürfnisses ist das speziell für Formmarken geschaffene besondere Freihaltebedürfnis, welches ausschließlich unter § 3 Abs. 2 MarkenG zu berücksichtigen ist[724].

Dem allgemeinen Freihaltebedürfnis, welches für alle Markenformen gleichermaßen gilt, kommt bei dreidimensionalen Marken eine besondere Bedeutung zu, da es nicht Aufgabe des Markenrechts ist, einen Nachschaffungs- oder Nachahmungsschutz bereitzustellen[725]. In dem Freihaltebedürfnis wird daher auch das Korrektiv

---

720 Vgl. auch Art. 3 Abs. 1 lit. c) MarkenRL.

721 S. auch *Würtenberger*, GRUR 2003, 671, 671; *Krüger*, in: FS Erdmann, S. 357, 371; *Mountstephens*, GRUR Int. 2000, 694, 698, der mit einem Erst-Recht-Schluss gegenüber den vom Wortlaut der Norm erfassten Zeichen argumentiert.

722 BGH GRUR 2004, 502, 504 – Gabelstapler II; EuGH GRUR 2003, 514, 518 Rz. 77 – Linde/Winward/Rado.

723 A.A. *Thewes*, S. 116, die vor dem Hintergrund von § 3 Abs. 2 MarkenG für eine zurückhaltende Anwendung von § 8 Abs. 2 Nr. 2 MarkenG eintritt.

724 Zu dem Verhältnis des besonderen zu dem allgemeinen Freihaltebedürfnis s. oben S. 122.

725 *Plaß*, WRP 2002, 181, 187.

gegen die Erlangung dauerhafter Monopole gesehen[726]. Liegt die beanspruchte Form innerhalb der üblichen Formenvielfalt und sind die Möglichkeiten zur individuellen Produktgestaltung beschränkt, so kann dies für die Annahme des allgemeinen Freihaltebedürfnisses sprechen[727], denn Wettbewerber müssen in einem Markt mit nur beschränkten Gestaltungsmöglichkeiten ungehindert auf einen möglichst großen Formenschatz zurückgreifen können[728].

aa) Umfang des allgemeinen Freihaltebedürfnisses

Richtlinien oder verlässliche Erfahrungssätze, wie im Einzelfall der Umfang das Freihaltebedürfnis zu ermitteln ist, stellt weder das Gesetz noch die Rechtsprechung zur Verfügung. Feste Grenzwerte können daher, ähnlich wie bei der Bemessung der Verkehrsdurchsetzung, nicht aufgezeigt werden. Nach der jüngeren Rechtsprechung unterliegen Zeichen, die sich in der Darstellung der Ware erschöpfen, im Lichte des Allgemeininteresses regelmäßig einem Freihaltebedürfnis, wenn die beanspruchte Form innerhalb einer auf dem Warengebiet üblichen Formenvielfalt liegt und die Möglichkeiten, die Produktgestaltung zu variieren, beschränkt sind[729].

Entscheidend für die Beurteilung des Freihaltebedürfnisses ist somit das Allgemeininteresse an der Wahrung der Formenvielfalt[730]. Eine Feststellung, die nur im Wege einer umfassenden und einzelfallabhängigen Interessenabwägung getroffen werden kann[731]. Diese Abwägung führt zwar zu einer höheren Einzelfallgerechtigkeit, der aber eine gewisse Rechtsunsicherheit bei der Markenanmeldung gegenüber steht. Das Allgemeininteresse wird daher teilweise auch kritisch als „Einfallstor" für die Zurückweisung bezeichnet[732]. Daraus darf allerdings nicht gefolgert werden, dass bei Formmarken per se höhere Anforderungen an das Freihaltebedürfnis zu stellen sind[733].

Für die Beurteilung des Freihaltebedürfnisses ist neben der aktuell in der Branche vorherrschenden Formenvielfalt und der Anzahl möglicher Gestaltungsalternativen[734] auch das für die Zukunft vernünftigerweise zu erwartende Freihalteinteres-

---

726 *Ullmann*, NJW-Sonderheft 100 Jahre Markenverband, 2003, 83, 85.

727 BPatG MarkenR 2005, 238, 239 – Gabelstapler III; BGH GRUR 2004, 502, 504 – Gabelstapler II.

728 BPatG GRUR 2005, 330, 332 – Fahrzeugkarosserie.

729 BPatG MarkenR 2005, 238, 238 – Gabelstapler III.

730 *Alber*, GRUR 2005, 127, 130; EuGH GRUR 2003, 514, 518 Rz. 73 f. – Linde/Winward/Rado.

731 So bereits *Eichmann*, in: FS Vieregge, S. 125, 156.

732 *Renck/Petersenn*, WRP 2004, 440, 447.

733 So aber *Böhmann*, S. 132, 188.

734 BPatG MarkenR 2005, 238, 239 – Gabelstapler III.

se zu berücksichtigen, was wiederum eine Prognose erfordert[735]. Gestaltungsalternativen, die nach der Rechtsprechung des EuGH für die Prüfung der Ausschlussgründe unter § 3 Abs. 2 MarkenG gerade nicht zu beachten waren[736], erlangen somit bei der Prüfung des Allgemeininteresses wieder an Bedeutung. Liegen ausreichend Gestaltungsalternativen vor, so lässt sich ein allgemeines Interesse an der Freihaltung der Form nur schwer begründen.

bb) Bedeutung des allgemeinen Freihaltebedürfnisses bei Investitionsgütern

In einer hoch innovativen Branche wie der Investitionsgüterindustrie ist nicht abzusehen, welche Einsatzbereiche und Entwicklungen die Technik nehmen wird und welche Sicherheitsvorschriften relevant werden können. Die Gewährung eines zeitlich unbefristeten Schutzes könnte daher zu einer erheblichen Beeinträchtigung bei der Entwicklung neuer Modelle führen[737]. Das Freihalteinteresse ist bei Maschinen und Anlagen daher denkbar weit zu fassen. Im Ergebnis sollten die Eintragungshindernisse der konkreten Unterscheidungskraft und des Freihaltebedürfnisses nur von solchen Zeichen überwunden werden können, die deutlich von den auf dem jeweiligen Warengebiet vorbekannten Gestaltungen abweichen[738]. Daneben kann eine Eintragungsfähigkeit durch zusätzliche unterscheidungskräftige Bestandteile, insbesondere Wortbestandteile, herbeigeführt werden[739]. Fehlen hingegen außergewöhnliche Elemente, so bleibt dem Anmelder regelmäßig nur die Möglichkeit, markenrechtlichen Schutz im Wege der Verkehrsdurchsetzung zu erlangen[740].

Bei kurzlebigen Wirtschaftsgütern kann das Allgemeininteresse an der Freihaltung der Form allerdings anders als bei langlebigen Investitionsgütern gewichtet werden, da die Gefahr einer dauerhaften Monopolisierung der Formen nicht im gleichen Maße zu befürchten ist. An das Freihaltebedürfnis von kurzlebigen Wirtschaftsgütern können daher weniger strenge Anforderungen gestellt werden[741]. Wann allerdings von kurzlebigen Gütern auszugehen ist, bedarf einer einzelfallabhängigen Feststellung. Als Orientierung kann hier die dreijährige Schutzfrist des nicht eingetragenen Geschmacksmusters herangezogen werden[742] oder auf die branchenabhängigen

---

735 EuGH GRUR 1999, 723, 726 Rz. 37 – Chiemsee, der das künftige Freihaltebedürfnis aus der Formulierung des § 8 Abs. 2 Nr. 2 „[...] dienen können" herleitet.

736 Vgl. EuGH GRUR 2002, 804, 807, Ziff. 79 und 83 – Philips/Remington. Entscheidend sei demnach alleine die „Wesentlichkeit der technischen Form", s. oben S. 130.

737 So auch BPatG MarkenR 2005, 238, 239 – Gabelstapler III.

738 *Rohnke*, NJW 2005, 1624, 1616.

739 BGH GRUR 2005, 158, 159 – Stabtaschenlampe.

740 *Renck/Petersenn*, WRP 2004, 440, 448.

741 *Grabrucker*, GRUR 2003, 469, 470.

742 S. oben S. 101.

Abschreibungstabellen für Wirtschaftsgüter (AfA-Tabelle) zurückgegriffen werden[743]. Diese Werte dienen jedoch nur als Auslegungshilfe, von denen im Einzelfall abgewichen werden kann, denn eine Differenzierung zwischen kurz- und langlebigen Wirtschaftsgütern ist dem Markenrecht fremd.

6. Verkehrsdurchsetzung i.S.v. § 8 Abs. 3 MarkenG

Weist die Form keine konkrete Unterscheidungskraft auf oder besteht ein allgemeines Freihaltebedürfnis, so lassen sich diese, den Änderungen des Marktes unterliegenden Schutzhindernisse[744], durch den Nachweis der Verkehrsdurchsetzung gemäß § 8 Abs. 3 MarkenG überwinden.

Voraussetzung der Verkehrsdurchsetzung ist, dass sich das Zeichen aufgrund seiner Benutzung auf dem Markt als Kennzeichen tatsächlich durchgesetzt hat. Gelingt dieser Nachweis, dann handelt es sich bei der Marke kraft Verkehrsdurchsetzung, im Gegensatz zu der Marke mit Verkehrsgeltung[745], um eine eingetragene Marke. Die Verkehrsdurchsetzung muss daher auch im gesamten Schutzgebiet vorliegen[746]. Ebenso wie das Freihaltebedürfnis lässt sich der Grad der notwendigen Verkehrsdurchsetzung nicht generell festlegen. Die Verkehrsdurchsetzung stellt somit eine variable Größe dar, die mit dem Umfang des Freihaltebedürfnisses korreliert. Je höher das Freihaltebedürfnis zu bemessen ist, desto höhere Anforderungen sind an die Verkehrsdurchsetzung zu stellen und umgekehrt.

Für die Bestimmung der Verkehrsdurchsetzung ist es erforderlich, dass ein wesentlicher Teil der betroffenen Verkehrskreise die Form mit einem bestimmten Unternehmen in Verbindung bringt oder annimmt, dass die Form von diesem Marktteilnehmer stammt. Entscheidend ist weiter, wie ein durchschnittlich informierter, aufmerksamer und verständiger Durchschnittsverbraucher den Gegenstand wahrnimmt[747]. Die für die Beurteilung maßgebenden Personen können bei Investitionsgütern sämtliche Mitglieder des Buying Center sein. Sofern eine Marke aus mehreren zusammengesetzten Zeichen besteht, ist zu prüfen, ob sich die Kennzeichnung in ihrer Gesamtheit im Verkehr durchgesetzt hat, oder ob der angesprochene Verkehrskreis nur aufgrund eines Teiles der Marke die Ware einem bestimmten Unternehmen zuordnet. Die Schwäche einer anfänglich fehlenden Verkehrsdurchsetzung kann durch eine intensive und dauerhafte Benutzung der Form als Unterscheidungszeichen und durch ihre konstante Präsenz in der Werbung überwunden werden.

---

743 S. unten Teil 3, E. VI. Nr. 2 c) zur AfA-Tabelle.

744 *Seibt*, S. 98.

745 Vgl. § 4 Nr. 2 MarkenG.

746 *Berlit* Rz. 28.

747 EuGH GRUR 2002, 804, 808 – Philips/Remington.

7. Künftige Bedeutung des allgemeinen Freihaltebedürfnisses und der Verkehrsdurchsetzung

Fraglich ist, welche Bedeutung dem allgemeinen Freihaltebedürfnis und der Verkehrsdurchsetzung künftig bei der Anmeldung von Formmarken zukommen wird. Problematisch ist insbesondere, dass sich die geltende Rechtslage bei einer zu großzügigen Annahme des Freihaltebedürfnisses und der sich anschließenden Prüfung der Verkehrsdurchsetzung der Rechtslage des alten Warenzeichengesetzes annähert.

Unter Grundlage des Warenzeichengesetzes wurde Schutz für Formen nur nach dem Ausstattungsschutz gewährt, der stets von dem Nachweis der Verkehrsgeltung abhing[748]. Nunmehr sind Formmarken jedoch, der gesetzlichen Wertung des Markengesetzes folgend, ursprünglich unterscheidungskräftig[749], sodass eine Registrierung grundsätzlich nicht von der Verkehrsdurchsetzung abhängen darf. Wäre auch unter dem Markengesetz stets der Nachweis der Verkehrsdurchsetzung notwendig, so würde dies gegenüber dem Warenzeichengesetz gerade nicht die bezweckte Aufwertung von Formmarken bedeuten.

Die vom Gesetz ausdrücklich eröffnete Möglichkeit, Markenschutz für dreidimensionale Gestaltungen zu beanspruchen, zeigt, dass es auch Formmarken geben muss, an denen von vornherein kein allgemeines Freihaltebedürfnis besteht[750]. Darüber hinaus muss es für den Anmelder auch vor Aufnahme der markenmäßigen Benutzung eines Zeichens möglich sein, Schutz über das Markengesetz zu erlangen, ohne erst den Nachweis der Verkehrsdurchsetzung zu erbringen[751]. Der Verweis auf ein allgemeines Freihaltebedürfnis und die fehlende Verkehrsdurchsetzung darf bei Formmarken daher nicht die Regel bilden, sondern hat nach der gesetzlichen Wertung die Ausnahme zu bleiben. Dies ist bei der Prüfung des Freihalteinteresses stets zu berücksichtigen.

Besteht an der Warenform ein allgemeines Freihaltebedürfnis, so wird dessen Überwindung mittels Verkehrsdurchsetzung nach § 8 Abs. 3 MarkenG zur alles

---

748 *Götting*, in: Handbuch des Ausstattungsrechts, S. 201, 246 Rz. 54 ff.

749 S. *Lehmann*, GRUR Int. 2000, 814 f. Kritisch hierzu *Mountstephens*, GRUR Int. 2000, 694, 696, der in der Anerkennung der Markenfähigkeit von Waren nicht zwingend eine Aufgabe der nach dem WZG stets notwendigen Verkehrsgeltung sieht. Ähnlich *Osterloh*, in: FS Erdmann, S. 445, 452. Diese Auffassung ist jedoch abzulehnen, da sie dem gesetzgeberischen Willen entgegensteht und die Regel zur Ausnahme verkehrt.

750 *Seibt*, S. 312.

751 *Ullmann*, NJW-Sonderheft 100 Jahre Markenverband, 2003, 83, 83. A.A. *Mountstephens*, GRUR Int. 2000, 694, 697, der in dem Verzicht auf die Verkehrsgeltung eine Benachteiligung kleiner Unternehmen erblickt, denen gerade vor einer neuen Warengestaltung die dann erforderliche Registerrecherche nicht zuzumuten sei. Diese Auffassung ist abzulehnen, da die Recherche kein spezifisches Problem der Formmarke darstellt, sondern dem Wesen des Markenrechts entspricht und ebenso für die anderen Markenformen gilt.

entscheidenden Frage. Während bei „kurzlebigen" Produkten oder Waren, die den Mitbewerbern einen hinreichend großen Spielraum für abweichende Gestaltungen belassen, in der Praxis das Freihaltebedürfnis von untergeordneter Bedeutung sein wird[752], ist bei langlebigen Investitionsgütern eine andere Bewertung angezeigt. Die Schutzfähigkeit dreidimensionaler Marken wird hier künftig in einer Vielzahl der Fälle bei dem Freihaltebedürfnis die zentrale Weichenstellung erfahren. Dies erklärt auch, warum nach derzeitigem Rechtsverständnis die Entscheidung über die Markenfähigkeit technischer bzw. kennzeichnungsschwacher Waren vom Schwerpunkt her bei der Prüfung des Freihaltebedürfnisses bzw. bei der Verkehrsdurchsetzung erfolgt. Gerade der Nachweis der Verkehrsdurchsetzung stellt aber für viele Formen, die von Haus aus nur geringe Abweichung von der „Norm" zulassen, eine schwer zu überwindende Hürde dar.

VI. Schutzumfang von Formmarken

Die Verteidigungsmöglichkeit gegenüber jüngeren Kennzeichen hängt entscheidend von der Bekanntheit und Kennzeichnungskraft der älteren Marke ab. Nur Marken mit einem weiten Schutzumfang genießen einen umfassenden Schutz. Nachfolgend wird der Schutzumfang von Formmarken unter Berücksichtigung der aktuellen Rechtsprechung dargestellt und einer kritischen Würdigung unterzogen.

§ 14 Abs. 2 Nr. 1 bis Nr. 3 MarkenG bzw. Art. 9 Abs. 1 GMVO gewährt dem Markeninhaber Identitätsschutz, Schutz vor Markenverwechslungen sowie Bekanntheitsschutz[753]. Identitätsschutz besteht gegenüber gleichen prioritätsjüngeren Marken, wenn diese für eine identische Ware benutzt werden, sog. Doppelidentität. Verwechslungsschutz greift hingegen dann, wenn der Verkehr die Zeichen zwar als unterschiedlich erkennt, sie aber aufgrund der Ähnlichkeit irrtümlich demselben Markeninhaber zuordnet[754]. Darüber hinaus genießen bekannte Marken Schutz vor Rufausbeutung und Beeinträchtigung der Wertschätzung selbst dann, wenn der Verkehr die Zeichen weder verwechselt noch einem anderen Unternehmen zuordnet, jedoch der Eindruck entsteht, die Markeninhaber seien wirtschaftlich oder organisatorisch miteinander verflochten[755]. Eine solch assoziative Verwechslungsgefahr scheidet allerdings dann aus, wenn mehrere Gedankenschritte erforderlich sind, um eine Marke mit der anderen in Verbindung zu bringen. Das gedankliche Inverbindungbringen ist also keine Alternative zur Ver-

---

752 BGH WRP 2001, 1084, 1085 – Genescan; s. auch *Dembowski*, in: FS Erdmann, S. 251, 257.

753 *Fezer*, in: FS Erdmann, S. 281, 282.

754 *Fezer*, Markenrecht, § 14 Rz. 140.

755 *Seibt*, S. 111.

wechslungsgefahr, sondern ein Unterfall selbiger[756]. Dies hat zur Folge, dass, sofern eine Verwechslungsgefahr nicht in Betracht kommt, eine gedankliche Verbindung stets zu verneinen ist[757].

1. Bestimmung des Schutzumfangs von Formmarken

Der Schutzumfang dreidimensionaler Marken richtet sich im Wesentlichen nach den allgemeinen Grundsätzen[758] und wird entscheidend durch die Kennzeichnungskraft der Marke beeinflusst[759]. Für die Beurteilung der Kennzeichnungskraft sind alleine die herkunftshinweisenden und als markenfähig erkannten Merkmale maßgebend. Schutzunfähige Gestaltungen sind bei der Schutzbereichsbestimmung hingegen nicht mit zu berücksichtigen. Wie bei anderen Markenformen auch, bestimmt sich der Schutzumfang nach der Ähnlichkeit der Marke, der Ähnlichkeit der damit gekennzeichneten Ware sowie der Kennzeichnungskraft der älteren Marke[760]. Diese Merkmale stehen in einer Wechselbeziehung zueinander, sodass ein geringer Grad an Warenähnlichkeit durch einen höheren Grad an Markenähnlichkeit oder durch eine hohe Kennzeichnungskraft ausgeglichen werden kann und umgekehrt. Abhängig von der Intensität der Benutzung und dem Bekanntheitsgrad unterliegt die Kennzeichnungskraft Veränderungen, wobei Marken mit einer höheren Kennzeichnungskraft einen erhöhten Schutzumfang aufweisen[761]. Ebenso wie bei dem Freihaltebedürfnis und der Verkehrsdurchsetzung hat die Rechtsprechung es auch hier bislang abgelehnt, allgemeine Prozentsätze in Bezug auf den Bekanntheitsgrad und die Kennzeichnungskraft einer Marke auszuurteilen[762].

Das Freihaltebedürfnis verschafft sich auch bei der Durchsetzung der Rechte Geltung, denn Grad und Umfang der Bekanntheit verhalten sich proportional zum

---

756 EuGH GRUR 1998, 387, 389 – Sabèl/Puma. Kritisch hierzu *Sack*, WRP 2004, 1405, 1408, der die Entscheidung des EuGH für „sprachlichen Unsinn" hält, da der sprachlich wesentlich weitere Begriff des gedanklichen Inverbindungbringens einen Unterfall des engeren Begriffs der Verwechslungsgefahr darstelle.

757 EuGH GRUR 1996, 198 – Springende Raubkatze.

758 BGH GRUR 2000, 888, 889 – Mag-Lite; *Dembowski*, in: FS Erdmann, S. 251, 257; *Böhmann*, S. 189.

759 *Fezer*, Markenrecht, § 14 Rz. 121; EuGH GRUR 1998, 387, 390 – Sabèl/Puma.

760 EuGH GRUR 1998, 922 – Canon; BGH GRUR 2003, 332, 334 – Abschlussstück; BGH GRUR 2000, 888, 889 – Mag-Lite.

761 BGH GRUR 2003, 332, 334 – Abschlussstück.

762 EuGH GRUR 1999, 723, 727 Rz. 52 – Chiemsee. Fraglich ist daher, ob es überhaupt einer Eingriffsschwelle bedarf. Einerseits wird die Meinung vertreten, dass das gemeinschaftsrechtliche Verbraucherleitbild die Festlegung einer Eingriffsschwelle nicht entbehrlich mache, so *Fezer*, WRP 2001, 989, 992. Demgegenüber halten andere die Festlegung einer bestimmten Eingriffsschwelle wegen des gemeinschaftsrechtlichen Verbraucherleitbildes für nicht erforderlich, so *Lettl*, NJW-Sonderheft 100 Jahre Markenverband, 2003, 44, 46.

Freihaltebedürfnis[763]. Je weniger Gestaltungsmöglichkeiten bestehen, desto größer ist das Freihaltebedürfnis und desto eher verengt sich der Schutzbereich auf einen bloßen Identitätsschutz. In Teilbereichen wird der Markenschutz daher zu einem bloßen Identitätsschutz verkommen[764], bzw. nur die Fälle einer Nahezu-Identität erfassen[765]. Diese Schutzrechtsverengung betrifft insbesondere Branchen wie den Maschinen- und Anlagenbau, bei denen freie Gestaltungsmöglichkeiten aufgrund technischer Zwänge begrenzt sind. Eine solche Schutzrechtsreduzierung ist jedoch hinzunehmen, denn wird das Freihaltebedürfnis mit dem Hinweis überwunden, dass Alternativformen bestehen, so kann sich der Schutzbereich nicht auch noch auf diese wenigen Gestaltungsalternativen erstrecken[766].

a) Verwechslungsgefahr

Der Schutz vor Verwechslungen nach § 14 Abs. 2 Nr. 2 MarkenG[767] ist der häufigste und wichtigste Fall der Verletzungstatbestände. Der Begriff der Verwechslungsgefahr wird von einigen Autoren daher auch als das zentrale Merkmal des Kennzeichenrechts bezeichnet[768]. Weder der Identitätsschutz nach § 14 Abs. 2 Nr. 1 MarkenG noch der Bekanntheitsschutz nach § 14 Art. 2 Nr. 3 MarkenG knüpfen an eine Verwechslungsgefahr an.

Für die Annahme der Verwechslungsgefahr ist entscheidend, dass ein nicht unerheblicher Teil der beteiligten Verkehrskreise der Gefahr einer Irreführung unterliegt. Hier ist von dem neuen europäischen Verbraucherleitbild auszugehen, das von einem verständigen, umfassend informierten und mündigen Durchschnittsverbraucher ausgeht[769]. Die Verwechslungsgefahr bestimmt sich nach der beim Verkehr hervorgerufenen Wirkung. Diese Wirkung hängt entscheidend von der Produktzielgruppe und deren Vorbildung bzw. Aufmerksamkeit ab[770]. Weiter soll es entscheidend darauf ankommen, inwieweit sich der Verkehr bereits an Formen als Herkunftskennzeichen gewöhnt hat[771], denn solange der Markeninhaber seine

---

763 *Sambuc*, GRUR 1997, 403, 403.

764 *Grabrucker*, Mitt. 2004, 106, 115; *Plaß*, WRP 2002, 181, 190. S. *Dembowski*, in: FS Erdmann, S. 251, 259, mit dem Vorschlag, dass eine Verletzung von Formmarken nur noch im Identitätsbereich möglich sei.

765 *Dembowski*, in: FS Erdmann, S. 251, 259.

766 Ähnlich *Dembowski*, in: FS Erdmann, S. 251, 260; *Seibt*, S. 322, die beide mit § 3 Abs. 2 Nr. 2 MarkenG statt mit dem Freihaltebedürfnis argumentieren.

767 Bzw. Art. 9 Abs. 1 b) GMVO.

768 *Riehle*, MarkenR 2001, 337, 339; *Fezer*, NJW 1998, 713; *Fezer*, in: FS Erdmann, S. 281, 286.

769 *Fezer*, WRP 2001, 989. 992.

770 *Omsels*, GRUR 2005, 548, 549.

771 *Ullmann*, NJW-Sonderheft 100 Jahre Markenverband, 2003, 83, 85.

Kunden nicht durch entsprechende Werbemaßnahmen „geschult" hat, werden diese nicht geneigt sein, in technisch anmutenden Gestaltungen einen Herkunftshinweis zu erblicken. Die Täuschung über die betriebliche Herkunft lässt sich auch nicht, anders als beim ergänzenden wettbewerblichen Leistungsschutz, durch klarstellende Hinweise ausräumen, da anderenfalls der Schutz der Formmarke allzu leicht unterlaufen werden könnte[772].

Die Beurteilung der Verwechslungsgefahr richtet sich im Markenrecht nach der Produktzielgruppe[773]. Bei Investitionsgütern sind dies die Maschinenanwender und sämtliche Mitglieder eines Buying Center. Diese Gruppe, die der des informierten Benutzers im Geschmacksmusterrecht entspricht, setzt sich aus Fachleuten zusammen, die Produkten ihres beruflichen Bedarfs gewöhnlich eine höhere Aufmerksamkeit entgegenbringen als ein Laie. Für die Begründung einer Irreführung ist auf die mutmaßliche Erwartung eines durchschnittlich informierten, aufmerksamen und verständigen Durchschnittsnutzers dieser Gruppe abzustellen[774].

Da der Verkehr Warenformen nicht in analysierender Betrachtungsweise, sondern als Ganzes aufnimmt, ist bei der Beurteilung der Verwechslungsgefahr vom Gesamteindruck der Marke auszugehen, der allerdings auch durch einzelne Merkmale einer komplexen dreidimensionalen Marke geprägt werden kann[775]. Bei der Beurteilung der Verwechslungsgefahr wird, anders als im Geschmacksmusterrecht, eine situationsadäquate Aufmerksamkeit zugrunde gelegt[776], die bei teuren und langlebigen Waren, wie beispielsweise bei komplexen Maschinen, naturgemäß höher ist[777].

---

772 *Hefermehl/Köhler/Bornkamm*, § 4 Rz. 9.10.

773 *Lettl*, NJW-Sonderheft 100 Jahre Markenverband, 2003, 44, 48.

774 Der fiktive Durchschnittsfachmann muss sich nicht mit der real existierenden Gruppe der Maschinenanwender decken, s. *Omsels*, GRUR 2005, 548, 554, der auf die mit der Bestimmung der fiktiven Personengruppe einhergehenden Rechtsunsicherheit hinweist.

775 BGH GRUR 2003, 332, 334 – Abschlussstück; *Felchner*, MarkenR 2005, 209, 211.

776 BGH GRUR-RR 2006, 321, 322 – Prismenpackung.

777 Vgl. BGH GRUR 2000, 619, 621 – Orient-Teppichmuster.

b) *Sonderfall: Kombination von Form- und Wort-/Bildmarke*

Besonderheiten ergeben sich bei der Beurteilung des Schutzumfangs und der Verwechslungsgefahr sog. Kombinationszeichen. Dabei handelt es sich um Marken, die aus mehreren Markenarten, wie beispielsweise einer Formmarke und einer Wort- oder Farbmarke, bestehen. Die Kombination mehrerer Herkunftszeichen ist auch in der Investitionsgüterbranche nicht unüblich. So werden Maschinen beispielsweise in der als „Hausfarbe" geschützten Marke ausgeliefert und mit dem Firmenlogo, einer Wort- Bildmarke, versehen.

Bei einer identischen Nachahmung sämtlicher Kombinationszeichen greifen die dargestellten Grundsätze über den Identitätsschutz[778]. Schwierigkeiten können sich jedoch ergeben, wenn es um die Beurteilung der Verwechslungsgefahr geht. Maßgebend ist zunächst der Gesamteindruck der Formmarke[779], denn der Durchschnittsverbraucher nimmt eine Marke regelmäßig als Ganzes wahr und achtet nicht auf die verschiedenen Einzelheiten[780]. Nach jüngerer Rechtsprechung wird ein solcher Gesamteindruck auch nicht zwingend durch einen möglichen Wortbestandteil geprägt, denn es sei kein Erfahrungssatz ersichtlich, nach dem sich der Verkehr bei dreidimensionalen Marken eher am Wort- als am Bildbestandteil orientiere[781]. Dem BGH ist beizupflichten, wenn er feststellt, dass bei Formmarken alle kennzeichnenden Elemente für die Beurteilung der Verwechselungsgefahr herangezogen werden müssen und es für eine Prägung durch einen Wortbestandteil keine grundsätzliche Präferenz gibt. Anderenfalls könnte bei Formmarken allzu leicht durch nur geringfügige Wortzusätze eine Kollision vermieden werden, was zu einer Aushöhlung des Formmarkenschutzes führen würde[782].

Dennoch kann bei Kombinationszeichen einem einzigen Merkmal eine besondere, das gesamte Zeichen prägende Kennzeichnungskraft beizumessen sein, wenn andere Zeichen demgegenüber in den Hintergrund treten[783]. Entscheidend bei zusammengesetzten Zeichen ist also, welche Bestandteile das Kombinationszeichen

---

778 S. auch *Büscher*, GRUR 2005, 802, 804.

779 BGH GRUR 2005, 419, 423 – Räucherkate.

780 BGH GRUR 2007, 235, 237 – Goldhase.

781 BGH GRUR 2007, 235, 237 – Goldhase; a.A. OLG Frankfurt a.M. MarkenR 2004, 143 – Plastikzitrone; BGH GRUR 2003, 712, 714 – Goldbarren; *Felchner*, MarkenR 2005, 209, 211, kritisch auch *Eisenführ,* GRUR 2005, 811, 818, der den Gesamteindruck einer Marke als untaugliches Abgrenzungsmittel ansieht und stattdessen zur Vereinheitlichung und Berechenbarkeit der Rechtsprechung auf eine assoziative Verwechslungsgefahr beim aufmerksamen Verkehr abstellt.

782 *Fabry*, Mitt. 2008, 12, 14.

783 BGH GRUR 2004, 598, 599 – Kleiner Feigling; kritisch zur sog. Prägetheorie s. *Eisenführ,* GRUR 2005, 811, 818.

prägen[784]. Diese vom BGH entwickelte Prägetheorie hat der EuGH nunmehr für den Fall der zusammengesetzten Wortmarken dahingehend ergänzt, dass auch dann eine Verwechslungsgefahr bestehen kann, wenn das dominierende Einzelelement im Gesamtzeichen eine selbstständige kennzeichnende Stellung behält, ohne dass es auf einen prägenden Charakter ankommt[785]. Wird alleine die Warenform ohne weitere Kennzeichnungsmittel angemeldet, etwa weil bewusst auf die Abbildung der Wortmarke verzichtet wurde, so kommt der Form nur dann eine selbstständige kollisionsbegründende Bedeutung zu, wenn ihr eine hohe Kennzeichnungskraft zufällt[786]. Etwas anderes gilt nur dann, wenn der Verkehr aufgrund der Kennzeichnungsgewohnheiten auf dem einschlägigen Warengebiet einzelnen Formelementen in einer Gesamtaufmachung eine eigenständige Kennzeichnungsfunktion zuerkennt[787].

2. Kritik am Schutzumfang von Formmarken

In kennzeichnungsschwachen Branchen verengt sich der Formmarkenschutz zunehmend zu einem bloßen Identitätsschutz mit der Folge, dass der Verwechslungsschutz, als ein zentrales Merkmal des Markenrechts, nahezu bedeutungslos wird. Dieser Entwicklung wird nicht kritiklos begegnet.

Nicht nur im Eintragungsverfahren, sondern auch im Verletzungsverfahren stellt sich die Frage, ob und in welchem Umfang das Interesse des Wettbewerbs an dem ungehinderten Zugriff auf Formen zu berücksichtigen ist, denn das Eintragungsverfahren korreliert mit dem Verletzungsverfahren[788]. Je höher die Eintrittsvoraussetzungen für das Schutzrecht sind, desto größer ist der Schutzumfang und umgekehrt. Sinken die Maßstäbe für die Schutzgewährung, löst dies typischerweise einen Sog im Hinblick auf die Beantragung des Rechts aus. Die dabei entstehenden Markenrechte werden in der Regel einen äußerst geringen Schutzumfang aufweisen[789], sofern sie sich bei näherer Prüfung nicht ohnehin als löschungsreif erweisen. Der aus der Schutzrechtsverengung resultierende Identitätsschutz bleibt aber weit hinter dem das Markenrecht kennzeichnenden Verwechslungsschutz zurück.

---

784 *Büscher*, GRUR 2005, 802, 810. Wobei die Prägetheorie erst im Kollisionsfall zur Anwendung gelangt, nicht aber bereits im Erteilungsverfahren. Im Erteilungsverfahren sei ausreichend, dass der Verkehr das Kombinationszeichen als Unterscheidungsmittel versteht, BGH GRUR 2005, 158, 159 – Stabtaschenlampe.

785 EuGH GRUR 2005, 1042, 1044 – Thomson Life; *Schrader*, MarkenR 2006, 310, 311.

786 *Krüger*, in: FS Erdmann, S. 357, 370.

787 BGH GRUR 2003 332, 334 – Abschlussstück.

788 *Krüger*, in: FS Erdmann, S. 357, 359.

789 *Ströbele*, in: FS Erdmann, S. 491, 509; ähnlich *Erdmann*, GRUR 2001, 609, 612.

Mit Eintragung der Marken kommt dieser zunächst eine normale Kennzeichnungskraft zu[790]. Auch der Schutzbereich von Formmarken dürfte demnach nicht anders zu behandeln sein, als der anderer Markenformen. Bei gestaltungsarmen Waren, wie Investitionsgütern, kann der Aufwand einer Markenverteidigung jedoch außer Verhältnis zum wirtschaftlichen Nutzen der Formmarke stehen[791]. Schutz vor Verwechslungen besteht nämlich nur dann, wenn der Form eine besondere Kennzeichnungskraft zukommt und das Zeichen eine entsprechende Verkehrsdurchsetzung erlangt hat. In Branchen mit nur begrenzten Gestaltungsmöglichkeiten wird der Markenschutz daher kaum mehr als ein Identitätsschutz sein, denn der Bonus, der dem Markeninhaber bei der Eintragung zugute kommt, gilt nicht in gleicher Weise bei der Verteidigung der Marke. Dies bestätigt auch die jüngere Spruchpraxis. Demnach entwickelt sich der Verwechslungsschutz bei Formmarken von der Tendenz her zu einem reinen Identitätsschutz[792]. Den Stimmen, die in diesem Identitätsschutz, mit Blick auf die unbeschränkte Dauer des Markenrechts, einen „komfortablen Designschutz" ausmachen[793], ist entgegenzuhalten, dass es nicht Aufgabe des Markenrechts ist, einen dem Geschmacksmusterrecht vergleichbaren Designschutz zu schaffen. Das Wesen des Kennzeichenrechts besteht gerade darin, auch einen Schutz gegenüber Warenverwechselungen zu gewähren. Einer solchen Schutzrechtsverengung kann nur mit einer restriktiven Eintragungspraxis begegnet werden. Zu klären ist daher, ob tendenziell einer restriktiven oder einer liberalen Eintragungspraxis der Vorzug einzuräumen ist.

a) Starkes Schutzrecht durch restriktive Eintragungspraxis

Die Befürworter einer restriktiven Eintragungspraxis weisen darauf hin, dass nur diese ein starkes und verlässliches Schutzrecht gewähre. Es erscheine widersprüchlich, die Eintragungsfähigkeit neuer Markenformen mit dem Gebot der Gleichbehandlung aller Markenformen zu ermöglichen[794], andererseits bei der Geltendmachung von Rechten aus solchen Marken den Gleichbehandlungsgrundsatz unter Hinweis auf das Verkehrsverständnis wieder einzuschränken[795]. Eine großzügige Eintragungspraxis führt zu der trügerischen Vorstellung des Markeninhabers, er hätte ein gegenüber ähnlichen und jüngeren Kennzeichen geschütztes

---

790 So auch *Renck/Petersenn*, WRP 2004, 440, 450.

791 Ähnlich BPatG MarkenR 2005, 238, 240 – Gabelstapler III; s. auch *Grabrucker*, Mitt. 2004, 106, 115.

792 S. nur *Ströbele*, NJW-Sonderheft 100 Jahre Markenverband, 2003, 78, 82; *Felchner*, MarkenR 2005, 209 ff., mit Beispielen aus der Rechtsprechung z.B. BGH GRUR 2003, 712 ff. – Goldbarren; BGH GRUR 2003, 332 ff. – Abschlussstück; OLG Frankfurt a.M. MarkenR 2004, 145 ff. – Goldhase.

793 *Dembowski*, in: FS Erdmann, S. 251, 260.

794 EuGH GRUR 2003, 514 ff. – Linde/Winward/Rado.

795 So auch *Ströbele*, in: FS Erdmann, S. 491, 492.

Recht erlangt. Nur teilweise sind sich die Anmelder kennzeichnungsschwacher Marken der eingeschränkten Schutzwirkung gegenüber ähnlichen Kennzeichen bewusst. Das Vertrauen in ein starkes Schutzrecht ließe sich jedoch durch strengere Anforderungen im Eintragungsverfahren, insbesondere bei der Auslegung von § 3 Abs. 2 MarkenG[796], wahren. Die liberale Eintragungspraxis sei somit rechtspolitisch zu hinterfragen, erstrecke diese den Anwendungsbereich des Markenrechts in fast uferlose Weite[797].

b) *Höhere Einzelfallgerechtigkeit durch liberale Eintragungspraxis*

Als Argument für eine liberale Eintragungspraxis wird angeführt, dass diese eine größere Einzelfallgerechtigkeit ermögliche. So wird bei einer denkbar engen Auslegung der Ausschlussgründe teilweise vorgeschlagen, den Schwerpunkt der Prüfung in den Schutzbereich zu verlagern, da nur dies eine interessengerechte Lösung verspreche[798]. Das Verkehrsverständnis, welches Formen noch nicht in gleicher Weise wie anderen Markenarten eine herkunftskennzeichnende Funktion beimisst, dürfe im Erteilungsverfahren nicht als ein schutzversagendes Argument eingesetzt werden. Der Verkehr sei durch den Abbau von Schutzhindernissen zu einem solchen Verständnis zu erziehen[799]. Andere wiederum sehen auch im Verletzungsverfahren über § 23 Abs. 2 MarkenG die Möglichkeit gegeben, ein etwaiges Freihaltebedürfnis zu berücksichtigen, wobei § 23 Abs. 2 MarkenG das Spiegelbild zu § 8 Abs. 2 Nr. 2 sei[800]. Die Befürworter einer liberalen Eintragungspraxis sind der Auffassung, dass die Kennzeichnungsschwäche einer Marke ausschließlich in den Risikobereich des Markeninhabers falle. Es sei nicht Aufgabe der Markenämter, den Markenanmelder von dem Risiko der Schutzrechtsverteidigung zu entlasten[801]. Darüber hinaus wird darauf hingewiesen, dass mit Erweiterung der Europäischen Gemeinschaft bzw. Zunahme der Marktteilnehmer die Anzahl der Markenanmelder steigen werde. Ein zu weit verstandener Schutzbereich würde künftig die Schutzsuchenden daran hindern, Marken zu erwerben. Das Markenrecht solle aber den Wettbewerb ermöglichen und nicht verhindern. Ein zu weiter Schutzumfang dürfe daher nicht die Eintragung neuer Kennzeichen erschweren[802].

---

796 *Würtenberger*, GRUR 2003, 912, 913.

797 S. auch *Götting*, LMK 2004, 143, 144, der die Gefahr eines markenrechtlichen „Überrechts" sieht, welches die anderen Schutzrechte verdrängt.

798 *Kiethe/Groeschke*, WRP 1998, 541, 542, 547; *Seibt*, S. 330.

799 *Ullmann*, NJW-Sonderheft 100 Jahre Markenverband, 2003, 83, 84; *Plaß*, WRP 2002, 181, 189.

800 *Krüger*, in: FS Erdmann, S. 371; *Ernst-Moll*, MarkenR 2001, 271, 276, der jedoch nicht ausdrücklich auf die Anwendbarkeit bei Formmarken eingeht.

801 *Ullmann*, NJW-Sonderheft 100 Jahre Markenverband, 2003, 83, 87.

802 *Kunz-Hallstein*, in: FS 100 Jahre DPA, S. 148, 168.

c) *Stellungnahme zur Eintragungspraxis und zum Schutzumfang*

Der Verwechslungsschutz gegenüber ähnlichen Marken ist wesentliches Element des Markenrechts und zeichnet eben dieses aus[803]. Nur bei einer tendenziell strengeren Eintragungspraxis kann der Schutzbereich von Formmarken weit gefasst werden und im Ergebnis über einen bloßen Identitätsschutz hinausreichen. Die Befürworter einer liberalen Eintragungspraxis verkennen, dass nicht nur der Anmelder mit dem Risiko der Rechtsdurchsetzung belastet wird, sondern dass die Rechtsunsicherheit gegenüber allen Marktteilnehmern in Bezug auf die freie Verwendung von Formen fortwirkt[804]. Eine liberale Eintragungspraxis kann somit nicht nur für den Markeninhaber nachteilig sein, sondern auch für Dritte, die aus einer solchen Marke angegriffen werden. Diese müssen ein hohes Prozessrisiko eingehen, um die ungehinderte Verwendung freihaltebedürftiger Angaben durchzusetzen[805]. Eine Reduzierung des Schutzumfangs nützt daher weder den Verbrauchern, den Markeninhabern und den Gerichten und wird zu Recht kritisiert[806]. Einer liberalen Eintragungspraxis steht somit das Bedürfnis der Rechtssicherheit entgegen, denn die von einer schwachen Marke ausgehende Unsicherheit über deren Bestand kann die Wirtschaft erheblich belasten. Weiter darf das Markenrecht nicht durch eine Schutzrechtsverengung zu einem Recht zweiter Klasse verkommen[807].

Das Gebot der Rechtssicherheit hat auch der EuGH hervorgehoben und in mehreren Entscheidungen[808] zu den relativen Eintragungshindernissen festgestellt, dass aus Gründen der Rechtssicherheit die Prüfung nicht auf ein Mindestmaß beschränkt werden dürfe. Vielmehr hat diese streng und vollständig zu sein, um eine ungerechtfertigte Eintragung von Marken zu verhindern. Diese Auffassung spricht unmissverständlich gegen eine liberale Eintragungspraxis[809]. Der vielfach erhobenen Forderung nach einer engen Auslegung der Ausschlussgründe kann daher nicht gefolgt werden. Eine solch reduzierte Prüfung des Eintragungsverfahrens findet weder im Markengesetz noch in der zugrunde liegenden Richtlinie eine Rechtfertigung. Auch rechtspolitisch ist eine restriktive Eintragungspraxis nicht zu rechtfertigen, da nach dem reformierten Markenrecht dem Prüfungsverfahren eine größere Bedeutung

---

803 *Fezer*, NJW 1998, 713, s. oben S. 115.

804 *Erdmann*, GRUR 2001, 609, 612.

805 *Ströbele*, NJW-Sonderheft 100 Jahre Markenverband, 2003, 78, 81.

806 *Kur*, GRUR Int. 2004, 755, 760.

807 So auch *Seibt*, S. 322.

808 EuGH GRUR 1998, 922, 923 Rz. 21 – Canon; EuGH GRUR 2003, 604, 607 Rz. 57 – Libertel.

809 *Ströbele*, NJW-Sonderheft 100 Jahre Markenverband, 2003, 78, 80.

zukommt als früher und eine erteilte Marke im Verletzungsverfahren nicht wegen absoluter Schutzhindernisse zurückgewiesen werden kann[810].

Der EuGH betont, dass bei der Beurteilung der Unterscheidungskraft von Formmarken kein strengerer Maßstab angelegt werden dürfe als bei anderen Markenformen[811]. Diese Grundsätze gelten allerdings nicht für die speziell für Formmarken konzipierten Ausschlusstatbestände. Hier wäre sehr wohl ein strengerer Prüfungsmaßstab möglich, ohne in Konflikt mit der höchstrichterlichen Rechtsprechung zu gelangen. Diesen Weg hat der EuGH in der *Philips/ Remington*-Entscheidung, zumindest was die Auslegung der technisch erforderlichen Form anbelangt, aufgezeigt. Eine strengere Handhabung sollte daher auch für die übrigen Tatbestände unter § 3 Abs. 2 MarkenG gelten.

Durch eine etwas höhere Hürde im Eintragungsverfahren entsteht auch nicht die teilweise befürchtete Schutzrechtslücke, denn bis sich der Verkehr an (technische) Formen als Herkunftskennzeichen gewöhnt hat, kann der Anmelder über das Geschmacksmusterrecht Schutz erlangen, welches einen – vom Verwechslungsschutz abgesehen – ähnlichen Schutzumfang wie das Markenrecht aufweist. Auf den markenrechtlichen Verwechslungsschutz ist aber auch bei der dargestellten Schutzrechtsverengung zu verzichten. Hat sich der Verkehr über die Laufzeit des Geschmacksmusters an die Form gewöhnt, kann anschließend Markenschutz begehrt werden, der aufgrund der zwischenzeitlich erlangten Kennzeichnungskraft einen angemessenen Schutz auch vor Verwechslungen gegenüber ähnlichen Formen bieten wird.

D. Zusammenfassung zum Formmarkenschutz

Durch eine sachgerechte Anwendung der Eintragungsvoraussetzungen ist sicherzustellen, dass über den Formmarkenschutz nicht eine im Widerspruch zu den zeitlich begrenzten Produktschutzrechten stehende Schutzposition eröffnet wird. Gerade bei dem zeitlich unbegrenzten Markenschutz ist eine restriktive Erteilungspraxis im Interesse der Vermeidung von Monopolstellungen zu befürworten. Dennoch bleibt die Marke ein wichtiges Instrument zum Formenschutz, insbesondere wenn es um den Schutz außergewöhnlicher Gestaltungen geht, die Elemente jenseits des Üblichen aufweisen.

Die Diskussion zu den einzelnen Ausschlusstatbeständen des § 3 Abs. 2 MarkenG zeigt, dass hier Unsicherheiten bei der Auslegung und Anwendung der einzelnen Vorschriften bestehen. Diese zu beseitigen bleibt letztlich Aufgabe des EuGH. Nach der hier vertretenen Auffassung erschöpft sich der Anwendungsbereich von § 3 Abs. 2 Nr. 1 MarkenG entgegen der herrschenden Auffassung nicht in bloßen

810 *Ströbele*, NJW-Sonderheft 100 Jahre Markenverband, 2003, 78, 79.

811 EuGH GRUR 2003, 514, 517 Rz. 49 – Linde/Winward/Rado.

Grundformen, sondern erfasst darüber hinaus auch nachfragebedingt alternativlose Gestaltungen, wie beispielsweise sichtbare Ersatzteile. Handelt es sich allerdings um Identteile, an die sich der Verkehr als Herkunftskennzeichen gewöhnt hat, wie dies beispielsweise bei einem bekannten Kühlergrill der Fall sein mag, so kann der Ausschlussgrund durch den Nachweis der Verkehrsgeltung überwunden werden.

Bei der Auslegung von § 3 Abs. 2 Nr. 2 MarkenG hat der EuGH mit der *Philips/Remington*-Entscheidung den Abschied von der Theorie der Gestaltungsalternative begründet. Maßgebend ist nunmehr die Wesentlichkeit der technischen und funktionellen Formmerkmale. Daraus folgt tendenziell ein etwas weiteres Verständnis der technisch erforderlichen Form, da trotz Gestaltungsalternativen der Ausschlussgrund vorliegen kann.

Was die verunglückte Regelung der wertbedingten Form i.S.v. § 3 Abs. 2 Nr. 3 MarkenG anbelangt, findet dieser Ausschlussgrund keine Anwendung auf Formen, die der Verkehr als herkunftskennzeichnend erkennt, selbst wenn die Form einen wesentlichen Wert der Ware ausmacht. Einen ungeahnten Anwendungsbereich erfährt die Vorschrift bei dem Ausschluss von Identteilen.

Ersucht ein Hersteller für gestaltungsarme Formen Schutz, so wie dies meist bei Investitionsgütern der Fall sein wird, ist eine erfolgreiche Markeneintragung ungewiss. Häufig wird der Anmelder die absoluten Schutzhindernisse, insbesondere ein bestehendes Freihaltebedürfnis, nur über den Nachweis der Verkehrsdurchsetzung überwinden können. Ob dieser Nachweis gelingen wird, ist aber unsicher, da unklar ist, welche Voraussetzungen künftig an eben diese Durchsetzung zu stellen sind. So reicht es nicht aus, dass ein wesentlicher Teil der betroffenen Verkehrskreise die Form mit dem Marktteilnehmer „in Verbindung bringt". Vielmehr wird verlangt, dass der Verkehr die Ware „ausschließlich" dem Markeninhaber zuordnet. Diese zugegebenermaßen hohe Hürde verdient im Interesse der Verhinderung von Monopolstellungen Zustimmung.

Die Eintragungsvoraussetzungen auf ein Minimum zu beschränken, ist bedenklich und widerspricht dem Verständnis einer geprüften und eingetragenen Marke. Es kann nicht Sinn eines geordneten Prüfungsverfahrens sein, Zweifelsfälle im nachfolgenden Kollisionsverfahren zu bereinigen. Das Eintragungsverfahren dient in erster Linie der Rechtssicherheit, wonach Schutzhindernisse möglichst frühzeitig, effektiv und ökonomisch durch das Markenamt festgestellt werden sollen. Nur so kann aufwändigen Löschungsverfahren und Verletzungsklagen begegnet werden. Nicht verkannt werden darf, dass ein Prüfungsamt mit der Eintragung einer Marke einen deutlichen Rechtsschein vermittelt, der häufig bei Marken mit einen nur geringem Schutzumfang als Abschreckungsmittel missbraucht wird. Nur eine restriktive Eintragungspraxis gewährt Marken per se einen größeren Schutzumfang und begründet ein starkes Markenrecht. Eine Schutzlücke ist bei einer restriktiven Eintragungspraxis nicht zu befürchten, da insoweit auf das Geschmacksmusterrecht ausgewichen werden kann.

Es ist zu erwarten, dass durch die *Gabelstapler*-Rechtsprechung zunächst Ruhe in die Diskussion um die Eintragung komplexer technischer Erzeugnisse einkehren wird. Detailfragen zu den einzelnen Ausschlussgründen sind allerdings noch zu klären. Dies betrifft insbesondere die Ersatzteilfrage. Ein möglicher Weg zur Handhabe wurde aufgezeigt.

E. Ergänzender wettbewerbsrechtlicher Leistungsschutz

Einen Nachahmungsschutz dreidimensionaler Formen bietet unter engen Voraussetzungen auch das UWG. Dabei ist allerdings zu berücksichtigen, dass es sich bei dem Wettbewerbsrecht um Marktverhaltensrecht handelt, welches keinen unmittelbaren Schutz an Leistungsergebnissen begründet[812] und einen Produktschutz nur als Rechtsreflex gewährt[813].

Abseits der Sonderschutzrechte ist nach ständiger Rechtsprechung eine Nachahmung grundsätzlich zulässig[814]. Dies folgt aus der gesetzlichen Anerkennung besonderer Ausschließlichkeitsrechte, denn die wirtschaftliche Betätigung des Einzelnen hat außerhalb der Sonderschutzrechte im Interesse der Mitbewerber und Allgemeinheit frei zu sein[815]. Jede Entwicklung baut auf den Vorleistungen anderer auf, wobei es im Interesse des Fortschritts nicht verwehrt sein darf, freie Leistungsergebnisse eines Mitbewerbers zu übernehmen[816]. Der Grundsatz der generellen Nachahmungsfreiheit gilt selbst dann, wenn es sich um eine maßstabsgetreue Nach-

---

812 *Hefermehl/Köhler/Bornkamm*, § 4 Rz. 9.4. Dies wird in der Literatur teilweise kritisiert, s. nur *Lubberger*, in: FS Erdmann, S. 145, 162, der in dem ergänzenden Leistungsschutz primär einen Individualschutz erblickt.

813 *Bartenbach*, WRP 2002, 1119, 1123; *Fezer*, WRP 2001, 989, 106; *Sambuc*, S. 19 Rz. 38; s. aber EuGH GRUR Int. 2001, 327, 331 Rz. 62 f. – Dior/Tuk Consultancy, wonach der ergänzende Leistungsschutz ein Recht des geistigen Eigentums i.S.v. Art. 50 Abs. 1 TRIPS darstellt.

814 RGZ 73, 294, 296 – Grammophonplatte; RGZ 111, 254, 256 – Käthe-Kruse-Puppen; RG GRUR 1932, 751, – Künstliche Kranzblume; RG GRUR 1941, 116 – Torpedofreilauf; BGH GRUR 1954, 337, 339 – Radschutz; s. auch *Götting*, Mitt. 2005, 12, 13; *Köhler*, WRP 1999, 1075, 1078. Kritisch zum Grundsatz der generellen Nachahmungsfreiheit s. *Lubberger*, in: FS Erdmann, S. 145, 162, der für eine Aufgabe des Grundsatzes plädiert.

815 Kritisch hierzu *Schulte-Beckhausen*, S. 21 f., mit dem Hinweis, dass die gesetzlichen Sonderschutzrechte keine abschließende Regelung darstellen.

816 RGZ 135, 385, 394 – Künstliche Blumen; s. auch *Kur*, GRUR 1990, 1, 2, die darauf hinweist, dass der Grundsatz der Nachahmungsfreiheit das Ergebnis einer Abwägung der Interessen zwischen Schutzrechtsinhabern, Wettbewerbern und der Allgemeinheit ist.

bildung eines äußeren Erscheinungsbildes handelt[817]. Unzulässig ist ein Nachbau erst dann, wenn dieser gegen gewerbliche Schutzrechte verstößt oder die Leistungsübernahme in unlauterer Weise erfolgt, also die Voraussetzungen des sog. ergänzenden wettbewerbsrechtlichen Leistungsschutzes[818] greifen. Dieses Institut soll die grundsätzliche Nachahmungsfreiheit jedoch nicht in Frage stellen[819].

Der im Folgenden näher zu betrachtende ergänzende Leistungsschutz greift, wenn das nachgeahmte Produkt eine wettbewerbliche Eigenart aufweist und neben die Nachahmung noch weitere unlauterkeitsbegründende Merkmale treten, die außerhalb der sondergesetzlichen Verletzungstatbestände liegen[820]. Für den UWG-Schutz ist also nicht der Umstand entscheidend, dass nachgebaut wird, sondern in welcher Art und Weise die Nachahmung erfolgt. Dabei ist der ergänzende Leistungsschutz vom Bestehen etwaiger Sonderschutzrechte unabhängig und nicht an formelle Voraussetzungen gebunden. Dies hat zur Folge, dass der UWG-Schutz auch dann zur Anwendung gelangen kann, obwohl Sonderschutzrechte bestehen[821], diese bereits abgelaufen sind oder noch nicht erteilt wurden[822]. Der ergänzende Leistungsschutz gewährt allerdings nur ein Abwehrrecht gegenüber Wettbewerbern. Positive Nutzungsrechte, die im Wege einer Lizenz vergeben werden könnten, begründet das Wettbewerbsrecht hingegen nicht, womit dem Rechtsinstitut nur eine ergänzende Funktion zukommt[823]. Trotz dieser ergänzenden Rolle, die dem UWG-Schutz zukommt, ist er in seiner Bedeutung für die Industrie ein nicht zu unterschätzendes Schutzrecht, wie nachfolgende Darstellung zeigt.

I. Bedeutung des ergänzenden Leistungsschutzes für Investitionsgüter

Das Nachbauen ganzer Maschinen ist ein altbekanntes Phänomen[824]. Dort, wo sich Innovationen dem Wettbewerb stellen, besteht ein Interesse, am Markt be-

---

817 BGH GRUR 1996, 210, 212 – Vakuumpumpen; BGH GRUR 2003, 356, 357 – Präzisionsmessgeräte. Kritisch hierzu *Lubberger*, in: FS Erdmann, S. 145, 161, der für die Aufgabe des Grundsatzes der Nachahmungsfreiheit plädiert.

818 Im Folgenden auch als UWG-Schutz bezeichnet. Kritisch zum Begriff des „ergänzenden wettbewerbsrechtlichen Leistungsschutzes“ *Köhler*, GRUR 2007, 548, 549.

819 BT-Drucks. 15/1487 vom 22.8.2003, S. 18.

820 S. nur BGH GRUR 1966, 503, 506 – Apfelmadonna; BGH GRUR 2002, 275, 276 – Noppenbahnen.

821 BGH GRUR 2005, 601, 602 – Handtuchklemmen; BGH GRUR 2003, 359, 360 – Pflegebett; BGH GRUR 2003, 332, 335 – Abschlussstück; s. auch *Stieper*, WRP 2006, 291, 302, der von einer kumulativen Anspruchskonkurrenz spricht.

822 BGH GRUR 2003, 356, 357 – Präzisionsmessgeräte; BGH GRUR 1982, 305, 307 – Büromöbelprogramm.

823 *Nordemann/Heise*, ZUM 2001, 128, 131.

824 S. bereits *Osterrieth*, GRUR 1925, 131, 137.

sonders erfolgreiche Produkte zu imitieren. Schutz der Leistungsergebnisse ist primär über die gewerblichen Sonderschutzrechte zu erlangen. Dieser Schutz ist naturgemäß nicht lückenlos, beispielsweise dann, wenn der Nachbau vor Schutzrechtserlangung bzw. nach Schutzrechtsablauf erfolgt oder von einer Schutzrechtsanmeldung, sei es bewusst, sei es unbewusst, abgesehen wurde. Darüber hinaus kann der Nachahmer das Wissen über eine schützenswerte Entwicklung in unlauterer Weise erlangt haben oder es wurden Gestaltungsmerkmale ohne (technische) Notwendigkeit übernommen, was wiederum zu einer vermeidbaren Herkunftstäuschung führen kann. Damit in solchen Situationen der Originalhersteller nicht vollends schutzlos steht, ist auf den ergänzenden Leistungsschutz zurückzugreifen.

Der BGH hatte in den letzten Jahren regelmäßig Gelegenheit, zum Nachbau technischer Erzeugnisse Stellung zu beziehen, so beispielsweise in den Entscheidungen, *Bremszangen, Noppenbahnen, Modulgerüst, Rollstuhlnachbau, Güllepumpen* und *Vakuumpumpen*[825]. Dabei sanktioniert der ergänzende Leistungsschutz in erster Linie das unlautere Verhalten des Nachahmers. Für die Investitionsgüterindustrie ist der UWG-Schutz jedoch ein in seiner Bedeutung nicht zu unterschätzendes Auffangrecht, gerade weil dieser einen reflexartigen Produktschutz gewährt. Bereits die Anzahl der höchstrichterlichen Entscheidungen zu den überwiegend technisch geprägten Gütern belegt, dass in der Branche ein über die Sonderschutzrechte hinausgehendes Schutzbedürfnis besteht[826].

II. Entstehungsgeschichte und Entwicklung des ergänzenden Leistungsschutzes

Durch die UWG-Novelle vom 8. Juli 2004 hat der ergänzende Leistungsschutz in § 4 Nr. 9 UWG ein neues rechtliches Fundament erhalten. Nachfolgend wird die Entwicklung des ergänzenden Leistungsschutzes bis zur derzeitigen Rechtslage skizziert.

Der ergänzende Leistungsschutz wurde von der Rechtsprechung unter dem Dach der wettbewerbsrechtlichen Generalklausel § 1 UWG a.F. entwickelt[827]. Wie die meisten europäischen Rechtsordnungen sah auch das deutsche Recht eine gesetz-

825 BGH GRUR 2002, 820 f. – Bremszangen; BGH GRUR 2002, 275 f. – Noppenbahnen; BGH GRUR 2000, 521 f. – Modulgerüst; BGH GRUR 1999, 1106 f. – Rollstuhlnachbau; BGH GRUR 1999, 751 f. – Güllepumpen; BGH GRUR 1996, 210 f. – Vakuumpumpen.

826 S. auch *Trimborn/Schmitz*, Mitt. 2006, 540, 541, die auf die große wirtschaftliche Bedeutung des wettbewerbsrechtlichen Leistungsschutzes für die Praxis hinweisen.

827 S. zur Kasuistik ausführlich *Sambuc*, S. 8 ff.

liche Regelung zunächst nicht vor[828]. Anfang der neunziger Jahre bei den Beratungen zum Produktpiraterieggesetz gab es erste Bestrebungen, den wettbewerbsrechtlichen Leistungsschutz in einer eigenen Vorschrift des UWG zu verankern. Aus rechtsdogmatischen und rechtspolitischen Gründen lehnte der Gesetzgeber es damals jedoch ab, einen Tatbestand der unerlaubten Verwertung fremder Leistung als gesetzliche Regelbeispiele wettbewerbswidrigen Verhaltens aufzunehmen[829]. Weiter wurde befürchtet, dass eine gesetzliche Regelung die Entwicklung der Rechtsprechung behindern würde und zudem das Verhältnis gegenüber den gewerblichen Sonderschutzrechten zu überdenken wäre[830].

Der damalige Verzicht auf eine gesetzliche Regelung blieb nicht unumstritten, da die Herleitung des ergänzenden Leistungsschutzes aus der Generalnorm weder als dogmatisch noch als sachlich ausreichend angesehen wurde, um einen effizienten Schutz geistigen Eigentums zu gewährleisten. In jüngerer Zeit wurde im Schrifttum daher die Forderung nach einer Normierung des UWG-Schutzes erhoben[831]. Diese Forderung erstreckte sich auch auf die Gemeinschaftsebene[832], auf der das zum Teil stark divergierende Rechtsverständnis über das Institut des „ergänzenden Leistungsschutzes" besonders negative Folgen für den freien Warenverkehr hat[833].

Mit Novellierung des Gesetzes gegen den unlauteren Wettbewerb wurde dieser Kritik, was das nationale deutsche Lauterkeitsrecht anbelangt, entsprochen und eine Regelung des vormals aus der Generalnorm abgeleiteten ergänzenden Leistungsschutzes unter § 4 Nr. 9 UWG aufgenommen. Der UWG-Schutz findet nun erstmalig auch in Deutschland eine ausdrückliche gesetzliche Grundlage. Nachfolgend werden die Voraussetzungen dargestellt, unter denen dieser Nachahmungsschutz zu erlangen ist.

---

828 Gesetzliche Regelungen zum ergänzenden Leistungsschutz sahen bislang nur vor: Art. 5 Schweizer UWG; § 8 schwedisches Marktvertriebsgesetz; Art. 11 spanisches UWG; Art. 2598 Nr. 1 italienischer Codice Civile.

829 *Schulte-Beckhausen*, S. 9.

830 Gesetz gegen Produktpiraterie: Regierungsentwurf, GRUR 1989, 581, 582.

831 *Köhler*, WRP 1999, 1075, 1080; *Köhler/Bornkamm/Henning-Bodewig*, WRP 2002, 1318, 1326; *Schricker/Henning-Bodewig*, WRP 2001, 1367, 1381; *Fezer*, WRP 2001, 989, 1005, der sich für einen originären wettbewerbsrechtlichen Leistungsschutz ungeachtet eines sittenwidrigen Verhaltens ausspricht; *Kur*, GRUR 1990, 1, 15.

832 S. *Götting*, Mitt. 2005, 12, 19 f., der auf das in der EU unterschiedlich geprägte Rechtsverständnis eines „ergänzenden Leistungsschutzes" und die damit einhergehenden und in absehbarer Zeit kaum zu überwindenden Harmonisierungsschwierigkeiten hinweist; s. zu verschiedenen Harmonisierungsansätzen *Schricker/ Henning-Bodewig*, WRP 2001, 1367, 1381 ff.

833 Vgl. *A. Busse*, S. 122 ff., mit einer rechtsvergleichenden Untersuchung; s. auch EuGH GRUR Int. 2001, 327, 330 f. – Dior/Tuk Consultancy.

III. Tatbestandsvoraussetzungen des ergänzenden Leistungsschutzes

Das bloße Nachahmen eines nicht unter Sonderrechtsschutz stehenden Arbeitsergebnisses ist, wie eingangs ausgeführt, grundsätzlich zulässig. Unlauter ist die Handlung erst dann, wenn nachgeahmte Waren oder Dienstleistungen angeboten werden und dies zu einer vermeidbaren Täuschung der Abnehmer über die betriebliche Herkunft führt (§ 4 Nr. 9 a) UWG), die Wertschätzung der nachgeahmten Ware oder Dienstleistung unangemessen ausnutzt oder beeinträchtigt (§ 4 Nr. 9 b) UWG) oder die für die Nachahmung erforderlichen Kenntnisse oder Unterlagen unredlich erlangt wurden (§ 4 Nr. 9 c) UWG). Für die Verwirklichung des Tatbestands ist die Kenntnis der die Unlauterkeit begründenden Umstände, nicht jedoch ein Verschulden erforderlich[834]. Entsprechend der allgemeinen Regelungsstruktur der Beispielstatbestände ist die Aufzählung nicht abschließend[835].

Im Folgenden werden die Handlungen aufgezeigt, unter denen eine Nachahmung unlauter ist. Dem vorangestellt wird die Darstellung des Merkmals der „wettbewerblichen Eigenart“, welches für das Greifen des ergänzenden Leistungsschutzes eine wesentliche Voraussetzung bildet.

1. Wettbewerbliche Eigenart

Neben der Leistungsübernahme und den unlauteren Begleitumständen verlangt der ergänzende Leistungsschutz eine sog. wettbewerbliche Eigenart des nachgeahmten Gegenstands[836]. Wettbewerblich eigenartig ist ein Erzeugnis dann, wenn die konkrete Ausgestaltung oder bestimmte Merkmale des Erzeugnisses geeignet sind, die interessierten Verkehrskreise auf seine betriebliche Herkunft hinzuweisen[837]. Diese Eigenart bildet die zentrale Voraussetzung für das Greifen des ergänzenden wettbewerbsrechtlichen Leistungsschutzes[838], denn steht die wettbewerbliche Eigenart und die Leistungsübernahme fest, so scheitert der ergänzende Leistungsschutz selten an den fehlenden Unlauterkeitskriterien[839]. Das Schutzerfordernis wurde von der Rechtsprechung zur alten Rechtslage entwickelt und wird laut Gesetzesbe-

---

834 *Sambuc*, S. 30 Rz. 62; *Hefermehl/Köhler/Bornkamm*, § 4 Rz. 9.68. Die subjektive Kenntnis kann jedoch eine Rolle beim Schadensersatzanspruch spielen.

835 BT-Drucks. 15/1487 vom 22.8.2003, S. 18.

836 Ständige Rechtsprechung, s. nur BGH GRUR 2002, 820, 821 – Bremszangen; BGH GRUR 1992, 523, 525 – Betonsteinelemente; *Rohnke*, in: FS Erdmann, S. 455, 458.

837 BGH GRUR 2005, 600, 602 – Handtuchklemmen.

838 So die herrschende Ansicht, s. nur *Fezer*, UWG, Band 1, § 4-9 Rz. 24; *Götting*, Mitt. 2005, 12, 19; *Keller*, in: FS Erdmann, S. 595, 597, s. auch *Lubberger*, in: FS Erdmann, S. 145, 155, der von einer in den letzten Jahren erfolgten deutlichen Akzentverschiebung zugunsten der „wettbewerblichen Eigenart“ und somit von einer stärkeren Gewichtung des Individualschutzes spricht; *Kur*, GRUR 1990, 1, 8.

839 *Köhler*, WRP 1999, 1075, 1078; *Wiebe*, in: FS Schricker, S. 773, 775.

gründung jedenfalls für die Fälle der vermeidbaren Herkunftstäuschung als ungeschriebenes Tatbestandsmerkmal vorausgesetzt[840].

a) *Anwendungsbereich der wettbewerblichen Eigenart*

Unklar ist zunächst, ob das Merkmal der wettbewerblichen Eigenart für alle Fallgruppen des ergänzenden Leistungsschutzes[841] oder nur für die Fälle der Herkunftstäuschung gilt[842]. Diese bereits nach alter Rechtslage kontrovers diskutierte Frage hat der Gesetzgeber unbeantwortet gelassen, denn in der Gesetzesbegründung wird die wettbewerbliche Eigenart nur bei der vermeidbaren Herkunftstäuschung erwähnt[843]. Daraus kann jedoch nicht der Schluss gezogen werden, dass für die anderen Tathandlungen des Leistungsschutzes eine wettbewerbliche Eigenart entbehrlich ist.

Wollte man alleine das unlautere Verhalten sanktionieren, wäre die wettbewerbliche Eigenart in der Tat, außer für die Fallgruppe der vermeidbaren Herkunftstäuschung und der Rufausbeutung, entbehrlich[844]. Eine solche Auffassung berücksichtigt nicht ausreichend, dass dem ergänzenden Leistungsschutz eine Zwitterstellung zukommt und neben dem lauteren Wettbewerb zumindest mittelbar auch das Produkt selbst geschützt wird. Das ungeschriebene Tatbestandsmerkmal der wettbewerblichen Eigenart gewährleistet die Schutzwürdigkeit der unternehmerischen Leistung und ist als Korrektiv für den über das UWG erlangten Produktschutz, die Umgehung etwaiger Sonderschutzrechte und die Durchbrechung des Grundsatzes der generellen Nachahmungsfreiheit anzusehen. Die wettbewerbliche Eigenart sorgt also dafür, dass nicht jeder gesichtslose Gegenstand geschützt wird, sondern nur unterscheidungskräftige bzw. von der Norm abweichende Ware, deren Erscheinungsbild aus der Masse anderer Produkte derselben Gattung herausragt[845]. Dabei ist die Funktion der wettbewerblichen Eigenart mit der ge-

---

840 BT-Drucks. 15/1487 vom 22.8.2003, S. 18.

841 S. nur *Hefermehl/Köhler/Bornkamm*, § 4 Nr. 9 Rz. 9.24, die für die Anwendung des UWG-Schutzes stets eine „wettbewerbliche Eigenart" verlangen; *Götte*, S. 20, der darauf hinweist, dass die wettbewerbliche Eigenart in den Fällen der vermeidbaren Herkunftstäuschung keine eigenständige Bedeutung erlangt.

842 *Bopp*, GRUR 1997, 34, 34; ebenso *Tilmann*, GRUR 1987, 865, 869, die bereits unter alter Rechtslage die wettbewerbliche Eigenart nur auf die Fallgruppe der Herkunftstäuschung angewendet sehen wollten. S. auch *Schulte-Beckhausen*, S. 198, der auf das Merkmal der wettbewerblichen Eigenart gänzlich verzichten möchte.

843 BT-Drucks. 15/1487 vom 22.8.2003, S. 18.

844 So jedenfalls *Bopp*, GRUR 1997, 34, 34 f.; *Tilmann*, GRUR 1987, 865, 869.

845 S. *Kur*, GRUR 1990, 1, 8, mit dem Hinweis, dass die wettbewerbliche Eigenart nicht mit der Individualität im Sinne des Urheberrechts gleichgesetzt werden könne, da letztere neben dem individuellen Charakter des Werkes auch die Beziehung des Werkes zum Urheber erfasse, *Keller*, in: FS Erdmann, S. 595, 597.

schmackmusterrechtlichen Eigenart, der markenrechtlichen Kennzeichnungskraft und der urheberrechtlichen Schöpfungshöhe vergleichbar[846]. Die wettbewerbliche Eigenart stellt folglich eine generelle Anforderung der Schutzwürdigkeit dar und hat für alle Fallgruppen des ergänzenden Leistungsschutzes zu gelten, auch wenn dies nicht aus § 4 Nr. 9 UWG bzw. der Gesetzesbegründung hervorgeht.

b) Voraussetzungen der wettbewerblichen Eigenart technischer Erzeugnisse

Die wettbewerbliche Eigenart kann neben der ästhetischen Wirkung[847], die einer Ware zukommt, auch aus den technischen Merkmalen eines Erzeugnisses folgen[848]. Erst in jüngeren Entscheidungen zum ergänzenden Leistungsschutz hat die Rechtsprechung ausführlich zu den Voraussetzungen der wettbewerbsrechtlichen Eigenart technischer Erzeugnisse Stellung bezogen[849]. So hat der BGH festgestellt, dass auch technische Merkmale – insbesondere gegenüber Fachkreisen – geeignet sein können, Herkunfts- und Gütevorstellungen zu vermitteln und dass ihre Nachahmung als unlauter anzusehen ist, wenn für Abweichungen ein hinreichend großer Gestaltungsspielraum bestanden hat[850].

Die wettbewerbliche Eigenart kann sich selbst aus Merkmalen ergeben, die den Gebrauchszweck beeinflussen, sofern sie willkürlich wählbar und austauschbar sind[851]. Beispielsweise wurde der besonderen Gestaltung eines Gerüstknotens mit der an den Vertikalstielen angebrachten Lochscheiben eine wettbewerbliche Eigenart nicht abgesprochen[852]. Werden willkürlich wählbare technische Merkmale übernommen, so liegt eine Unlauterkeit meist dann vor, wenn für deren Über-

---

846 *Keller*, in: FS Erdmann, S. 595, 598.

847 BGH GRUR 1985, 876, 877 – Tchibo/ Rolex; Baumbach/ Hefermehl-*Köhler*, § 4 UWG Rz. 9.27.

848 Nachdem das Reichsgericht zunächst eine Differenzierung zwischen technischen und ästhetischen Gegenständen vornahm, wobei ersteren der UWG-Schutz mit dem Hinweis auf den zeitlich begrenzen Schutz der Sonderschutzrechte versagt blieb (RGZ 120, 94, 98 – Huthaken), hat der BGH eine solche Differenzierung aufgrund der „Wesensverschiedenheit" des UWG-Schutzes aufgegeben. BGH GRUR 2002, 820, 822 – Bremszangen; BGH GRUR 2000, 521, 523 – Modulgerüst; BGH GRUR 1999, 751, 752 – Güllepumpen; BGH GRUR 1996, 210, 211 – Vakuumpumpen; s. auch *Götting*, Mitt. 2005, 12, 14 m.w.N..

849 BGH GRUR 2002, 820 f. – Bremszangen; BGH GRUR 2002, 275 f. – Noppenbahnen; BGH GRUR 2000, 521 f. – Modulgerüst; BGH GRUR 1999, 1106 f. – Rollstuhlnachbau; BGH GRUR 1999, 751 f. – Güllepumpen; BGH GRUR 1996, 210 f. – Vakuumpumpen.

850 BGH GRUR 1999, 1106, 1108 – Rollstuhlnachbau; *Lubberger*, in: FS Erdmann, S. 145, 157.

851 BGH GRUR 2005, 600, 602 – Handtuchklemmen; BGH GRUR 2002, 820, 822 – Bremszangen; BGH GRUR 1981, 517, 519 – Rollhocker; *Bopp*, GRUR 1997, 34, 35.

852 BGH GRUR 2000, 521 – Modulgerüst.

nahme keine technische Notwendigkeit bestand[853]. Aber auch beim ergänzenden Leistungsschutz gilt, entsprechend den Sonderschutzrechten, dass Merkmale, die dem freien Stand der Technik angehören, nicht die wettbewerbliche Eigenart begründen können und von Jedermann frei übernommen werden dürfen[854].

Für die Annahme der wettbewerblichen Eigenart reicht es bereits aus, dass sich das nachgeahmte Produkt von anderen auf dem Markt befindlichen deutlich unterscheidet[855]. Nicht erforderlich ist, dass das Erzeugnis eine gewisse Bekanntheit aufweist. Gleichwohl vermag der Grad der Eigenart durch die tatsächliche Bekanntheit des Erzeugnisses im Verkehr verstärkt werden[856]. Selbst die Neuheit ist keine Voraussetzung[857]. Allerdings sind Neuheit und Überdurchschnittlichkeit der Gestaltung Indizien für die wettbewerbliche Eigenart, sofern Konkurrenzprodukte dieses Merkmal noch nicht aufweisen.

Bei den die wettbewerbliche Eigenart begründenden Merkmalen muss es sich grundsätzlich um äußere und sichtbare Gestaltungselemente handeln, da sich der Verkehr auch nur an solchen Merkmalen orientieren kann[858]. Wie sich dieses Sichtbarkeitserfordernis allerdings zu der *Rotaprint*-Entscheidung verhält, bleibt unklar. So hat der BGH in seiner früheren Entscheidung festgestellt, dass bei Maschinen Abweichungen der äußeren Verkleidung nicht wesentlich genug seien, um den Vorwurf eines Nachbaus auszuräumen. Begründet wurde dies damit, dass bei Maschinen nicht die äußere Verkleidung im Vordergrund des Käuferinteresses stehe, sondern deren Konstruktion[859]. Abzustellen ist also nicht alleine auf die äußere Erscheinung, sondern auf die Merkmale, die sich in der jeweiligen Branche als kennzeichnend durchgesetzt haben. Handelt es sich bei dem Adressatenkreis der Ware um ein Fachpublikum, so wie dies im Maschinen- und Anlagenbau der Fall ist, muss die Eigenart des Produkts auch weiterhin durch solche Merkma-

853 BGH GRUR 1996, 210, 211 – Vakuumpumpen; BGH GRUR 2000, 521, 523 – Modulgerüst. Fraglich ist allerdings, ob der BGH künftig, unter den Eindrücken der Philips/Remington-Entscheidung des EuGH (GRUR 2002, 804, 809 Rz. 83.) von dem Merkmal der „freien Wählbarkeit" abweicht und an die „Wesentlichkeit" der Funktion anknüpfen wird. Jedenfalls solange es sich bei dem ergänzenden Leistungsschutz nicht um einen harmonisierten Rechtsbereich handelt, besteht dafür keine zwingende Notwendigkeit.

854 BGH GRUR 2005, 600, 603 – Handtuchklemmen; BGH GRUR 2002, 820, 822 – Bremszangen; BGH GRUR 2002, 275, 276 – Noppenbahnen; BGH GRUR 1999, 1106, 1108 – Rollstuhlnachbau.

855 BGH GRUR 2000, 521, 523 – Modulgerüst.

856 BGH GRUR 2005, 600, 602 – Handtuchklemmen; beachte aber die Fallgruppe der Herkunftstäuschung § 4 Nr. 9 a) UWG, die wiederum eine gewisse Bekanntheit verlangt.

857 BGH GRUR 1992, 523, 525 – Betonsteinelemente; BGH WRP 1976, 370, 371 – Puderdose.

858 BGH GRUR 2002, 820, 822 – Bremszangen; BGH GRUR 1999, 751, 752 – Güllepumpen.

859 BGH GRUR 1963, 152, 154 f. – Rotaprint.

le begründet werden können, die diese Kreise gewöhnlich als kennzeichnend ansehen, ungeachtet, ob es sich um äußere Merkmale handelt oder nicht.

Mit der Feststellung des BGH, dass eine wettbewerbliche Eigenart jedenfalls bei einem „deutlichen Abweichen“ von den im Wettbewerb üblichen Ausführungen vorliege[860], ist noch keine Aussage darüber getroffen, ob die wettbewerbliche Eigenart auch bei einem nur „durchschnittlichen Abweichen“ angenommen werden kann. Unter Berücksichtigung der Wechselwirkung zwischen dem Grad der wettbewerblichen Eigenart, der Art, der Weise und der Intensität der Übernahme sowie den besonderen wettbewerblichen Umständen kann der Leistungsschutz auch bei einem nur geringen Abstand gegenüber anderen Formen greifen[861]. Dies bedeutet aber auch, dass an die wettbewerbliche Eigenart nicht zwingend höhere Anforderungen zu stellen sind als an die geschmacksmusterrechtliche Eigenart[862], zumal erstere eine Neuheit gerade nicht verlangt. Im Ergebnis führt dies zu einer großzügigen Annahme der wettbewerblichen Eigenart, wobei der ergänzende Leistungsschutz eine weitere Einschränkung über die nachfolgend darzustellenden unlauteren Wettbewerbshandlungen erfährt[863].

2. Fallgruppen des ergänzenden Leistungsschutzes

§ 4 Nr. 9 a bis c UWG benennt die wichtigsten Fälle des ergänzenden wettbewerbsrechtlichen Leistungsschutzes und kodifiziert die bisherige Rechtsprechung des BGH. Mit Ablösung der Generalklausel (§ 1 UWG a.F.) durch §§ 3, 4 UWG soll kein Paradigmenwechsel vollzogen werden[864], sodass eine Änderung des Anwendungsbereichs nicht zu erwarten ist. Auf die von der Rechtsprechung entwickelten Fallgruppen und Grundsätze kann daher auch künftig zurückgegriffen werden[865]. Vor diesem Hintergrund verzichtet nachfolgende Darstellung auf eine tiefgreifende Auseinandersetzung mit den einzelnen Nachahmungshandlungen[866].

---

860 BGH GRUR 2000, 521, 523 – Modulgerüst.

861 BGH GRUR 2004, 941, 942 – Metallbett; BGH GRUR 2003, 356, 357 – Präzisionsmessgeräte; BGH GRUR 1999, 1106, 1108 – Rollstuhlnachbau.

862 A.A. s. *Bulling/Langöhrig/Hellwig* Rz. 43, der auf BGH GRUR 1973, 478 – Modeneuheit verweist und die Auffassung vertritt, dass die Schutzhürde der wettbewerblichen Eigenart höher sei, als die der geschmackmusterrechtlichen Eigenart, da die wettbewerbliche Eigenart nur bei einer herausragenden Neuerscheinung mit überdurchschnittlichen ästhetischen Gestaltungsmerkmalen anzunehmen sei.

863 *Rohnke*, in: FS Erdmann, S. 455, 457.

864 BT-Drucks. 15/1487 vom 22.8.2003, S. 16; *Henning-Bodewig*, GRUR 2004, 713, 717.

865 *Götting*, Mitt. 2005, 12, 12; *Ohly*, GRUR 2004, 889, 897; *Mees*, Mitt. 2004, 534, 539; *Münker/Kaestner*, BB 2004, 1689, 1693; BGH GRUR 2007, 795, 797 – Handtaschen.

866 Für eine Darstellung der Grundsätze s. *Bopp*, GRUR 1997, 34 ff.; ausführlich *Sambuc*, Der UWG-Nachahmungsschutz.

a) *Herkunftstäuschung (§ 4 Nr. 9 a UWG)*

Die in der Praxis wohl bedeutendste Gruppe des ergänzenden Leistungsschutzes betrifft die Fälle der vermeidbaren Herkunftstäuschung[867]. Die Herkunftstäuschung setzt zunächst voraus, dass die Ware aufgrund konkreter Merkmale als Erzeugnis eines bestimmten Betriebs erkannt werden kann bzw. innerhalb der maßgebenden Verkehrskreise eine gewisse Bekanntheit erlangt hat[868]. Eine Verkehrsgeltung wird jedoch nicht verlangt[869]. Weiter muss der Verkehr ein Interesse an der Herkunft der Ware aufweisen und ihm muss bekannt sein, dass es ein Original gibt[870], denn stünde alleine der Gebrauchswert im Vordergrund, würde man eine Irreführung über die betriebliche Herkunft nicht annehmen können. Eine Täuschung über die betriebliche Herkunft scheidet immer dann aus, wenn Merkmale übernommen werden, die dem freizuhaltenden Stand der Technik angehören und diese der angemessenen Lösung einer technischen Aufgabe dienen[871].

Liegt die erforderliche Bekanntheit vor, so handelt wettbewerbswidrig, wer ein fremdes Erzeugnis durch Übernahme von Merkmalen, mit denen der Verkehr eine betriebliche Herkunftsvorstellung verbindet, nachahmt und nicht alles Mögliche und Zumutbare unternommen hat, um eine Irreführung des Verkehrs zu vermeiden[872]. Das sanktionierte Verhaltensunrecht liegt in der „Vermeidbarkeit" der Herkunftstäuschung[873]. Anders als im Markenrecht kann sich der Produktnachahmer Ansprüchen aus ergänzendem Leistungsschutz hier aber durch klarstellende Hinweise entziehen[874].

Welche Maßnahmen im Einzelfall zur Vermeidung von Herkunftsverwechselungen geeignet und zumutbar sind, obliegt der tatrichterlichen Würdigung unter Berücksichtigung der Bedeutung, die der Verkehr Kennzeichen und Firmenfarbe in der jeweiligen Branche beimisst[875]. Beispielsweise vermeiden Kennzeichen bei identischen bzw. nahezu identischen Waren nur dann eine Herkunftstäuschung, wenn für den Kunden die Herstellerangabe bei der Produktauswahl entscheidend

867 So auch *Bopp*, GRUR 1997, 34, 40.

868 Ständige Rechtsprechung, vgl. BGH GRUR Int. 2006, 334, 336 – Jeans; BGH GRUR 2005, 600, 602 – Handtuchklemmen; BGH GRUR 2003, 359, 360 – Pflegebett; BGH GRUR 2002, 275, 276 – Noppenbahnen; BGH GRUR 1999, 751, 752 – Güllepumpen; BGH GRUR 1996, 210, 211 – Vakuumpumpen.

869 BGH GRUR 2002, 275, 277 – Noppenbahnen.

870 *Lettl*, BB 2005, 1913, 1916; BGH GRUR 2007, 795, 798 – Handtaschen.

871 BGH GRUR 2005, 600, 603 – Handtuchklemmen; BGH GRUR 2002, 820, 822 – Bremszangen.

872 BGH GRUR 2002, 275, 277 – Noppenbahnen.

873 *Rohnke*, in: FS Erdmann, S. 455, 464.

874 *Hefermehl/Köhler/Bornkamm*, § 4 Rz. 9.10.

875 BGH GRUR 2002, 275, 277 – Noppenbahnen; BGH GRUR 1999, 751, 753 – Güllepumpen.

ist[876]. Dies ist insbesondere dann der Fall, wenn die wettbewerbliche Eigenart der Ware im äußeren Erscheinungsbild liegt[877]. Bei einigen Maschinen kann aber auch die technische Konstruktion die wettbewerbliche Eigenart bestimmen[878], sodass Kennzeichen zur Vermeidung einer Herkunftstäuschung nur bedingt taugen. Hält der Geschäftsverkehr wegen der Kennzeichnung zwar die Produkte auseinander, glaubt er aber aufgrund der Warengleichheit an eine betriebliche Zusammenarbeit, Lizenzierung oder einheitliche Qualitätskontrolle, so sind auch Kennzeichen oder eine abweichende Seriennummer nicht geeignet, eine solche Fehlvorstellung auszuräumen[879]. Ebenso ist die „Hausfarbe" nur bedingt geeignet, eine Herkunftstäuschung zu vermeiden[880]. Zwar werden Investitionsgüter meist in der Firmenfarbe des Herstellers ausgeliefert, doch erfolgen aufgrund kundenspezifischer Wünsche in einigen Branchen auch Fertigungen in der Hausfarbe des Kunden. Eine generelle Aussage über die Herkunftsfunktion der Warenfarbe lässt sich daher nicht treffen. Vielmehr kommt es auf die in der jeweiligen Sparte herrschenden Kennzeichengewohnheiten an. Je näher die schutzbegehrende Form an die gattungsbedingte Grundform heranreicht oder je stärker die Form technisch zwingenden Vorgaben folgt, desto weniger werden vom Nachahmer gestalterische Abweichungen gefordert werden können, wohl aber die Ausräumung einer Verwechslungsgefahr durch anderweitige Kenntlichmachung[881]. Ist die Herkunftstäuschung dennoch unvermeidbar, also trotz entsprechender Maßnahmen nicht auszuräumen, so ist die Nachahmung im Interesse des Wettbewerbs, anders als im Markenrecht, hinzunehmen.

Der Tatbestand der Herkunftstäuschung trägt ähnliche Züge wie das Kennzeichenrecht[882]. Bei der Täuschung über die betriebliche Herkunft ist allerdings zu beachten, dass sich § 4 Nr. 9 UWG auf das Nachahmen von Waren und Dienstleistungen bezieht. Betrifft die Nachahmung hingegen eine eingetragene (Form-)Marke, so verdrängen das speziellere Markenrecht grundsätzlich die UWG-Ansprüche[883]. Außerhalb des markenrechtlichen Schutzes kann aber sehr wohl ein

876 BGH GRUR 1966, 97, 101 – Zündaufsatz.

877 BGH GRUR 2002, 820, 822 – Bremszangen.

878 BGH GRUR 1963, 152, 152 – Rotaprint.

879 EuGH GRUR 2002, 354, 356 – Toshiba.

880 BGH GRUR 1999, 751, 752 – Güllepumpen.

881 *Stolz*, S. 180.

882 So bereits *Tilmann*, GRUR 1987, 865, 867. Dies gilt nunmehr erst recht, da das Markengesetz ausdrücklich Schutz von dreidimensionalem Formen vorsieht. Kritisch zu der Fallgruppe der Herkunftstäuschung aufgrund von Wertungswidersprüchen gegenüber dem Markenrecht *Rohnke*, in: FS Erdmann, S. 467.

883 BGH GRUR 2003, 332, 335 – Abschlussstück.

Bedürfnis für einen UWG-Schutz bestehen, beispielsweise dann, wenn die Formmarke nicht eingetragen wurde oder nicht kennzeichenmäßig benutzt wird[884].

b) *Rufausbeutung (§ 4 Nr. 9 b UWG)*

Die zweite Fallgruppe betrifft Wettbewerbshandlungen mit einer unangemessenen Rufausbeutung oder Rufbeeinträchtigung. Dies sind die Fälle, in denen der Verkehr mit einer Ware bestimmte Herkunfts- und Gütevorstellungen verbindet und durch die Nachahmung der gute Ruf des Originals ausgenutzt wird. Die Unangemessenheit ist dabei nach denselben Kriterien zu beurteilen, wie sie für die Vermeidbarkeit der Herkunftstäuschung gelten, sodass sich der Anwendungsbereich von § 4 Nr. 9 b UWG im Wesentlichen mit dem von § 4 Nr. 9 a UWG deckt[885].

c) *Unredliche Kenntniserlangung (§ 4 Nr. 9 c UWG)*

Die dritte Gruppe regelt die Fälle der unredlichen Kenntniserlangung. Dies sind die unlauteren Handlungen, in denen sich der Nachahmer die erforderlichen Kenntnisse durch Erschleichung eines fremden Betriebsgeheimnisses oder durch Vertrauensbruch verschafft hat. Hierzu wird man auch die Fälle zählen müssen, in denen ein Kooperationspartner rechtmäßig in den Besitz von Konstruktionsplänen gelangt ist, diese nun jedoch – u.U. unter Bruch einer Geheimhaltungsvereinbarung – vertragswidrig für eigene Nachbauten missbraucht.

d) *Ungeregelte Fallgruppen*

Unklar ist, unter welchen Tatbestand die nicht ausdrücklich geregelten Fälle, wie beispielsweise die systematische oder planmäßige Nachahmung bzw. die parasitäre Ausbeutung, fallen. Für eine rechtliche Einordnung werden verschiedene Lösungsmöglichkeiten vorgeschlagen. So kann der Sonderfall der systematischen Nachahmung unter § 4 Nr. 9 UWG[886] oder unter § 4 Nr. 10 UWG[887] als gezielte Behinderung subsumiert werden. Für die Fallgruppe der parasitären Ausbeutung wird von einigen Autoren der Weg über die Generalklausel nach § 3 UWG erwogen[888].

---

884 *Sack*, WRP 2004, 1405, 1413.

885 *Stieper*, WRP 2006, 291, 297.

886 *Hefermehl/Köhler/Bornkamm*, § 4 Rz. 9.63; *Fezer*, UWG, Band 1, § 4-9 Rz. 64; *Wiebe*, in: FS Schricker, S. 773, 779, der allerdings das Hinzutreten weiterer wettbewerblicher Umstände fordert; *Götting*, Mitt. 2005, 12, 17.

887 *Sack*, WRP 2005, 531, 535; *Henning-Bodewig*, GRUR 2004, 713, 717; so wohl auch *Stieper*, WRP 2006, 291, 298; *Köhler*, GRUR 2007, 548, 553.

888 *Sack*, WRP 2005, 531, 537; *Eisenmann/Jautz*, S. 186 Rz. 488; *Henning-Bodewig*, GRUR 2004, 713, 717.

Zunächst ist festzustellen, dass eine begriffliche Differenzierung zwischen der systematischen, der planmäßigen und der parasitären Nachahmung mehr Verwirrung stiftet als Nutzen bringt, da es sich in der Sache stets um Behinderungswettbewerb handelt[889]. Ungeachtet der dogmatischen Zuordnung dieser Wettbewerbshandlungen dürften sich die verschiedenen Lösungswege im Ergebnis somit nicht unterscheiden, denn die Rechtsfolgen sind stets die gleichen. Auch der Einwand, dass die dreifache Schadensberechnung, die gewöhnlich nur bei einer Verletzung von Immaterialgütern erfolgt, eine Einordnung unter § 4 Nr. 9 UWG nahe lege[890], erscheint keinesfalls zwingend. Eine solche Zuweisung ist zwar möglich, da ausweislich der Gesetzesbegründung die Regelbeispiele nicht abschließend sind[891], dennoch hat die Schadensberechnung unabhängig von der dogmatischen Verortung des ergänzenden Leistungsschutzes zu erfolgen und darf auch nicht unter § 4 Nr. 10 UWG bzw. § 3 UWG verwehrt bleiben. Zu einer in der Literatur kritisch gesehenen Ausdehnung der dreifachen Schadensberechnung auf andere Wettbewerbsverstöße kommt es dadurch jedenfalls nicht[892].

Von seinen Auswirkungen auf den Wettbewerber ist die planmäßige Nachahmung, bei der eine Vielzahl von Waren eines Wettbewerbers systematisch nachgebaut werden, ein Fall der individuellen Mitbewerberbehinderung, die am ehesten unter die gezielte Behinderung nach § 4 Nr. 10 UWG fällt. § 3 UWG ist gegenüber den normierten Beispielsfällen subsidiär und greift erst dann, wenn die Wettbewerbshandlung nicht von diesen erfasst wird[893]. Mit Blick auf die Auffangfunktion von § 3 UWG und die nicht abschließende Regelung der Beispielstatbestände von § 4 UWG wird man daher nur selten in die Verlegenheit kommen, auf die Generalklausel zurückgreifen zu müssen[894]. In jedem Fall sind für die Annah-

---

889 S. hierzu *Sambuc*, S. 161 Rz. 428, der auf die uneinheitliche Terminologie in der Rechtsprechung hinweist.

890 Baumbach/Hefermehl-*Köhler*, § 4 UWG Rz. 9.63.

891 S. BT-Drucks. 15/1487 vom 22.8.2003, S. 18.

892 S. zu einer kritischen Auseinandersetzung der dreifachen Schadensberechnung und deren Ausdehnung auf andere Wettbewerbshandlungen *Stoll*, S. 285 m.w.N.

893 *Henning-Bodewig*, GRUR 2004, 713, 716; Harte-Bavendamm/ Henning-Bodewig-*Schünemann*, § 3 Rz. 268. Welcher Anwendungsbereich der Generalklausel allerdings verbleibt, ist umstritten. Teilweise wird ein Anwendungsfeld nur noch in den Fällen der allgemeinen Marktstörung und des Wettbewerbs der öffentlichen Hand gesehen, so *Lettl*, BB 2004, 1913, 1913; *Hefermehl/Köhler/Bornkamm*, § 3 Rz. 8. Teilweise wird vertreten, dass eine Ergänzung der Beispielstatbestände über § 3 UWG in einer Vielzahl anderer Fallgruppen und selbst beim ergänzenden Leistungsschutz denkbar sei, s. *Sack*, WRP 2005, 531, 544. Andere wiederum halten die Generalnorm nur noch in den Fällen für einschlägig, in denen neue und derzeit nicht geregelte Sachverhalte auftreten, so *Apostolopoulos*, WRP 2005, 152, 156.

894 Ähnlich *Wiebe*, in: FS Schricker, S. 771, 778, der auf die Lückenschließungsfunktion in Extrem- und Evidenzfällen verweist; *Schünemann*, WRP 2004, 925, 928.

me eines ungeregelten Falles des ergänzenden Leistungsschutzes neben der Nachahmung noch weitere unlauterkeitsbegründender Umstände zu fordern[895].

IV. Einschränkung des Leistungsschutzes durch Bagatellschwelle gemäß § 3 UWG

Liegen die Voraussetzungen von § 4 Nr. 9 UWG vor, so ist umstritten, ob kumulativ der Tatbestand der Generalklausel nach § 3 UWG erfüllt sein muss. Die Generalklausel verlangt neben der „unlauteren Wettbewerbshandlung", worin kein sachlicher Unterschied zu dem Begriff der „guten Sitten" i.S.v. § 1 UWG a.F. zu sehen sein dürfte[896], eine Handlung, die geeignet ist, den „Wettbewerb nicht nur unerheblich zu beeinträchtigen". Diese sog. Bagatell- oder Erheblichkeitsschwelle könnte zu einer Einschränkung des ergänzenden Leistungsschutzes führen, denn würde die Nachahmungshandlung nicht die erforderliche Spürbarkeit aufweisen, läge auch keine unlautere Handlung i.S.v. § 4 Nr. 9 UWG vor.

Unklar ist, ob der Gesetzgeber mit Aufnahme der Erheblichkeitsschwelle den Rückgriff auf das Institut des ergänzenden Leistungsschutzes erschweren wollte. Die Klärung dieser Frage hängt entscheidend davon ab, ob die Bagatellklausel in den Fällen des ergänzenden Leistungsschutzes überhaupt anwendbar ist und weiter, welche Anforderungen die Eingriffsschwelle an ein unlauteres Verhalten stellt. Um die Auswirkungen der Erheblichkeitsschwelle zu beurteilen, ist zunächst ein Vergleich mit der alten Rechtslage anzustellen.

1. Beurteilung von Bagatellverstößen nach alter Rechtslage (§ 13 UWG a.F.)

Bereits dem UWG alter Fassung war eine Bagatellschwelle nicht fremd. Um eine möglichst wirksame Verfolgung von Wettbewerbsverstößen zu gewährleisten, erstreckt § 13 Abs. 2 UWG a.F. die Klagebefugnis bzw. Klageberechtigung über den Kreis der durch den Wettbewerbsverstoß unmittelbar Verletzten auf bestimmte Mitbewerber, Verbände und Kammern. Unabhängig von einer unmittelbaren Betroffenheit wurde diesen Gruppen eine eigenständige Rechtsposition eingeräumt[897].

---

895 *Wiebe*, in: FS Schricker, S. 771, 780.

896 *Sosnitza*, WRP 2006, 1, 4; *Henning-Bodewig*, GRUR 2004, 713, 715; *Götting*, Wettbewerbsrecht, S. 107 Rz. 6, mit Hinweis auf die aus der geänderten Formulierung folgenden Objektivierung und funktionalen Auslegung der Generalklausel, S. 109 Rz. 8; ähnlich auch *Schünemann*, WRP 2004, 925, 931; *Köhler*, NJW 2004, 2121, 2122.

897 *Steinmetz*, S. 14.

Die erweiterte Aktivlegitimation auf den nicht unmittelbar Betroffenen führte zu einem Anstieg von missbräuchlichen Klagen[898]. Um der steigenden Zahl von Bagatellprozessen u.a. durch sog. Abmahnvereine zu begegnen[899], wurde mit dem Gesetz zur Änderung des Gesetzes gegen den unlauteren Wettbewerb vom 1. August 1994 die Klagebefugnis[900] auf unterschiedliche Weise eingeschränkt. Gewerbetreibenden stand fortan ein Klagerecht zu, wenn sie Leistungen „gleicher oder verwandter Art auf demselben Markt" anboten. Verbände waren nur noch aktivlegitimiert, wenn ihnen eine „erhebliche Zahl von Gewerbetreibenden desselben Marktes" angehörten[901]. Als Kern der UWG-Novelle 1994 wurde § 13 Abs. 2 UWG a.F. jedoch dahingehend ergänzt, dass eine Klagebefugnis nur dann vorlag, wenn die Wettbewerbshandlung geeignet war, den Wettbewerb „wesentlich zu beeinträchtigen"[902]. Von diesen Einschränkungen blieb nur der unmittelbar Betroffene ausgenommen, dem weiterhin ein unbeschränktes Klagerecht, unabhängig von der Schwere der Beeinträchtigung, zustand[903].

a) Kriterien der Erheblichkeit nach alter Rechtslage

Wann eine Handlung geeignet war, den Wettbewerb wesentlich zu beeinträchtigen, blieb häufig umstritten[904]. In der Entwurfsbegründung zu § 13 UWG a.F. wurde ausgeführt, dass die Auswirkungen auf die Allgemeinheit so gewichtig sein mussten, dass die Interessen der Allgemeinheit einschließlich der Verbraucher ernsthaft betroffen waren[905]. Teilweise wurde die Beeinträchtigung mit einem „wesentlichen Wettbewerbsvorsprung" gleichgesetzt, denn immer dann, wenn ein solcher Vorsprung erzielt werde, führe dies zu einer wesentlichen Beeinträchtigung des Wettbewerbs[906]. Der BGH nahm hingegen eine Gesamtbetrachtung aller

---

898 Ges. Begr., WRP 1994, 369, 376.

899 *Tilmann*, BB 1994, 1793, 1793; *Weiß*, WRP 1995, 155, 155.

900 Der Begriff der Klagebefugnis blieb aufgrund seiner Doppelnatur umstritten. Unklar war, ob dieser neben der Prozessführungsbefugnis auch eine materiell-rechtliche Sachbefugnis umfasste, s. *Pastor/Ahrens*, § 23 Rz. 4; *Wiebe*, WRP 1995, 75, 78; *Weiß*, WRP 1995, 155, 162; *Bernreuther*, WRP 1995, 452, 459; *Steinmetz*, S. 14; BGH GRUR 1995, 122, 123 – Laienwerbung für Augenoptiker.

901 Für eine kritische Würdigung dieser unbestimmten Rechtsbegriffen s. *Weiß*, WRP 1995, 155 ff.

902 *Tilmann*, BB 1994, 1793, 1794; *Sack*, BB 1995, 1, 2.

903 OLG Düsseldorf BB 1994, 1803, 1804; *Baumbach/Hefermehl*, § 13 UWG Rz. 19b.

904 S. nur *Gröning*, WRP 1994, 435, 436; *Weiß*, WRP 1995, 155, 162.

905 Ges. Begr., WRP 1994, 369, 377; kritisch hierzu *Tilmann*, BB 1994, 1793, 1796, der bei wörtlicher Anwendung der Bagatellklausel eine erhebliche Einschränkung des UWG befürchtet und daher unter Verweis auf § 1 GWB, Art. 85 EWGV bereits eine spürbare Beeinträchtigung ausreichen lassen möchte.

906 *Gröning*, WRP 1994, 435, 437.

Umstände vor[907]. Zu berücksichtigen war die Art und Schwere des Wettbewerbsverstoßes[908], der nach dem vom Gesetz verfolgten Zweck ein gewisses Gewicht haben musste[909]. Als Indizien für die Erheblichkeit des Wettbewerbsverstoßes wurde der erlangte Wettbewerbsvorsprung, der Grad der Nachahmungsgefahr[910], das verletzte Rechtsgut[911] und die Häufigkeit und Planmäßigkeit der Handlung herangezogen[912]. Neben diesen objektiven Umständen wurden auch subjektive Elemente berücksichtigt[913]. Verstöße, die sich auf den Wettbewerb hingegen nur geringfügig oder nur am Rande auswirkten, konnten nur von dem unmittelbar Betroffenen verfolgt werden[914].

Nach alter Rechtslage galt das Merkmal der „wesentlichen Beeinträchtigung" für alle unlauteren Wettbewerbshandlungen des UWG. Wann eine solche Beeinträchtigung vorlag, war stets einzelfallabhängig festzustellen, was einer einheitlichen Auslegung des Tatbestandes entgegenstand. Denkbar war es jedoch, dass nach einer Verletzung von einigem Gewicht keine zusätzlichen Überlegungen zu der Wesentlichkeit angestellt werden mussten, da diese bereits ohne eingehende Prüfung feststand[915].

b) Bedeutung der Erheblichkeit für den Leistungsschutz nach alter Rechtslage

Für den ergänzenden wettbewerbsrechtlichen Leistungsschutz wurde die Frage nach der „Wesentlichkeit der Beeinträchtigung" nur selten relevant, denn klagebefugt blieb, von wenigen Ausnahmen abgesehen, nur der unmittelbar Verletzte[916]. Begründet wurde die Einschränkung der Klagebefugnis damit, dass beim ergänzenden Leistungsschutz regelmäßig nur Individualinteressen, nicht hingegen Allgemeininteressen, verletzt werden[917]. Unmittelbar verletzt wurde i.d.R. nur der

---

907 *Heermann*, S. 94, 98.

908 BGH GRUR 1998, 955, 956 – Flaschenpfand II.

909 S. vertiefend *Heermann*, GRUR 2004, 94, 96 ff.

910 BGH GRUR 1995, 122, 123 – Laienwerbung für Augenoptiker.

911 BGH GRUR 1995, 592, 595 – Busengrapscher; BVerfG NJW 2001, 591, 592 – Ölverschmutzte Ente.

912 *Pastor/Ahrens*, § 23 Rz. 37.

913 *Emmerich*, S. 87.

914 *Baumbach/Hefermehl*, § 13 UWG Rz. 18d.

915 *Bernreuther*, WRP 1995, 452, 454.

916 *Pastor/Ahrens*, § 23 Rz. 40; *Sack*, BB 1995, 1, 3; BGH GRUR 1994, 630, 634 – Cartier-Armreif; BGH GRUR 1993, 34, 37 – Bedienungsanweisung; BGH GRUR 1991, 223, 224 – Finnischer Schmuck; BGH GRUR 1988, 620, 621 – Vespa-Roller.

917 BGH GRUR 1991, 223, 224 – Finnischer Schmuck; kritisch zu dieser Einschränkung s. *Sack*, BB 1995, 1, 3, der im Falle des ergänzenden Leistungsschutzes zugleich Allgemeininteressen verletzt sieht, da der Nachahmer einen Vorsprung durch Rechtsbruch erlange.

Hersteller der nachgeahmten Produkte, für den aber die Beschränkung nach § 13 Abs. 2 UWG a.F. gerade nicht galt[918].

Neben dem unmittelbar Betroffenen waren Dritte nur klagebefugt, wenn diese in einer eigenen Rechtsposition verletzt wurden. Dies konnte beispielsweise ein eigenes Vertriebsrecht des Dritten sein, wenn in seinem ausschließlichen Vertriebsgebiet unzulässige Nachbauten angeboten wurden[919]. Darüber hinaus bestand eine Klagebefugnis Dritter, wenn das Allgemeininteresse beispielsweise durch eine vermeidbare Herkunftstäuschung verletzt wurde[920]. Nur in diesen Fällen war das Erfordernis der „wesentlichen Beeinträchtigung" i.S.v. § 13 Abs. 2 UWG a.F. auch für den ergänzenden wettbewerbsrechtlichen Leistungsschutz zu prüfen. Lag ausnahmsweise einer der seltenen Fälle vor, in denen eine Klagebefugnis bestand, so musste weiter die Wesentlichkeit der Beeinträchtigung einzelfallabhängig und im Wege einer Gesamtbewertung aller relevanten Umstände nach den oben aufgezeigten Kriterien festgestellt werden[921]. Für die Voraussetzungen von § 13 Abs. 2 UWG a.F. war stets der Kläger darlegungs- und beweispflichtig[922].

2. Beurteilung von Bagatellverstößen nach neuer Rechtslage (§ 3 UWG)

Mit Inkrafttreten des neuen UWG wurde erstmals eine generelle Erheblichkeitsschwelle eingeführt, die neben dem mittelbar Betroffenen auch für den unmittelbar Betroffenen gilt. Der Aufnahme dieser allgemeinen Spürbarkeitsgrenze gingen kontroverse Diskussionen in der Arbeitsgruppe „Überprüfung des Wettbewerbsrechts" 1996 voraus[923]. Gegen die Einführung wurde eingewandt, dass die Rechtsprechung ohnehin eine Gesamtwürdigung des Sachverhalts vornehme und eine Änderung des Wortlauts der Generalklausel zu einer vorübergehenden Rechtsunsicherheit führen würde. Einigkeit bestand jedoch insoweit, dass nicht jeder noch so geringe Wettbewerbsverstoß eine unlautere Handlung i.S.d. § 1 UWG a.F. sei. Das Lauterkeitsrecht schützt den Wettbewerb nicht um seiner selbst willen, sondern nur wenn Wettbewerbsmaßnahmen tatsächlich geeignet sind, geschützte Interessen der Marktteilnehmer zu beeinträchtigen[924]. Diese Erwägung rechtfertigte letztlich auch die Einführung der allgemeinen Erheblichkeitsschwelle.

Mit der „nicht nur unerheblichen Beeinträchtigung" i.S.v. § 3 UWG soll zum Ausdruck gebracht werden, dass die Wettbewerbshandlung von einem gewissen

---

918 BGH GRUR 1993, 34, 37 – Bedienungsanweisung; wer Hersteller ist, kann aber durchaus zweifelhaft sein, s. *Sambuc*, S. 279 Rz. 779; *Baumbach/Hefermehl*, § 13 UWG Rz. 19b.

919 BGH GRUR 2004, 941, 943 – Metallbett.

920 BGH GRUR 1988, 620, 621 – Vespa Roller.

921 *Pastor/Ahrens*, § 23 Rz. 35.

922 *Pastor/Ahrens*, § 23 Rz. 39.

923 *Fezer*, WRP 2001, 989, 1000.

924 *Fezer*, WRP 2001, 989, 1000; *Emmerich*, S. 86.

Gewicht für Mitbewerber und sonstige Marktteilnehmer sein muss. Der Eintritt eines tatsächlichen Nachteils für den Mitbewerber ist allerdings nicht erforderlich. Dies bedeutet nicht, dass dadurch unlautere Wettbewerbshandlungen zu einem beachtlichen Teil legalisiert werden. Vielmehr soll nur die Verfolgung von Bagatellfällen ausgeschlossen werden. Dementsprechend ist die Schwelle auch nicht zu hoch anzusetzen[925]. Die Feststellung, ob ein Wettbewerbsverstoß geeignet ist, den Wettbewerb nicht nur unerheblich zu beeinträchtigen, verlangt eine Wertung unter Berücksichtigung aller objektiven und subjektiven Umstände[926]. In diese Wertung sind, der alten Rechtslage folgend, neben der Art und Schwere des Verstoßes die zu erwartenden Auswirkungen auf den Wettbewerb, eine mögliche Nachahmungsgefahr sowie der Schutzzweck der verletzten Norm einzubeziehen. Eine nicht unerhebliche Beeinträchtigung kann somit auch bei Verstößen mit nur geringen Auswirkungen vorliegen, wenn die Handlung eine Vielzahl von Marktteilnehmern betrifft oder eine nicht unerhebliche Nachahmungsgefahr besteht[927].

3. Vergleich zwischen § 3 UWG und § 13 Abs. 2 UWG a.F.

Der Klärung bedarf es zunächst, ob die neue Eingriffsschwelle mit der Formulierung „den Wettbewerb nicht nur unerheblich zu beeinträchtigen" einen anderen, und zwar geringeren Grad, an Marktbeeinträchtigung verlangt, als dies nach alter Rechtslage unter § 13 Abs. 2 UWG a.F. mit der Wendung „den Wettbewerb wesentlich zu beeinträchtigen" der Fall war.

a) Neue Regelung führt zu einer Absenkung der Bagatellschwelle

Teilweise wird vertreten, dass § 3 UWG gegenüber der alten Rechtslage tendenziell geringere Anforderungen an die Spürbarkeit des Wettbewerbsverstoßes stelle und somit zu einer Erleichterung bei der Rechtsverfolgung führe[928]. Dies lege ein Wortlautvergleich nahe, denn zwischen den Formulierungen „wesentlich zu beeinträchtigen" und „nicht nur unerheblich zu beeinträchtigen" bestehe ein gradueller Unterschied. § 3 UWG stelle gegenüber der alten Regelung eine qualitativ niedrigere Schwelle des Übergangs von der zulässigen zur unzulässigen Wettbewerbshandlung auf[929]. Die auf Grundlage der alten Gesetzeslage zu § 13 Abs. 2 UWG a.F. ergangene

---

925 BT-Drucks. 15/1487 vom 22.8.2003, S. 17.

926 BT-Drucks. 15/1487 vom 22.8.2003, S. 17.

927 BT-Drucks. 15/1487 vom 22.8.2003, S. 17; s. auch OLG Jena GRUR 2006, 246 – Kaffeepreisauszeichnung, das die Bagatellschwelle bei einer nicht nur unerheblichen Nachahmungsgefahr für überwunden hält.

928 *Münker/Kaestner*, BB 2004, 1689, 1692; *Engels/Salomon*, WRP 2004, 32, 34.

929 *Fezer*, UWG, Band 1, § 3 Rz. 36.

Rechtsprechung könne daher auch nicht unbesehen übernommen werden[930]. Hätte die alte Rechtslage fortgeführt werden sollen, so hätte der Gesetzgeber die Formulierung wortgleich übernehmen können.

Für eine Absenkung der Bagatellschwelle im Vergleich zur bisherigen Eingriffsschwelle spreche weiter, dass diese nunmehr auch für den unmittelbar Betroffenen gelte[931]. Der Gesetzgeber hat somit die Klagebefugnis für Verbände erleichtert, hingegen für den unmittelbar Betroffenen erschwert. Bewusst ist der Gesetzgeber nicht den vom Bundesrat vorgeschlagenen höheren Anforderungen an Verbände beigetreten[932]. Der durch die unlautere Wettbewerbshandlung unmittelbar Verletzte wird also dem abstrakt betroffenen Marktteilnehmer gleichgestellt.

b) Neue Regelung entspricht alter Bagatellschwelle

Nach anderer Auffassung sind die Anforderungen, die die neue Bagatellschwelle an ein unlauteres Verhalten stellt, mit denen der alten vergleichbar. Die zu § 13 Abs. 2 UWG a.F. ergangene Rechtsprechung könne daher zur Auslegung im Wesentlichen herangezogen werden[933]. Eine Änderung folge lediglich aus dem geänderten Verbraucherleitbild, welches bei der Beurteilung berücksichtigt werden müsse[934]. Das europäische Verbraucherleitbild führe dazu, dass die Erheblichkeit einer Irreführungsgefahr eine normative Korrektur hinsichtlich der Wesentlichkeit des Wettbewerbsverstoßes erfahre[935]. Das neue Verbraucherbild könne daher als Ausprägung eines europäischen Verhältnismäßigkeitsgrundsatzes in einem europakompatiblen Lauterkeitsrecht verstanden werden[936].

c) Stellungnahme zum Umfang der Bagatellschwelle

Die Bagatellschwelle des novellierten Lauterkeitsrechts führt gegenüber der alten Rechtslage zu keiner nennenswerten Änderung. Vom Umfang und Schutzzweck her ist die Spürbarkeitsgrenze nach § 3 UWG mit § 13 UWG a.F. vergleichbar, sodass trotz des unterschiedlichen Wortlauts nicht von einer tendenziellen Senkung der Eingriffsschwelle gesprochen werden kann.

---

930 OLG Jena GRUR 2006, 246 – Kaffeepreisauszeichnung.

931 *Köhler*, GRUR 2005, 1, 4; *Engels/Salomon*, WRP 2004, 32, 34; *Münker/Kaestner*, BB 2004, 1689, 1692.

932 *Köhler*, GRUR 2005, 1, 2.

933 *Emmerich*, 87; *Heermann*, GRUR 2004, 94, 95.

934 *Hefermehl/Köhler/Bornkamm*, § 3 Rz. 49; *Heermann*, GRUR 2004, 94, 95.

935 *Fezer*, WRP 2001, 989, 1000; *Götting*, Wettbewerbsrecht, S. 115 Rz. 21, der auf die im Wesentlichen deckungsgleichen Gesetzesbegründungen hinweist.

936 *Fezer*, WRP 2001, 989, 1000; BGH WRP 1999, 643 – Hormonpräparate; BGH GRUR 2000, 237 – Giftnotruf-Box.

Nach der Gesetzesbegründung muss die Wettbewerbsmaßnahme ein gewisses Gewicht aufweisen und die Interessen des geschützten Personenkreises berühren. Entscheidend sind die Auswirkungen des Verhaltens auf das Wettbewerbsgeschehen, wobei einzelfallabhängig die Art und Schwere des Verstoßes zu berücksichtigen ist[937]. Damit knüpft der Gesetzgeber an die alte Rechtsprechung an. Trotz der unterschiedlichen Formulierungen „nicht nur unerheblich zu beeinträchtigen" und „wesentlich zu beeinträchtigen" folgt aus den Gesetzesbegründungen, dass beide Regelungen den Ausschluss von missbräuchlichen Rechtsverfolgungen bezwecken, die auf den Markt keine spürbaren Auswirkungen haben.

Berücksichtigt man weiter, dass die Rechtsprechung unter § 13 UWG a.F. ohnehin keine allzu strengen Anforderungen an die Überwindung der Bagatellschwelle gestellt hat, so lässt sich, trotz der unterschiedlichen Formulierungen, kein gradueller Unterschied ausmachen. Hätte der Gesetzgeber mit § 3 UWG eine Absenkung der bewährten Eingriffsschwelle bezweckt, so wäre darauf auch in der Gesetzesbegründung hingewiesen worden. Ebenso wenig kann aus der Einbeziehung des unmittelbar Betroffenen in den Anwendungsbereich der Bagatellschwelle gefolgert werden, dass die Klagebefugnis für den mittelbar Verletzten und für Verbände herabgesetzt werden sollte. Vielmehr lässt sich nur feststellen, dass künftig für alle Marktteilnehmer ein einheitlicher Prüfungsmaßstab gelten soll.

Auch vom Normzweck her ist die alte mit der neuen Regelung vergleichbar. Wenn teilweise vertreten wird, dass die Funktion von § 13 UWG a.F. gegenüber § 3 UWG eine andere war[938], so kann dem nicht uneingeschränkt gefolgt werden. Zutreffend ist zwar, dass die Normen auf unterschiedlichen Ebenen ansetzen, denn § 13 UWG a.F. schränkte die Klagebefugnis bei missbräuchlicher Rechtsverfolgung ein, während § 3 UWG als materiellrechtliche Vorschrift bereits das Vorliegen einer unlauteren Handlung negiert. Trotz der unterschiedlichen Formulierungen und Regelungsebenen geht es dennoch stets um das übergeordnete Ziel, die Wettbewerbshandlungen nicht zu sanktionieren, an deren Verfolgung kein legitimes Interesse besteht, sei es, weil die Auswirkungen nicht spürbar sind oder weil dem Kläger kein schützenswertes Interesse zuzusprechen ist.

4. Anwendbarkeit der Bagatellschwelle auf den ergänzenden Leistungsschutz

Problematisch ist, ob die Bagatellschwelle auf die Fallgruppe des ergänzenden Leistungsschutzes überhaupt Anwendung findet, da umstritten ist, wie der Verweis unter § 4 UWG, „Unlauter im Sinne von § 3 handelt insbesondere, wer ...", zu verstehen ist. In diesem Zusammenhang bedarf es der Klärung, ob die Bagatellschwelle für alle oder zumindest einige der Beispielstatbestände stets Anwen-

937 BT-Drucks. 15/1487 vom 22.8.2003, S. 17.

938 *Fezer*, UWG, Band 1, § 3 Rz. 32.

dung findet oder ob die Erheblichkeitsgrenze nur unter der Generalklausel eine eigenständige Bedeutung erlangt.

Eine Anwendung der Erheblichkeitsschwelle auf alle Wettbewerbshandlungen, insbesondere auf den ergänzenden Leistungsschutz, ist kritisch zu hinterfragen, denn führt das Gesetzt ein ausdrücklich geregeltes Wettbewerbsverbot unter § 4 UWG auf, so lässt dies eine gesetzgeberische Wertung erkennen, aus der sich die grundsätzliche Eignung zur nicht nur unerheblichen Beeinträchtigung ableiten ließe. Es könnte daher vertreten werden, dass ein Verstoß gegen eine der benannten Wettbewerbshandlung die Unlauterkeit der Handlung bereits indiziere und daher generell geeignet sei, den Wettbewerb auf dem jeweiligen Markt nicht nur unerheblich zu beeinträchtigen. Eine gesonderte Feststellung der Bagatellschwelle wäre dann entbehrlich.

a) Bagatellschwelle findet bei allen Wettbewerbshandlungen Anwendung

Überwiegend wird vertreten, dass die Bagatellschwelle, infolge der ausdrücklichen Referenzierung der §§ 4 ff. UWG auf § 3 UWG, bei allen Wettbewerbshandlungen und somit auch in den Fällen des ergänzenden Leistungsschutzes zur Anwendung gelange[939]. Davon gehe auch der Gesetzgeber aus, der darauf hinweist, dass eine Wettbewerbshandlung nur dann unzulässig ist, wenn auch die weiteren Tatbestandsvoraussetzungen des § 3 UWG vorliegen[940]. Ergänzend wird angeführt, dass die Prüfung der Eingriffsschwelle dem Richter einen zusätzlichen Bewertungsspielraum eröffne und nur so eine flexible Rechtsprechung gewährleistet werde[941]. Für den ergänzenden Leistungsschutz bedeutet dies, dass neben den Tatbestandsvoraussetzungen von § 4 Nr. 9 UWG stets noch die Erheblichkeit der Wettbewerbsbeeinträchtigung i.S.v. § 3 UWG festgestellt werden müsse.

b) Bagatellschwelle gilt nicht bei indizierter Unlauterkeit

Nach anderer Meinung erlange die Bagatellschwelle dann keine eigenständige Bedeutung, wenn die Verwirklichung des entsprechenden Tatbestands bereits eine gewisse Erheblichkeit voraussetze. Bei den Tatbeständen des § 4 sowie der §§ 5 bis 7 UWG sei daher nicht automatisch auf § 3 UWG zurückzugreifen. Vielmehr habe für jede dieser Wettbewerbshandlung eine gesonderte Feststellung zu erfolgen, ob der normierte Unrechtsgehalt dem der Bagatellschwelle entspreche bzw.

939 *Wiebe*, in: FS Schricker, S. 771, 778; *Henning-Bodewig*, GRUR 2004, 713, 717; *Münker/Kaestner*, BB 2004, 1689, 1691; *Emmerich*, S. 89; *Eisenmann/Jautz*, S. 144 Rz. 355; *Lettl*, S. 59 Rz.139; *Götting*, Wettbewerbsrecht, S. 114 Rz. 18 u. 122 Rz. 31; *Mees*, Mitt. 2004, 534, 536.

940 BT-Drucks. 15/1487 vom 22.8.2003, S. 17.

941 *Eisenmann/Jautz*, S. 150 Rz. 367.

diesen übersteige. Weist die Verwirklichung des Tatbestands einen erheblichen Unrechtsgehalt auf, so brächte der Rückgriff auf die Bagatellschwelle keinen Mehrwert. Bei einigen Fallgruppen könne die Spürbarkeit der Wettbewerbshandlung somit indiziert sein, sodass eine gesonderte Prüfung von § 3 UWG entbehrlich werde[942].

c) Stellungnahme zur „These der indizierten Unlauterkeit"

Nachfolgend ist zu untersuchen, ob ein Nachbau gemäß § 4 Nr. 9 UWG per se eine nicht nur unerhebliche Wettbewerbsbeeinträchtigung aufweist, ohne dass es einer zusätzlichen Prüfung von § 3 UWG bedarf. Um darzustellen, dass eine indizierte Unlauterkeit auch bei anderen Wettbewerbshandlungen anerkannt ist bzw. diskutiert wird, ist zunächst ein Blick auf die Fälle der vergleichenden Werbung und der unzumutbaren Belästigungen zu richten, die ggf. die These der indizierten Unlauterkeit stützen können.

aa) Anwendbarkeit der Bagatellschwelle auf vergleichende Werbung

Umstritten ist, ob auf die Prüfung der Bagatellschwelle in den Fällen der vergleichenden Werbung verzichtet werden kann. Wäre dies der Fall, so könnte die These als widerlegt gelten, die aufgrund des ausdrücklichen Verweises eine konsequente Anwendung der Erheblichkeitsprüfung bei allen Wettbewerbshandlungen fordert.

Von einigen Autoren wird vertreten, dass die Bagatellschwelle beim Verbot der vergleichenden Werbung nicht anzuwenden sei, was damit begründet wird, dass § 6 UWG auf die europäische Richtlinie 97/55/EG zurückgehe, der eine entsprechende Eingriffsschwelle fremd ist. Diese Richtlinie normiert die Voraussetzungen, unter denen vergleichende Werbung innerhalb der Europäischen Gemeinschaft zulässig ist[943], wobei eine Bagatellklausel nicht vorgesehen ist[944]. In Ermangelung einer Bagatellklausel ist zunächst jede vergleichende Werbung im Sinne der Richtlinie als unlauter anzusehen. Die europäischen Vorgaben schränken die vergleichende Werbung somit stärker ein als das geltende UWG. Der Ge-

942 *Hefermehl/Köhler/Bornkamm*, § 3 Rz. 57; *Köhler*, GRUR 2005, 1, 9; *Schünemann*, WRP 2004, 925, 927; Harte-Bavendamm/ Henning-Bodewig-*Schünemann*, § 3 Rz. 258; *Berlit*, WRP 2003, 563, 565; so wohl auch OLG Jena GRUR 2006, 246 – Kaffeepreisauszeichnung, das offenbar für gewisse Wettbewerbsverstöße eine tatbestandsimmanente Erheblichkeit anerkennt.

943 Richtlinie 97/55/EG des Europäischen Parlaments und des Rates vom 6.10.1997 zur Änderung der Richtlinie 84/450/EWG über irreführende Werbung zwecks Einbeziehung der vergleichenden Werbung.

944 *Sack*, WRP 2004, 30, 31; *Glöckner*, WRP 2004, 936, 940; s. auch *Ohly*, GRUR 2004, 889, 895, der von einem „Geburtsfehler der Richtlinie" spricht.

setzgeber wollte aber mit § 6 UWG die auf der Richtlinie beruhende Regelung des § 2 UWG a.F. über vergleichende Werbung inhaltlich und begrifflich unverändert fortführen[945]. Würde der Verweis von § 6 Abs. 2 UWG zu einer gesonderten Feststellung der Erheblichkeit gemäß § 3 UWG führen, stünde die deutsche Umsetzung der Richtlinie im Widerspruch zum Gemeinschaftsrecht. Die Vollharmonisierung im Bereich der vergleichenden Werbung habe zur Folge, dass die Bagatellschwelle hier nicht angewendet werden dürfe[946].

Andere Autoren treten dem entgegen und sehen in der gesonderten Prüfung von § 3 UWG für die Fälle der vergleichenden Werbung keinen Verstoß gegen das Gemeinschaftsrecht. Dies wird damit begründet, dass Art. 4 Abs. 1 der Richtlinie über vergleichende Werbung ein gerichtliches Einschreiten an das Vorliegen eines „berechtigten Interesse" knüpfe, welches Ausdruck eines allgemeinen Verhältnismäßigkeitsgrundsatzes sei und dem eine vergleichbare Funktion zukomme wie der „nicht nur unerheblichen Beeinträchtigung" im Sinne der Bagatellklausel[947]. Überdies habe die Rechtsprechung das Verbot der vergleichenden Werbung bereits unter Geltung des alten UWG einschränkend ausgelegt. Diese Einschränkung, die teilweise sogar über die Bagatellgrenze des § 3 UWG hinausging, sei Ausprägung eines gemeinschaftsrechtlichen Verhältnismäßigkeitsgrundsatzes[948].

Nach der hier vertretenen Auffassung lassen sich aus dem Tatbestand der vergleichenden Werbung keine Argumente für oder gegen eine gesonderte Prüfung der Bagatellschwelle ableiten. Weder verstößt die Prüfung der Bagatellschwelle in den Fällen der vergleichenden Werbung gegen das Gemeinschaftsrecht, noch gebietet dieses eine entsprechende Prüfung. Die Verwirklichung eines jeden Tatbestands ist vielmehr das Ergebnis einer Interessenabwägung. Dabei stellt der Grundsatz der Verhältnismäßigkeit ein die Rechtsordnung überspannendes Prinzip dar und strahlt in alle Bereiche des Rechts aus. Im geltenden UWG folgt dieser Grundsatz entweder unmittelbar aus dem jeweiligen Tatbestand oder aus § 3 UWG. Auch das Gemeinschaftsrecht ist diesem allgemeinen Rechtsgedanken verpflichtet, wie die Richtlinie über unlautere Geschäftspraktiken zeigt[949]. Ob in den Fällen der vergleichenden Werbung, der alten Rechtsprechung zu § 2 UWG a.F. folgend, eine Interessenabwägung innerhalb des Tatbestands vorzunehmen ist oder nunmehr eine Einschränkung unter § 3 UWG stattfindet, ist letztlich eine methodische Frage, die an der rechtlichen Beurteilung der Wettbewerbswidrigkeit nichts ändern dürfte.

---

945 BT-Drucks. 15/1487 vom 22.8.2003, S. 20; *Sack*, WRP 2004, 1405, 1415.

946 *Sack*, WRP 2004, 30, 31; *Ohly*, GRUR 2004, 891, 995; *Münker/Kaestner*, BB 2004, 1689, 1698.

947 *Hefermehl/Köhler/Bornkamm*, § 3 Rz. 51; *Köhler*, GRUR 2005, 1, 7, Fn. 69; *Lettl*, WRP 2004, 1079, 1120.

948 *Koos*, WRP 2005, 1096, 1099.

949 Vgl. Art. 5 der Richtlinie 2005/29/EG.

bb) Anwendbarkeit der Bagatellschwelle auf unzumutbare Belästigungen

Anders als bei der vergleichenden Werbung lassen sich aus dem Tatbestand der unzumutbaren Belästigung nach § 7 UWG sehr wohl Argumente gegen eine gesonderte Prüfung der Bagatellklausel ableiten.

Auch der Tatbestand der unzumutbaren Belästigung geht auf die Umsetzung einer europäischen Richtlinie zurück, die selber keine eigenständige Erheblichkeitsschwelle vorsieht[950]. Für die Verwirklichung des Tatbestands reicht eine bloße Belästigung durch Werbung allerdings nicht aus. Erforderlich ist vielmehr, dass diese Belästigung als „unzumutbar" empfunden wird. Die Unzumutbarkeit wird dann angenommen, wenn sie von einem großen Teil der Verbraucher als unerträglich angesehen wird[951]. Dabei setzt die Feststellung der Unzumutbarkeit eine eingehende Bewertung der Handlung sowie deren Auswirkungen auf den Wettbewerb voraus. Laut Gesetzesbegründung ist bei § 7 UWG, genauso wie bei § 3 UWG, die „Unzumutbarkeitsschwelle" nicht zu hoch anzusetzen[952]. Wird also die „Unzumutbarkeit" angenommen, so ist diese auch „nicht nur unerheblich" im Sinne der Generalklausel[953]. Sowohl die Funktion also auch die Anforderungen an die Hürde der Unzumutbarkeit sind folglich mit der Bagatellschwelle vergleichbar, sodass eine gesonderte Prüfung der Erheblichkeit keinen Mehrwert brächte und folglich entfallen kann. Der Verweis von § 7 UWG auf die Bagatellklausel stellt hier lediglich klar, dass es sich bei der unzumutbaren Belästigung um eine wettbewerbswidrige Handlung i.S.v. § 3 UWG handelt, ohne dass § 3 UWG gesondert zu prüfen ist[954].

cc) Ergebnis zur „Theorie der indizierte Unlauterkeit"

Trotz des ausdrücklichen Verweises aller normierten Wettbewerbshandlungen auf § 3 UWG erlangt die Bagatellklausel nicht bei allen Tatbeständen eine eigenständige Bedeutung. Der Gesetzgeber geht mit den beispielhaft aufgeführten Wettbewerbshandlungen unter § 4 UWG davon aus, dass die Verwirklichung der Tatbestände grundsätzlich geeignet sein kann, den Wettbewerb zum Nachteil der Mitbewerber nicht nur unerheblich zu beeinträchtigen. Die Formulierung „unlauter im Sinne von § 3 handelt, wer…" füllt die Generalnorm aus und zeigt die vom Gesetzgeber vorgegebene Wertung. Aus der Regelung der Beispielstatbestände folgt weiter, dass diese der Generalklausel vorgehen und vorrangig zu prüfen sind.

---

950 Vgl. Richtlinie 2002/58/EG, sog. Datenschutzrichtlinie.

951 *Hefermehl/Köhler/Bornkamm*, § 7 Rz. 13.

952 BT-Drucks. 15/1487 vom 22.8.2003, S. 21.

953 BGH GRUR 2007, 607, 609 – Telefonwerbung für Individualverträge; *Köhler*, GRUR 2005, 1, 4.

954 So auch *Mankowski*, GRUR 2008, 15, 21.

Gleichwohl erlangt die Erheblichkeitsprüfung bei einigen Tatbeständen eine eigenständige Bedeutung, so beispielsweise bei allen Wettbewerbshandlungen, die unter die Generalklausel fallen. Entgegen § 1 UWG a.F., dessen Bedeutung als selbstständiger Verbotstatbestand naturgemäß viel größer war, ist die Auffangfunktion der neuen Generalklausel nur noch auf eine Lückenschließung ausgerichtet[955]. Hier verlangt der weite Tatbestand von § 3 UWG geradezu nach einer gesonderten Einschränkung. Aber auch bei den ausdrücklich geregelten Wettbewerbsverboten ist, sofern nicht die Erheblichkeit indiziert ist, ein Rückgriff auf die Bagatellschwelle statthaft. Als Beispiel kann das Verbot von Schleichwerbung (§ 4 Nr. 3 UWG) oder der durch Rechtsbruch erlangte Wettbewerbsvorsprung (§ 4 Nr. 11 UWG) genannt werden[956].

Bei den geregelten Tatbeständen handelt es sich um eine Konkretisierung der Generalnorm, wobei tatbestandabhängig zu entscheiden ist, ob der Unrechtsgehalt des Wettbewerbsverstoßes zugleich den der Bagatellschwelle erreicht[957]. Künftig wird sich daher eine an Fallgruppen orientierte und differenzierte Rechtsprechung entwickeln, die dann auf eine gesonderte Bagatellprüfung verzichten wird, wenn die Erheblichkeit der Wettbewerbsbeeinträchtigung bereits mit Verwirklichung des Grundtatbestands feststeht. Ob in den Fällen des ergänzenden Leistungsschutzes auf eine zusätzliche Erheblichkeitsprüfung verzichtet werden kann, wird nachfolgend geklärt.

d) Ergebnis zur Anwendbarkeit der Bagatellschwelle auf den ergänzenden Leistungsschutz

In den Fällen des ergänzenden Leistungsschutzes ist die Erheblichkeit der Wettbewerbshandlung stets indiziert, sodass es einer gesonderten Prüfung der Bagatellschwelle nicht (mehr) bedarf[958].

Eine nicht nur unerhebliche Beeinträchtigung i.S.v. § 3 UWG wird bei der Nachahmung unter § 4 Nr. 9 UWG für das betroffene Unternehmen regelmäßig anzuneh-

---

955 *Sack*, WRP 2005, 531, 532, der der Generalklausel einen über Extremfälle und derzeit unbekannte Geschäftspraktiken hinausgehenden Anwendungsbereich einräumt; *Apostolopoulos*, WRP 2005, 152, 156, der einen Anwendungsbereich vor dem Hintergrund der europäischen Harmonisierung nur noch in der Erschließung neuer unlauterer Geschäftspraktiken sieht; *Wiebe*, in: FS Schricker, S. 771, 778, der auf die Lückenschließungsfunktion in Extrem- und Evidenzfällen verweist; ebenso *Schünemann*, WRP 2004, 925, 928.

956 Zu den einzelnen Anwendungsbereichen s. *Köhler*, GRUR 2005, 1, 6 f.

957 Anders *Apostolopoulos*, WRP 2005, 152, 156, der in der Regelung von § 4 UWG nicht lediglich eine Konkretisierung der Generalnorm, sondern, vor dem Hintergrund einer künftigen Vollharmonisierung des europäischen Lauterkeitsrechts, eigenständige Verbotstatbestände erblickt.

958 So auch *Köhler*, GRUR 2005, 1, 7; Harte-Bavendamm/ Henning-Bodewig-*Sambuc*, § 4 Rz. 229.

men sein, da ein Nachbau stets eine nicht zu leugnende wirtschaftliche Relevanz aufweist. So sind kaum Fälle denkbar, in denen eine industrielle Nachahmung für den Originalhersteller keine Wettbewerbsbeeinträchtigung mit sich brächte. Gleichgültig ist, ob es sich bei dem nachgeahmten Gut um Massenware wie im Komponentenmarkt oder um individuelle Einzelanfertigungen wie im Anlagenbau handelt. Auch die jüngere Rechtsprechung scheint von der generellen Eignung einer Nachahmung zur Wettbewerbsbeeinträchtigung auszugehen und unterstellt dieses stillschweigend, ohne § 3 UWG zu thematisieren[959].

Teilweise wird dennoch die Anwendung der Bagatellklausel auf die Fallgruppe des ergänzenden Leistungsschutzes gefordert. Dies wird damit begründet, dass sich das vom BGH im Bereich des ergänzenden Leistungsschutzes entwickelte bewegliche System „komparativer Begriffe" nicht in einer Spezialregelung mit subsumtionsfähigen Tatbestandsmerkmalen erfassen lasse und für eine umfassende Interessenabwägung auf die Generalklausel zurückzugreifen sei[960]. Dieser Auffassung kann nicht beigetreten werden. Zum einen ist der Tatbestand von § 4 Nr. 9 UWG hinreichend offen, um zumindest den geregelten Fallgruppen Rechnung zu tragen; zum anderen würde ein Rückgriff auf die Generalklausel die Handhabe des ergänzenden Leistungsschutzes für den Rechtsanwender noch unvorhersehbarer machen, als es dieser ohnehin schon ist. Die vorzunehmende Interessenabwägung hat daher innerhalb des Tatbestands und über den Begriff der wettbewerblichen Eigenart zu erfolgen.

Ebenfalls gegen einen Rückgriff auf die Bagatellschwelle spricht die Beweislast, die nach § 3 UWG der Anspruchssteller zu tragen hat. In den Fällen des ergänzenden Leistungsschutzes wäre es jedoch unbillig, den Anspruchsteller mit dem Nachweis der Erheblichkeit des Eingriffs zu belasten. Um die wettbewerbsrechtliche Relevanz der Nachahmung zu beweisen, müsste der Betroffene unter Umständen die mit dem Originalprodukt erzielten Umsätze und Marktanteile offen legen, was einer doppelten Schädigung gleichkäme. Interessengerechter erscheint es daher, bei vermuteter Erheblichkeit des Wettbewerbsverstoßes dem Nachahmer den Gegenbeweis über die Unerheblichkeit seiner Handlung i.S.v. § 3 UWG einzuräumen[961].

V. Schutzumfang des ergänzenden Leistungsschutzes

Der Wettbewerbsverstoß liegt in der Regel nicht in der Herstellung der Nachahmung[962], sondern erst im Inverkehrbringen bzw. Anbieten der Ware[963], wobei die

959 BGH GRUR Int. 2006, 334 ff. – Jeans; OLG Oldenburg GRUR-RR 2007, 83.

960 So *Sack*, WRP 2005, 531, 537.

961 S. unten S. 198.

962 BGH GRUR 1982, 305, 308 – Büromöbelprogramm.

Verletzungshandlung bereits mit der Auslieferung an den Zwischenhändler beginnt[964].

Kommt es zu einer solchen Verletzungshandlung, kann der ergänzende Leistungsschutz neben der sklavischen Nachahmung auch Schutz vor nahezu identischen Nachahmungen gewähren, sofern ein ausreichendes Maß an wettbewerblicher Eigenart besteht[965]. Zwischen dem Grad der wettbewerblichen Eigenart, der Art, Weise und Intensität der Leistungsübernahme sowie den besonderen wettbewerblichen Umständen besteht, wie beim Markenrecht auch, eine Wechselwirkung[966]. Je größer die wettbewerbliche Eigenart und je höher der Grad der Leistungsübernahme, desto geringere Anforderungen sind an das wettbewerbswidrige Verhalten zu stellen und umgekehrt[967]. Da der ergänzende Leistungsschutz unabhängig von einer Verkehrsgeltung oder Eintragung greift, ist es denkbar, dass der UWG-Schutz über den Formmarkenschutz hinausgeht[968].

VI. Schutzdauer des ergänzenden Leistungsschutzes

Dem UWG ist eine zeitliche Begrenzung seines Schutzes von vornherein fremd. Dies folgt aus der Schutzrichtung des Wettbewerbsrechts, welches die Lauterkeit des Marktverhaltens zum Gegenstand hat[969]. Nachahmungsschutz besteht daher in der Regel so lange, wie die wettbewerbsrechtliche Eigenart vorliegt und die unlauterkeitsbegründenden Umstände andauern[970]. Von seiner Funktion her ergänzt § 4 Nr. 9 UWG jedoch die Sonderschutzrechte, die, abgesehen von dem Markenschutz, zeitlich begrenzt sind. Über den ergänzenden Leistungsschutz könnte daher eine im Widerspruch zu der zeitlichen Dauer der Sonderschutzrechte stehende Ausschließlichkeitsposition geschaffen werden. Solch ein „immerwährender" Leistungsschutz

---

963 BGH GRUR 1988, 690, 693 – Kristallfiguren; BGH GRUR 1982, 305, 308 – Büromöbelprogramm.

964 BGH GRUR 2003, 892, 893 – Alt Luxemburg.

965 S. *Sack*, WRP 2005, 531, 537; *Keller*, in: FS Erdmann, S. 595, 597.

966 *Kur*, GRUR Int. 1998, 771, 776.

967 BGH GRUR 2004, 941, 942 – Metallbett; BGH GRUR 2003, 356, 357 – Präzisionsmessgeräte; BGH GRUR 1999, 751, 752 – Güllepumpen; BGH GRUR 1999, 1106, 1108 – Rollstuhlnachbau; BGH GRUR 1996, 210, 212 – Vakuumpumpen.

968 *Rohnke*, in: FS Erdmann, S. 455, 459; zur Anwendbarkeit des UWG-Schutzes neben dem Markenrecht s. unten S. 232.

969 *Schrader*, WRP 2005, 562, 562.

970 BGH GRUR 1999, 197, 214 – Güllepumpen; BGH GRUR 2003, 356, 358 – Präzisionsmessgeräte. S. auch *Götte*, S. 133, der darauf hinweist, dass mit dem Verblassen der wettbewerblichen Eigenart die Schutzvoraussetzungen entfallen.

begegnet erheblichen Bedenken[971]. Nachfolgend werden Lösungswege diskutiert, wie eine zeitliche Einschränkung des UWG-Schutzes erfolgen kann.

1. Rechtsprechung zur Schutzdauer des ergänzenden Leistungsschutzes

Bei der Beurteilung der Schutzdauer differenziert die Rechtsprechung und herrschende Literaturmeinung zwischen den betroffenen Rechtsgütern. Für die Fallgruppen der vermeidbaren Herkunftstäuschung und der Rufausbeutung ist, wegen der Nähe zum Kennzeichenrecht, ein unbegrenzter Schutz allgemein anerkannt[972]. Der zeitlich unbefristete Schutz ist deshalb gerechtfertigt, weil nicht die Leistung der einmaligen Schöpfung einer Marke, sonder die wiederkehrende Investition in den Erfolg des Kennzeichens geschützt werden muss[973]. Die jüngere Rechtsprechung steht einer zeitlich unbeschränkten Dauer dieser Fallgruppen jedoch kritisch gegenüber und gewährt keinen Schutz mehr, wenn die Herkunftstäuschung dem Kauf nachgelagert ist, also nicht zum Zeitpunkt des Inverkehrbringens erfolgte[974].

Handelt es sich hingegen um reinen Leistungswettbewerb, wie beispielsweise beim einschieben in eine fremde Serie, und wird gerade nicht das unlautere Marktverhalten eines Wettbewerbers beanstandet, so hat eine zeitliche Begrenzung des ergänzenden Leistungsschutzes zu erfolgen[975]. Mangels gesetzlicher Regelung ist allerdings fraglich, wie lange das Wettbewerbsrecht in solchen Fällen einen Nachahmungsschutz bereitstellt. Nach Auffassung des BGH ist für die Beurteilung der Schutzdauer eine einzelfallbezogene Gesamtwürdigung unter Abwägung der betroffenen Interessen erforderlich. Entscheidend soll weiter sein, wie belohnenswert die jeweilige Leistung ist bzw. innerhalb welcher Zeitspanne eine angemessene Entlohnung erzielt werden konnte[976].

a) Schutzdauer von Saisonartikeln

Für kurzlebige Produkte wie Modeartikel ist eine zeitliche Begrenzung des ergänzenden Leistungsschutzes seit langem anerkannt, wobei Schutz meist für zwei

971 BGH GRUR 1969, 186, 189 – Reprint; *Wiebe*, in: FS Schricker, S. 773, 776; *Hefermehl/Köhler/Bornkamm*, § 4 UWG Rz. 9.70.

972 *Schulte-Beckhausen*, S. 252 f.; Harte-Bavendamm/Henning-Bodewig-*Sambuc*, § 4 Rz. 194; *Götte*, S. 125 ff.

973 *Götte*, S. 124.

974 BGH GRUR 2005, 349, 352 – Klemmbausteine III.

975 BGH GRUR 2005, 349, 352 – Klemmbausteine III.

976 *Fezer*, UWG, Band 1, § 4-9 Rz. 68; *Kur*, GRUR 1990, 1, 12.

Jahre gewährt wurde[977]. Der BGH begründet den Saisonschutz mit dem wettbewerblichen Vorsprung, der grundsätzlich dem gebühre, auf dessen Initiative die Modeneuheit zurückgehe. Der Urheber werde um die Früchte seiner Arbeit gebracht, wenn Mitbewerber in der gleichen Saison identische oder nahezu identische Nachahmungen unter Einsparung von Entwurfskosten anbieten, ohne dass der Originalhersteller die Möglichkeit zur Amortisation seiner Entwicklungsaufwendungen hatte[978].

b) Schutzdauer technischer Wirtschaftsgüter

Die Überlegungen zur Saisonrechtsprechung lassen sich auf langlebige Wirtschaftsgüter übertragen. In einer jüngeren Entscheidung zum ergänzenden Leistungsschutz führt der BGH aus, dass sich die Dauer des Schutzes bei technischen Gestaltungen an den sondergesetzlichen Regeln zu orientieren habe[979], und folgt damit der teilweise in der Literatur erhobenen Forderung, dass der UWG-Schutz bei technisch geprägten Erzeugnissen nicht länger sein dürfe als der Patentschutz[980]. Für Maschinen und Anlagen bedeutet dies, dass ein Schutzbedürfnis nur in besonderen Ausnahmefällen die maximale Laufzeit des entsprechenden Sonderschutzrechts übersteigen wird. Mit fortschreitender Zeit werden die anfänglichen Investitionsaufwendungen erwirtschaftet, wobei mit Erreichen dieser Aufwendungen die Begründung des ergänzenden Leistungsschutzes schwerer fallen dürfte[981]. Je später die Nachahmung auf den Markt tritt, desto größer war die Chance zur Amortisation und desto höhere Anforderungen sollten an die wettbewerbliche Eigenart sowie an die weiteren unlauterkeitsbegründenden Merkmale gestellt werden.

Der Amortisationsgedanke wird allerdings vereinzelt als unpraktikabel und wenig sinnvoll gerügt, da das Erlangen der Gewinnphase von Faktoren abhängt, die ausschließlich in der Sphäre des Leistungserbringers liegen. Es wird daher befürchtet, dass dieser einseitig durch sein Handeln, beispielsweise durch eine entsprechende Preiskalkulation, die Dauer des ergänzenden Leistungsschutzes beeinflussen kann. Weiter gehe mit dem alleinigen Abstellen auf die Amortisationszeit eine erhebliche Rechtsunsicherheit einher[982]. Diese Bedenken können nicht vollends überzeu-

---

977 BGH GRUR 1998, 477, 480 – Trachtenjanker; BGH GRUR 1973, 478, 480 – Modeneuheit.

978 S. *Fezer*, WRP 2001, 989, 1006.

979 BGH GRUR 2005, 349, 352 – Klemmbausteine III; s. auch *Sack*, in: FS Erdmann, S. 697, 715.

980 *Hefermehl/ Köhler/ Bornkamm*, § 4 Rz. 9.77. A.A. *Götte*, S. 155, der für technische Entwicklungen nur einen Schutz bis zur Markteinführung von einem bis maximal drei Jahren befürwortet.

981 S. auch *Sack*, WRP 2005, 531, 538.

982 *Götte*, S. 138.

gen. Zutreffend ist zwar, dass das Erreichen der Gewinnphase auch von Umständen abhängt, die der Leistungserbringer unmittelbar beeinflussen kann; dennoch kann dieser die Amortisationszeit nicht losgelöst und frei von äußeren Umständen festlegen. Vielmehr ist der Amortisationszeitraum von den auf dem jeweiligen Markt vorherrschenden Gegebenheiten, wie Rohstoffpreise, außenwirtschaftliche Belange, konkrete Wettbewerbssituation und Marktentwicklung, abhängig. Das Erreichen der Gewinnphase ist daher bei der Bemessung der Schutzdauer nicht der allein maßgebende Umstand, sondern nur ein Faktor unter mehreren.

Für die Bemessung der Schutzdauer kann nunmehr auch auf die Wertung des nicht eingetragenen Geschmacksmusters zurückgegriffen werden[983], wobei ungeklärt ist, wie sich die dreijährige Schutzdauer des nicht eingetragenen Gemeinschaftsgeschmacksmusters auf den UWG-Schutz auswirkt.

2. Literaturansätze zur Einschränkung der Schutzdauer

Die Schaffung des nicht eingetragenen Gemeinschaftsgeschmacksmusters hat die Diskussion um die Schutzdauer des UWG neu belebt. So wird teilweise vertreten, dass die Berechtigung des ergänzenden Leistungsschutzes durch das nicht eingetragene Gemeinschaftsgeschmacksmuster zumindest für kurzlebige Wirtschaftsgüter gänzlich entfallen sei. Nachfolgend werden in der Literatur vertretene Ansätze zur Einschränkung der Schutzdauer des ergänzenden Leistungsschutzes aufgezeigt sowie ein Lösungsweg vorgeschlagen.

a) Generelle Einschränkung des ergänzenden Leistungsschutzes

Teilweise wird vertreten, dass während der dreijährigen Schutzfrist für nicht eingetragene Muster ein Rückgriff auf das Wettbewerbsrecht weitgehend überflüssig sei[984]. Jedenfalls solle für den UWG-Schutz künftig auch die Schutzfrist des nicht eingetragenen Gemeinschaftsgeschmacksmusters maßgebend sein[985]. Die speziellen Regelungen der Sonderschutzrechte, namentlich des nicht eingetragenen Gemeinschaftsgeschmacksmusters, dürften nicht durch das Wettbewerbsrecht umgangen werden. Der durch das UWG gewährte Leistungsschutz stehe im Gegensatz zu der zeitlichen Schranke des formlosen Musterschutzes und widerspreche dem Grundsatz der generellen Nachahmungsfreiheit. Ein längerer Schutz solle nur durch Eintragung erworben werden können[986]. Auch das gesetzgeberische Ziel, in

983 *Keller*, in: FS Erdmann, S. 595, 611; *Götte*, S. 154.

984 *Kur*, GRUR Int. 1998, 353, 359.

985 *Kur*, GRUR Int. 1998, 771, 780.

986 *Auteri*, GRUR Int. 1998, 360, 367.

der Gemeinschaft einen harmonisierten Rechtsschutz zu schaffen, würde durch eine Verlängerung über das nationale Wettbewerbsrecht vereitelt werden[987].

b) *Differenzierung zwischen kurz- und langlebigen Produkten*

Ein anderer Ansatz differenziert zwischen kurz- und langlebigen Produkten[988]. Das nicht eingetragene Gemeinschaftsgeschmacksmuster wurde vom Europäischen Gesetzgeber ausdrücklich für kurzlebige Produkte geschaffen[989]. Zumindest für kurzlebige Waren stelle der formlose Musterschutz gegenüber dem Wettbewerbsrecht das speziellere Gesetz dar und erfasse die Fallgruppen der wettbewerbsrechtlichen Saisonrechtsprechung des BGH[990]. Eine Berechtigung des UWG-Schutzes entfalle daneben[991]. Für langlebige Produkte bestehe hingegen ein über die 3-Jahresfrist hinausgehendes Schutzbedürfnis, welches durch den ergänzenden Leistungsschutz auch weiterhin gewährt werden müsse.

c) *Stellungnahme zur Einschränkung der Schutzdauer*

Für kurzlebige Produkte, deren wettbewerbliche Eigenart ausschließlich in der äußeren Erscheinung liegt, erscheint eine generelle Einschränkung des Wettbewerbsschutzes, orientiert an der Schutzdauer des nicht eingetragenen Gemeinschaftsgeschmacksmusters, vertretbar. Der nicht eingetragene Musterschutz hat insoweit eine im deutschen Recht bestehende Schutzlücke geschlossen[992]. Dagegen ist eine Einschränkung des ergänzenden Leistungsschutzes bei langlebigen Wirtschaftsgütern abzulehnen[993].

Der Saisonschutz findet seine Rechtfertigung in den Unzulänglichkeiten des Musterschutzes für kurzlebige Ware, insbesondere von Modeartikeln. Für diese Produkte war der an ein förmliches Registrierungsverfahren gebundene Musterschutz regelmäßig zu spät zu erlangen, sodass die Modeindustrie in einer Vielzahl von Fällen schutzlos stand[994]. Mit dem Rechtsinstitut des formlosen Musterschutzes hat der Gesetzgeber nunmehr diese Mängel behoben. Die Orientierung der UWG-

---

987 *Auteri*, GRUR Int. 1998, 360, 367.

988 *Rahlf/Gottschalk*, GRUR Int. 2004, 821, 825.

989 Erwägungsgrund 16 der Verordnung (EG) Nr. 6/2002 des Rates vom 12.12.2001 über das Gemeinschaftsgeschmacksmuster.

990 BGH GRUR 1984, 453, 454 – Hemdblusenkleid; *Hefermehl/Köhler/Bornkamm*, § 4 UWG Rz. 9.76.

991 *Stolz*, S. 186.

992 Ebenso *Gottschalk/Gottschalk*, GRUR Int. 2006, 461, 466.

993 S. *Fezer*, WRP 2001, 989, 1007, der darauf hinweist, dass noch weitgehend ungeklärt sei, wie sich der UWG-Schutz bei langlebigen Produkten verhält.

994 S. BGH GRUR 1973, 478 – Modeneuheit.

Schutzdauer an der des Geschmacksmusterrechts ist gerechtfertigt, da es sich bei den die wettbewerbliche Eigenart begründenden Merkmalen grundsätzlich um äußere und sichtbare Gestaltungselemente handeln muss[995], womit diese Voraussetzung weitestgehend dem Sichtbarkeitskriterium des Musterschutzes entspricht[996]. Die mit drei Jahren bemessene Schutzfrist dürfte in aller Regel auch ausreichen, um der Industrie bei kurzlebigen Wirtschaftsgütern eine angemessene Gewinnchance zuzubilligen.

Teilweise wird vertreten, dass mit Einführung des nicht eingetragenen Geschmacksmusterrechts die systemwidrige Bereichsausnahme des UWG-Schutzes geschlossen wurde und die Einschränkung des wettbewerbsrechtlichen Leistungsschutzes für alle ästhetischen Gestaltungen zu gelten habe[997]. Eine derart weit reichende Einschränkung, die sich auch auf Investitionsgüter und andere langlebige Produkte erstrecken würde, erscheint jedoch nicht sachgerecht und ist abzulehnen. Im Vergleich zu Saisonartikeln sind bei Maschinen und Anlagen Innovationszyklen und Nutzungsdauern erheblich länger und Entwicklungskosten entsprechend höher. Überdies wird bei langlebigen Investitionsgütern die wettbewerbliche Eigenart nicht alleine durch das Sichtbarkeitskriterium bestimmt, sondern auch durch die technische Konstruktion der Maschine[998]. Weiter besteht ein schützenswertes Interesse der Hersteller langlebiger Produkte, welches jenseits der Dreijahresfrist des formlosen Musterschutzes liegt. Auch der Harmonisierungswille des europäischen Gesetzgebers gebietet keine Einschränkung des UWG-Schutzes, denn mit dem harmonisierten Musterschutz war keine Vereinheitlichung der nationalen Wettbewerbsordnungen beabsichtigt[999].

Die vorgeschlagene Differenzierung zwischen kurz- und langlebigen Produkten kann zu Abgrenzungsproblemen führen, denn nur selten wird eine Zuordnung so leicht fallen wie zwischen einem Hemdblusenkleid[1000] und einer Druckereimaschine[1001]. Vielmehr ist der Übergang fließend, sodass es nicht immer möglich sein wird, eine klare Grenze zu ziehen. Bereits die Einordnung eines Computers als kurz- oder langlebiges Wirtschaftsgut kann vor dem Hintergrund der teilweise stark variierenden Nutzungsdauern problematisch sein.

Als Auslegungshilfe zwischen kurz- oder langlebigen Wirtschaftsgütern wird hier eine Orientierung an der steuerrechtlichen Nutzungsdauer bzw. des daraus folgen-

---

995 S. BGH GRUR 2002, 820, 822 – Bremszangen; BGH GRUR 1999, 751, 752 – Güllepumpen.

996 Vgl. § 4 GeschmMG; Art. 4 Abs. 2 GGVO.

997 *Schack*, S. 332 Rz. 802; *Götte*, S. 154.

998 BGH GRUR 1963, 152, 154 f. – Rotaprint.

999 Vgl. Erwägungsgrund 7 der Geschmacksmusterrichtlinie 98/71/EG vom 13.10.1998.

1000 BGH GRUR 1984, 453, 454 – Hemdblusenkleid.

1001 BGH GRUR 1963, 152, 152 – Rotaprint.

den Abschreibungszeitraums angeregt. So existieren für die unterschiedlichen Branchen Abschreibungstabellen (AfA-Tabellen), die Aussagen über die zu erwartende Nutzungsdauer treffen. Dabei wird von der tatsächlichen Nutzungsdauer eines unter üblichen Bedingungen arbeitenden Betriebs ausgegangen, von der im Einzelfall allerdings abgewichen werden kann. Für den Maschinen- und Anlagenbau besteht seit dem 1. Januar 2001 eine eigene Branchentabelle, der die Nutzungsdauer langlebiger Güter zu entnehmen ist. Dabei liegt die in den AfA-Tabellen vorgesehene Nutzungsdauer stets unterhalb der maximalen Laufzeit der gewerblichen Schutzrechte und knapp unterhalb des im Maschinen- und Anlagenbaus durchschnittlich aufrecht erhaltenen Patents von elf Jahren.

Wollte man den ergänzenden Leistungsschutz bei kurzlebigen Gütern in den Fällen von Designverletzung grundsätzlich auf drei Jahre begrenzen und ist fraglich, ob ein Personal-Computer ein kurz- oder langlebiges Wirtschaftsgut darstellt, so ist der AfA-Tabelle für allgemein verwendbare Anlagegüter zu entnehmen, dass die Nutzungsdauer für eben einen solchen Rechner drei Jahre beträgt. Gemäß der Wertung des nicht eingetragenen Gemeinschaftsgeschmacksmusters handelt es sich somit um ein kurzlebiges Wirtschaftsgut mit der Folge, dass auch das Wettbewerbsrecht nur für drei Jahre einen Designschutz gewährt. Bei langlebigen Wirtschaftsgütern, deren Nutzungsdauer die vom Geschmacksmusterschutz vorgegebene 3-Jaresfrist übersteigt, kann zur Bestimmung der Amortisationsaufwendungen die durchschnittliche Laufzeit des entsprechenden Schutzrechts herangezogen werden.

Die hier vorgeschlagene Auslegungshilfe soll nicht als Instrument für eine zeitliche Bestimmung des ergänzenden Leistungsschutzes missverstanden werden, denn die Amortisationszeit entspricht nicht der durchschnittlichen Nutzungsdauer. Vielmehr sind die AfA-Tabellen nur als Indiz für die Kurz- oder Langlebigkeit eines Wirtschaftsguts heranzuziehen. Im Übrigen kann auch bei kurzlebigen Wirtschaftsgütern unter besonderen Umständen ein längeres Schutzbedürfnis bestehen[1002]. Eine verlässliche Aussage über die zeitliche Dauer des ergänzenden Leistungsschutzes lässt sich für den Rechtsanwender nach wie vor nur schwer treffen. Im Interesse der Rechtssicherheit wäre daher eine gesetzliche Regelung hinsichtlich der Schutzdauer zu begrüßen gewesen[1003].

1002 BGH GRUR Int. 2006, 334, 336 – Jeans; BGH GRUR 1998, 477, 478 – Trachtenjanker.

1003 So bereits *Kur*, GRUR 1990, 1, 15; s. auch *Götte*, S. 159 m.w.N., der sich für eine feste Schutzdauer ausspricht.

VII. Beweislast über Voraussetzungen des ergänzenden Leistungsschutzes und der Bagatellschwelle

Nach den allgemeinen Grundsätzen trägt der Kläger die Beweislast für das Vorliegen der Tatbestandsvoraussetzungen. Ihm obliegt es, das Vorliegen einer Nachahmung, die wettbewerbliche Eigenart und die Unlauterkeit der Nachahmungshandlung gemäß § 4 Nr. 9 UWG darzulegen. Nur wenn streitig ist, ob der Nachahmer die erforderliche Kenntnis vom Original hatte, muss dieser die Vorbekanntheit der übernommenen Gestaltungsmerkmale beweisen[1004]. Nach derzeit wohl herrschender Auffassung trifft den Kläger grundsätzlich auch die Beweispflicht für die Erheblichkeit der Wettbewerbsbeeinträchtigung i.S.v. § 3 UWG, denn diese stellt eine materiell-rechtliche Anspruchsvoraussetzung dar[1005]. Für den unmittelbar Verletzten bedeutet dies zunächst eine Schlechterstellung gegenüber der alten Rechtslage, denn hier wurde die Frage der Erheblichkeit des Verstoßes nur im Rahmen von § 13 Abs. 2 UWG relevant und galt nur für die mittelbar Betroffenen.

Nach der hier vertretenen Auffassung ist in den Fällen des ergänzenden Leistungsschutzes eine gesonderte Prüfung der Bagatellschwelle entbehrlich, denn bei Annahme der Tatbestandsvoraussetzungen von § 4 Nr. 9 UWG werden auch die Voraussetzungen von § 3 UWG stets widerlegbar vermutet. Dem Nachahmer obliegt es dann, die Vermutung einer „nicht nur unerheblichen Beeinträchtigung" zu erschüttern, bzw. den Beweis zu erbringen, dass der Nachbau gerade nicht die vermutete Beeinträchtigung aufweist[1006]. Ein Beweis, den er in aller Regel nur schwer wird führen können, denn der Zugang zu Marktdaten und Absatzzahlen des Klägers bleibt ihm, von den engen Voraussetzungen der Vorlagepflicht nach §§ 142, 143 ZPO abgesehen, verwehrt. Eine solche Beweislastverteilung erscheint interessengerecht, da der ohnehin durch den Nachbau Geschädigte mit dem zusätzlichen Nachweis der Erheblichkeit über Gebühr belastet werden würde. Die Spürbarkeit könnte er nur durch Offenlegung von Gewinnmargen, Absatzzahlen, Vertriebsgebiete und Vertriebskanäle führen. Er wäre also gezwungen, Angaben gegenüber dem Rechtsverletzer und unmittelbaren Wettbewerber preiszugeben, an denen er ein berechtigtes Geheimhaltungsinteresse hat, was im Ergebnis zu einer doppelten Schädigung des Klägers führen würde. Die Rechtsdurchsetzung würde dem unmittelbar Geschädigten erheblich erschwert werden, wollte man von ihm noch Ausführungen über die Beeinträchtigung des Wettbewerbs bzw. die Auswirkungen auf das konkrete Marktgeschehen verlangen.

1004 BGH GRUR 1998, 477, 480 – Trachtenjanker.

1005 *Köhler*, GRUR 2005, 1, 6; *Emmerich*, S. 86; *Heermann*, GRUR 2004, 94, 94.

1006 Ebenso Harte-Bavendamm/Henning-Bodewig-*Schünemann*, § 3 Rz. 241.

VIII. Ausblick: Auswirkungen der Europäischen Richtlinie über unlautere Geschäftspraktiken auf den ergänzenden Leistungsschutz

Im Mai 2005 hat der europäische Gesetzgeber eine Richtlinie über unlautere Geschäftspraktiken erlassen[1007]. Ziel der Richtlinie ist es, die in der Gemeinschaft bereits in Teilbereichen vollzogene Harmonisierung des Lauterkeitsrechts fortzusetzen[1008]. Nach Art. 3 Abs. 1 der Richtlinie findet diese jedoch nur im Verhältnis zwischen Unternehmen und Verbraucher Anwendung[1009]. Welchen Einfluss die Richtlinie auf das deutsche Lauterkeitsrecht haben wird, ist umstritten[1010]. Unklar ist insbesondere, ob die deutsche Generalklausel nebst Bagatellschwelle der Richtlinie anzupassen ist, was Auswirkungen auf den ergänzenden Leistungsschutz haben kann. Hier gehen die Meinungen in der Literatur stark auseinander.

Im Gegensatz zu § 3 UWG, der von einer „nicht nur unerheblichen Beeinträchtigung" ausgeht, spricht Art. 5 Abs. 2 b) der Richtlinie von einem „wesentlichen Beeinflussen". Vom Wortlaut her stellt letztere Formulierung im Vergleich zu der „nicht nur unerheblichen Beeinträchtigung" eine Anhebung der Erheblichkeitsschwelle dar. Eine Anpassung der Generalklausel an die Richtlinie sei nach einigen Literaturmeinungen daher unvermeidbar[1011]. Diesen Schluss lege auch Erwägungsgrund Nr. 13 der Richtlinie nahe, der es als notwendig erachtet, die in den Mitgliedstaaten existierenden unterschiedlichen Generalklauseln und Rechtsgrundsätze zu ersetzen.

Andere halten eine Anpassung von § 3 UWG vor dem Hintergrund der Richtlinie nicht für erforderlich, da die Regelung inhaltlich mit der Generalklausel der Richtlinie vereinbar sei und der Unlauterkeitsbegriff der Richtlinie dem des UWG ent-

---

1007 Richtlinie 2005/29/EG über unlautere Geschäftspraktiken im Geschäftsverkehr zwischen Unternehmen und Verbrauchern vom 11.5.2005.

1008 Z.B. Richtlinie über den elektronischen Geschäftsverkehr (2000/31/EG); Richtlinie über irreführende Werbung (84/450/EWG), ergänzt durch die Richtlinie über vergleichende Werbung (97/55/EG); EG-Fernsehrichtlinie (89/552/EWG).

1009 S. kritisch zu der Einschränkung und für eine Aufgabe der B2C-Beschränkung, *Henning-Bodewig*, GRUR Int. 2004, 183, 193.

1010 S. nur *Keßler/Micklitz*, BB-Spezial 13/2005, 1, 22, die für das UWG tiefgreifende Änderungen prophezeien und eine Neuausrichtung des Lauterkeitsrechts sehen; *Bartenbach/Jung*, Mitt. 2005, 246, 252, die von einem „erheblichen Einfluss" auf das deutsche Recht ausgehen; *Henning-Bodewig*, in: FS Schricker, S. 705, 710, die das deutsche UWG für weit genug hält, um den Regelungsgehalt der Richtlinie abzudecken, wobei nur ein relativ kleiner Anpassungsbedarf bestehe.

1011 So *Köhler*, GRUR 2005, 793, 769, der in einer Anpassung allerdings die Chance sieht, die missverständliche Bagatellklausel zu korrigieren; *Lettl*, WRP 2004, 1079, 1089.

spreche[1012]. Der in der Richtlinie unter Art. 6 Abs. 2 lit. a) gewählte Maßstab des „Verstoßes gegen die berufliche Sorgfaltspflicht“ bedeute unter Berücksichtigung der Erwägungsgründe letztlich nichts anderes als „wettbewerbsrechtlich unlauter“. Damit drehe man sich im Kreis und gelange wieder zu dem Unlauterkeitsbegriff des UWG[1013]. Eine Pflicht zur Übernahme des Richtlinienwortlauts bestehe daneben nicht, denn bei der Umsetzung der europäischen Vorgaben habe der Gesetzgeber ein Formulierungsermessen, solange nur der Bedeutungsgehalt mit der europarechtlichen Vorgabe übereinstimme[1014].

In der Tat entspricht die Bagatellklausel des deutschen Rechts der der europäischen Richtlinie[1015]. Die in der Richtlinie vorgesehene „wesentliche Beeinflussung“ deckt sich vom Zweck und Verständnis mit der nach alter Rechtslage geforderten „wesentlichen Beeinträchtigung“. Die alte Erheblichkeitsschwelle, so wurde oben festgestellt, deckt sich wiederum im Wesentlichen mit der neuen Formulierung der „nicht nur unerheblichen Beeinträchtigung“. Folglich entspricht auch die Erheblichkeit des geltenden UWG dem Verständnis der Richtlinie. Eine Anpassung von § 3 UWG wäre also nicht aufgrund der Eingriffshöhe, sondern allenfalls aus Klarstellungs- und Harmonisierungserwägungen erforderlich. Auswirkungen auf die deutsche Rechtspraxis sind dadurch allerdings nicht zu erwarten.

Anders als die Generalklausel ist der ergänzende Leistungsschutz nicht Gegenstand der Richtlinie[1016]. Auch der unter Anhang 1 Nr. 13 der Richtlinie aufgeführte Beispielstatbestand „Werbung für ein Produkt, das einem Produkt eines bestimmten Herstellers ähnlich ist, in einer Weise, die den Verbraucher absichtlich dazu verleitet, zu glauben, das Produkt sei von jenem Hersteller hergestellt worden, obwohl dies nicht der Fall ist“, stellt keinen Fall des wettbewerbsrechtlichen Leistungsschutzes, sondern einen Unterfall der irreführenden Werbung dar[1017]. Ein Änderungsbedarf von § 4 Nr. 9 UWG, bedingt durch die Umsetzung der Richtlinie, besteht somit ebenfalls nicht[1018].

1012 *Sosnitza*, WRP 2006, 1, 7; *Seichter*, WRP 2005, 1087, 1090; *Glöckner/Henning-Bodewig*, WRP 2005, 1311, 1329; *Glöckner*, WRP 2004, 936, 941; *Henning-Bodewig*, GRUR Int. 2004, 183, 191.

1013 *Henning-Bodewig*, in: FS Schricker, S. 705, 711.

1014 *Sosnitza*, WRP 2006, 1, 7; *Apostolopoulos*, WRP 2005, 152, 155 f.; *Seichter*, WRP 2005, 1087, 1088; *Glöckner/Henning-Bodewig*, WRP 2005, 1311, 1323.

1015 S. aber *Glöckner*, WRP 2004, 936, 941, der diese Frage offen lässt und auf die Entwicklung durch die Rechtspraxis verweist.

1016 Dies ist sicherlich zu bedauern, da gerade in diesem Bereich die Regelungen unter den Mitgliedsstaaten stark divergieren und eine harmonisierte Regelung für wünschenswerte Klarheit hätte sorgen können.

1017 S. *Köhler*, GRUR 2005, 793, 799.

1018 So auch *Köhler*, GRUR 2005, 793, 799; *Seichter*, WRP 2005, 1087, 1095, der fordert, dass die Umsetzung der Richtlinie dazu genutzt werden sollte, das Verhältnis zwischen dem

IX. Kritik am ergänzenden Leistungsschutz

Dem Institut des wettbewerbsrechtlichen Leistungsschutzes wird in der Literatur nicht kritiklos begegnet. Zentrales Argument ist die auf Grundlage des UWG-Schutzes ergangene und nur schwer kalkulierbare Rechtsprechung[1019], die aus dem komplexen Geflecht von zu berücksichtigenden Einzelkriterien folgt. Zu Recht wird die Spruchpraxis daher als unbefriedigende „Gefühlsjurisprudenz" gerügt[1020]. Nicht verkannt werden darf aber, dass es sich bei dem ergänzenden Leistungsschutz um ein Auffangrecht handelt[1021], welches im System der gewerblichen Schutzrechte für das „fine-tuning" verantwortlich ist[1022]. Die von der Rechtsprechung vorgenommene Gesamtschau führt zu einer Wertung, die den besonderen Umständen des Einzelfalls gerecht zu werden versucht. Trotz gesetzlicher Normierung und aktuellen Entscheidungen, durch die das Schutzrecht zunehmend an Kontur gewinnt[1023], werden sich daher auch künftig kaum verlässliche Aussagen über das Greifen und die Schutzdauer des ergänzenden Leistungsschutzes treffen lassen.

Aus dem Bestehen des nicht eingetragenen Gemeinschaftsgeschmacksmusterrechts und den neuen Markenformen wird teilweise gefolgert, dass der ergänzende Leistungsschutz überflüssig werde[1024]. Der dem Wettbewerbsrecht systemfremde Leistungsschutz solle daher vollends den Sonderschutzrechten weichen, die, um Schutzlücken zu vermeiden, um eine entsprechende Generalklausel zu ergänzen wären[1025].

Einer solchen Auffassung kann nicht gefolgt werden. Zwar stellt der ergänzende Leistungsschutz tatsächlich einen Systembruch im Wettbewerbsrecht dar. Mit der Aufnahme in den Gesetzestext hat der ergänzende Leistungsschutz jedoch eine Aufwertung erfahren und der Gesetzgeber lässt klar erkennen, dass er an dem bewährten System festzuhalten gedenkt. Überdies würde eine Ergänzung der Sonderschutzrechte um eine lückenschließende Generalklausel nicht zu der gewünschten Rechtssicherheit führen, sondern die Abgrenzungsprobleme in die Sonderrechte verlagern. Daneben wären sämtliche Sonderschutzrechte um eine

---

Markenrecht und der lauterkeitsrechtlichen Herkunftstäuschung klarzustellen, ohne dass dies die Richtlinie vorgäbe.

1019 *Schrader*, WRP 2005, 562, 563; *Fezer*, WRP 2001, 989, 1007, Fn. 102, mit Verweis auf die uneinheitliche Rechtsprechung der Instanzgerichte; *Götte*, S. 15; a.A. *Keller*, in: FS Erdmann, S. 595, 595, demnach die von der Rechtsprechung erzielten Ergebnisse hinreichende Rechtssicherheit gewähren.

1020 *Götting*, Mitt. 2005, 12, 19.

1021 *Götting*, Mitt. 2005, 12, 20.

1022 *Wiebe*, in: FS Schricker, S. 773, 778, der darauf hinweist, dass der Gesetzgeber die für das „fine-tuning" notwendigen Rahmenbedingungen zu schaffen hat.

1023 So *Trimborn/Schmitz*, Mitt. 2006, 540, 541.

1024 *Schrader*, WRP 2005, 562, 563.

1025 *Schrader*, WRP 2005, 562, 563.

Generalklausel zu erweitern, was zu unnötigen Doppelregellungen führen würde[1026]. Wenn vertreten wird, dass mit dem nicht eingetragenen Gemeinschaftsgeschmacksmuster ein solches Auffangrecht geschaffen wurde[1027], so ist darauf hinzuweisen, dass selbst dieses keinen vollumfänglichen Schutz schafft und daneben weiterhin ein Bedürfnis an einem ergänzenden Leistungsschutz besteht – beispielsweise dann, wenn die erstmalige Offenbarung eines Musters außerhalb der Europäischen Gemeinschaft erfolgte und eine Musteranmeldung nicht innerhalb der Neuheitsschonfrist nachgeholt wurde.

Am System des ergänzenden Leistungsschutzes ist daher grundsätzlich festzuhalten. Für die Praxis hilfreich wäre allerdings eine klare Aussage über die zeitliche Dauer des UWG-Schutzes[1028]. Eine gesetzliche Regelung im Interesse einer verlässlichen Rechtsprechung über die Schutzdauer von § 4 Nr. 9 UWG hätte daher Zustimmung verdient, wohl wissend, dass es sich dabei um einen systematischen Bruch in der Konzeption des Lauterkeitsrechts handeln würde. Systematische Bedenken haben aber im Interesse eines anwenderfreundlichen und kalkulierbaren Leistungsschutzes zurückzutreten. Weiter sollte auch im Bereich des ergänzenden Leistungsschutzes eine Harmonisierung innerhalb der Europäischen Gemeinschaft erfolgen, wobei sich an die bereits existierenden Vorschläge anknüpfen ließe[1029].

F. Zusammenfassung zum ergänzenden wettbewerbsrechtlichen Leistungsschutz

Der wettbewerbsrechtliche Leistungsschutz stellt einen Auffangtatbestand dar, dem, ergänzend zu den Sonderschutzrechten, eine klassische Lückenschließungsfunktion in Grenzfällen und bei grober Unbilligkeit zukommt. Ein solches Rechtsinstitut ist erforderlich, um den Anforderungen eines modernen Wirtschaftsverkehrs flexibel Rechnung tragen zu können.

Die starke Orientierung an den bestehenden Rechtsprechungsgrundsätzen lässt es fraglich erscheinen, ob durch die Einführung der Erheblichkeitsschwelle unter § 3 UWG erhöhte Anforderungen an die Unlauterkeit einer Wettbewerbshandlung zu stellen sind. Nach der hier vertretenen Auffassung stellt die Bagatellschwelle zumindest in den Fällen des ergänzenden Leistungsschutzes für den Anspruchsteller keine zusätzliche Hürde dar, denn die Erheblichkeit des Wettbewerbsverstoßes ist unter § 4 Nr. 9 UWG stets indiziert. Bedeutung erlangt die Bagatellschwelle jedoch im Rahmen

---

1026 Ähnlich *Ahrens*, GRUR 2006, 617, 624, der einen Allgemeinen Teil der geistigen Schutzrechte erwägt und den UWG-Schutz als generalklauselartigen Auffangtatbestand in eben diesen Allgemeinen Teil verschieben möchte.

1027 *Schrader*, WRP 2005, 562, 563.

1028 So bereits *Kur*, GRUR 1990, 1, 15.

1029 Zu den einzelnen Vorschlägen s. *Schricker/Henning-Bodewig*, WRP 2001, 1367, 1383 f.

der Beweislast. So verbleibt dem Nachahmer die Möglichkeit darzulegen, dass der beanstandete Nachbau den Wettbewerb nicht oder nur unerheblich beeinträchtigt – ein Beweis, den er nur schwer wird führen können.

Problematisch ist nach wie vor die zeitliche Grenze des ergänzenden Leistungsschutzes. Vorgeschlagen wird eine Differenzierung zwischen kurz- und langlebigen Wirtschaftsgütern. Als Auslegungshilfe zwischen kurz- oder langlebigen Gütern wird eine Orientierung an der steuerrechtlichen Nutzungsdauer bzw. des daraus folgenden Abschreibungszeitraums gemäß AfA-Tabelle angeregt. Geht es um den Schutz von Designleistungen, soll der ergänzende Leistungsschutz bei kurzlebigen Wirtschaftgüter grundsätzlich, dem nicht eingetragenen Gemeinschaftsgeschmacksmusterrecht folgend, auf drei Jahre beschränkt sein. Bei langlebigen Wirtschaftsgütern ist das Amortisationsinteresse des Herstellers in der Regel mit durchschnittlicher Laufzeit des Sonderschutzrechts erfüllt, sodass diese Frist als Orientierung für die „Regelschutzdauer" herangezogen werden kann. Treten besondere unlauterkeitsbegründenden Merkmalen hinzu, so kann die Dauer des UWG-Schutzes allerdings auch bis zu der maximalen Laufzeit des einschlägigen Sonderschutzrechts reichen. Wird hingegen über die betriebliche Herkunft der Ware getäuscht, so kann bei dieser Fallgruppe, aufgrund der Nähe zum Markenrecht, sogar ein zeitlich unbegrenzter Schutz gewährt werden.

G. Urheberrecht

Formenschutz kann auch über das Urheberrecht erlangt werden. Ein solcher Schutz ist möglich, wenn die Form eine persönliche geistige Schöpfung i.S.v. § 2 Abs. 2 UrhG darstellt. Reinen Designleistungen wird es allerdings schwer fallen, die hohen Gestaltungsanforderungen des Urheberrechts zu erreichen[1030], denn die Rechtsprechung stellt für den Bereich der angewandten Kunst – und hierzu zählt das Design – strenge Kriterien auf[1031]. Dies gilt im besonderen Maße für die Formgebung von Investitionsgütern, deren Gestaltungsmöglichkeiten wegen der technischen Funktion und Zweckbindung engen Grenzen gesetzt sind. Aufgrund der hohen Anforderungen an die Individualität bei Designleistung ist der urheberrechtliche Schutz von Maschinen und Anlagen somit nur eine theoretische Möglichkeit, die in der Praxis kaum relevant wird[1032]. Für den Schutz des äußeren Erscheinungsbildes weicht die Industrie daher auf andere Schutzinstitute wie das

1030 *Bartenbach/Fock*, WRP 2002, 1119, 1122; BGH GRUR 1987, 903, 904 – Le Corbusier-Möbel.

1031 *Nordemann/Heise*, ZUM 2001, 128, 129.

1032 Rechtsprechung zum Urheberschutz von Maschinen und Anlagen liegt, soweit ersichtlich, keine vor. S. auch *Lorenzen*, S. 206, die von einer „nahezu prohibitiven Schutzschwelle" für Designleistungen spricht.

nicht eingetragene Gemeinschaftsgeschmacksmuster oder den wettbewerbsrechtlichen Leistungsschutz aus.

In diesem Kapitel wird auf den urheberrechtlichen Formenschutz der Vollständigkeit halber und zwecks weiterer Erörterung des sich mit dem Geschmacksmusterrecht stellenden Konflikts hinsichtlich der Schöpfungshöhe eingegangen[1033].

I. Bedeutung des Urheberrechts für die Investitionsgüterindustrie

Der Anwendungsbereich des Urheberrechts im Maschinen- und Anlagenbau liegt typischerweise abseits des Formenschutzes. In der Branche erlangt das Urheberrecht meist nur an Bedeutung, wenn es um den Schutz von Software[1034], Konstruktionsplänen[1035], technischen Zeichnungen[1036], Bedienungsanleitungen[1037] oder Lieferbedingungen[1038] geht. Aufgrund der Funktionsgebundenheit der technischen Unterlagen sind den Gestaltungsmöglichkeiten aber auch hier enge Grenzen gesetzt, denn selbst bei Gebrauchsanweisungen können Normen zu berücksichtigen sein[1039]. Die engen Gestaltungsmöglichkeiten hindern die Rechtsprechung jedoch nicht, Betriebsanleitungen, technische Zeichnungen und dergleichen einen urheberrechtlichen Schutz zuzusprechen, denn alleine der Umstand, dass der Grafiker bekannte Gestaltungsmittel verwendet, stehen der Annahme einer eigenpersönlichen Schöpfung nicht entgegen[1040]. So kann bereits ein Rest an Gestaltungsspielraum bei der Linienführung und Wahl der Ausschnitte genügen, um ein schutzfähiges Werk zu schaffen[1041].

Das Urheberrecht kann auch einen Formenschutz gewähren, der allerdings dann ausscheidet, wenn die Form ausschließlich durch die Funktion des Gegenstands bestimmt wird[1042]. Nur wenn vom technischen Standpunkt aus mehrere Gestaltungen möglich sind, kann die für die Ausführung gewählte Gestaltung urheberschutzfähig sein[1043]. Darüber hinaus hat die schutzbegehrende Form neben dem technisch unverzichtbaren Teil eine künstlerisch-ästhetische Leistung aufzuwei-

---

1033 S. hierzu Teil 4.

1034 OLG München CR 1999, 688, 689 – Computer-Programm.

1035 BGH GRUR 1991, 529 f. – Explosionszeichnungen; s. auch *Vormbrock*, Mitt. 2003, 12 ff.

1036 LG München I GRUR 1989, 503 f. – BMW-Motor.

1037 BGH GRUR 1993, 34 f. – Bedienungsanweisung.

1038 BGH GRUR 2002, 958 f. – Technische Lieferbedingungen.

1039 Beispielsweise DIN EN 62079, Erstellung von Anleitungen, Gliederung, Inhalt und Darstellung; DIN EN ISO 12100-2 zur Sicherheit von Maschinen mit allgemeinen Hinweisen zur Benutzerinformation unter 6.5.

1040 BGH GRUR 1993, 34, 36 – Bedienungsanweisung.

1041 BGH GRUR 1991, 529 f. – Explosionszeichnungen; s. auch *Vormbrock*, Mitt. 2003, 12 ff.

1042 *Schack*, S. 336 Rz. 809.

1043 Möhring/Nicolini-*Ahlberg*, § 2 UrhG Rz. 21.

sen[1044]. Nur ein derartiges Industriedesign kann als Werk der angewandten Kunst i.S.v. § 2 Abs. 1 Nr. 4 UrhG Schutz erlangen, wobei hier, anders als bei Werken der bildenden Kunst, ein deutliches Überragen der Durchschnittsgestaltung verlangt wird[1045]. Aufgrund dieser hohen Voraussetzungen kommt dem urheberrechtlichen Formenschutz von Maschinen und Anlagen keine praktische Bedeutung zu.

Begründet werden die strengen Anforderungen an den Formenschutz bislang mit dem geschmacksmusterrechtlichen Unterbau des Urheberrechts[1046]. Aufgrund der in der Literatur teilweise proklamierten Eigenständigkeit des neuen Geschmacksmusterrechts ist die bisherige Begründung für die Einschränkung des Urheberschutzes allerdings zu hinterfragen. So könnte ein Urheberschutz von Investitionsgütern künftig möglich werden, wenn der in der jüngeren Literatur erhobenen Forderung nach einer Herabsetzung der urheberrechtlichen Gestaltungshöhe nachgegeben wird[1047].

II. Entwicklung des urheberrechtlichen Schutzes industrieller Formen

Nachfolgend wird die Entwicklung des urheberrechtlichen Formenschutzes skizziert. Dabei wird deutlich, dass das Urheberrecht ursprünglich für den Schutz der reinen Kunst konzipiert wurde und Industriedesign erst später in den Schutzbereich des Gesetzes Eingang fand. Der historische Ursprung des Gesetzes macht sich auch heute noch bemerkbar, wenn es um die Beurteilung der Gestaltungshöhe geht.

Werke der angewandten Kunst, also Erzeugnisse künstlerischen Schaffens, die geeignet sind, einem Gebrauchszweck zu dienen[1048], blieb zunächst der Schutz des Urheberrechts verwehrt[1049]. Beispielsweise nahmen das Urhebergesetz des Norddeutschen Bundes von 1870 und das 1876 in Kraft getretene Kunsturhebergesetzes die industrielle Formgestaltung (noch) vom Urheberschutz aus[1050]. Das Kunsturhebergesetz wurde daher von Beginn an kritisiert und der Ausschluss von Baukunst sowie von Werken der angewandten Kunst bemängelt[1051]. Zu dieser

---

1044 BGH GRUR 1982, 305, 307 – Büromöbelprogramm.

1045 BVerfG GRUR 2005, 410 – Laufendes Auge; BGH GRUR 1995, 581, 582 – Silberdistel; BGH GRUR 1981, 517, 519 – Rollhocker.

1046 S. nur BVerfG GRUR 2005, 410 – Laufendes Auge.

1047 S. nur *Koschtial*, GRUR 2004, 555, 560; zu der Diskussion über den künftigen Umfang der Gestaltungshöhe s. Kapitel 3.

1048 Möhring/Nicolini-*Ahlberg*, § 2 UrhG Rz. 26.

1049 S. vertiefend *Loewenheim*, Urheberrecht, § 2 Rz. 13 ff.; *G. Schulze*, GRUR 1987, 769, 770 f.

1050 *Loewenheim*, Urheberrecht, § 2 Rz. 13; *Vogel*, GRUR 1987, 873, 877.

1051 *E. v. Gamm*, S. 26.

Zeit ging man noch von einer strikten Trennung zwischen zweckfreier und angewandter Kunst aus, wobei letztere ausschließlich über das Geschmacksmustergesetz geschützt wurde. Mit Novellierung des Urhebergesetzes 1907 wurde eine solche Differenzierung aufgegeben und „Erzeugnisse des Kunstgewerbes" fanden Eingang in den Katalog der geschützten Werke. Diese Erweiterung des Urheberschutzes galt allerdings nur für das Kunstgewerbe und zunächst nicht für industrielle Serienprodukte[1052].

Die Abgrenzung zwischen dem reinen Urheberschutz und dem Musterschutz erfolgte nach der Zweckbestimmung des Werkes, der sog. Prävalenztheorie. Formschöpfungen an einem Gebrauchsgegenstand, bei denen die Zweckmäßigkeit erkennbar in den Vordergrund trat und nur nebenher ein stimmungsvolles Motiv mitspielte, waren (nur) geschmacksmusterfähig. Ein Werk der angewandten Kunst im Sinne des Kunsturhebergesetzes wurde hingegen dann angenommen, wenn der zu der Zweckmäßigkeit der Form hinzukommende ästhetische Überschuss, gleichgültig welches sein künstlerischer Wert war, einen Grad erreichte, dass nach der im Leben herrschenden Anschauung von Kunst gesprochen werden konnte[1053]. Überwog der Schmuckzweck, so war das Kunsturhebergesetz einschlägig. War hingegen der Gebrauchszweck vorrangig und wurde die Form nur geschaffen, um dem Gegenstand ein ansprechendes Äußeres zu verschaffen, griff der Geschmacksmusterschutz[1054].

Die Abgrenzung auf Grundlage des Gebrauchszwecks führte jedoch regelmäßig zu Problemen, wenn beispielsweise ein Werk der reinen Kunst als Vorlage für ein Werk der angewandten Kunst verwendet wurde. Die serienmäßige „Veredelung“ von Gebrauchgegenständen mit künstlerischen Motiven, die dem Urheberrecht zugänglich waren, konnte dann zu einer Schutzrechtsaufspaltung ein und desselben Werkes führen, wobei der verzierte Gebrauchsgegenstand dem Geschmacksmusterschutz unterlag[1055]. Schließlich sah man ein, dass der traditionelle Kunstbegriff, dem die Ästhetik des 19. Jahrhunderts zugrunde lag, heute nicht mehr alle Kunstprozesse erfassen könne[1056] und dass einer ästhetisch besonders gelungenen

---

1052 *Koschtial*, 293.

1053 RGZ 76, 339, 344 – Schulfraktur.

1054 RGZ 76, 339, 344 – Schulfraktur.

1055 *E. v. Gamm*, S. 23.

1056 *Wandtke*, GRUR 1995, 385, 387. Reine Kunst sah man um 1900 in einer naturhaften, erhabenen Schönheit ohne Zweck, vgl. *Gerstenberg*, GRUR 1963, 245, 247 f. Weder die Rechtswissenschaft noch die Kunstwissenschaft weist eine Erklärung für den Kunstbegriff auf. Die Rechtsprechung hat es daher aufgegeben, Kunst rechtlich definieren zu wollen und zieht den Kreis der erfassten Werke denkbar weit. In kunsthistorischer und philosophischer Sicht ist ein Kunstwerk immer ein Ganzes, welches über die äußere Form hinaus eine eigene geistige Bedeutung besitzt. S. weiter Möhring/Nicolini-*Ahlberg*, § 2 UrhG Rz. 84.

Gebrauchsform, nur weil der Gebrauchszweck überwiege, nicht der Kunstschutz verweigert werden dürfe[1057].

Diese Erkenntnis führte dazu, dass die Prävalenztheorie aufgegeben wurde. Für die urheberrechtliche Einordnung und Bewertung eines Werkes der angewandten Kunst war fortan nur der ästhetische Gehalt von Bedeutung, denn die Zweckbestimmung könne den Urheberschutz weder begründen noch ausschließen[1058]. Dabei ist entscheidend, ob nach der Lebensanschauung noch von Kunst gesprochen werden kann[1059], wobei die untere Grenze der Urheberrechtsfähigkeit teilweise erst bei einem deutlichen Überragen des Könnens eines Durchschnittsgestalters angenommen wird[1060].

III. Schutzvoraussetzungen für Werke der angewandten Kunst

Formen können als Werke der angewandten Kunst i.S.v. § 2 Abs. 1 Nr. 4 UrhG schutzfähig sein, wenn diese eine persönliche geistige Schöpfung aufweisen. Bereitet die Feststellung, ob es sich um ein geschütztes Werk der Literatur, Wissenschaft oder Kunst handelt, regelmäßig keine Probleme, da die Begriffe im Zweifel weit auszulegen sind[1061], so stellt die Beurteilung der Individualität der Schöpfung die alles entscheidende Hürde auf dem Weg zum Urheberschutz dar[1062]. Nach herrschender Auffassung setzt die geistige Schöpfung voraus, dass das Werk persönlich erschaffen wurde, eine wahrnehmbare Form gefunden hat, Individualität aufweist und eine gewisse Gestaltungshöhe erreicht hat[1063].

1. Persönliche geistige Schöpfung

Für den Urheberschutz ist es erforderlich, dass der Urheber das Werk persönlich erschaffen hat. Dies schließt den Einsatz von Maschinen als Hilfsmittel allerdings nicht aus. Entscheidend ist alleine, dass sich in dem Werk der Wille eines Menschen verwirklicht hat[1064]. Auch die mit Hilfe einer computergesteuerten Fräse

---

1057 BGH GRUR 1961, 635, 638 – Stahlrohrstuhl; *Haberstrumpf*, in: FS GRUR, S. 1125, 1161.

1058 *G. Schulze*, in: FS GRUR, S. 1303, 1325 Rz. 41; *Heydt*, GRUR 1968, 530, 537; *Gerstenberg*, GRUR 1963, 245, 247.

1059 *Lubberger*, in: FS Erdmann, S. 145, 149; BGH GRUR 1987, 903, 904 – Le Corbusier-Möbel; BGH GRUR 1961, 635, 638 – Stahlrohrstuhl.

1060 BGH GRUR 1985, 1041, 1048 – Inkasso-Programm; *Haberstrumpf*, in: FS GRUR, S. 1125, 1167.

1061 Möhring/Nicolini-*Ahlberg*, § 1 UrhG Rz. 2.

1062 *Koschtial*, S. 298; ähnlich *Loewenheim*, GRUR 1987, 761, 765.

1063 *Nordemann/Heise*, ZUM 2001, 128, 132.

1064 *Schricker*, Urheberrecht, § 2 Rz. 13.

geschaffene Form gilt als persönliche Schöpfung, da letztlich ein menschlicher Wille für die Maschinensteuerung verantwortlich ist.

2. Wahrnehmbare Form

Die Form muss für einen anderen Menschen wahrnehmbar sein. Das Erfordernis der Wahrnehmbarkeit setzt voraus, dass das Werk eine Form gefunden hat und nicht als gegenstandslose Idee existiert. Unter der Wahrnehmbarkeit ist allerdings nicht die Sichtbarkeit im Sinne des Geschmacksmusters zu verstehen. Unschädlich ist es daher, wenn das verkörperte Werk nicht sichtbar verbaut wird, sofern das Design zum Zeitpunkt der Entstehung optisch wahrnehmbar war. Der Verzicht auf ein Sichtbarkeitserfordernis eröffnet typischen Verbauteilen wie Ersatzteilen und Komponenten zumindest die theoretische Möglichkeit des Urheberschutzes.

3. Individualität der Schöpfung

Um einen urheberrechtlichen Schutz zu erlangen, hat das Design weiter ein gewisses Maß an Individualität aufzuweisen. Individualität bedeutet, dass sich in Konzeption, Inhalt und Form des Werkes die Schöpferpersönlichkeit des Designers ausdrückt[1065] und sich dadurch von alltäglichen und den üblicherweise produzierten Waren abhebt. Mit dem Erfordernis der Individualität wird sichergestellt, dass nur schutzfähig ist, was durch den Willen des Urhebers geschaffen wurde. Bei einigen Werken der angewandten Kunst ist die Individualität der schöpferischen Leistung allerdings fraglich, da für die Gestaltung komplexer Industrieformen meist ganze Design-Teams verantwortlich sind. Eine Zuordnung der einzelnen Leistung ist dann kaum möglich, was im Ergebnis gegen die Gewährung des Urheberschutzes sprechen könnte[1066].

Ein Werk kann nur dann Individualität aufweisen, wenn der Werkgegenstand überhaupt die Entfaltung individueller Züge gestattet. Dies ist insbesondere bei technisch geprägten Wirtschaftsgütern problematisch, da hier, wie im Maschinen- und Anlagenbau, rein funktionale Elemente dominieren. Eine individuelle Schöpfung ist somit nicht möglich und ein urheberrechtlicher Schutz scheidet aus, wenn kein Raum für eine persönliche Gestaltung besteht. Dies ist immer der Fall, wenn zwingende technische Vorgaben oder Normen einzuhalten sind. Daneben können technische oder physikalische Zwänge den individuellen Gestaltungsspielraum einschränken bzw. bis auf Null reduzieren.

1065 *Schack*, S. 335 Rz. 808.

1066 Vgl. *Lubberger*, in: FS Erdmann, S. 145, 153.

4. Maßstab der Individualität bei Werken der angewandten Kunst

Liegt eine individuelle Schöpfung vor, so ist noch keine Aussage über die Qualität bzw. den Umfang der Individualität getroffen. Maßstab für die Individualität ist die Gestaltungshöhe, die allerdings kein zusätzliches Kriterium zur Schutzfähigkeit aufstellt[1067]. Die untere Grenze der Gestaltungshöhe, also das Maß an Individualität, das ein Werk mindestens aufzuweisen hat, um noch schutzfähig zu sein, wird als kleine Münze bezeichnet[1068]. Ursprünglich wurde der Begriff der Gestaltungshöhe für Werke der angewandten Kunst als Abgrenzung zum Geschmacksmustergesetz entwickelt, später jedoch von der Rechtsprechung auf alle Werkarten ausgedehnt[1069].

Das für einen urheberrechtlichen Schutz erforderliche Maß an Gestaltungshöhe wird allgemein niedrig angesetzt, sodass bereits ein geringer Grad an Individualität für die Begründung des Urheberrechts genügt[1070]. Etwas anderes gilt jedoch für Werke der angewandten Kunst aufgrund der Möglichkeit, Geschmacksmusterschutz zu beanspruchen[1071]. Hier ist nach derzeit herrschendem Verständnis der Bereich der kleinen Münze vom Urheberschutz ausgenommen und wird dem Musterrecht zugeordnet[1072].

Für die Abgrenzung hat nach ständiger Rechtsprechung eine Differenzierung zwischen zweckfreier und angewandter Kunst zu erfolgen, denn für beide Kunstarten gelten, trotz eines einheitlichen Werkbegriffs i.S.v. § 2 Abs. 2 UrhG[1073], unterschiedliche Maßstäbe der Gestaltungshöhe[1074]. Entscheidend für die Höhe der zu fordernden Individualität von Designleistungen ist die Bewertung des Werkes als angewandte oder zweckfreie Kunst[1075]. Während bei zweckfreien Gestaltungen bereits eine geringe Gestaltungshöhe ausreicht, verlangt die Rechtsprechung bei Werken der angewandten Kunst ein deutliches Überragen der Durchschnittsgestaltung,

1067 *Schricker*, Urheberrecht, § 2 Rz. 24; *Loewenheim*, Urheberrecht, § 6 Rz. 16.

1068 Möhring/Nicolini-*Ahlberg*, § 2 UrhG Rz. 78; *Loewenheim*, Urheberrecht, § 6 Rz. 17.

1069 *Schricker*, in: FS Kreile, S. 715, 716.

1070 *Haberstumpf*, in: FS GRUR, S. 1125, 1142.

1071 *Loewenheim*, GRUR 1987, 761, 762; s. *E. v. Gamm*, S. 38 ff., für eine Darstellung grundlegender und aktueller Entscheidungen.

1072 *Koschtial*, GRUR 2004, 555, 556; *Nordemann/Heise*, ZUM 2001, 128, 134.

1073 Möhring/Nicolini-*Ahlberg*, § 2 UrhG Rz. 81.

1074 BGH GRUR 1995, 581, 582 – Silberdistel; in einer solchen Differenzierung liegt auch kein Verstoß gegen Art. 14 Abs. 1 GG und Art. 3 Abs. 1 GG, BVerfG GRUR 2005, 410, 411 – Laufendes Auge. A.A. noch *Nordemann/Heise*, ZUM 2001, 128, 142; s. weiter *Schack*, S. 336 Rz. 810, der darauf hinweist, dass die Abgrenzung auch in Hinblick auf die Folgerechte gem. § 26 Abs. 8 UrhG und das internationale Urheberrecht notwendig ist.

1075 *E. v. Gamm*, S. 44.

um die Schwelle zum Urheberrecht zu überscheiten[1076]. Erst wenn die Formgestaltung den Durchschnitt deutlich überragt und die nach dem alten Geschmacksmusterrecht geforderte Eigentümlichkeit übertrifft, ist sie als Werk der angewandten Kunst schutzfähig[1077]. Der ästhetische Gehalt des Werkes muss folglich einen solchen Grad erreicht haben, dass er Ausdruck einer künstlerischen und nicht einer nur geschmacklichen Leistung im Sinne des alten Geschmacksmustergesetzes ist[1078].

Wann allerdings ein Werk der angewandten Kunst und nicht mehr der bildenden Kunst zuzurechnen ist, führt regelmäßig zu Abgrenzungsproblemen. Nach überwiegender Auffassung besitzen Werke der bildenden Kunst gegenüber Werken der angewandten Kunst einen ästhetischen Überschuss und erfüllen keinerlei Gebrauchszweck[1079]. Demgegenüber handelt es sich bei Werken der angewandten Kunst in der Regel um industrielle Gebrauchs- und Bedarfsgegenstände mit ästhetischen Elementen.

Für die Beurteilung, ob das Maß an Individualität über den Geschmacksmusterschutz hinausgeht und eine für die Zubilligung des Urheberschutzes ausreichende Gestaltungshöhe erlangt hat, kommt es auf den Eindruck an, den das Werk nach dem durchschnittlichen Urteil des für Kunst empfänglichen und mit Kunstdingen einigermaßen vertrauten Menschen vermittelt[1080]. Dabei ist der ästhetische Gesamteindruck unter Berücksichtigung des bekannten Formenschatzes entscheidend[1081], eine Feststellung, die der Tatrichter in aller Regel aus eigener Sachkunde treffen kann[1082].

Für Investitionsgüter stellt die Gestaltungshöhe die alles entscheidende Hürde auf dem Weg zu einem urheberrechtlichen Formenschutz dar, denn aufgrund der technischen Zwänge sind, wie eingangs dargestellt, die Möglichkeiten einer freien, individuellen und vom Durchschnitt deutlich abweichenden Gestaltung stark eingeschränkt.

1076 BGH GRUR 1995, 581, 582 – Silberdistel; BGH GRUR 1983, 377, 378 – Brombeer-Muster.

1077 *Nordemann/Heise*, ZUM 2001, 128, 135.

1078 *Heydt*, GRUR 1968, 530, 534.

1079 *Koschtial*, S. 304.

1080 BGH GRUR 2004, 941, 942 – Metallbett; BGH GRUR 1958, 562, 563 – Candida-Schrift; kritisch hierzu *Heydt*, GRUR 1968, 530, 534 und *Gerstenberg*, GRUR 1963, 245, 251, die anmerken, dass das Abstellen auf den Laien eine unsichere Ermittlungsmethode ist und sie daher eine objektiv Feststellung durch „Experten" befürworten. S. auch *G. Schulze*, GRUR 1984, 400, 405 ff., der einen Indizienkatalog entwickelt, um die subjektiven Urteile des Einzelnen an objektiven Maßstäben auszurichten.

1081 BGH GRUR 1988, 690, 692 – Kristallfiguren.

1082 BGH GRUR 1995, 581, 582 – Silberdistel; BGH GRUR 1987, 903, 904 – Le Corbusier-Möbel.

IV. Schutzumfang des Urheberrechts

Gegenüber dem Geschmacksmusterrecht stellt das Urheberrecht das wesentlich attraktivere Schutzrecht dar. So entsteht der Schutz automatisch mit Schöpfung des Werkes, ohne dass es eines formellen Registrierungsaktes bedarf, und endet erst 70 Jahre nach dem Tod des Urhebers (§ 64 UrhG). Das Urheberrecht schützt die persönliche Beziehung des Urhebers zu seinem Werk und sichert ihm umfassende Verwertungsrechte zu. Anders als beim novellierten Geschmacksmusterrecht gewährt das Urheberrecht jedoch keinen absoluten Nachahmungsschutz, denn eine objektive Neuheit wird gerade nicht vorausgesetzt[1083]. Entscheidend ist vielmehr die subjektive Vorstellung des Urhebers über die Neuheit, was wiederum Parallelschöpfungen ermöglicht[1084]. In der Qualität dieses Neuheitsbegriffs liegt ein wesentlicher Unterschied zum Geschmacksmusterrecht[1085].

Infolge internationaler Übereinkommen, insbesondere der revidierten Berner Übereinkunft und dem Welturheberrechtsabkommen, erlangt der Urheber praktisch einen weltweiten Schutz[1086]. Dabei ist der Schutzumfang des Urheberrechts von der Gestaltungshöhe des Werkes abhängig. Je weniger Vorgegebenes der Urheber in seinem Werk verwendet, desto höher ist das Maß an Individualität[1087]. Wie bei den oben dargestellten Schutzrechten besteht auch hier eine Wechselwirkung, sodass Werke mit einer hohen Individualität einen größeren Schutzumfang aufweisen[1088].

Umstritten ist, ob und wie sich der Schutzbereich des Urheberrechts bei Werken der angewandten Kunst vor dem Hintergrund der europäischen Rechtsentwicklung verändern wird – einer Frage, der im Folgenden nachgegangen wird.

V. Ausblick und Umfang des Urheberschutzes in der Europäischen Gemeinschaft

Ein Gemeinschaftsurheberrecht bzw. ein vollends harmonisiertes europäisches Urheberrecht existiert nicht und ist derzeit auch nicht zu erwarten[1089], was in Einzelfällen zu einem Schutzrechtsgefälle zwischen den europäischen Staaten führt[1090]. Lediglich in Teilbereichen wurde bislang eine Harmonisierung er-

---

1083 S. zur objektiven Neuheit oben S. 58 f..

1084 Möhring/Nicolini-*Ahlberg*, § 2 UrhG Rz. 72.

1085 S. oben S. 59 ff..

1086 *Nordemann/Heise*, ZUM 2001, 128, 130.

1087 *Haberstumpf*, in: FS GRUR, S. 1125, 1141.

1088 *Schack*, S. 336 Rz. 809; *G. Schulze*, in: FS Schricker, S. 523, 529.

1089 *A. Busse*, S. 144; *Koschtial*, S. 207.

1090 S. beispielsweise OLG Hamburg GRUR-RR 2005, 41, 44 – Bauhauslampen aus Italien.

reicht[1091]. Nach Auffassung einiger Autoren strahlen die harmonisierten Bereiche aber auf das gesamte Urheberrecht aus, sodass die europäischen Wertungen auch bei der Anwendung der nicht vereinheitlichen Vorschriften zu berücksichtigen seien[1092]. Aus den harmonisierten Teilbereichen des Urheberrechts folge, dass die Schutzuntergrenze einheitlich herabzusetzen sei, was wiederum einen Formenschutz von Maschinen und Anlagen ermöglichen könnte.

1. Absenkung der Gestaltungshöhe aufgrund europäischer Vorgaben

Teilweise wird vertreten, dass aus den harmonisierten Teilbereichen tendenziell eine Absenkung der urheberrechtlichen Gestaltungshöhe folge[1093]. Beispielhaft werden in der Literatur die Computerprogrammrichtlinie und die Datenbankrichtlinie diskutiert.

Die Computerprogrammrichtlinie verlangt als einzige Schutzvoraussetzung eine individuelle geistige Schöpfung des Urhebers und stellt ausdrücklich keine anderen Kriterien auf (vgl. § 69a Abs. 3 UrhG). Um der zunehmenden wirtschaftlichen Bedeutung von Datenbanken Rechnung zu tragen, wurde deren Schutz ebenfalls dem Urheberrecht unterstellt (§ 87a UrhG). Für die Schutzfähigkeit ist nicht die geistige Kreativität des Datenbankherstellers maßgebend, sondern alleine die unternehmerische Leistung[1094]. Das Merkmal der unternehmerischen Leistung führe dazu, dass nahezu jede kommerzielle Datensammlung schutzfähig sei, ohne dass es auf eine Individualität oder gar einen ästhetischen Wert ankomme[1095].

Aus diesen Richtlinien wird abgeleitet, dass auf europäischer Ebene, und künftig auch in den nationalen Rechtsordnungen, tendenziell geringere und für alle Werk-

---

1091 Richtlinie über den Schutz von Computerprogrammen (91/250/EWG); Richtlinie zur Harmonisierung der Schutzdauer des Urheberrechts (93/98/EWG), Verleih- und Vermietrichtlinie (92/100/EG), Richtlinie über den Schutz von Datenbanken (96/9/EG), Richtlinie über das Urheberrecht in der Informationsgesellschaft (2001/29/EG). Fragestellungen, bei denen die Richtlinie 2001/29/EG keine zwingenden Vorgaben macht, werden mit dem Zweiten Gesetz zur Regelung des Urheberrechts in der Informationsgesellschaft, sog. Zweiter Korb, umgesetzt. Als wesentliche Regelungen des am 22.3.2006 verabschiedeten Referentenentwurfs sind insbesondere die Zulässigkeit und Grenzen der Privatkopie in den digitalen Medien, Geräteabgaben für Speichermedien und die Öffnung des Urheberrechts für unbekannte Nutzungsarten zu nennen. Auswirkungen auf den hier behandelten Themenkreis hat das Gesetz keine.

1092 *Czychowski/Nordemann*, NJW 2006, 580, 580.

1093 *G. Schulze*, in: FS Schricker, S. 523, 531 f.

1094 *Benecke*, CR 2004, 608, 610.

1095 *Bartmann*, S. 96.

arten gleiche Anforderungen an die Schöpfungshöhe zu stellen seien[1096]. Andere Autoren wollen eine Gleichbehandlung aller Werkarten sogar durch einen Verzicht auf die Gestaltungshöhe erreichen, die vor dem Hintergrund der europäischen Rechtsentwicklung dem Merkmal der Individualität zu weichen habe, denn mit dem Begriff der Gestaltungshöhe werde eine über das Erfordernis der Individualität hinausgehende Voraussetzung aufgestellt, für die es keine gesetzliche Grundlage gebe[1097].

2. Stellungnahme zur Absenkung der Gestaltungshöhe aufgrund europäischer Vorgaben

Aus der europäischen Rechtsentwicklung kann nicht auf eine generelle Absenkung der Gestaltungshöhe oder deren Verzicht geschlossen werden, denn in erster Linie werden mit den harmonisierten Teilbereichen Schutzrechtslücken für besondere Werkarten geschlossen. Nach dem ausdrücklichen Willen des europäischen Gesetzebers bleiben die nationalen Gesetzgeber aber für die Anforderungen an die urheberrechtliche Gestaltungshöhe in den nicht harmonisierten Bereichen eigenverantwortlich[1098].

Bei den Regelungen zum Schutz von Computerprogrammen nach § 69a UrhG handelt es sich um eine spezielle Ausnahmevorschrift für Software, die – von der seltenen Möglichkeit des Patentschutzes auf computerimplementierte Erfindungen abgesehen[1099] – meist schutzlos blieb. Dies lag darin begründet, dass die Rechtsprechung für Software vor Umsetzung der Richtlinie eine deutlich über dem Durchschnitt liegende schöpferische Leistung verlangte[1100]. Der Verzicht auf qualitative und ästhetische Kriterien hat bei Software aber durchaus seine Berechtigung, denn eine eingehende technische Bewertung soll im Urheberrecht unterbleiben und ästhetische Merkmale sind bei Rechenprogrammen unerheblich. Vom Urheberschutz ausgenommen bleiben daher nur solche Programme, die lediglich eine einfache, routinemäßige Programmierleistung darstellen, die jeder Programmierer auf dieselbe oder ähnliche Weise erbringen könnte und denen es daher an

---

1096 *Koschtial*, S. 208; *Loewenheim*, Urheberrecht, § 6 Rz. 20; *Nordemann/Heise*, ZUM 2001, 128, 145; *Schricker*, in: FS Kreile, S. 715, 718; *Thiele*, GRUR Int. 2006, 827, 829; *Stolz*, S. 172.

1097 *Nordemann/Heise*, ZUM 2001, 128, 146; *Schricker*, in: FS Kreile, S. 715, 720. Dies ist allerdings keine neue Forderung. Bereits *Henssler*, GRUR 1961, 397, 402, weist darauf hin, dass das Merkmal der Gestaltungshöhe nur für die angewandte Kunst bzw. Formgestaltung zu gelten habe.

1098 Vgl. Art. 17 der Geschmacksmusterrichtlinie.

1099 Vgl. BGH GRUR 2000, 1007, 1008 – Sprachanalyseeinrichtung; *Schulte*, Patentgesetz, § 1 Rz. 99; *Bartmann*, S. 85.

1100 BGH GRUR 1985, 1041, 1047 – Inkasso-Programm.

Individualität fehlt. Hingegen besteht bei komplexer Software eine Vermutung für eine hinreichende Individualität[1101].

Auch die europäische Datenbankrichtlinie stützt nicht die Forderung nach einer einheitlichen Herabsetzung der urheberrechtlichen Schutzuntergrenze. Wie bei Computerprogrammen bestand auch bei Datenbanken eine entsprechende Schutzlücke[1102]. Anders als beim klassischen Anwendungsbereich des Urheberrechts kommt es beim Schutz von Datenbanken aber nicht auf die geistige Kreativität des Datenbankherstellers an, sondern auf seine unternehmerische Leistung[1103]. Aus dem Merkmal der unternehmerischen Leistung, was jede kommerzielle Datensammlung aufzuweisen scheint, kann allerdings nicht gefolgert werden, dass tatsächlich jede Datenbank im Sinne der Richtlinie schutzfähig ist, denn auch die kleine Münze erfordert ein Mindestmaß an Individualität[1104]. Als Korrektur für den Verzicht auf eine generelle „Schöpfungshöhe" kann die von § 87a Abs. 1 UrhG verlangte „wesentliche Investition" des Datenbankherstellers angesehen werden. Dem Merkmal der „wesentlichen Investition" kommt zwar nicht die gleiche Funktion wie der Individualität zu, gleichwohl schränkt es den Anwendungsbereich der Norm ein und lässt überdies den Bedeutungswandel des Urheberrechts von einem reinen Persönlichkeits- hin zu einem Investitionsschutz erkennen[1105]. Ungeklärt ist bislang, ob diese Schutzhürde generell hoch oder niedrig anzusetzen ist[1106], wobei die Wortwahl „wesentlich" gegen eine zu niedrige Schwelle spricht. Aber selbst wenn man der Rechtsprechung der Instanzgerichte folgen wollte[1107] und die Wesentlichkeit grundsätzlich für gegeben erachtet, lassen sich aus den Sonderregelungen zum Schutz von Computerprogrammen und Datenbanken keine Rückschlüsse auf eine generelle Herabsetzung der Gestaltungshöhe ziehen.

Eine derartige Schutzlücke, die ein Herabsetzen der Gestaltungshöhe rechtfertigen könnte, besteht im Bereich der angewandten Kunst jedenfalls nicht, denn hier kann nach wie vor auf das Geschmacksmusterrecht ausgewichen werden, welches einen vergleichbaren Schutz gewährt.

1101 BGH CR 2005, 854, 855 – Software in der Insolvenz – Flash 2000.

1102 *Benecke*, CR 2004, 608, 610; Möhring/Nicolini-*Decker*, vor § 87a UrhG Rz. 2.

1103 *Benecke*, CR 2004, 608, 610.

1104 *Bartmann*, S. 92.

1105 *Dreier*, CR 2000, 45, 46.

1106 Wobei die Rechtsprechung zu einem weit reichenden Schutz von Datenbanken neigt, hingegen die Literatur meist eine Investition von „substantiellem Gewicht" verlangt, vgl. *Benecke*, CR 2004, 608, 611.

1107 OLG Frankfurt a.M., CR 1999, 496, 499; KG Köln, CR 1999, 593, 594, mit kritischen Anmerkungen zur „nicht unwesentlichen Investition" s. *Obermüller*, CR 1999, 594 f.

H. Zusammenfassung zum Urheberrecht

Das Urheberrecht ist für die Investitionsgüterindustrie ein bedeutendes Schutzrecht, wenn es um den Schutz von Software, technischen Zeichnungen und Betriebsanleitungen geht. Für den Formenschutz von Maschinen und Anlagen erlangt es hingegen keinerlei praktische Bedeutung. Das notwendige Maß an eigenpersönlicher schöpferischer Gestaltung ist aufgrund der technischen Rahmenbedingungen für Maschinen und Anlagen kaum zu erreichen, sodass die hohe Schwelle zur angewandten Kunst grundsätzlich eine unüberwindbare Hürde darstellt.

Aus der europäischen Rechtsentwicklung im Bereich des Urheberrechts kann nicht auf eine generelle bzw. einheitliche Absenkung der Gestaltungshöhe geschlossen werden. Ob allerdings das neue Geschmacksmustersystem zu einer Senkung der urheberrechtlichen Eintrittsschwelle für Werke der angewandten Kunst zwingen wird, hängt entscheidend von dem Verhältnis des Urheberrechts zum Geschmacksmuster ab und ist Gegenstand des folgenden Kapitels.

3. Kapitel

Verhältnis der Schutzrechte

In Kapitel 2 wurde gezeigt, dass ein Formenschutz sowohl über das Geschmacksmusterrecht, das Markenrecht, den ergänzenden Leistungsschutz und das Urheberrecht erlangt werden kann. Diese Gesetze stehen grundsätzlich selbstständig nebeneinander. So lassen die Geschmacksmusterrichtlinie und die Geschmacksmusterverordnung die Bestimmungen des Gemeinschaftsrechts und die Rechte der betreffenden Mitgliedsstaaten über nicht eingetragene Muster, Marken, sonstige Zeichen mit Unterscheidungskraft, unlauteren Wettbewerb und Urheberrecht unberührt[1108]. Auch aus dem Markenrecht geht hervor, dass die Anwendung anderer Vorschriften nicht ausgeschlossen sein soll (§ 2 MarkenG). Die grundsätzliche Unabhängigkeit der einzelnen Rechte voneinander führt dazu, dass ein Formenschutz durch mehrere oder, im Idealfall, alle Gesetze erlangt werden kann.

Eine parallele Anwendung mehrerer Gesetze ist aber nicht unproblematisch, da Normenkollisionen unausweichlich erscheinen. Um Wertungswidersprüche im Regelungsgeflecht der Schutzrechte zu vermeiden, kann das einzelne Recht nicht isoliert betrachtet werden. Erforderlich ist vielmehr eine Berücksichtigung der Schnittstellen zu den angrenzenden Gesetzen, denn die einen Formenschutz gewährenden Rechte sind Teil eines umfassenden und austarierten Schutzsystems[1109]. Verwehren beispielsweise das Geschmacksmusterrecht mangels Eigenart und das Markenrecht mangels Unterscheidungskraft einen Schutz, so kann ein Nachbau nur schwerlich über den ergänzenden Leistungsschutz sanktioniert werden, da, unabhängig von der Frage, ob das UWG überhaupt zur Anwendung gelangt[1110], in aller Regel auch die wettbewerbliche Eigenart fehlen dürfte. Gleiches gilt für das Urheberrecht, denn ist einer Form die musterrechtliche Eigenart bzw. die markenrechtliche Unterscheidungseignung abzusprechen, sind kaum Fälle denkbar, in denen ein ausreichendes Maß an schöpferischer Gestaltungshöhe vorliegen wird.

Ungeklärt ist weiter das Verhältnis des neuen Geschmacksmusterrechts zum Urheberrecht. Das Musterrecht habe nach einer weit verbreiteten Ansicht seinen urheberrechtlichen Unterbau verloren, woraus folge, dass die Schwelle zur kleinen Münze, also das zur Erlangung des Urheberschutzes notwendige Maß an Gestaltungshöhe, herabzusetzen sei. Da das Urheberrecht nur den Ausdruck von Individualität verlangt, wäre dann ein urheberrechtlicher Schutz von Maschinen und

---

1108 Vgl. Art. 16; Art. 17 der Geschmacksmusterrichtlinie; Art. 96 GGVO, Erwägungsgrund 31 der GGVO.

1109 S. auch *Heinrich/Ruf*, sic! 2003, 395, 399.

1110 S. unten S. 165 ff..

Anlagen unter Umgehung der speziellen Ausschlussgründe des Geschmacksmusterrechts denkbar.

Ein Spannungsverhältnis besteht auch zwischen den zeitlich begrenzten Leistungsschutzrechten und den zeitlich unbegrenzten Kennzeichenrechten[1111]. Daneben ist fraglich, ob nach Ablauf der dreijährigen Schutzfrist des nicht eingetragenen Gemeinschaftsgeschmacksmusters gegen einen Nachbau auf Grundlage des ergänzenden wettbewerbsrechtlichen Leistungsschutzes vorgegangen werden kann. Hier ist unklar, wie lange der zeitlich unbefristete UWG-Schutz neben den Sondergesetzen Anwendung findet[1112] und ob letztere nicht vollends den ergänzenden Leistungsschutz verdrängen.

Nachfolgend werden ausgewählte Kollisionslagen aufgezeigt und Lösungswege beschrieben.

A. Überblick über die Funktion der Schutzrechte

Für die Abgrenzung der Rechte ist es zunächst notwendig, einen Blick auf die primäre Schutzfunktion der Gesetze zu richten. Dabei bildet die rechtliche Funktionslehre das normenübergreifende Grundkonzept zur Bestimmung des Schutzbereichs, welches bei nachfolgender Diskussion stets zu berücksichtigen ist.

Das Geschmacksmusterrecht gewährt als Produktschutzrecht einen unmittelbaren Formen- und Designschutz gegenüber Gestaltungen, die keinen anderen Gesamteindruck vermitteln[1113]. Das Markenrecht sichert die Vorstellung des Verkehrs über die betriebliche Herkunft einer Ware. Erst dahinter treten die ökonomischen Markenaufgaben wie Qualitäts-, Garantie- und Werbefunktion[1114]. Würde man

---

1111 S. beispielsweise *Tilmann*, GRUR 1987, 865, 867; *Falckenstein*, GRUR 1999, 881, 882, der auf das Spannungsverhältnis zwischen Marke und Geschmacksmuster hinweist.

1112 S. Kapitel 2 unter E. VI..

1113 S. auch *Kahlenberg*, S. 134, die mit dem neuen Geschmacksmusterrechts nicht mehr die Qualität des Designs, sondern den reinen Marketingwert für geschützt hält.

1114 *Ineichen*, GRUR Int. 2003, 193, 194 ff., der auch unter dem neuen Markenrecht die Herkunftsfunktion als zentralen Schutzzweck der Marke ausmacht. Die weiteren Markenfunktionen, wie die Qualitäts-, Garantie- und Werbefunktion, entwickeln sich erst während der Schutzdauer einer Marke. Zu den weiteren Markenfunktionen s. *Sambuc*, WRP 2000, 985 ff., der ebenfalls in der Herkunftsfunktion den zentralen Schutzweck des Markenrechts erblickt (S. 988). *Riehle*, MarkenR 2001, 337, 339 ff., der unter Verweis auf die Rechtsprechung des EuGH ebenfalls in der Herkunftsfunktion den unmittelbaren Schutzzweck der Marke sieht. Weiter schlägt er eine Differenzierung zwischen horizontalem und vertikalem Schutzumfang vor, wobei letzterer auch die Garantie- und Werbefunktion umfassen solle. S. aber *Fezer*, WRP 2000, 1 ff. und GRUR 2003, 457, 463, der eine Differenzierung zwischen rechtlicher Herkunftsfunktion und den wirtschaftlichen Funktionen einer Marke für anachronistisch hält und für einen Paradigmenwechsel in der Funktionslehre plädiert. Geschützt werde nach der ökonomischen Markenrealität alleine die Kommunikationsfunktion.

jede Funktion, die eine Marke im Wirtschaftsverkehr ausübt, also beispielsweise auch den Werbewert, als geschützt ansehen, würde dies eine systemwidrige Gleichschaltung von Muster- und Markenrecht bedeuten[1115]. Der ergänzende Leistungsschutz wahrt nach wohl herrschender Auffassung die Lauterkeit des Wettbewerbs und entfaltet einen Individualschutz lediglich als Rechtsreflex[1116]. Das Urheberrecht schließlich schützt die persönlich geistige Schöpfung des Werkerstellers[1117].

B. Verhältnis der Schutzrechte im Einzelnen

Zentrales Merkmal des Geschmacksmuster- und Wettbewerbsrechts ist die Eigenart. Dieses Erfordernis gewährleistet, dass es sich um einen schutzwürdigen und schutzfähigen Gegenstand jenseits des durchschnittlichen und gewöhnlichen handelt. Im Markenrecht kommt der Unterscheidungseignung und im Urheberrecht der Schöpfungshöhe diese Funktion zu. Trotz einer vergleichbaren Aufgabe dieser Tatbestandsmerkmale kann daraus jedoch nicht der Schluss gezogen werden, dass bei Vorliegen der muster- oder wettbewerbsrechtlichen Eigenart auch die markenrechtliche Unterscheidungseignung bzw. die urheberrechtliche Schöpfungshöhe vorliegen muss und umgekehrt.

Die verschiedenen Begriffe unterscheiden sich nämlich in ihrer Qualität teilweise erheblich und bilden nur eine von mehreren Voraussetzungen. Eine Gegenüberstellung der einzelnen Merkmale ermöglicht daher weder einen Rückschluss auf die Qualität des jeweiligen Schutzrechts noch eine Aussage über das Verhältnis der Rechte untereinander. Beispielsweise setzt die markenrechtliche Unterscheidungskraft keine besondere Eigenart oder Originalität voraus, sondern alleine die Eignung, als betriebliches Herkunftsmittel wahrgenommen zu werden[1118]. Demgegenüber knüpft die wettbewerbsrechtliche Eigenart des ergänzenden Leistungsschutzes nicht zwangsläufig an die Eignung der Produktgestaltung als Herkunftshinweis an, sondern kann sich auch aus den anderen Besonderheiten des Produkts ergeben[1119]. Das Merkmal der Unterscheidungseignung stellt daher strengere Maßstäbe als die wettbewerbsrechtliche Eigenart auf. Auch die musterrechtliche

---

S. auch *Kunz-Hallstein*, in: FS 100 Jahre DPA, S. 148, 171, der mit dem Entfallen der Bindung der Marke an den Geschäftsbetrieb den Abschied von der traditionellen Herkunftsfunktion fordert. Zur Entwicklung des Markenrechts vom Persönlichkeits- zum Immaterialgüterrecht s. *Götting*, in: FS Beier, S. 233 ff.

1115 *Schramm*, S. 250.

1116 *Hefermehl/Köhler/Bornkamm*, § 4 Rz. 9.4; a.A. *Lubberger*, in: FS Erdmann, S. 145, 162, der in dem ergänzenden Leistungsschutz primär einen Individualschutz sieht.

1117 § 11 UrhG.

1118 BGH GRUR 2001, 413, 415 – Swatch.

1119 *Hefermehl/Köhler/Bornkamm*, § 4 Rz. 9.10.

Eigenart entspricht nicht zwangsläufig der wettbewerbsrechtlichen Eigenart. Dies war unter Grundlage des alten Eigentümlichkeitsbegriffs ständige Rechtsprechung[1120] und dürfte auch nach dem neuen Geschmacksmustergesetz gelten. Zwar kann ein eigenartiges Muster auch eine wettbewerbsrechtliche Eigenart aufweisen und umgekehrt. Andererseits verlangt die wettbewerbsrechtliche Eigenart nicht zwingend die Neuheit des Erzeugnisses[1121], die nach der hier vertretenen Auffassung in der musterrechtlichen Eigenart jedoch stets impliziert ist. Dies hat zur Folge, dass die wettbewerbsrechtliche Eigenart leichter zu erlangen ist als die musterrechtliche.

Die einen Formenschutz gewährenden Rechte stehen eigenständig nebeneinander und sind grundsätzlich unabhängig voneinander zu betrachten. Dies gilt bei der Rechtserlangung im gleichen Maße wie bei der Rechtsverteidigung. Allerdings sind die grundlegenden Schutzzwecke der angrenzenden bzw. konkurrierenden Gesetze zu berücksichtigen, um Wertungswidersprüche zu vermeiden. Solche Wertungswidersprüche werden offensichtlich, wenn ein Formmarkenschutz für sichtbare Ersatzteile mit einer nur geringen Unterscheidungskraft begehrt wird, das Geschmacksmusterrecht diesen Teilen aber einen Formenschutz verwehrt. Nachfolgend werden ausgewählte Kollisionslagen aufgezeigt und Lösungsmöglichkeiten vorgeschlagen.

I. Geschmacksmusterrecht im Verhältnis zum Urheberrecht

Das Geschmackmusterrecht und das Urheberrecht stehen nebeneinander und können kumulativ zur Anwendung gelangen. In Ermangelung einer europäischen Vollharmonisierung des Urheberrechts war es notwendig, diesen Grundsatz festzuschreiben. Allerdings obliegt es den Mitgliedsstaaten, den Umfang und die näheren Eintrittsvoraussetzungen des urheberrechtlichen Schutzes festzulegen[1122]. Zwischen den einzelnen Mitgliedsstaaten der Europäischen Gemeinschaft weisen die Eintrittsvoraussetzungen daher auch ein unterschiedliches Niveau auf.

Nach bislang herrschendem deutschem Rechtsverständnis erlangen ästhetisch gestaltete Gebrauchsgegenstände einen Urheberschutz erst ab einer gewissen Gestal-

---

1120 S. zur alten Rechtslage BGH GRUR 1985, 876, 877 – Tchibo/Rolex. A.A. *Kur*, GRUR 1990, 1, 8, die unter Grundlage der alten Rechtslage bereits vertrat, dass sich die wettbewerbliche Eigenart der musterrechtlichen Eigentümlichkeit annähere; ebenso *Krüger*, GRUR 1986, 115, 119.

1121 BGH GRUR 1992, 523, 525 – Betonsteinelemente; BGH WRP 1976, 370, 371 – Puderdose.

1122 Vgl. Art. 17 Geschmacksmusterrichtlinie; Erwägungsgrund 32 der GGVO. Für einen rechtsvergleichenden Überblick über das Verhältnis des Urheberrechts zum Geschmacksmusterrecht in ausgewählten Ländern Europas s. *Lorenzen*, S. 206 ff.

tungshöhe[1123]. An diese Eintrittsvoraussetzung wurden bislang strenge Anforderungen gestellt, da den Werken der angewandten Kunst mit dem (alten) Geschmacksmuster ein eigenes Schutzsystem auf unterer Stufe zur Verfügung stand[1124]. Diese sog. Stufentheorie beruht auf der Vorstellung, dass das Urheberrecht und das Geschmacksmusterrecht wesensgleiche Materien betreffen, die in einem Stufenverhältnis zueinander stehen. Das Urheberrecht greift, wenn in dem zu schützenden Werk ein „Mehr", das Geschmacksmusterrecht, wenn in ihm ein „Weniger" an eigenschöpferischem oder ästhetischem Gehalt verkörpert ist[1125].

Ein derartiges Stufenverhältnis besteht nach allgemeiner Auffassung seit Einführung des neuen Geschmacksmusterrechts nicht mehr, denn das neue Geschmacksmusterrecht verfolgt einen eigenständigen Ansatz und hat sich vom Urheberrecht gelöst[1126]. In der Literatur ist allerdings umstritten, ob der Fortfall des Stufenverhältnisses zu einer Absenkung der urheberrechtlichen Eintrittsvoraussetzungen führt.

Bereits in Kapitel 2 wurde festgestellt, dass alleine aus den europarechtlichen Vorgaben, namentlich aus der Computer- und Datenbankrichtlinie, nicht auf eine Absenkung der Gestaltungshöhe geschlossen werden darf. Nunmehr wird der Frage nachgegangen, ob aus dem neuen Geschmacksmusterrecht und dem Fortfall des Stufenverhältnisses die Forderung nach einer generellen Absenkung der urheberrechtlichen Eintrittsschwelle abgeleitet werden kann. Eine solche Absenkung käme insbesondere der designschwachen Investitionsgüterindustrie entgegen, böte sich dieser mit dem Urheberrecht eine weitere attraktive und umfassende Möglichkeit zum Formenschutz.

1. Aufgabe des Stufenverhältnisses führt zu einer Absenkung der urheberrechtlichen Gestaltungshöhe bei Werken der angewandten Kunst

Einige Autoren vertreten die Auffassung, dass das neue Geschmacksmustersystem zu einer Absenkung der urheberrechtlichen Gestaltungshöhe führen müsse[1127]. So knüpfen europäisches und nationales Geschmacksmusterrecht nicht mehr an die vom Designer erbrachte schöpferische Leistung, sondern an die Marketingfunkti-

1123 S. oben S. 209.

1124 BGH GRUR 1995, 581, 582 – Silberdistel.

1125 *Kur*, GRUR Int. 1998, 353, 358; *Loewenheim*, GRUR 1987, 761, 762.

1126 *Eck*, S. 138; *Dietz*, in: FS Beier, S. 355, 356; *E. v. Gamm*, S. 92; *Koschtial*, S. 253; *Schack*, S. 333 Rz. 805. A.A. *Dreier/Schulze*, § 2 UrhG Rz. 177, die begründungslos nach wie vor von einem Stufenverhältnis ausgehen.

1127 *Stolz*, S. 172; *Koschtial*, GRUR 2004, 555, 560; *Koschtial*, S. 316; *Thiele*, GRUR Int. 2006, 827, 829.

on der Gestaltung an[1128]. Daher erachtet das neue Musterrecht auch nicht mehr die ästhetische Leistung des Designers, sondern die Lösung eines absatzrelevanten Gestaltungsproblems und den Abstand gegenüber anderen Formen als schutzwürdig[1129]. Dies werde durch Erwägungsgrund 10 der Verordnung und Erwägungsgrund 14 der Richtlinie bestätigt, wonach eine Ästhetik der Gestaltung für die Erlangung des Musterschutzes unerheblich sei. Mit Novellierung des Geschmacksmusterrechts habe sich daher die Rechtsnatur des Schutzrechts gewandelt, die nunmehr einen eigenständigen, teilweise als „design-approach“[1130], teilweise als „patent-approach“[1131] bezeichneten Ansatz verfolge.

Nach alter Rechtslage wurde die Existenz des Geschmacksmusterrechts als Begründung für die erhöhten urheberrechtlichen Eintrittsvoraussetzungen herangezogen[1132]. So wurden an den Grad der Gestaltungshöhe bei Werken der angewandten Kunst strengere Anforderungen gestellt, um urheberrechtlichen Schutz zu beanspruchen, da sonst das unterhalb des Urheberrechts liegende Geschmacksmuster im Ergebnis leer liefe. Mit dem Verzicht auf ein Mindestmaß an Ästhetik habe sich das Musterrecht jedoch seiner urheberrechtlichen Wurzel entledigt. Das Geschmacksmusterrecht wird daher nicht mehr als „kleines Urheberrecht“ angesehen, sondern als autonomes Schutzrecht[1133]. Urheber- und geschmacksmusterfähige Leistungen unterscheiden sich fortan nicht nur graduell, sondern auch qualitativ[1134]. Bei Anerkennung der neuen Eigenständigkeit des Geschmacksmusterrechts lasse sich die These, dass das Musterrecht einen wesensgleichen Unterbau des Urheberrechts darstelle und zu diesem in einem Stufenverhältnis stehe, nicht mehr halten[1135]. Da kein gradueller Unterschied zum Urheberrecht bestehe, sondern das Musterrecht nunmehr als eigenständiges Schutzrecht zu begreifen sei, könne der (alten) Argumentation, dass das Musterrecht als Auffangschutzrecht zum nicht erlangten Urheberrecht diene, nicht mehr gefolgt werden[1136]. Mit Fortfall des Stufenverhältnisses sei daher die Rechtfertigung für die unterschiedlichen

1128 *Kur*, GRUR Int. 1998, 353, 358; *Gerstenberg*, GRUR 1963, 245, 246; RGZ 76, 339, 344 – Schulfraktur.

1129 Teilweise als „design-approach“ bezeichnet.

1130 *Stolz*, S. 170; *Koschtial*, GRUR 2004, 555, 556; *Dietz*, in: FS Beier, S. 355, 357.

1131 *Schlötelburg*, Mitt 2002, 70, 71, 73; *Schack*, S. 338 Rz. 813, der ebenfalls eine Annäherung zu den technischen Schutzrechten ausmacht; *Schramm*, S. 195. Eine kennzeichenrechtliche Natur des Geschmacksmusterrechts wird hingegen trotz der teilweise ähnlichen Schutzvoraussetzungen aufgrund der unterschiedlichen Schutzzwecke allgemein abgelehnt, s. dazu *Schramm*, S. 249.

1132 *E. v. Gamm*, S. 90; *Koschtial*, S. 384.

1133 S. nur *E. v. Gamm*, S. 92; *Koschtial*, GRUR 2004, 555, 556.

1134 *Eck*, S. 138; *E. v. Gamm*, S. 93.

1135 *Schack*, S. 333 Rz. 805; *Koschtial*, GRUR 2004, 555, 556; *Kur*, GRUR Int. 1998, 353, 358; *Eck*, S. 239; *E. v. Gamm*, S. 93.

1136 Zur Diskussion s. *G. Schulze*, in: FS Schricker, S. 523, 533.

Anforderungen an die urheberrechtliche Gestaltungshöhe bei Werken der angewandten Kunst gegenüber anderen Werkarten entfallen, sodass künftig bei allen Werken die gleichen Anforderungen aufzustellen seien. Solche Schutzanforderungen können einheitlich hoch oder einheitlich niedrig ausgestaltet werden[1137], wobei überwiegend – nicht zuletzt aufgrund der europäischen Vorgaben – eine Absenkung der urheberrechtlichen Eintrittsschwelle befürwortet wird[1138].

Für eine Absenkung der Gestaltungshöhe spreche weiter, dass das Urheberrecht keinen Ausschluss von Formen mit einer nur geringen Gestaltungshöhe erkennen lasse. Auch den Motiven zum Urhebergesetz von 1965 sei eine solche Einschränkung nicht zu entnehmen. Das Urheberrecht gehe von einem einheitlichen Werkbegriff aus, der bei allen Schutzobjekten identische Anforderungen an die Gestaltungshöhe stellen solle[1139]. In den hohen Anforderungen an Werke der angewandten Kunst wird daher teilweise auch eine Ungleichbehandlung gegenüber anderen Werkarten gesehen, die einen Verstoß gegen Art. 3 GG begründen[1140]. Solche Ungleichbehandlungen lassen sich nur durch einheitliche Anforderungen an die Gestaltungshöhe vermeiden. Dass es bei einer Herabsenkung der urheberrechtlichen Eintrittsschwelle zu einer Überschneidung mit dem Geschmacksmusterrecht komme, sei unschädlich, da es nicht gegen die deutsche Rechtsdogmatik verstoße, wenn ein Schutzinteresse durch mehrere Gesetze befriedigt werde[1141].

2. Aufgabe des Stufenverhältnisses hat keine Auswirkungen auf urheberrechtliche Gestaltungshöhe bei Werken der angewandten Kunst

Nach anderer Auffassung sei eine Absenkung der urheberrechtlichen Gestaltungshöhe auch unter Berücksichtigung des neuen Geschmacksmustersystems nicht geboten.

Für die strengen Anforderungen an die Gestaltungshöhe bei Werken der angewandten Kunst sind mehrere Gründe verantwortlich. Ein zentrales Argument ist das Verhältnis des Urheberrechts zum alten Geschmacksmustergesetz. Der ähnliche Schutzgegenstand verlange unter Berücksichtigung der wesentlich längeren Schutzfrist des Urheberrechts nach höheren Anforderungen[1142]. Hingegen ist bei reinen Designleistungen dem Interesse der Allgemeinheit an einem freien Zugriff

---

1137 *Stolz*, S. 170; *G. Schulze*, in: FS Schricker, S. 523, 526.

1138 *Koschtial*, GRUR 2004, 555, 559 f.; *Nordemann/Heise*, ZUM 2001, 128, 145; *Kur* GRUR Int. 1998, 353, 358; *Thiele*, GRUR Int. 2006, 827, 829. S. ausführlich oben S. 212.

1139 *Nordemann/Heise*, ZUM 2001, 128, 137.

1140 *Nordemann/Heise*, ZUM 2001, 128, 142; *Koschtial*, S. 313. Anders BVerfG GRUR 2005, 410, 411 – Laufendes Auge.

1141 *Koschtial*, S. 316.

1142 *Lubberger*, in: FS Erdmann, S. 145, 152.

alltäglicher Formen Rechnung zu tragen, um den Markt nicht mit der um mindestens 45 Jahre längeren Schutzdauer des Urheberrechts zu behindern[1143], denn die Schutzdauer des Urheberrechts kann einen Zeitraum von 100 Jahren und mehr erreichen, wenn der Urheber das Werk in jungen Jahren geschaffen hat und 80 bis 90 Jahre alt wird[1144].

Die neue Eigenständigkeit des Geschmacksmusterrechts verlange nicht zwingend ein Abrücken von der bisherigen Praxis. Vielmehr wäre die Absenkung der urheberrechtlichen Gestaltungshöhe bei Werken der angewandten Kunst wenig sinnvoll, da sie das über Jahrzehnte austarierte System des gegenwärtigen Rechtsschutzes sprengen würde. Eine Herabsenkung der Eingriffsschwelle würde das Urheberrecht zu einem allgemeinen Auffangschutzrecht für alle Formen entwerten und für belanglose Gestaltungen einen überdimensionierten Schutz gewähren[1145]. Für die Beibehaltung der erhöhten Eintrittsvoraussetzungen des Urheberrechts bei Werken der angewandten Kunst spreche zusätzlich die Einführung des dreijährigen, nicht eingetragenen Musterschutzes, welcher für Designleistungen ebenfalls einen leicht zu erlangenden Formenschutz bietet. Ein urheberrechtliches Schutzbedürfnis besteht daneben nicht, bzw. soll nur besonders individuellen Designleistungen vorbehalten bleiben.

Den erhöhten Anforderungen an Werke der angewandten Kunst stehen auch keine dogmatischen Bedenken entgegen[1146], denn der Werkbegriff verlange nicht zwingend bei allen Werkarten das gleiche Maß an Gestaltungshöhe. Die Einheitlichkeit des Werkbegriffs sei bereits dadurch gewahrt, dass die urheberrechtlichen Schutzgegenstände durch die gleichen Grundsätze bestimmt werden. Demnach muss jedes Werk von der Individualität des Urhebers geprägt sein und es muss sich um ein menschliches Schaffen handeln, welches einen geistigen Gehalt aufweist, der in einer verkörperten Form wiedergegeben wird. Der einheitliche Werkbegriff setze aber nicht voraus, dass alle Werkarten, ohne Rücksicht auf ihre unterschiedliche Natur und die weiteren Umstände, mit gleichem Maßstab zu messen seien[1147].

3. Neuausrichtung des urheberrechtlichen Schutzumfangs

Bereits unter Grundlage des alten Geschmacksmusterrechts wurde gefordert, dass das Urheberrecht auf seinen eigentlichen Kern zurückzuführen sei[1148] und sich auf den Schutz von Werken der Literatur, Wissenschaft und Kunst zu konzentrieren

1143 BGH GRUR 1961, 635, 635 – Stahlrohrstuhl.

1144 *Gerstenberg*, BB 1964, 439, 442.

1145 *Lubberger*, in: FS Erdmann, S. 145, 158; ähnlich *Schack*, S. 334, 806.

1146 So aber *Koschtial*, GRUR 2004, 555, 558; *E. v. Gamm*, S. 106.

1147 *Loewenheim*, GRUR 1987, 761, 767.

1148 *Dietz*, in: FS Beier, S. 355, 356; mit Zweifeln *Kur*, GRUR Int. 1998, 353, 358.

habe. Die breite Palette des modernen Produktdesigns sei, insbesondere soweit diese auf dem Prinzip funktionsgerechter Gestaltung beruhe, vom Urheberrecht auszuschließen[1149] und über das speziellere Geschmacksmusterrecht abzudecken. Anstatt ausschließlich den zu schützenden Gegenstand zu betrachten, solle stärker als bislang berücksichtigt werden, zu welchem Zweck dieser hervorgebracht wurde[1150], womit die Prävalenztheorie[1151], also die Differenzierung nach dem Gebrauchszweck, erneut an Bedeutung gewinne. Eine Fokussierung auf den Gebrauchszweck hätte jedenfalls für die Rechtsprechung keine grundlegenden Änderungen zur Folge, da dem Gebrauchsdesign ohnehin meist der Urheberschutz verwehrt bleibe.

4. Ergebnis zum Verhältnis des Geschmacksmusterrechts gegenüber dem Urheberrecht

Es erscheint weiterhin geboten, bei Werken der angewandten Kunst höhere Anforderungen an die Gestaltungshöhe zu stellen[1152]. Obwohl der europäische Gesetzgeber davon ausgeht, dass Muster- und Urheberrecht etwas grundsätzlich Wesensverschiedenes sind[1153], steht das nicht eingetragene Gemeinschaftsgeschmacksmuster dem Urheberrecht im System der Immaterialgüterrechte nahe[1154]. Allerdings stellt das Urheberrecht gegenüber dem Geschmacksmusterrecht in Ermangelung besonderer Ausschlussgründe, der langen Schutzdauer und den fehlenden Registrierungsformalitäten[1155], das attraktivere Recht dar. Weiter ist zu berücksichtigen, dass das Urheberrecht bereits mit dem Schöpfungsakt entsteht und nicht erst mit der Offenbarung. Verletzungshandlungen können also bereits dann geahndet werden, wenn das Werk noch nicht der Öffentlichkeit zugänglich gemacht wurde[1156].

Würde man der Forderung nach einer Absenkung der urheberrechtlichen Eintrittsschwelle bei Werken der angewandten Kunst nachgeben, so wäre der Schutzzweck des Geschmacksmusters zu hinterfragen, denn bliebe die gegenwärtige Abstufung nicht gewahrt, so würde in einer Vielzahl der Fälle das Interesse an einem Designschutz vom Urheberrecht vollends befriedigt werden. Ein geschmacksmusterrechtlicher Schutz wäre daneben überflüssig. Geringere Anforderungen an das

---

1149 *Dietz*, in: FS Beier, S. 355, 363.

1150 *Dietz*, in: FS Beier, S. 355, 364.

1151 S. oben S. 206.

1152 *Dreier/Schulze*, § 2 UrhG Rz. 177; *Hefermehl/Köhler/Bornkamm*, § 4 Rz. 9.7.

1153 *Nordemann/Heise*, ZUM 2001, 128, 144.

1154 *Thiele*, GRUR Int. 2006, 827, 829.

1155 Zwar gewährt nunmehr auch das Musterrecht einen Schutz ohne Registrierungsformalitäten, doch ist dieser nur auf drei Jahre beschränkt.

1156 *Oldekop*, WRP 2006, 801, 808.

Urheberrecht würden weiter zu einer Umgehung der speziellen musterrechtlichen Ausschlussgründe verleiten. Besonders deutlich wird der Verfall des Urheberrechts im Hinblick auf einen Formenschutz von Investitionsgütern. Würde man einer Absenkung der Gestaltungshöhe zustimmen, so könnte künftig auch das äußere Erscheinungsbild von Maschinen und Anlagen, ebenso wie das von Ersatzteilen[1157], einem Urheberschutz zugänglich sein. Bei diesem Beispiel wird offensichtlich, dass eine Reduzierung der Eintrittsschwelle bzw. der von einigen Autoren vorgeschlagene Verzicht auf das Merkmal der Gestaltungshöhe[1158] den Anwendungsbereich des Urheberrechts überdehnen und in uferlose Weite führen würde[1159]. Um einer solchen Ausweitung des Urheberrechts entgegenzutreten, wäre dann die Aufnahme von einschränkenden Tatbeständen erforderlich[1160], was zu einer Neukonzeption des urheberrechtlichen Formenschutzes führen würde.

Für höhere Anforderungen an Werke der angewandten Kunst spricht weiter, dass der urheberrechtliche Schutz gegenüber dem geschmacksmusterrechtlichen um ein Vielfaches länger und eine Monopolisierung von Formen über das Urheberrecht daher ungleich gefährlicher ist. Dem kann auch nicht entgegnet werden, dass nur in den seltensten Fällen die Schutzfrist voll ausgeschöpft werde, denn eine solche Argumentation verkennt den Sinn und Zweck einer zeitlichen Befristung[1161]. Aufgabe der Schutzdauer ist es, einen Ausgleich zwischen den Monopolinteressen des Urhebers an einer ungestörten Verwertung und den Interessen der Allgemeinheit am freien Zugang zum Werk zu schaffen. Darauf dass die erwartete Lebensdauer der Werke unterhalb der Schutzfrist liegt, darf ebenso wenig vertraut werden wie auf den Umstand, dass der Urheber bzw. dessen Rechtsnachfolger die Rechte nicht bis zum Ende der Schutzfrist ausüben wird.

Eine Herabsenkung der urheberrechtlichen Eintrittsvoraussetzungen würde überdies zu einer nicht zu vertretenden Reduzierung des Schutzumfangs führen[1162]. Demgegenüber sind die Nachteile, die durch erhöhte Anforderungen an Werke der angewandten Kunst entstehen, nur gering. Schutzrechtslücken sind jedenfalls nicht zu befürchten[1163], da unterhalb bzw. neben dem Urheberrecht nach wie vor das Geschmacksmusterrecht greift. Auch die gegenüber dem Urheberschutz „knapp“ bemessene Schutzfrist von 25 Jahren erscheint einen ausreichenden

---

1157 *Koschtial*, GRUR 2004, 555, 560; s. auch *Lorenzen*, S. 209, die aus der Gefahr des Ersatzteilschutzes über das Urheberrecht die Forderung nach einer europaweiten Harmonisierung des Urheberrechts ableitet.

1158 So z.B. *Nordemann/Heise*, ZUM 2001, 128, 146.

1159 *Dietz*, in: FS Beier, S. 355, 360.

1160 Dies erkennen auch die Autoren, die sich für eine Absenkung der urheberrechtlichen Eintrittsschwelle aussprechen, s. *Kur*, GRUR Int. 1998, 353, 358.

1161 *G. Schulze*, GRUR 1987, 769, 777.

1162 *G. Schulze*, in: FS Schricker, S. 523, 532.

1163 So aber *Loewenheim*, GRUR 1987, 761, 768 zur alten Rechtslage.

Schutz zu bieten, da die Absatzrelevanz des industriellen Designs erheblich kurzlebiger ist als die der angewandten Kunst. Berücksichtigt man weiter, dass Werke der angewandten Kunst gegenüber reinen Designleistungen eine höhere Individualität aufweisen, erscheint es gerechtfertigt, deren Offenbarung mit der langen Schutzfrist des Urheberrechts zu belohnen. Diese Überlegung wird auch durch nachfolgenden Alimentationsgedanken bestätigt.

Der Alimentationsgedanke fordert, dass dem Künstler bzw. Mustergestalter eine angemessene Entlohnung für sein Schaffen zukommen muss. Der Designer „schielt" bei seiner Entwicklung auf die kommerzielle Verwertbarkeit und folgt dem Markt. Genau andersherum verhält es sich im Bereich der Kunst. Hier kommt es entscheidend auf die in dem Werk verkörperte Individualität des Künstlers an, sodass der Markt dem Künstler folgt. Im Gegensatz zum Musterdesigner, bei dem es ausschließlich auf den gestalteten Gegenstand ankommt, wird im Bereich der Kunst auch der Werkerschaffer berücksichtigt, der durch seine Persönlichkeit und über die Dauer seines Schaffens – daher auch die lange Schutzfrist – den Wert des Objekts wesentlich mitbestimmt. Nicht verkannt werden soll, dass auch Künstler auf die Verwertbarkeit ihrer „Erzeugnisse" angewiesen sind; doch steht hier die Kommerzialisierung und Serienfertigung nicht im gleichen Maße im Vordergrund wie bei dem Industriedesigner. Der auf Massenfertigung angewiesene Industriedesigner erhält gegenüber dem Künstler zwar ein Weniger an Schutz, welches aber durch die Nähe zur verwertenden Industrie und der Auftragsbezogenheit seiner Leistung als kompensiert gelten kann. Der freie Künstler bedarf demgegenüber eines weitreichenderen Schutzes, den nur er, und nicht der Industriedesigner, durch das Urheberrecht erfährt. Im Bereich der industriellen Formgebung sorgt das Geschmacksmuster daher für eine angemessene Alimentation der „kleinen Münze". Dies gilt jetzt erst recht, da das neue Geschmacksmuster die Schwelle zur Schutzrechtserlangung gegenüber dem alten nationalen Musterrecht herabsetzt und es künftiger leichter fallen wird, einen Designschutz zu erlangen. Eines darüber hinausgehenden urheberrechtlichen Schutzes bedarf es nicht. Für Werke der angewandten Kunst besteht also nach wie vor ein zweistufiger Schutz, ähnlich dem des Patent- und Gebrauchsmusterschutzes.

Ebenfalls abzulehnen ist die Auffassung, die eine Neuausrichtung des urheberrechtlichen Schutzbereichs fordert, denn die Abgrenzung zwischen Kunst und industrieller Anwendung auf Grundlage des Verwendungszwecks ist äußerst problematisch und bis heute nicht gelungen. Aber selbst dort, wo Werke der Kunst zugerechnet werden können, kann sich deren Verwertung im gewerblichen bzw. industriellen Bereich abspielen[1164]. Beispielhaft sei nur an die Fälle erinnert, in denen ein kunstvolles Design als Motiv für eine Porzellanserie oder als Stoffdekor hundertfach Verwendung findet. Eine Differenzierung nach dem Gebrauchszweck wurde

1164 *Loewenheim*, GRUR 1987, 761, 765.

daher zu Recht frühzeitig aufgegeben und die Prävalenztheorie verworfen[1165]. Schließlich ist darauf hinzuweisen, dass nach den europäischen Vorgaben neben dem Geschmacksmusterschutz grundsätzlich auch ein urheberrechtlicher Schutz möglich sein muss[1166]. Demnach hat ein als Gemeinschaftsgeschmacksmuster geschütztes Muster ab dem Tag, an dem das Muster entstand oder in irgendeiner Form festgelegt wurde, auch nach dem Urheberrecht des jeweiligen Mitgliedsstaates schutzfähig zu sein (Art. 17 Geschmacksmusterrichtlinie; Art. 96 Abs. 2 GGVO), wobei die Ausgestaltung der urheberrechtlichen Schutzanforderungen den Mitgliedsstaaten obliegt. Überdies widerspräche eine Beschränkung des Urheberrechts nur auf Werke der bildenden Kunst, also unter Ausnahme der „kleinen Münze", der wirtschaftlich und kulturell gewachsenen Bedeutung des Rechts[1167] und ist daher abzulehnen.

Alle Werke, die eine gewisse Eigenart aufweisen, können geschmacksmusterfähig sein. Im umgekehrten Fall soll nur bei einer überragenden Individualität und Ästhetik Formen als Werke der angewandten Kunst der Urheberschutz zuteil werden. Der Musterschutz hat zwar an Eigenständigkeit gewonnen, behält jedoch seine Auffangfunktion gegenüber dem Urheberrecht bei[1168].

II. Geschmacksmusterrecht im Verhältnis zum Markenrecht

Neben dem Geschmacksmusterrecht kann auch das Markenrecht einen Formschutz gewähren[1169], wenn eine neue und eigenartige Gestaltung zugleich eine gewisse Unterscheidungseignung aufweist. Dieses Nebeneinander der Schutzrechte ist aufgrund der unterschiedlichen Schutzrichtungen auch sachgerecht, denn trotz der sich teilweise ähnelnden Tatbestandsvoraussetzungen unterscheiden sich die Rechte vom Normzweck her erheblich[1170]. Während das Geschmacksmusterrecht als Produktschutzrecht die Form wegen ihrer individuellen Gestaltung und als Anreiz für weitere Innovationen schützt, sichert das Markenrecht die Vorstellung des Verkehrs über die betriebliche Herkunft der Ware[1171]. Das Markenrecht schützt also nicht die Gestaltung um ihrer selbst willen, sondern den ihr innewohnenden Herkunftshinweis.

1165 S. bereits *Henssler*, GRUR 1991, 397, 398.

1166 *Koschtial*, GRUR 2004, 555, 559; *Koschtial*, S. 314.

1167 *Loewenheim*, GRUR 1987, 761, 765.

1168 So auch *G. Schulze*, in: FS Schricker, S. 523, 534.

1169 *Koschtial*, S. 381; *Fezer*, WRP 1998, 1, 14.

1170 *Schramm*, S. 249, der darauf hinweist, dass das Geschmacksmusterrecht daher auch nicht als „kleiner Bruder" des Markenrechts bezeichnet werden könne, sondern als eigenständiges „Innovationsschutzrecht" den technischen Schutzrechten nahe stehe, *Schramm*, S. 195.

1171 S. ausführlich *Seibt*, S. 279 ff.

Das Verhältnis des Musterrechts zum Markenrecht ist aber nicht unproblematisch, denn zunehmend wird versucht, über das Markenrecht einen reinen Produktschutz zu erlangen, ohne dass der Form ein nennenswerter Herkunftshinweis zuzuschreiben ist. Die Eintragung solcher Marken ist möglich, da unter gewissen Voraussetzungen dem Markeninhaber quasi ein „Kredit" bei der Anmeldung eingeräumt wird, der bei der Markenverteidigung „fällig" wird. Der Kennzeicheninhaber hat dann Zeit, seine Marke im Verkehr bis zum Kollisionsfall zu etablieren. Gelingt ihm dies nicht, so kann er die Marke, obwohl es sich um ein geprüftes Kennzeichen handelt, nicht erfolgreich verteidigen. Dieser Vertrauensvorschuss im Eintragungsverfahren führt zu einer Verunsicherung des Rechtsverkehrs, da sowohl bei dem Markeninhaber als auch bei dem Inhaber des Kollisionszeichens Ungewissheit über die Rechtsbeständigkeit der prioritätsälteren Marke herrscht.

Das Bestreben der Schutzsuchenden nach einem Formmarkenschutz ist gut nachzuvollziehen, denn gegenüber dem Geschmacksmusterrecht stellt das Markenrecht das attraktivere Schutzrecht dar. Diesem ist nämlich die Ersatzteilproblematik fremd und kann auch einen Schutz für Identteile und nicht sichtbare Bauelemente gewähren. Darüber hinaus stellt das Markenrecht, bei entsprechender Benutzung und Verlängerung, das einzige zeitlich unbeschränkte Schutzrecht dar. Gegenüber dem Musterrecht scheint der Schutzbereich des Markenrechts weiter zu sein, da auch ein Schutz gegenüber Warenverwechselungen nach dem Erinnerungsbild besteht. Scheidet eine Geschmacksmusteranmeldung mangels Neuheit aus, so ist ein Formmarkenschutz weiterhin möglich, da es hier alleine auf die Unterscheidungseignung ankommt. Aufgrund der aufgezeigten „Schwächen" des Musterschutzes besteht daher die „Verlockung", den Kennzeichenschutz zur Umgehung des Geschmacksmusterschutzes zu „missbrauchen"[1172]. Dass das Musterrecht gegenüber dem Markenrecht geringere Registergebühren verlangt[1173], dürfte die aufgezeigten Nachteile des Musterschutzes hingegen kaum aufwiegen.

Um eine Umgehung des Geschmacksmusterrechts durch das Markenrecht zu verhindern, sollten künftig bei designschwachen Branchen die Ausschlussgründe stärkere Beachtung finden und der Herkunftsfunktion mehr Gewicht zukommen. Für den vielfach heraufbeschworenen Schutz der Werbefunktion über das Markenrecht[1174] ist kein Raum, da sich dieser nicht ausschließlich in der Marke wider-

---

1172 S. beispielsweise BPatG vom 20.10.2004, Az.: 28 W (pat) 174/03 – BMW-Motorhaube, Az.: 28 W (pat) 173/03 – BMW-Kotflügel, Az.: 28 W (pat) 172/03 – BMW-Kühlergrill; GRUR 2005, 333 f.

1173 Die Eintragung einer nationalen Marke vor dem DPMA beträgt für die ersten drei Klassen EUR 300. Die Eintragung eines nationalen Geschmacksmusters beläuft sich auf EUR 70. Bei einer Muster-Sammelanmeldung können sogar bis zu 100 Muster angemeldet werden (§ 12 GeschmMG), wobei sich die Anmeldegebühr pro Muster um EUR 7 erhöht, s. Patentkostengesetz vom 13.12.2001.

1174 S. *O. v. Gamm*, WRP 1993, 793, 795; *Sambuc*, WRP 2000, 985, 986; *Ineichen*, GRUR Int. 2003, 193, 195.

spiegelt, sondern in der Summe aller wertprägenden Faktoren einer Ware. Der in der reinen Produktform liegende Marketingwert wird daher in erster Linie über das neue Geschmacksmusterrecht geschützt[1175]. Nur wenn der Produktgestaltung ein gewisser Herkunftshinweis innewohnt und dieser vom Verkehr auch als solcher wahrgenommen wird, kann die Gestaltung taugliches Schutzobjekt des Markenrechts sein. Für die Entwicklung des Verkehrsverständnisses ist der Markeninhaber durch entsprechende Marketingbemühungen verantwortlich. Überdies dokumentiert er so seinen ernstzunehmenden Willen, die Form tatsächlich als Herkunftsmittel einsetzen zu wollen.

III. Geschmacksmusterrecht im Verhältnis zum ergänzenden Leistungsschutz

Zu Überschneidungen zwischen dem Geschmacksmusterrecht und dem ergänzenden Leistungsschutz kann es kommen, wenn eigenartige Gestaltungsmerkmale ohne technische Notwendigkeit in unlauterer Weise übernommen werden[1176]. Die Rechtsprechung betont zwar stets die unterschiedliche Schutzfunktion des ergänzenden Leistungsschutzes gegenüber den Sonderschutzrechten[1177] und weist darauf hin, dass dessen originäre Aufgabe in der Wahrung des lauteren Wettbewerbs liegt. Gleichwohl ist anerkannt, dass dem UWG-Schutz auch eine Auffangfunktion gegenüber den Sonderschutzrechten zukommt[1178]. Trotz gesetzlicher Normierung des wettbewerblichen Leistungsschutzes ist seine dogmatische Einordnung als Marktverhaltensrecht oder Ausschließlichkeitsrecht noch nicht endgültig geklärt[1179] und wird aufgrund der „Doppelnatur“[1180] wohl auch nicht abschließend zu lösen sein. Dies allerdings ist weniger auf Versäumnisse der umfangreichen Literatur zurückzuführen, als vielmehr der mangelnden Bereitschaft anzulasten, die Ausnahmestellung und somit die doppelte Funktion des ergänzenden Leistungsschutzes als

---

1175 *Kur*, GRUR Int. 1998, 353, 358; *Kahlenberg*, S. 134; *Koschtial*, S. 386; *Schramm*, S. 181.

1176 S. *Kur*, GRUR Int. 1998; 771, 773, die darauf hinweist, dass das neue Geschmacksmusterrecht die Fälle der sklavischen Nachahmung nach § 1 UWG a.F. in erheblichem Umfang überlagern werde.

1177 *Götting*, Wettbewerbsrecht, S. 230 Rz. 14.

1178 *Kur*, GRUR 1990, 1, 15.

1179 *Beyerlein*, WRP 2005, 1354, 1357, der den ergänzenden Leistungsschutz für ein Recht des geistigen Eigentums i.S.d. Enforcement-Richtlinie ansieht, da der UWG-Schutz unter besonderen Umständen eine den Sonderschutzrechten vergleichbare Ausschließlichkeitsposition gewährt S. auch *Götting*, Mitt. 2005, 12, 18, der darauf hinweist, dass das Klagerecht regelmäßig nur dem unmittelbar Verletzten zusteht und daher in erster Linie Individualinteressen des durch die Nachahmung Verletzten geschützt werden. Daran werde erkennbar, dass der ergänzende Leistungsschutz einem auf die Zuweisung eines subjektiven Rechts angelegten Immaterialgüterrecht sehr nahe komme.

1180 Teilweise auch als „Janusköpfigkeit“ bezeichnet, s. nur *Stolz*, S. 187.

Schutzrecht eigener Art anzuerkennen[1181]. In dieser Doppelnatur liegt auch das nur schwer aufzulösende Spannungsverhältnis zwischen den Ausschließlichkeitsrechten und dem Prinzip der Nachahmungsfreiheit begründet[1182].

Wie die Bezeichnung „ergänzender" Leistungsschutz bereits vermuten lässt, erfüllt § 4 Nr. 9 UWG neben dem Schutz des lauteren Wettbewerbs auch eine ergänzende und lückenschließende Aufgabe hinsichtlich der Sonderschutzrechte[1183]. Eine solche Ergänzung ist notwendig, da es sich bei letzteren um abschließende Regelungen handelt[1184], die nicht ohne weiteres alle Lücken im System der gewerblichen Schutzrechte flexibel schließen können. So führte der Gesetzgeber in vielen Bereichen einen Sonderschutz erst ein, als zunächst Schutz über das Wettbewerbsrecht gewährt wurde[1185]. Der ergänzende Leistungsschutz hat in diesen Fällen schwerwiegende Schutzlücken geschlossen[1186]. Auch künftig besteht ein solches Schutzbedürfnis[1187], was nicht zuletzt durch die gesetzliche Normierung des wettbewerbsrechtlichen Leistungsschutzes bestätigt wird[1188].

Die Auffangfunktion des ergänzenden Leistungsschutzes wird in Teilbereichen, wenn es um den reinen Designschutz geht, nunmehr von dem nicht eingetragenen Gemeinschaftsgeschmacksmusterrecht überlagert[1189]. Überwiegend wird daher vertreten, dass der ergänzende Leistungsschutz – bei gleichzeitigem Greifen der Sondergesetze – von diesen weitgehend verdrängt werde[1190]. Für diese Auffassung spricht, dass wettbewerbsrechtliche Ansprüche in der Regel subsidiär gegenüber den Sonderschutzrechten sind[1191]. Dennoch ist allgemein anerkannt, dass der ergänzende Leistungsschutz trotz Einführung des formlosen Musterschutzes nicht entbehrlich ist. Bestehende Schutzrechtslücken, wie beispielsweise bei der erstma-

---

1181 S. auch *Kur*, GRUR Int. 1998, 771, 776, die darauf hinweist, dass die „Suche nach der passenden Schublade" nicht wichtiger werden darf als die Auseinandersetzung mit den Besonderheiten des Einzelfalls.

1182 *Götting*, Mitt. 2005, 12, 13.

1183 *Wiebe*, in: FS Schricker, S. 773, 781.

1184 *Schulte-Beckhausen*, S. 13 m.w.N.

1185 S. beispielsweise zum Schutz von Tonträgern, RGZ 73, 294 – Schallplatten, heute werden die Tonträger über §§ 85, 86 UrhG geschützt; oder zum Schutz von Pflanzenzüchtungen, BGH GRUR 1959, 240 – Nelkenstecklinge, heute über das Sortenschutzgesetz geschützt.

1186 *Götte*, S. 16.

1187 *Schulte-Beckhausen*, S. 21 ff.; *Tilmann*, GRUR 1987, 865, 866.

1188 Ähnlich bereits *Schulte-Beckhausen*, S. 23.

1189 *Kur*, GRUR Int. 1998, 771, 773.

1190 S. nur *Hefermehl/Köhler/Bornkamm*, § 4 Rz. 9.8; *Götting*, Mitt. 2005, 12, 20, der von einem „legal lag" spricht; *Wiebe*, in: FS Schricker, S. 773, 781; *Rahlf/Gottschalk*, GRUR Int. 2004, 821, 825 f.; *Stolz*, S. 186; *Kur*, GRUR Int. 1998, 353, 359, die für den ergänzenden Leistungsschutz insbesondere hinsichtlich der Schutzdauer mittelbare Auswirkungen nicht ausschließt.

1191 *Trimborn/Schmitz*, Mitt. 2006, 540, 540.

ligen Offenbarung eines Musters im außereuropäischen Ausland[1192] oder nach Ablauf der dreijährigen Schutzfrist, sind weiterhin über den ergänzenden Leistungsschutz zu schließen.

Nach der Rechtsprechung des BGH sind Ansprüche aus ergänzendem Leistungsschutz auch dann nicht ausgeschlossen, wenn ein Schutz über das nicht eingetragene Gemeinschaftsgeschmacksmuster besteht oder bestanden hat, denn der zeitlich befristete Schutz des nicht eingetragenen Gemeinschaftsgeschmacksmusters lässt den von vornherein zeitlich unbefristeten UWG-Schutz zumindest in den Fällen der vermeidbaren Herkunftstäuschung unberührt[1193]. Aus dieser Entscheidung kann aber nicht auf eine generell die zeitliche Grenze des Musterschutzes überdauernde Anwendung des ergänzenden Leistungsschutzes geschlossen werden, da sich das Urteil ausdrücklich nur auf die Fallgruppe der vermeidbaren Herkunftstäuschung gemäß § 4 Nr. 9 a) UWG bezieht. Für diese ist aber aufgrund der Nähe zum Kennzeichenrecht eine zeitliche Beschränkung abzulehnen.

Bemerkenswert ist, dass das Gericht keine Differenzierung zwischen kurz- und langlebigen Wirtschaftsgütern vornimmt, sodass unter Grundlage dieser Entscheidung davon auszugehen ist, dass der ergänzende Leistungsschutz unabhängig von der Lebensdauer des Wirtschaftsgutes neben und auch nach Erlöschen des Geschmacksmusterrechts Anwendung finden kann. Zu der befürchteten Einschränkung des Leistungsschutzes ist es bislang nicht gekommen. Aufgrund der in Kapitel 2 aufgezeigten Rechtsunsicherheiten im Zusammenhang mit der Erlangung des ergänzenden Leistungsschutzes sollten Unternehmen jedoch nicht auf das Greifen des UWG-Schutzes vertrauen und stets einen Geschmacksmusterschutz anstreben.

IV. Markenrecht im Verhältnis zum ergänzenden Leistungsschutz

Das Markenrecht schließt die Anwendung des ergänzenden wettbewerbsrechtlichen Leistungsschutzes grundsätzlich nicht aus[1194]. Gleichwohl bereitet das Verhältnis der Rechte zueinander große Schwierigkeiten[1195], denn die wettbewerbliche Eigenart steht in den Fällen der vermeidbaren Herkunftstäuschung nach § 4 Nr. 9 a) UWG der markenrechtlichen Unterscheidungskraft nahe[1196]. Teilweise wird daher

---

1192 S. oben zur der Problematik der musterrechtlichen Offenbarung außerhalb der Europäischen Gemeinschaft S. 103.

1193 BGH GRUR Int. 2006, 334, 336 – Jeans.

1194 BGH GRUR 2003, 332, 334 – Abschlussstück; vgl. § 2 MarkenG, der zunächst einschränkend ausgelegt wurde, ein Rückgriff auf konkurrierende Vorschriften nunmehr jedoch nach den von der Rechtsprechung entwickelten Fallgruppen zulässig ist, s. *Rohnke*, NJW 2005, 1624, 1624; *Rohnke*, in: FS Erdmann, S. 455, 465; *Sack*, WRP 2004, 1405, 1414; s. weiter Erwägungsgrund 6 der Markenrichtlinie (89/104/EWG) vom 21.12.1988.

1195 *Bornkamm*, GRUR 2005, 97, 101.

1196 *Rohnke*, in: FS Erdmann, S. 455, 456; *Sambuc*, S. 40 Rz. 83.

vertreten, dass sich durch die Revision des Markenrechts 1995 die Grenze zwischen dem Marken- und Wettbewerbsrecht verschoben habe und der Schutz bekannter Marken vor Rufausbeutung bzw. berühmter Marken vor Verwässerung abschließend in das Markenrecht überführt wurde[1197].

Um hier Wertungswidersprüche zu vermeiden und einer Aushöhlung der kennzeichenrechtlichen Schutzvoraussetzungen entgegenzuwirken, wird vereinzelt gefordert, den ergänzenden Leistungsschutz in den Fällen der vermeidbaren Herkunftstäuschung aufzugeben[1198]. Ein wettbewerbsrechtlicher Schutz sei nicht mehr erforderlich, da das Markenrecht auch für nicht eingetragene Kennzeichen nach § 4 Nr. 2 MarkenG Schutz gewähre, sofern sich eine entsprechende Verkehrsgeltung nachweisen lasse. Dieser Forderung ist der Gesetzgeber mit Novellierung des UWG entgegengetreten, wie die aufgenommene Fallgruppe der vermeidbaren Herkunftstäuschung zeigt (§ 4 Nr. 9 a) UWG).

Aufgrund der parallelen Anwendbarkeit der Gesetze besteht die Gefahr, dass im Markeneintragungsverfahren gescheiterte Kennzeichen über die Hintertür des Wettbewerbsrechts – und im Widerspruch zu den Wertungen des Markenrechts – Schutz erlangen können[1199]. Um dem zu begegnen, hat die Rechtsprechung die sog. Vorrangthese entwickelt. Nach der Vorrangthese ist das Markenrecht grundsätzlich abschließend und verdrängt den ergänzenden Leistungsschutz in den Fällen der Rufausbeutung oder -beeinträchtigung bekannter Kennzeichen[1200]. Die markenrechtlichen Regelungen gelten hier ausdrücklich als lex specialis. Formen, für die das Gesetz keinen Markenschutz zur Verfügung stellt, sollen einen solchen auch nicht über den ergänzenden Leistungsschutz erlangen können[1201]. Dort, wo die Anmeldung zur Marke konstitutiv ist, kann nicht alleine die Benutzung eines Zeichens zu einem ergänzenden Schutz führen[1202]. Besteht hingegen (noch) kein Markenschutz, beispielsweise mangels entsprechender Benutzung oder unterbliebener Anmeldung, so soll ein Rückgriff auf das Wettbewerbsrecht nur dann möglich sein, wenn die Erlangung einer Marke denkbar gewesen wäre. Der markenrechtliche

---

1197 *Bornkamm*, GRUR 2005, 97, 97, unter Verweis auf §§ 14, 15 MarkenG.

1198 *Rohnke*, in: FS Erdmann, S. 455, 467.

1199 *Würtenberger*, GRUR 2003, 912, 918; *Rohnke*, in: FS Erdmann, S. 455, 467; *Ingerl*, WRP 2004, 809, 810.

1200 BGH GRUR 1999, 161, 162 – MAC Dog; BGH GRUR 1999, 992, 995 – Big Pack; BGH GRUR 2000, 70, 73 – Szene; s. auch *Bornkamm*, GRUR 2005, 97, 98; *Ingerl*, WRP 2004, 809, 810; *Sack*, WRP 2004, 1405, 1413; *Rohnke*, in: FS Erdmann, S. 455, 465. Kritisch zur Vorrangthese *Fezer*, WRP 2008, 1, 5 ff., der die Vorrangtheses bereits mit § 2 MarkenG für unvereinbar hält. Ebenso

1201 *Hefermehl/Köhler/Bornkamm*, § 4 Rz. 9.10.

1202 *Bornkamm*, GRUR 2005, 97, 102.

Schutz der Formmarke schließt den ergänzenden Leistungsschutz dann nicht aus[1203].

Zu einem Nebeneinander von Markengesetz und ergänzendem Leistungsschutz kommt es hingegen, wenn außer dem markenrechtlichen Schutzgegenstand auch der des Wettbewerbsrechts verletzt wird[1204]. In den Fällen der vermeidbaren Herkunftstäuschung nach § 4 Nr. 9 a) UWG ist jedoch fraglich, ob gegenüber dem Markenrecht tatsächlich ein anderer Schutzgegenstand verletzt wird, da sich die Schutzinteressen weitestgehend gleichen[1205]. Für das Greifen des UWG-Schutzes ist daher stets zu fordern, dass neben die bloße Nachahmung des fremden Zeichens noch weitere Unlauterkeitsmerkmale treten, wie z.B. eine gezielte Behinderung oder Rufausbeutung[1206].

V. Markenrecht im Verhältnis zum Urheberrecht

Eine Kollision zwischen markenrechtlichem und urheberrechtlichem Formenschutz ist im Maschinen- und Anlagenbau theoretisch möglich, praktisch jedoch ausgeschlossen[1207]. Die Schutzrechte dienen unterschiedlichen Schutzwecken und stehen unabhängig nebeneinander[1208]. Während das Markenrecht nicht das Werk an sich, sondern das Werk als Kennzeichen gegen Aneignung und Ausbeutung durch Mitbewerber schützt, sichert das Urheberrecht die persönliche geistige Schöpfung des Urhebers[1209].

Nur der Vollständigkeit halber sei auf den Problempreis hingewiesen, bei dem nach Ablauf des Urheberrechts eine Form über das Markenrecht re-monopolisiert werden soll[1210]. Eine solche Schutzrechtsverlängerung ist möglich, da der Markenschutz, im Gegensatz zum Urheberrecht, zeitlich unbeschränkt gewährt wird und – anders als das Geschmacksmusterrecht – auch nicht von der Neuheit der Gestaltung abhängt. Es könnte aber vertreten werden, dass mit Ablauf des Urheberschutzes im öffentlichen Interesse eine ungehinderte Verwertbarkeit durch Dritte möglich sein müsse und dass einer Schutzrechtsverlängerung über das Markenrecht die öffentliche Ordnung nach § 8 Abs. 2 Nr. 5 MarkenG entgegen-

---

1203 *Hefermehl/Köhler/Bornkamm*, § 4 Rz. 10.

1204 BGH GRUR 2003, 332, 336 – Abschlussstück.

1205 *Bornkamm*, GRUR 2005, 97, 102.

1206 BGH GRUR 1985, 876, 877 – Tchibo/Rolex; *Ingerl*, WRP 2004, 809, 811.

1207 Für ein Beispiel des Zusammentreffens der Schutzrechte s. *Thewes*, S. 165, die darauf hinweist, dass die Rolls-Royce-Kühlerfigur „Flying Emily“ formell als Marke geschützt und zugleich dem Urheberschutz zugänglich ist. Zu weiteren Beispielen aus dem Bereich der angewandten Kunst s. *Haupt/Marschke*, MarkenR 2005, 249, 250.

1208 *Eck*, S. 84.

1209 *Thewes*, S. 165.

1210 *Osenberg*, GRUR 1996, 101 ff.

stünde. Einer solchen Einschränkung des Markenschutzes kann jedoch nicht zugestimmt werden. Zum einen verfolgen die Gesetze voneinander unabhängige Schutzwecke, wobei das markenrechtliche Schutzinteresse zu Recht unbefristet gewährt wird. Zum anderen bezweckt der Begriff der öffentlichen Ordnung im Sinne des Markengesetzes nicht die Einschränkung der Schutzdauer durch konkurrierende Gesetze. Vielmehr ist der Tatbestand nur dann erfüllt, wenn wesentliche Grundsätze des deutschen Rechts betroffen sind. Weiter ist zu berücksichtigen, dass von vornherein ein Formmarkenschutz hätte erlangt werden können und der Schutz daher von Beginn an unbefristet gewährt worden wäre. Eine zeitliche Beschränkung der Formmarke aufgrund des Urheberrechts kommt daher nicht in Betracht[1211].

Ohnehin ist die Frage der Re-Monopolisierung über das Markenrecht nach Ablauf des Urheberrechts von zu vernachlässigender praktischer Relevanz, da bei technisch geprägten Wirtschaftsgütern, bedingt durch die kurzen Innovationszyklen in der Investitionsgüterindustrie, ein Schutzbedürfnis an der Warenform 70 Jahre nach dem Tod des Urhebers nur in seltenen Ausnahmefällen denkbar erscheint.

C. Ergebnis zum Verhältnis der Schutzrechte

Eine normierte Hierarchie bezüglich der verschiedenen, einen Formenschutz gewährenden Rechte besteht nicht. Grundsätzlich können daher alle Schutzrechte nebeneinander zur Anwendung gelangen. Ist eine Gestaltung aber mehreren Schutzrechten zugänglich, so darf ein Formenschutz nicht unter Umgehung wesentlicher Vorschriften des Musterrechts erlangt werden. Die Folgen einer solchen Umgehung werden deutlich, wenn das Geschmacksmusterrecht einen Formenschutz für Ersatzteile verwehrt, ein solcher aber über das Markenrecht oder künftig gar über das Urheberrecht erlangt werden kann.

Das novellierte Musterrecht hat gegenüber dem Urheberrecht an Eigenständigkeit gewonnen und kann nicht mehr als „kleines" Urheberrecht bezeichnet werden. Musterrecht und Urheberrecht stehen fortan nicht mehr in einem Stufenverhältnis zueinander. Dennoch sind an die urheberrechtliche Gestaltungshöhe, entgegen einer in der neueren Literatur teilweise vertretenen Ansicht, bei Werken der angewandten Kunst nach wie vor höhere Anforderungen zu stellen als an die musterrechtliche Eigenart. Designleistungen werden daher auch künftig leichter einen musterrechtlichen als einen urheberrechtlichen Schutz erlangen können. Nur wenn es sich um

1211 *Osenberg*, GRUR 1996, 101, 104; s. auch *Thewes*, S. 167. Zu dem Sonderfall der Re-Monopolisierung eines gemeinfreien Werkes durch Markenanmeldung nach Ablauf des Urheberrechts s. *Haupt/Marschke*, MarkenR 2005, 249, 254 f., die für diesen Fall einen Einschränkung des Markenrechts befürworten.

besonders individuelle und kreative Leistungen handelt, die jenseits des in der Branche Üblichen liegen, kommt das Urheberrecht in Betracht.

Zwischen den einen Formenschutz gewährenden Rechten lassen sich Normenkollisionen weitestgehend vermeiden, wenn die Rechte auf ihren originären Anwendungsbereich zurückgeführt werden. Eine dreidimensionale Marke bleibt also ein Kennzeichen, welches ausschließlich die Vorstellung über die betriebliche Herkunft der Ware schützt und lediglich einen mittelbaren Produktschutz ermöglicht. Wenn die Rechtsprechung teilweise einen großzügigen Markenschutz gewährt, so ist dies vor dem Hintergrund der vor Novellierung des Musterrechts bestehenden unzureichenden Schutzmöglichkeiten gerechtfertigt. Da heute aber ein effektiver Designschutz in Form des neuen europäischen und nationalen Geschmacksmusterrechts besteht, sollte das Markenrecht in diesem Bereich zunehmend restriktiv angewendet werden. Um die Grenze zwischen dem Produktschutz und der Formmarke stärker zu betonen, sollten die markenrechtlichen Ausschlussgründe im Zweifel großzügiger angewendet werden und eine echte Hürde auf dem Weg zum Markenrecht darstellen. Dieser Ansatz wird zwar dazu führen, dass weniger technisch geprägte Formen in den Genuss des Markenrechts gelangen werden. Die Formen aber, die die Voraussetzungen erfüllen, werden einen erweiterten Schutzbereich aufweisen. Schutzrechtslücken sind nicht zu befürchten, da das Geschmacksmusterrecht für kennzeichnungsschwache Formen einen ausreichenden Schutz bereitstellt. Hat sich der Rechtsverkehr über die Dauer des Musterrechts an die Form als Herkunftskennzeichen gewöhnt, dann steht auch der Erlangung einer dreidimensionalen Marke nichts im Wege, denn, wie die Arbeit gezeigt hat, können auch die Ausschlusstatbestände eine Einschränkung über den Nachweis der Verkehrsgeltung erfahren.

Die Rechtsprechung hat ein einzelfallgerechtes System entwickelt, welches durch die Normierung des UWG-Schutzes nunmehr bestätigt wird. Dieser Schutz ist erforderlich, um der Dynamik des Wettbewerbs mit immer neuen Leistungsformen gerecht zu werden und flexibel auf neue Umstände reagieren zu können. Als Auffangschutzrecht müssen an die Unlauterkeit der Nachahmungen allerdings besonders hohe Anforderungen gestellt werden, um zum einen nicht den Grundsatz der generellen Nachahmungsfreiheit in sein Gegenteil zu verkehren und zum anderen eine Umgehung der spezialgesetzlichen Regelungen zu vermeiden.

4. Kapitel

Zusammenfassung und Schlussbetrachtung

Die Arbeit hat Möglichkeiten und Grenzen des Formenschutzes designschwacher und technisch geprägter Wirtschaftsgüter exemplarisch am Beispiel des Maschinen- und Anlagenbaus untersucht. Dabei hat sich zunächst gezeigt, dass es für Investitionsgüterhersteller durchaus sinnvoll sein kann, die Form ihre Produkte bewusst zu gestalten.

A. Zusammenfassung des 1. Kapitels

Für eine bewusste Formgebung von Investitionsgütern spricht an erster Stelle der steigende Wettbewerb, dem sich die Unternehmen ausgesetzt sehen, denn über eine ansprechende Produktform lassen sich Differenzierungspotenziale und Alleinstellungsmerkmale gegenüber anderen Marktteilnehmern schaffen[1212]. Weiter zwingen gesetzliche Vorgaben die Unternehmen, dem Investitionsgüterdesign künftig mehr Aufmerksamkeit entgegenzubringen. Zunehmend werden Belange der Produktsicherheit, Umweltverträglichkeit, Bedienerfreundlichkeit und Ergonomie bei der Formgebung relevant. Zahlreiche Vorschriften, wie beispielsweise die Maschinenrichtlinie und spezielle Produktnormen, zeigen Gestaltungsgrundsätze auf, die bei der Konstruktion einer Maschine oder Anlage zu berücksichtigen sind[1213].

Bei der Produktgestaltung finden aber nicht nur sicherheitsrelevante Aspekte Beachtung, sondern auch ökonomische. Wie gezeigt, bietet der Designprozess die Möglichkeit, durch Verwendung anderer Materialien und neuer Fertigungstechniken, Produktionskosten teilweise erheblich zu verringern. Darüber hinaus sind bei einer Neukonzeption auch die Folgekosten zu erwägen, sodass sich durch eine innovative Formgebung Montage- und Wartungsaufwand, beispielsweise durch eine leicht zu öffnende Maschinenverhaubung, reduzieren lassen[1214]. Über eine neue und moderne Produktgestaltung kann aber nicht nur das Leistungsvermögen visualisiert werden, auch technologische Wettbewerbsnachteile lassen sich verbergen.

Technische Vorgaben zeigen aber nicht nur Gestaltungsgrundsätze auf, sondern setzen der freien Formgebung von Investitionsgütern zugleich Grenzen. Auch

1212 S. oben S. 26 ff..

1213 S. oben S. 38 ff..

1214 S. oben S. 35.

technische und ökonomische Rahmenbedingungen können einem freien Design entgegenstehen. So scheidet eine freie Gestaltung aus, wenn das Bauteil aufgrund seiner technischen Funktion keine andere Form zulässt, wie dies beispielsweise bei einem Zahnrad der Fall ist. An einer aufwendigen Gestaltung besteht weiter dann kein Bedürfnis, wenn der Gegenstand eine nur geringe Kontaktintensität mit dem Menschen aufweist, etwa weil es sich um ein Einbauteil handelt[1215].

Die Lösung gestalterischer Aufgaben stellt einen Wettbewerbsvorteil gegenüber anderen Marktteilnehmern dar. Erfolgreiche Designkonzepte von Investitionsgüterherstellern werden daher auch, wie aktuelle Studien belegen, vermehrt nachgeahmt[1216]. Teilweise wird das äußere Erscheinungsbild von Maschinen nahezu identisch übernommen, wodurch der falsche Eindruck entsteht, es läge die gleiche Qualität und Leistungsfähigkeit wie beim Originalprodukt vor. Für die Industrie ist es somit entscheidend, den erlangten Wettbewerbsvorsprung auch über das Design umfassend rechtlich zu schützen. Zwar sind für den Maschinen- und Anlagenbau nach wie vor die technischen Schutzrechte von zentraler Bedeutung, doch befriedigen diese das Schutzinteresse nicht vollends. So wird mitunter von einer Anmeldung zum Patent oder Gebrauchsmuster aus strategischen Erwägungen abgesehen, um mit der Offenlegung der Patentschrift nicht die Gebrauchsanweisung für den Nachbau zu geben. Vereinzelt sind die technischen Schutzrechte auch abgelaufen, da ein mechanischer Vorgang bereits seit Jahren unverändert besteht. Die einzige zu schützende Innovation liegt dann in der sichtbaren Produktgestaltung. Neben den technischen Schutzrechten erlangen für die Investitionsgüterindustrie daher die einen Formenschutz gewährenden Rechte zunehmend an Bedeutung.

B. Zusammenfassung des 2. Kapitels

In Kapitel 2 wurden die einen Formenschutz gewährenden Rechte auf ihre Tauglichkeit für einen Schutz des äußeren Erscheinungsbildes von Maschinen und Anlagen untersucht. Dabei handelt es sich namentlich um das Geschmacksmuster-, Marken-, Wettbewerbs- und Urheberrecht.

I. Geschmacksmusterschutz

Das neue Geschmacksmustersystem gewährt einen originären Formenschutz auf europäischer und nationaler Ebene. Dabei knüpft das Musterrecht an die Neuheit und Eigenart der Gestaltung an. Der europäische Gesetzgeber geht von einem objektiv-relativen Neuheitsbegriff aus, der der alten Rechtsprechung des BGH

1215 S. oben S. 39.

1216 S. oben S. 36 ff.

entspricht. Die Neuheit wird durch die in der Gemeinschaft tätigen Fachkreise bestimmt. Gegenüber dem alten nationalen Recht führt die Erweiterung des geografischen Personenkreises zu keinen höheren Anforderungen, da bereits vor Novellierung des Musterrechts die Wirtschaftskreise zu berücksichtigen waren, die auf die nationale Kultur Einfluss haben konnten[1217].

Zentrales Merkmal des Musterrechts ist die Eigenart. Diese stellt den Abstand gegenüber anderen Formen sicher. Verglichen mit dem Begriff der Eigentümlichkeit, wie er noch im alten deutschen Geschmacksmusterrecht verwendet wurde, verzichtet das neue Merkmal der Eigenart auf jegliche ästhetische Anforderungen, sodass es künftig leichter fallen wird, Musterschutz zu beanspruchen. Gerade designschwache Brachen wie der Maschinen- und Anlagenbau werden von dieser Änderung profitieren[1218]. Der Verzicht auf eine eigenpersönliche schöpferische und ästhetische Gestaltung hat weiter zur Folge, dass die Eigenart, ebenso wie die Neuheit, im Wege eines Einzelvergleichs festzustellen ist[1219]. Eine den gesamten Formenschatz berücksichtigende Gesamtbetrachtung, wie sie noch nach alter deutscher Rechtslage zu erfolgen hatte, ist nun nicht mehr vorzunehmen. Dieser Einzelvergleich führt weiter dazu, dass – bedingt durch die kleinere Vergleichsgruppe – die Eigenart häufig auch dann angenommen werden kann, wenn das Erfordernis der Eigentümlichkeit nicht erfüllt wäre.

Bestimmt wird die Eigenart, ebenso wie der musterrechtliche Schutzumfang, durch den informierten Benutzer. Bei diesem Benutzer handelt es sich um eine durchschnittlich informierte Person aus der Gruppe der Produktanwender. Welche Qualität das neue Musterrecht letztlich aufweisen wird, hängt von der Sichtweise dieser Person ab und ist umstritten. Aus der Person des informierten Benutzers einen erweiterten Schutzumfang ableiten zu wollen, etwa weil dieser Abweichungen nicht so aufmerksam beurteilt wie ein Designexperte, erscheint zweifelhaft[1220]. Nach der hier vertretenen Auffassung führt der Begriff der Eigenart dazu, dass die Musterdichte langfristig zunehmen wird. Mit steigender Anzahl von Mustern verengt sich der dem Industriedesigner zur Verfügung stehende Gestaltungsspielraum, was dazu führt, dass sich auch der Schutzumfang der Muster reduzieren wird[1221].

Eine Form kann nur dann Musterschutz erlangen, wenn kein Ausschlussgrund greift. Nach § 4 GeschmMG sind Bauelemente dem Geschmacksmusterschutz nicht zugänglich, wenn diese bei einem Einbau in ein komplexes Erzeugnis und dessen bestimmungsgemäßer Verwendung nicht sichtbar bleiben. Wie diese für

1217 S. oben S. 62.

1218 S. oben S. 71.

1219 S. oben S. 81.

1220 S. oben S. 98 ff.

1221 S. oben S. 99 f.

den Maschinen- und Anlagenbau bedeutende Einschränkung letztlich in der Praxis umgesetzt wird, lässt sich nicht abschließend beantworten, denn der Ausschlussgrund ist als systemfremd, verfassungsrechtlich bedenklich und praktisch verfehlt zu kritisieren. Nach der hier vertretenen Auffassung ist das Merkmal der Sichtbarkeit möglichst eng auszulegen, wobei die Entscheidung über die spätere Verwendung des Bauteils in einem komplexen Erzeugnis bereits zum Zeitpunkt der Musteranmeldung zu treffen ist. Dies erfordert eine Prognose, die mit erheblichen praktischen Problemen verbunden ist, denn für die Verwendungsbestimmung ist nicht auf das schutzbegehrende Bauteil, sondern auf das komplexe Erzeugnis abzustellen. Die Schwierigkeit besteht darin, dass zum Zeitpunkt der Erstellung des zu schützenden Verbauteils noch nicht alle komplexen Erzeugnisse bekannt sind bzw. existieren müssen, der Einsatzbereich des Bauteils im Laufe seines Produktlebens also Veränderungen unterliegen kann. Erscheint die Sichtbarkeit des Bauteils bei bestimmungsgemäßer Verwendung eines komplexen Erzeugnisses auch in Zukunft nur im Entferntesten möglich, so darf die Musteranmeldung nicht an dem Einwand der fehlenden Sichtbarkeit scheitern[1222]. Bei einem solch engen Verständnis verliert der Ausschlussgrund erheblich an Bedeutung, was der Industrie der Komponentenhersteller zugute kommt.

Die Auslegung der ausschließlich technisch bedingten Gestaltung i.S.v. § 3 Abs. 1 Nr. 2 GeschmMG hat sich, aufgrund der ähnlichen Formulierung, an der zum Markengesetz ergangenen *Philips/ Remington*-Entscheidung des EuGH zu orientieren. Der Tatbestand ist demnach nur dann erfüllt, wenn die „wesentliche Funktion" technisch bedingt ist. Auf etwaige Gestaltungsalternativen kommt es, entgegen einer weit verbreiteten Ansicht, auch hier nicht an[1223]. Allerdings besteht genügend Raum, an das musterrechtliche „Wesentlichkeitskriterium" engere Anforderungen zu stellen als an das markenrechtliche, was vor dem Hintergrund des zeitlich beschränkten Musterschutzes auch sachgerecht erscheint.

Das nicht eingetragene Geschmacksmuster wurde für kurzlebige Wirtschaftsgüter konzipiert, gilt aber gleichermaßen für langlebige. Wegen seiner auf drei Jahre begrenzten Schutzwirkung wird der formlose Musterschutz für Investitionsgüter keine nennenswerte praktische Bedeutung erlangen und allenfalls als Auffangschutzrecht bei unterbliebener Eintragung herangezogen werden. Bedauerlich ist die gesetzgeberische Entscheidung, an Mustern, die außerhalb der Europäischen Gemeinschaft offenbart wurden, beispielsweise auf internationalen Leitmessen, kein nicht eingetragenes Geschmacksmuster entstehen zu lassen. Eine solche Veröffentlichung ist in der Regel neuheitsschädlich und steht der Erlangung des nicht eingetragenen Musterschutzes innerhalb der Gemeinschaft dauerhaft entgegen. Ein Musterschutz kann dann nur noch durch Eintragung erlangt werden, die innerhalb der einjährigen Neuheitsschonfrist nachzuholen ist. Diskutiert und im

---

1222 S. oben S. 88.

1223 S. oben S. 92 f.

Ergebnis befürwortet wird hier die Einführung einer Neuheitsschonfrist für den nicht eingetragenen Musterschutz[1224]. Außerhalb der Gemeinschaft offenbarte Muster könnten dann, wenn eine entsprechende Veröffentlichung innerhalb der Neuheitsschonfrist und der Gemeinschaft nachgeholt werden würde, ebenfalls in den Genuss des nicht eingetragenen Musterschutzes gelangen.

Das nicht eingetragene Gemeinschaftsgeschmacksmuster entfaltet einen Schutz nur gegenüber vorsätzlichen Nachahmungen. Nicht geregelt ist hingegen, wer die Beweislast über die Kenntnis des Nachahmers zu tragen hat. Liegt eine Nachahmung vor, spricht die Lebenserfahrung zunächst für die positive Kenntnis von dem Ausgangsmuster. In einem solchen Fall erscheint eine Beweislastumkehr, orientiert an der alten Rechtslage, sachgerecht, mit der Folge, dass der Nachahmer seine Unkenntnis darlegen muss[1225]. Die konsequente Anwendung einer solchen Beweislastregelung sollte beim nicht eingetragenen Geschmacksmuster in Ermangelung einer Recherchemöglichkeit letztlich jedoch von der jeweiligen Erzeugnisklasse und der Musterdichte abhängen.

Abschließend lässt sich feststellen, dass das eingetragene Geschmacksmuster als vollwertiges Schutzrecht aufgewertet wurde und wegen der erleichterten Eingangsvoraussetzungen, der auf 25 Jahre verlängerten Schutzdauer und der absoluten Sperrwirkung auch für den Formenschutz von Investitionsgütern künftig erheblich an Bedeutung gewinnen wird. Als Kehrseite für die erleichterten Eintrittsvoraussetzungen ist die Qualität des Schutzrechts anzuführen, denn je geringer der Abstand zu anderen Formen, desto geringer ist auch der Schutzumfang des entsprechenden Musters. Das neue Geschmacksmusterrecht trat an, um den Musterschutz zu stärken. Die Stärke hängt aber nicht alleine von der Anzahl der angemeldeten Formen ab, sondern wird wesentlich durch deren Qualität bestimmt. Mit zunehmender Musterdichte verengt sich aber der Gestaltungsspielraum, sodass sich die Formen zwangsläufig angleichen werden, was wiederum zu einer Schutzrechtsreduzierung führen wird. Insofern kann nicht uneingeschränkt von einer Stärkung des Geschmacksmusterrechts gesprochen werden.

II. Formmarkenschutz

Einen Formenschutz kann auch das Markenrecht gewähren. Dies wurde unlängst von der Investitionsgüterindustrie erkannt, die in letzter Zeit verstärkt versucht hat, für Maschinen und Ersatzteile einen Formmarkenschutz zu erlangen. Die Anmeldung einer Formmarke ist aber mit einer gewissen Rechtsunsicherheit verbunden, da noch nicht abschließend geklärt ist, welche Anforderungen an die Ausschlusstatbestände von § 3 Abs. 2 MarkenG zu stellen sind.

1224 S. oben S. 106.

1225 S. oben S. 107 f.

Nach der hier vertretenen Auffassung erschöpft sich der Anwendungsbereich von § 3 Abs. 2 Nr. 1 MarkenG entgegen der herrschenden Meinung nicht in bloßen Grundformen, sondern erfasst darüber hinaus auch nachfragebedingt alternativlose Gestaltungen, wie beispielsweise sichtbare Ersatzteile. Handelt es sich allerdings um Identteile, an die sich der Verkehr als Herkunftskennzeichen gewöhnt hat, wie dies beispielsweise bei einem bekannten Kühlergrill der Fall sein mag, so muss der Ausschlussgrund durch den Nachweis der Verkehrsgeltung überwunden werden können[1226].

Bei der Auslegung von § 3 Abs. 2 Nr. 2 MarkenG hat der EuGH mit der *Philips/ Remington*-Entscheidung den Abschied von der Theorie der Gestaltungsalternative begründet. Maßgebend ist nunmehr die Wesentlichkeit der technisch funktionalen Merkmale. Daraus folgt tendenziell ein etwas weiteres Verständnis des Ausschlussgrundes, der nunmehr ungeachtet etwaiger Gestaltungsalternativen greifen kann[1227]. Relevant wird die Frage nach Gestaltungsvarianten nur noch bei der Prüfung des Freihaltebedürfnisses unter § 8 Abs. 2 Nr. 2 MarkenG.

Was die als verfehlt kritisierte Regelung der wertbedingten Form i.S.v. § 3 Abs. 2 Nr. 3 MarkenG anbelangt, erfährt der Ausschlussgrund eine Einschränkung bei Formen, die sich im Verkehr als Herkunftskennzeichen durchgesetzt haben. Einen neuen und ungeahnten Anwendungsbereich erlangt die Vorschrift bei dem Ausschluss von Identteilen. Auch wenn der Gesetzgeber bei der Formulierung dieser Vorschrift wohl kaum die Ersatzteilproblematik vor Augen hatte, passt der Ausschlussgrund erstaunlich gut für sichtbare Reparaturteile. Der eigentliche Wert der Ersatzteile liegt nämlich nicht in den tatsächlichen Produktionskosten des „Blechteils", sondern in dem Wiederherstellungsinteresse, welches die Produktionskosten um ein Vielfaches übersteigen kann. Reparaturteile werden auch nicht erworben, weil sie aus einem bestimmten Betrieb stammen, sondern weil sie mit dem zu ersetzenden Teil identisch sind. Die betriebliche Herkunft des Reparaturteils spielt dabei meist eine zu vernachlässigende Rolle. Da nach § 3 Abs. 2 Nr. 2 MarkenG bereits technische Funktionen dem Ausschluss unterliegen, muss der wesentliche Wert von Nr. 3 außerhalb des Bereichs der Technik liegen, was bei sichtbaren Ersatzteilen auch der Fall ist. § 3 Abs. 2 Nr. 3 MarkenG bezieht sich somit nicht auf den ökonomischen, herstellungsbedingten Wert der Ware, sondern auf den funktionalen oder ideellen Wert und erfasst daher auch die Ersatzteile, die zur Wiederherstellung des äußeren Erscheinungsbildes erforderlich sind[1228].

Wurde die Hürde der absoluten Eintragungshindernisse überwunden, dürfen weiter keine absoluten Schutzhindernisse vorliegen. Problematisch ist hier insbesondere ein etwaiges Freihaltebedürfnis an der Form. Häufig wird der Anmelder ein

1226 S. oben S. 127.

1227 S. oben S. 131.

1228 S. oben S. 138.

solches Freihaltebedürfnis, gerade wenn es sich wie bei Investitionsgütern um gestaltungsarme Formen handelt, nur über den Nachweis der Verkehrsdurchsetzung überwinden können[1229]. Ob dieser Nachweis gelingen wird, ist aber unsicher, da unklar ist, welche Voraussetzungen künftig an eben diese Durchsetzung zu stellen sind. Nach der Rechtsprechung genügt es nicht, dass ein wesentlicher Teil der betroffenen Verkehrskreise die Form mit dem Marktteilnehmer „in Verbindung bringt". Vielmehr wird verlangt, dass der Verkehr die Ware „ausschließlich" dem Markeninhaber zuordnet. Der Umfang der zu fordernden Verkehrsdurchsetzung steht dabei in Abhängigkeit zu dem Freihaltebedürfnis. Je höher das Freihaltebedürfnis bei gewöhnlichen Formen zu bemessen ist, desto höhere Anforderungen sind an die Verkehrsdurchsetzung zu stellen. Nach der gesetzlichen Wertung darf der Verweis auf ein allgemeines Freihaltebedürfnis und deren Überwindung mittels Verkehrsdurchsetzung bei Formmarken allerdings nicht die Regel bilden, sondern hat die Ausnahme zu bleiben. Die derzeitige Praxis, die den Schwerpunkt der Prüfung in das Freihaltebedürfnis verlagert, begegnet daher Bedenken[1230].

Je weniger Gestaltungsmöglichkeiten bestehen, desto größer ist das Freihaltebedürfnis und desto eher verengt sich der Schutzbereich auf einen bloßen Identitätsschutz. In Teilbereichen wird der Markenschutz daher zu einem bloßen Identitätsschutz verkommen, bzw. nur die Fälle einer Nahezu-Identität erfassen. Diese Schutzrechtsverengung betrifft insbesondere Branchen wie den Maschinen- und Anlagenbau, bei denen freie Gestaltungsmöglichkeiten aufgrund technischer Zwänge begrenzt sind.

Durch eine sachgerechte Anwendung der Eintragungsvoraussetzungen ist sicherzustellen, dass über den Formmarkenschutz nicht eine im Widerspruch zu den zeitlich begrenzten Sonderschutzrechten stehende Schutzposition eröffnet wird. Die Eintragungsvoraussetzungen auf ein Minimum zu beschränken, ist bedenklich und widerspricht dem Verständnis eines geprüften und eingetragenen Kennzeichens. Es kann nicht Sinn eines geordneten Prüfungsverfahrens sein, Zweifelsfälle im nachfolgenden Kollisionsverfahren zu bereinigen. Das Prüfungssystem dient in erster Linie der Rechtssicherheit, wobei Schutzhindernisse möglichst frühzeitig, effektiv und ökonomisch durch die Eintragungsbehörde festgestellt werden sollen. Nicht verkannt werden darf, dass ein Prüfungsamt mit der Eintragung einer Marke einen deutlichen Rechtsschein vermittelt, der häufig bei Marken mit einem äußerst geringen Schutzumfang als Abschreckungsmittel missbraucht wird. Nur eine restriktive Eintragungspraxis gewährt den Marken per se einen größeren Schutzumfang und begründet ein starkes Markenrecht. Eine Schutzlücke ist bei einer restriktiven Eintragungspraxis nicht zu befürchten, da insoweit auf das Geschmacksmusterrecht ausgewichen werden kann. Dennoch bleibt die Marke ein

1229 S. oben S. 149 ff..

1230 S. oben S. 153 f..

wichtiges Instrument zum Formenschutz, insbesondere wenn es um den Schutz außergewöhnlicher Gestaltungen geht, die Elemente jenseits der Branchenüblichkeit aufweisen und denen daher ein Herkunftshinweis innewohnt.

Es ist zu erwarten, dass durch die Gabelstapler-Rechtsprechung zunächst Ruhe in die Diskussion um die Eintragung komplexer technischer Erzeugnisse einkehren wird. Detailfragen zu den einzelnen Ausschlussgründen sind allerdings noch zu klären. Dies betrifft insbesondere die Ersatzteilfrage, wobei ein möglicher Weg zur Handhabe aufgezeigt wurde.

III. Ergänzender wettbewerbsrechtlicher Leistungsschutz

Ein Formenschutz kann auch über den ergänzenden wettbewerbsrechtlichen Leistungsschutz erlangt werden. Dieser erfährt mit Novellierung des UWG, bislang abgeleitet aus der Generalklausel § 1 UWG a.F., unter § 4 Nr. 9 UWG nunmehr auch in Deutschland eine ausdrückliche Regelung. Der wettbewerbsrechtliche Leistungsschutz ist erforderlich, um den Anforderungen des modernen Wirtschaftsverkehrs flexibel Rechnung tragen zu können und die Sonderschutzrechte bei Lücken zu ergänzen.

Für das Greifen des ergänzenden Leistungsschutzes ist bei allen Fallgruppen stets eine wettbewerbsrechtliche Eigenart des Leistungsergebnisses erforderlich. Diese Eigenart sorgt dafür, dass nicht jeder beliebige Gegenstand geschützt wird, sondern nur die von der Norm abweichenden Schöpfungen und somit schutzwürdigen Leistungen. Dies folgt weder aus dem Gesetz selbst noch aus der Gesetzesbegründung, sondern stellt ein allgemeines Prinzip des Leistungsschutzes dar, welches auch für den ergänzenden Wettbewerbsschutz Geltung beansprucht[1231].

Mit Novellierung des Gesetzes gegen den unlauteren Wettbewerb wurde auch eine Erheblichkeitsschwelle eingeführt. Demnach muss jedes unlautere Verhalten eine gewisse Spürbarkeit aufweisen, um als unlauter im Sinne des Gesetzes zu gelten (§ 3 UWG). Die Aufnahme der Erheblichkeitsschwelle in den materiellen Tatbestand führt zu der Frage, ob diese auch für den ergänzenden Leistungsschutz unter § 4 Nr. 9 UWG gilt, was nicht zuletzt davon abhängt, welche Anforderungen an die Spürbarkeit eines Wettbewerbsverstoßes zu stellen sind. Nach der hier vertretenen Auffassung entspricht die Erheblichkeitsschwelle trotz der unterschiedlichen Formulierung vom Umfang her der alten Rechtslage nach § 13 Abs. 2 UWG a.F.[1232]. Nennenswerte Änderungen der Rechtsprechung sind jedenfalls nicht zu erwarten.

Eine eigenständige und gesonderte Prüfung der Erheblichkeitsschwelle ist beim ergänzenden Leistungsschutz, entgegen einer starken Literaturmeinung, nicht vor-

---

1231 S. oben S. 169 ff.

1232 S. oben S. 183 f..

zunehmen, da die Unlauterkeit der Nachahmung in den Fällen von § 4 Nr. 9 UWG stets widerlegbar vermutet wird[1233]. Für eine indizierte Unlauterkeit spricht, dass ein Nachbau grundsätzlich für das betroffene Unternehmen eine nicht zu leugnende wirtschaftliche Relevanz aufweisen wird. Überdies darf der durch den Nachbau Geschädigte nicht noch zusätzlich mit dem Beweisrisiko über die Erheblichkeit belastet werden. Um diesen Beweis anzutreten, müssten nämlich Geschäftsgeheimnisse, wie beispielsweise Umsatzzahlen in unterschiedlichen Absatzmärkten, offen gelegt werden, was zu einer doppelten Schädigung des Anspruchsinhabers führen würde[1234]. Sachgerecht ist es daher, dem Nachahmer bei indizierter Unlauterkeit den Gegenbeweis für die Unerheblichkeit seiner Handlung zu gewähren. Ein Beweis, den er kaum wird führen können. Für den unmittelbar Verletzten, der nach alter Rechtslage einer solchen Beschränkung nicht unterworfen war, stellt die Erheblichkeitsklausel zumindest in den Fällen des ergänzenden Leistungsschutzes somit keine zusätzliche Hürde dar.

Problematisch ist nach wie vor die zeitliche Grenze des ergänzenden Leistungsschutzes. Bei einer Täuschung über die betriebliche Herkunft der Ware und in den Fällen der Rufausbeutung ist die Schutzdauer aufgrund der Nähe zum Markenrecht zeitlich unbegrenzt. Wird hingegen nur das Design in unlauterer Weise nachgeahmt, so ist der UWG-Schutz aufgrund seiner Nähe zum Musterrecht nicht grenzenlos zu gewähren. Vorgeschlagen wird hier eine Differenzierung zwischen kurz- und langlebigen Wirtschaftsgütern[1235]. Als Auslegungshilfe zwischen kurz- oder langlebigen Waren wird eine Orientierung an der steuerrechtlichen Nutzungsdauer bzw. des daraus folgenden Abschreibungszeitraums gemäß AfA-Tabelle angeregt. Geht es um den Schutz von Designleistungen, soll der ergänzende Leistungsschutz bei kurzlebigen Wirtschaftgütern grundsätzlich – dem nicht eingetragenen Gemeinschaftsgeschmacksmusterrecht folgend – auf drei Jahre beschränkt sein. Bei langlebigen Produkten ist das Amortisationsinteresse des Herstellers in der Regel mit durchschnittlicher Laufzeit des Schutzrechts erfüllt, sodass diese Frist als Orientierung für die „Regelschutzdauer" herangezogen werden kann. Treten besondere unlauterkeitsbegründende Merkmale hinzu, kann die Dauer des UWG-Schutzes allerdings auch bis zu der maximalen Laufzeit des einschlägigen Sonderschutzrechts reichen. Aufgrund der verbleibenden Unsicherheit wäre eine gesetzliche Regelung über die Schutzdauer ebenso zu begrüßen wie eine europaweite Harmonisierung des ergänzenden Leistungsschutzes.

1233 S. oben S. 189 f..

1234 S. oben S. 198.

1235 S. oben S. 191 ff..

IV. Urheberschutz

Für den Formenschutz von Investitionsgütern erlangt das Urheberrecht keinerlei praktische Relevanz. Das notwendige Maß an eigenpersönlicher schöpferischer Gestaltung ist aufgrund der technischen Rahmenbedingungen für Maschinen und Anlagen kaum zu erreichen, sodass die hohe Schwelle zur angewandten Kunst grundsätzlich eine unüberwindbare Hürde darstellt. Dies wird sich auch in absehbarer Zukunft nicht ändern, da weiterhin an dem Merkmal der Gestaltungshöhe in seiner derzeitigen Ausprägung festzuhalten ist. Aus der europäischen Rechtsentwicklung im Bereich des Urheberrechts – namentlich aus der Software- und Datenbankrichtlinie – kann, anders als in der Literatur teilweise vertreten, nicht auf eine einheitliche Absenkung der Gestaltungshöhe geschlossen werden, da es sich dabei um spezielle und nicht zu verallgemeinernde Ausnahmeregelungen handelt[1236].

C. Zusammenfassung des 3. Kapitels

In Kapitel 3 wurden ausgewählte Konfliktlagen zwischen den verschiedenen Rechten untersucht. Normenkollisionen sind möglich, da ein Formenschutz sowohl über das Geschmacksmusterrecht, das Markenrecht, den ergänzenden Leistungsschutz und das Urheberrecht erlangt werden kann und die Gesetze keine Hierarchie vorgeben.

Umstritten ist, welche Auswirkungen das Geschmacksmusterrecht auf die urheberrechtliche Gestaltungshöhe bei Werken der angewandten Kunst hat. Nach dem neuen Geschmacksmusterrecht kommt es für die Schutzfähigkeit von Formen nicht mehr auf deren ästhetischen Gehalt an. Damit löst sich das Musterrecht von seinen urheberrechtlichen Wurzeln und die Stufentheorie kann nicht mehr aufrechterhalten werden. In der Stufentheorie wurde aber vielfach die Rechtfertigung für die strengeren Anforderungen an die Gestaltungshöhe bei Werken der angewandten Kunst gesehen. Entgegen einer weit verbreiteten Ansicht führt die Aufgabe des Stufenverhältnisses weder dazu, dass auf das Merkmal der Gestaltungshöhe gänzlich verzichtet werden kann, noch dazu, dass für alle Werkarten ein einheitlicher und zwar niedriger Grad an Gestaltungshöhe anzusetzen ist[1237]. Gegen eine Absenkung der urheberrechtlichen Eintrittsschwelle spricht in erster Linie, dass diese das Musterrecht nahezu überflüssig werden ließe, zumal das Urheberrecht einen zeitlich wesentlich längeren Schutz gewährt und somit das attraktivere Schutzrecht darstellt.

1236 S. oben S. 213.

1237 S. oben S. 225 ff..

Zwischen dem Geschmacksmuster- und dem Markenrecht kann es zu einer Kollision kommen, wenn für eine Gestaltung Formmarkenschutz begehrt wird, ohne dass diese von dem Verkehr als herkunftskennzeichnend erkannt wird. Hier besteht die Gefahr, dass die geschmacksmusterrechtlichen Vorschriften durch das Markenrecht umgangen werden. Um dem entgegenzutreten, sind die markenrechtlichen Ausschlusstatbestände tendenziell weit zu begreifen. Im Interesse eines starken Markenrechts sollte den Formen ein Markenschutz verwehrt bleiben, denen offensichtlich kein Herkunftshinweis innewohnt und die weder vom Verkehr als Herkunftsmittel verstanden noch vom Markenanmelder entsprechend eingesetzt werden[1238]. Mit einem solchen Verständnis ließen sich auch die markenrechtlichen Ersatzteilfälle lösen.

Beim nicht eingetragenen Gemeinschaftsgeschmacksmusterrecht wird im Verhältnis zum ergänzenden Leistungsschutz diskutiert, ob ersteres zu einer zeitlichen Beschränkung des grundsätzlich zeitlich unbefristeten Wettbewerbsschutzes führen könne[1239]. Die Gesetze verfolgen unterschiedliche Schutzziele und greifen unabhängig voneinander. Das nicht eingetragene Gemeinschaftsgeschmacksmuster führt daher auch nicht zu einer Verdrängung des ergänzenden Leistungsschutzes, da nach Art. 96 Abs. 1 GGVO die Bestimmungen des nationalen Wettbewerbsrechts unberührt bleiben. Anerkannt ist, dass der ergänzende Leistungsschutz wegen einer vermeidbaren Herkunftstäuschung – aufgrund seiner Nähe zum Markenrecht – grundsätzlich keiner zeitlichen Beschränkung unterliegt. Anders verhält es sich jedoch in den Fällen, in denen zwar das Design ohne technische Notwendigkeit nachgeahmt wird, dies aber nicht zu einer Herkunftstäuschung führt. In solchen Fällen ist eine Orientierung an den musterrechtlichen Schutzfristen sehr wohl angezeigt, wobei hier eine Differenzierung zwischen kurz- und langlebigen Wirtschaftsgütern vorgeschlagen wird. Hingegen ist langlebigen Investitionsgütern ein über die Dauer des formlosen Musterrechts hinausgehender Schutz zuzubilligen[1240].

In den Fällen der vermeidbaren Herkunftstäuschung verdrängt der Formmarkenschutz in aller Regel den wettbewerbsrechtlichen Leistungsschutz[1241]. Besteht hingegen kein Markenschutz, so darf der ergänzende wettbewerbsrechtliche Leistungsschutz nicht zu einer Umgehung der kennzeichenrechtlichen Vorschriften führen. Der ergänzende Leistungsschutz greift in diesen Fällen nur dann, wenn ein Markenschutz möglich gewesen wäre. Ein paralleler Schutz von Kennzeichen- und Wettbewerbsrecht ist hingegen möglich, wenn neben dem markenrechtlichen Schutzgegenstand auch der des Wettbewerbsrechts betroffen ist. Dies setzt jedoch voraus, dass neben die Täuschung über die betriebliche Herkunft noch weitere Unlauterkeitsmerkmale treten.

1238 S. oben S. 228 ff..

1239 S. oben S. 230 ff..

1240 S. oben S. 231 f.

1241 S. oben S. 232 ff..

D. Schlussbetrachtung

Im Gegensatz zu Luxus- und Konsumgütern, die primär ästhetisch gestaltet werden, um den Kunden emotional anzusprechen, stehen bei Maschinen und Anlagen funktionale und ökonomische Faktoren im Mittelpunkt der Kaufentscheidung. Zunehmend erkennen aber auch Investitionsgüterhersteller die absatzrelevante Bedeutung einer ansprechenden Produktgestaltung als Wettbewerbsfaktor. Einige Marktführer nutzen die Vorteile des Investitionsgüterdesign als Differenzierungsmittel gegenüber Wettbewerbern bereits erfolgreich und beziehen dieses konsequent in ihre Produktstrategie ein, wie Designpreise für besonders innovative Maschinengestaltungen belegen. Erhöhter Wettbewerbsdruck und der Nachholbedarf an einer ansprechenden Formgebung in der Branche lassen erwarten, dass sich dieser Trend auch in Zukunft fortsetzen wird. Aus der bewussten Formgestaltung von Investitionsgütern folgt schließlich das Bedürfnis, die Designinnovationen angemessen gegen Nachahmungen zu schützen. Ein solches Interesse können, bedingt durch die technische Funktionsbestimmung der Ware, nicht alle einen Formenschutz gewährenden Rechte gleichermaßen befriedigen.

Die Arbeit hat gezeigt, dass der Gesetzgeber auch für designschwache Branchen, vorrangig durch das neue Geschmacksmusterrecht, ein attraktives Schutzsystem zur Verfügung stellt. Dieses bietet, im Vergleich zum Markenrecht, eine schnelle und kostengünstige Möglichkeit, Formenschutz zu erlangen. Für die von sklavischen Nachahmungen betroffenen Investitionsgüterhersteller eröffnet der „Umweg" über eine bewusste Formgebung die Möglichkeit, Rechtsschutzes gegen Nachahmung zu erlangen. Erörterte Schwächen des Musterrechts, namentlich die des Sichtbarkeitskriteriums, können durch eine entsprechende Auslegung überwunden werden, sodass auch Einbauteile geschützt werden können. Was die Offenbarung des nicht eingetragenen Gemeinschaftsgeschmacksmusterrechts anbelangt, lässt sich hingegen ein legislativer Nachbesserungsbedarf ausmachen.

Ein Formmarkenschutz wird für die Investitionsgüterindustrie hingegen nur in Ausnahmefällen relevant. In aktuellen Entscheidungen hat der Gesetzgeber Grundsätze aufgezeigt, nach denen ein Markenschutz für technisch geprägte Güter möglich sein kann. Erst wenn Designpotenziale ausgeschöpft werden und sich das Verkehrsverständnis in der Branche ändert, werden Gestaltungen, die zum Teil technisch anmuten, jedoch nicht technisch bedingt sind, als konkretes Unterscheidungsmerkmal aufgefasst werden. An den Nachweis der Verkehrsdurchsetzung stellt die Rechtsprechung allerdings hohe Anforderungen, sodass dieser Weg für die Schutzsuchenden als unsicher einzustufen ist. Aber selbst wenn eine Markeneintragung gelingen sollte, ist der Schutzumfang nicht selten auf einen bloßen Identitätsschutz beschränkt. Schutz vor Verwechslungen gegenüber ähnlichen Formen besteht wegen einer zumindest anfänglich schwachen Kennzeichnungskraft häufig nicht. Berücksichtigt man weiter, dass das Schutzbedürfnis an einer Maschinenform nur in seltenen Fällen die 25-jährige Schutzfrist des Geschmacksmusters übersteigen wird, sollten sich Investitionsgüterhersteller ernsthaft fragen, ob an einem zeitlich unbeschränkten Markenschutz überhaupt ein Bedürfnis besteht.

Maschinen- und Anlagenbauer sollten künftig einer attraktiven Formgebung aufgeschlossen gegenüberstehen und die sich bietenden Gestaltungspotenziale ausschöpfen. Der Gesetzgeber hat seine Aufgabe erfüllt und den Weg für einen Formenschutz von designschwachen und technisch geprägten Gütern geebnet.

Literaturverzeichnis

Abdullah, Rayan/ Hübner, Roger: Corporate Design – Kosten und Nutzen, Mainz 2002

Ahrens, Hans-Jürgen: Brauchen wir einen Allgemeinen Teil der Rechte des Geistigen Eigentums?, GRUR 2006, 616 ff.

Alber, Siegbert: Das Allgemeininteresse in der markenrechtlichen Entscheidungspraxis des EuGH, GRUR 2005, 127 ff.

Althammer, Werner/ Ströbele, Paul/ Klaka, Rainer: Markengesetz, 6. Aufl., München 2000

Apostolopoulos, Haris: Einige Gedanken zur Auslegung der nationalen Generalklausel im Hinblick auf eine Vollharmonisierung des europäischen Lauterkeitsrechts, WRP 2005, 152 ff.

Auteri, Paolo: Die Zukunft des Designschutzes in Europa aus der Sicht des italienischen Rechts, GRUR Int. 1998, 360 ff.

Backhaus, Klaus: Industriegütermarketing, 7. Aufl., München 2003

Backhaus, Klaus/ Voeth, Markus: Handbuch des Industriegütermarketing. Strategien – Instrumente – Anwendungen, Wiesbaden 2004 (zit.: Backhaus/ Voeth-Bearbeiter)

Bartenbach, Kurt/ Fock, Soenke: Das neue nicht eingetragene Geschmacksmuster – Ende des ergänzenden wettbewerbsrechtlichen Leistungsschutzes im Geschmacksmusterrecht oder dessen Verstärkung? WRP 2002, 1119 ff.

Bartmann, Jeannine: Grenzen der Monopolisierung durch Urheberrechte am Beispiel von Datenbanken und Computerprogrammen, München 2005

Bauer, Robert: Die Ware als Marke, GRUR 1996, 319 ff.

Baumbach, Adolf/ Lauterbach, Wolfgang: Kommentar zur Zivilprozessordnung, 62. Aufl., München 2004 (zit.: Baumbach/ Lauterbach-Bearbeiter, ZPO)

Baumbach, Adolf/ Hefermehl, Wolfgang: Wettbewerbsrecht, 22. Aufl., München 2001 (zit.: Baumbach/ Hefermehl-Bearbeiter)

Bayern Design: Der Rang des Designs in Bayern 2004 – Strukturanalyse und Handlungsempfehlungen, hrsg. im Auftrag des Bayerischen Staatsministeriums für Wirtschaft, Infrastruktur, Verkehr und Technologie

Bayona, Ricardo: Die spanische Antwort auf die gemeinschaftliche Herausforderung zur Modernisierung seines Geschmacksmustergesetzes, GRUR Int. 2003, 24 ff.

Becker-Bender, Walter: Schutz origineller Verpackungen, BB 1959, 1084 ff.

Beier, Friedrich-Karl: Gedanken zum Verhältnis von Warenzeichen- und Ausstattungsschutz im künftigen deutschen Markenrecht, GRUR 1967, 628 ff.

Beier, Friedrich-Karl: Der Musterschutz von Ersatzteilen in den Vorschlägen für ein Europäisches Musterrecht, GRUR Int. 1994, 716 ff.

Benad-Wagenhoff, Volker: Industrieller Maschinenbau im 19. Jahrhundert: Werkstattpraxis und Entwicklung spanabhebender Werkzeugmaschinen im deutschen Maschinenbau 1870–1914, Stuttgart 1993 (zit.: Benad-Wagenhoff)

Benad-Wagenhoff, Volker: Ursachen und Grundzüge des technischen Wandels im Maschinenbau, in: VDMA – 100 Jahre im Dienste des Maschinenbaus, hrsg. vom Verband Deutscher Maschinen- und Anlagenbau e.V. (VDMA) (Hrsg.: Justus Fürstenau), Band 2: Maschinenbau, Politik, Wirtschaft, S. 33 ff., Frankfurt am Main 1992 (zit.: Benad-Wagenhoff, in: VDMA 100 Jahre)

Benecke, Martina: Was ist „wesentlich" beim Schutz von Datenbanken? CR 2004, 608 ff.

Berlit, Wolfgang: Das neue Gesetz gegen den unlauteren Wettbewerb: Von den guten Sitten zum unlauteren Verfälschen, WRP 2003, 563 ff.

Berlit, Wolfgang: Das neue Geschmacksmusterrecht, GRUR 2004, 635 ff.

Berlit, Wolfgang: Markenrecht, 6. Aufl., München 2005 (zit.: Berlit)

Bernreuther, Friedrich: Zur Wesentlichkeit der Wettbewerbsbeeinträchtigung nach § 13 Abs. 2 Ziff. 1 und 2 UWG, WRP 1995, 452 ff.

Beyerlein, Thorsten: Das neue Geschmacksmustergesetz, WRP 2004, 676 ff.

Beyerlein, Thorsten: Ergänzender Leistungsschutz gemäß § 4 Nr. 9 UWG als „geistiges Eigentum" nach der Enforcement-Richtlinie (2004/48/EG), WRP 2005, 1354 ff.

Böhmann, Dirk: Der Schutz der dreidimensionalen Marke, Hamburg 2001

Bopp, Thomas: Sklavischer Nachbau technischer Erzeugnisse, GRUR 1997, 34 ff.

Bornkamm, Joachim: Markenrecht und wettbewerbsrechtlicher Kennzeichenschutz, GRUR 2005, 97 ff.

Bottenschein, Florian: Die Bekämpfung der Markenpiraterie in der Volksrepublik China und Hong Kong, GRUR Int. 2005, 121 ff.

Bulling, Alexander: Ein neues Schutzrecht entsteht: Das nicht eingetragene Gemeinschaftsgeschmacksmuster, Mitt. 2002, 170 ff.

Bulling, Alexander: Das neue deutsche Geschmacksmustergesetz mit Anmerkungen zum Gemeinschaftsgeschmacksmuster, Mitt. 2004, 254 ff.

Bulling, Alexander: Geschmacksmusterschutz für Reparaturteile: Änderung der EU-Richtlinie 98/71/EG, Mitt. 2005, 163 ff.

Bulling, Alexander/ Langöhrig, Angelika/ Hellwig, Tillmann: Gemeinschaftsgeschmacksmuster, München 2003

Büscher, Wolfgang: Der Schutzbereich zusammengesetzter Zeichen, GRUR 2005, 802 ff.

Busse, Aliki: Wettbewerbsbeschränkung durch Musterschutz in Europa, Frankfurt am Main 1998 (zit.: A. Busse)

Busse, Rido: Was kostet Design? 2. Aufl., Frankfurt am Main 1999 (zit.: R. Busse)

Busse, Rudolf/ Stark, Joachim: Warenzeichengesetz, Kommentar, 6. Aufl., Berlin 1990

Cornish, William: Die Zukunft des Designschutzes in Europa aus der Sicht des britischen Rechts, GRUR Int. 1998, 368 ff.

Creifelds, Carl: Rechtswörterbuch, 17. Aufl., München 2002

Czychowski, Christian/ Nordemann, Jan Bernd: Die Entwicklung der Gesetzgebung und Rechtsprechung zum Urheberrecht in den Jahren 2004 und 2005, NJW 2006, 580 ff.

Daniels, Silja: Die dreidimensionale Marke, Hamburg 2000

Dembowski, Jürgen: Schutzumfang der Warenformmarke, in: Festschrift für Willi Erdmann zum 65. Geburtstag, hrsg. von Hans-Jürgen Ahrens u.a., S. 251 ff., München 2002

Deutsche Standards – Weltmarkenführer, hrsg. von *Florian Langenscheidt*, Köln 2005

Dietz, Adolf: Der „design approach“ als Entlastung des Urheberrechts, in: Aktuelle Herausforderungen des geistigen Eigentums. Festgabe von Freunden und Mitarbeitern für Friedrich-Karl Beier zum 70. Geburtstag, hrsg. von Joseph Straus, S. 355 ff., München 1996

DIN-Taschenbuch 352: Anwendung von Ergonomienormen bei der Gestaltung von Maschinen, hrsg. vom Deutsches Institut für Normung e.V., Berlin 2005

Dreier, Thomas: Urheberrecht an der Schwelle des 3. Jahrtausends, CR 2000, 45 ff.

Dreier, Thomas/Schulze, Gernot: Urheberrechtsgesetz, 2. Aufl., München 2006

Drexl, Josef/ Hilty, Reto/ Kur, Annette: Designschutz für Ersatzteile – Der Kommissionsvorschlag zur Einführung einer Reparaturklausel, GRUR Int. 2005, 449 ff.

Eck, Matthias: Neue Wege zum Schutz der Formgebung, Köln 1993

Eichmann, Helmut: Der Schutzumfang von Geschmacksmustern, GRUR 1982, 651 ff.

Eichmann, Helmut: Geschmacksmusterrecht und EWG-Vertrag, GRUR 1990, 121 ff.

Eichmann, Helmut: Die dreidimensionale Marke im Verfahren vor dem DPA und dem BPatG, GRUR 1995, 184 ff.

Eichmann, Helmut: Die dreidimensionale Marke, in: Festschrift für Ralf Vieregge zum 70. Geburtstag am 6. November 1995, hrsg. von Jürgen F. Baur, S. 125 ff., Berlin 1995

Eichmann, Helmut: Das europäische Geschmacksmusterrecht auf Abwegen?, GRUR Int. 1996, 859 ff.

Eichmann, Helmut: Schutz von industriellem Design: Stand der europäischen Rechtsentwicklung, Mitt. 1998, 252 ff.

Eichmann, Helmut: Zur Umsetzung der Geschmacksmusterrichtlinie, Mitt. 2003, 17 ff.

Eichmann, Helmut: Gemeinschaftsgeschmacksmuster und Gemeinschaftsmarken: Eine Abgrenzung, MarkenR 2003, 10 ff.

Eichmann, Helmut/ Falckenstein, Roland von: Geschmacksmustergesetz, 2. Aufl., München 1997; 3. Aufl., München 2005 (zit.: Eichmann/ Falckenstein, Geschmacksmustergesetz, 2. bzw. 3. Aufl.)

Eisenführ, Günther: Begriff und Schutzfähigkeit von Marken und Ausstattungen, in: Festschrift zum hundertjährigen Bestehen der Deutschen Vereinigung für gewerblichen Rechtsschutz und ihrer Zeitschriften, hrsg. von Friedrich-Karl Beier u.a., Band II, S. 766, Weinheim 1991 (zit.: Eisenführ, in: FS GRUR)

Eisenführ, Günther: Der Schutzbereich zusammengesetzter Zeichen, GRUR 2005, 811 ff.

Eisenmann, Hartmut/ Jautz, Ulrich: Grundriss Gewerblicher Rechtsschutz und Urheberrecht, 5. Aufl., Heidelberg 2004

Emmerich, Volker: Unlauterer Wettbewerb, 7. Aufl., München 2004

Engels, Stefan/ Salomon, Thomas: Vom Lauterkeitsrecht zum Verbraucherschutz: UWG-Reform 2003, WRP 2004, 32 ff.

Erdmann, Willi: Schwerpunkte der markenrechtlichen Rechtsprechung des Bundesgerichtshofs, GRUR 2001, 609 ff.

Ernst-Moll, Jürgen: New Life im Markenrecht? MarkenR 2001, 271 ff.

Europäische Richtlinien und Sicherheitsnormen für Maschinen s. VDMA

Fabry, Bernd: Ein Überraschungsei für den Goldhasen – BGH rückt Maßstäbe bei der Beurteilung von 3D-Marken zurecht, Mitt. 2008, 12 ff.

Falckenstein, Roland von: Markenrecht versus Geschmacksmusterrecht – Zur ausreichenden Offenbarung dreidimensionaler Marken, GRUR 1999, 881 ff.

Falckenstein, Roland von: 40 Jahre Mitgestaltung des Geschmacksmusterrechts durch das Bundespatentgericht, GRUR 2001, 672 ff.

Felber, Urs: Systematisches Designmanagement in der Unternehmung. Grundlagen und Konzepte, Marburg 1984

Felchner, Thomas: Die Spruchpraxis der Gerichte zur Eintragung von 3D-Formmarken im engeren Sinne, MarkenR 2004, 434 ff.

Felchner, Thomas: Die Spruchpraxis der Gerichte zur Verletzung von 3D-Formmarken im engeren Sinne im Zeitraum 2002 bis 2005, MarkenR 2005, 209 ff.

Fezer, Karl-Heinz: Die Markenfähigkeit nach § 3 MarkenG, in: Festschrift für Henning Piper, hrsg. von Willi Erdmann u.a., S. 525 ff., München 1996

Fezer, Karl-Heinz: Grundprinzipien und Entwicklungslinien im europäischen und internationalen Markenrecht, WRP 1998, 1 ff.

Fezer, Karl-Heinz: Erste Grundsätze des EuGH zur markenrechtlichen Verwechselungsgefahr – oder: „Wie weit springt die Raubkatze?", NJW 1998, 713 ff.

Fezer, Karl-Heinz: Was macht ein Zeichen zur Marke?, WRP 2000, 1 ff.

Fezer, Karl-Heinz: Kommentar zum Markenrecht, 3. Aufl., München 2001 (zit.: Fezer, Markenrecht)

Fezer, Karl-Heinz: Modernisierung des deutschen Rechts gegen den unlauteren Wettbewerb auf der Grundlage einer Europäisierung des Wettbewerbsrechts, WRP 2001, 989 ff.

Fezer, Karl-Heinz: Zum Anwendungsbereich der Kollisionstatbestände des Identitätsschutzes, des Verwechselungsschutzes und des Bekanntheitsschutzes einer Marke, in: Festschrift für Willi Erdmann zum 65. Geburtstag, hrsg. von Hans-Jürgen Ahrens u.a., S. 281 ff., München 2002

Fezer, Karl-Heinz: Entwicklungslinien und Prinzipien des Markenrechts in Europa, GRUR 2003, 457 ff.

Fezer, Karl-Heinz: Lauterkeitsrecht, Kommentar zum Gesetz gegen den unlauteren Wettbewerb, Band 1: §§ 1–4 UWG, München 2005 (zit.: Fezer, UWG, Band 1)

Fezer, Karl-Heinz: Normenkonkurrenz zwischen Kennzeichenrecht und Lauterkeitsrecht, WRP 2008, 1 ff.

Fiell, Charlotte/Fiell Peter: Design Handbook, Köln 2006

Fuchs, Hans Joachim: Piraten, Fälscher und Kopierer – Strategien und Instrumente zum Schutz geistigen Eigentums in der Volksrepublik China, Wiesbaden 2006

Fuchs-Wissmann, Georg: Tendenzen in der neueren markenrechtlichen Rechtsprechung des Bundespatentgerichts, MarkenR 1999, 183 ff.

Furler, Hans: Geschmacksmustergesetz, 4. Aufl., München 1985

Gamm, Eva-Irina von: Die Problematik der Gestaltungshöhe im deutschen Urheberrecht, Baden-Baden 2004

Gamm, Otto-Friedrich Frhr. von: Entwicklungen und Reformvorschläge zum Geschmacksmusterrecht, GRUR 1985, 889 ff.

Gamm, Otto-Friedrich Frhr. von: Geschmacksmustergesetz – Kommentar, 2. Aufl., München 1989

Gamm, Otto-Friedrich Frhr. von: Zur Warenzeichenreform, WRP 1993, 793 ff.

Gaul, Dieter/ Bartenbach, Kurt: Handbuch des gewerblichen Rechtsschutzes, Band I, Stand Juli 2002, Köln

Geipel, Peter: Industriedesign als Marktfaktor für Investitionsgüter, München 1990

Gerstenberg, Ekkehard: Der Begriff des Kunstwerks in der bildenden Kunst, GRUR 1963, 245 ff.

Gerstenberg, Ekkehard: Industrielle Formgebung und Urheberrecht, BB 1964, 439 ff.

Gerstenberg, Ekkehard: Zum Entwurf für ein neues Musterschutzgesetz, GRUR 1978, 26 ff.

Gerstenberg, Ekkehard: Neue Rechtsprechung zum Geschmacksmusterrecht, GRUR 1981, 567 ff.

Gerstenberg, Ekkehard: Die Entwicklung des Geschmacksmusterrechts, in: Festschrift zum hundertjährigen Bestehen der Deutschen Vereinigung für gewerblichen Rechtsschutz und ihrer Zeitschriften, hrsg. von Friedrich-Karl Beier u.a., Band I, S. 691 ff., Weinheim 1991 (zit.: Gerstenberg, in: FS GRUR)

Gerstenberg, Ekkehard/ Buddeberg, Michael: Geschmacksmustergesetz, 3. Aufl., Heidelberg 1996

Glöckner, Jochen: Richtlinienvorschlag über unlautere Geschäftspraktiken, deutsches UWG oder die schwierige Umsetzung von europarechtlichen Generalklauseln, WRP 2004, 936 ff.

Glöckner, Jochen/ Henning-Bodewig, Frauke: EG-Richtlinie über unlautere Geschäftspraktiken: Was wird aus dem „neuen" UWG?, WRP 2005, 1311 ff.

Götte, Bertolt: Die Schutzdauer im wettbewerbsrechtlichen Leistungsschutz, Baden-Baden 2000

Götting, Horst-Peter: in: Handbuch des Ausstattungsrechts. Festschrift für Friedrich-Karl Beier zum 60. Geburtstag, hrsg. von Gerhard Schricker/ Dieter Stauder, S. 201 ff., München 1986 (zit.: Götting, in: Handbuch des Ausstattungsrechts)

Götting, Horst-Peter: Die Entwicklung des Markenrechts vom Persönlichkeits- zum Immaterialgüterrecht, in: Aktuelle Herausforderungen des geistigen Eigentums. Festgabe von Freunden und Mitarbeitern für Friedrich-Karl Beier zum 70. Geburtstag, hrsg. von Joseph Straus, S. 233 ff., München 1996 (zit.: Götting, in: FS Beier)

Götting, Horst-Peter: Anmerkungen zu der Unterscheidungskraft dreidimensionaler Marken, Gabelstapler II, Stabtaschenlampe II, Rado Uhr II, Transformatorengehäuse, LMK 2004, 143 f.

Götting, Horst-Peter: Wettbewerbsrecht, München 2005 (zit.: Götting, Wettbewerbsrecht)

Götting, Horst-Peter: Ergänzender wettbewerbsrechtlicher Leistungsschutz – Ein Überblick, Mitt. 2005, 12 ff.

Gottschalk, Eckart/ Gottschalk, Sylvia: Das nicht eingetragene Gemeinschaftsgeschmacksmuster: eine Wunderwaffe des Designschutzes?, GRUR Int. 2006, 461 ff.

Grabrucker, Marianne: Aus der Rechtsprechung des Bundespatentgerichts im Jahre 2001, GRUR 2002, 377 ff.

Grabrucker, Marianne: Aus der Rechtsprechung des Bundespatentgerichts im Jahre 2002, GRUR 2002, 469 ff.

Grabrucker, Marianne: Aus der Rechtsprechung des Bundespatentgerichts im Jahr 2003, GRUR 2004, 273 ff.

Grabrucker, Marianne: Zur Schutzfähigkeit von Produktformen als Marke, Mitt. 2004, 107 ff.

Grabrucker, Marianne: Aktuelle Rechtsprechung zu den Warenformmarken, Mitt. 2005, 1 ff.

Grabrucker, Marianne/ Fink, Elisabeth: Aus der Rechtsprechung des Bundespatentgerichts im Jahr 2004, GRUR 2005, 289 ff.

Griss, Irmgard: Absolute Eintragungshindernisse – Allgemeine Kriterien, MarkenR 2001, 425 ff.

Gröning, Jochem: Vom Paulus zum Saulus?, WRP 1994, 435 ff.

Günther, Philipp/ Beyerlein, Thorsten: Kann ein Plagiat dem Original die Neuheit nehmen?, WRP 2003, 1422 ff.

Günther, Philipp/ Beyerlein, Thorsten: Die Auswirkungen der Ost-Erweiterung der Europäischen Union auf die Grenzbeschlagnahme im gewerblichen Rechtsschutz, WRP 2004, 452 ff.

Haberstrumpf, Helmut: Urheberrechtlich geschützte Werke und verwandte Schutzrechte, in: Festschrift zum hundertjährigen Bestehen der Deutschen Vereinigung für gewerblichen Rechtsschutz und ihrer Zeitschriften, hrsg. von Friedrich-Karl Beier u.a., Band II, S. 766, Weinheim 1991 (zit.: Haberstrumpf, in: FS GRUR)

Harte-Bavendamm, Henning: Handbuch der Markenpiraterie in Europa, München 2000

Harte-Bavendamm, Henning/Henning-Bodewig, Frauke: Gesetz gegen den unlauteren Wettbewerb (UWG Kommentar), München 2004

Haupt, Stefan/ Marschke, Christoph: Berührungspunkte von Urheber- und Markenrecht, MarkenR 2005, 249 ff.

Heath, Christopher: Intellectual Property Law in Asia, Boston 2003

Heermann, Peter: Die Erheblichkeitsschwelle i.S. des § 3 UWG-E, GRUR 2004, 94 ff.

Hefermehl, Wolfgang/ Köhler, Helmut/ Bornkamm, Joachim: Wettbewerbsrecht, 24. Aufl., München 2006

Heinrich, Peter/ Ruf, Angelika: Markenschutz für Produktformen? sic! 2003, 395 ff.

Henning-Bodewig, Frauke: Richtlinienvorschlag über unlautere Geschäftspraktiken und UWG-Reform, GRUR Int. 2004, 183 ff.

Henning-Bodewig, Frauke: Das neue Gesetz gegen den unlauteren Wettbewerb, GRUR 2004, 713 ff.

Henning-Bodewig, Frauke: Das neue UWG – von Brüssler Gnaden? in: Perspektiven des Geistigen Eigentums und Wettbewerbsrechts. Festschrift für Gerhard Schricker zum 70. Geburtstag, hrsg. von Ansgar Ohly/ Theo Bodewig/ Thomas Dreier/ Horst-Peter Götting/ Maximilian Haedicke/ Michael Lehmann, S. 705 ff., München 2005

Henning-Bodewig, Frauke/ Ruijsenaars, Heijo E.: Designschutz qua Markenrecht?, GRUR 1990, 821, 823

Henssler, Eberhard: Der Schutz der angewandten Kunst nach geltendem Recht und nach dem Ministerialentwurf 1959 zum Urheberrechts-Gesetz, GRUR 1961, 397 ff.

Heydt, Ludwig: Geschmacksmuster und Werke der angewandten Kunst, GRUR 1968, 530 ff.

Hoffmeister, Klaus/ Böhm, Rainer: Kehren neue Besen gut? Der Vorschlag der Kommission für eine Verordnung des Rates über das Tätigwerden der Zollbehörden hinsichtlich Waren, bei denen der Verdacht besteht, dass sie bestimmte Rechte am geistigen Eigentum verletzen, in: Festschrift für Günther Eisenführ zum 70. Geburtstag, hrsg. von Christian Spintig/ Jochen Ehlers, S. 161 ff., Köln 2003

Homburg, Christian/Krohmer Harley: Marketingmanagement, Wiesbaden 2003

Hubmann, Heinrich/ Götting, Horst-Peter: Gewerblicher Rechtsschutz, München 2002

Ineichen, Markus: Die Formmarke im Lichte der absoluten Ausschlussgründe nach dem schweizerischen Markenschutzgesetz, GRUR Int. 2003, 193 ff.

Ingerl, Reinhard: Die Gemeinschaftsmarke, München 1996

Ingerl, Reinhard: Der wettbewerbsrechtliche Kennzeichenschutz und sein Verhältnis zum MarkenG in der neuen Rechtsprechung des BGH und in der UWG-Reform, WRP 2004, 809 ff.

Ingerl, Reinhard/Rohnke, Christian: Die Umsetzung der Markenrechts-Richtlinie durch das deutsche Markengesetz, NJW 1994, 1247 ff.

Ingerl, Reinhard/ Rohnke, Christian: Markengesetz, 1. Aufl., München 1998; 2. Aufl., München 2003 (zit.: Ingerl/Rohnke, Markengesetz, 1. bzw. 2. Aufl.)

Jestaedt, Dirk: Der Schutzbereich des eingetragenen Geschmacksmusters nach dem neuen Geschmacksmustergesetz, GRUR 2008, 19 ff.

Kahlenberg, Sienna: Ein europäisches Geschmacksmusterrecht – Baustein im System des europäischen gewerblichen Rechtsschutzes, Berlin 1997

Kaluza, Martin: Die Maschine als Freund, brand eins 2005, 120 ff.

Keßler, Jürgen/ Micklitz, Hans-W.: Die Richtlinie 2005/29/EG über unlautere Geschäftspraktiken um binnenmarktinternen Geschäftsverkehr zwischen Unternehmen und Verbrauchern, BB-Spezial 2005, 1 ff.

Kiethe, Kurt/ Groeschke, Peer: Der Designschutz dreidimensionaler Marken nach dem Markengesetz, WRP 1998, 541 ff.

Klawitter, Christian: Die Ersatzteilfrage in der EG-Geschmacksmusterrichtlinie, EWS 2001, 157 ff.

Köhler, Helmut: Der ergänzende Leistungsschutz: Plädoyer für eine gesetzliche Regelung, WRP 1999, 1075 ff.

Köhler, Helmut: Das neue UWG, NJW 2004, 2121 ff.

Köhler, Helmut: Zur Umsetzung der Richtlinie über unlautere Geschäftspraktiken, GRUR 2005, 793 ff.

Köhler, Helmut: Die „Bagatellklausel" in § 3 UWG, GRUR 2005, 1 ff.

Köhler, Helmut: Das Verhältnis des Wettbewerbsrechts zum Recht des geistigen Eigentums, GRUR 2007, 548 ff.

Köhler, Helmut/ Bornkamm, Joachim/ Henning-Bodewig, Frauke: Vorschlag für eine Richtlinie zum Lauterkeitsrecht und eine UWG-Reform, WRP 2002, 1317 ff.

Koos, Stefan: Vergleichende Werbung und die Fesseln der Harmonisierung, WRP 2005, 1096 ff.

Körner, Eberhard/ Gründig-Schnelle, Kerstin: Markenrecht und Produktschutz durch die dreidimensionale Marke, GRUR 1999, 535 ff.

Koschtial, Ulrike: Die Einordnung des Designschutzes in das Geschmacksmuster-, Urheber-, Marken- und Patentrecht – Ein Vergleich der Rechtslage in den USA, Berlin 2003

Koschtial, Ulrike: Das Gemeinschaftsgeschmacksmuster: Die Kriterien der Eigenart, Sichtbarkeit und Funktionalität, GRUR Int. 2003, 973 ff.

Koschtial, Ulrike: Zur Notwendigkeit der Absenkung der Gestaltungshöhe für Werke der angewandten Kunst im deutschen Urheberrecht, GRUR 2004, 555 ff.

Koschtial, Ulrike: Die Freihaltebedürftigkeit wegen besonderer Form im europäischen und deutschen Markenrecht, GRUR Int. 2004, 106 ff.

Kriegbaum, Herbert: 100 Jahre Maschinenbau im Spiegel der Statistik, in: VDMA – 100 Jahre im Dienste des Maschinenbaus, hrsg. vom Verband Deutscher Maschinen- und Anlagenbau e.V. (VDMA) (Hrsg.: Justus Fürstenau), Band 2: Maschinenbau, Politik, Wirtschaft, S. 13 ff., Frankfurt am Main 1992 (zit.: Kriegbaum, in: VDMA 100 Jahre)

Krüger, Christof: Der Schutz kurzlebiger Produkte gegen Nachahmung (Nichttechnischer Bereich), GRUR 1986, 115 ff.

Krüger, Christof: Produktformmarken im Verletzungsprozess, in: Festschrift für Willi Erdmann zum 65. Geburtstag, hrsg. von Hans-Jürgen Ahrens u.a., S. 357 ff., München 2002

Krüger, Christof: Bekanntheit und Prägetheorie, MarkenR 2004, 213 ff.

Krüger, Christof: Zum markenrechtlichen Schutz von Kfz-Karosserie-Ersatzteilen, MarkenR 2005, 10 ff.

Kunz-Hallstein, Hans Peter: Europäisierung und Modernisierung des deutschen Warenzeichenrechts, GRUR Int. 1990, 747 ff.

Kunz-Hallstein, Hans Peter: Perspektiven der Angleichung des nationalen Markenrechts in der EWG, GRUR Int. 1992, 81 ff.

Kunz-Hallstein, Hans Peter: Die Funktion der Marke nach europäischem und künftigem deutschen Markenrecht, in: Festschrift DPA: 100 Jahre Marken-Amt, hrsg. vom Deutschen Patentamt unter Mitwirkung der Deutschen Vereinigung für Gewerblichen Rechtsschutz und Urheberrecht e.V. (wiss. Red.: Frank Peter Goebel), S. 148 ff., München 1994 (zit.: Kunz-Hallstein, in: FS 100 Jahre DPA)

Kur, Annette: Der wettbewerbsrechtliche Leistungsschutz, GRUR 1990, 1 ff.

Kur, Annette: EG-Geschmacksmusterschutz und Kfz-Ersatzteile – Eine Erwiderung, GRUR 1993, 71 ff.

Kur, Annette: Formalschutz dreidimensionaler Marken – neue Aufgaben für die Markenabteilung des Deutschen Patentamtes, in: Festschrift DPA: 100 Jahre Marken-Amt, hrsg. vom Deutschen Patentamt unter Mitwirkung der Deutschen Vereinigung für Gewerblichen Rechtsschutz und Urheberrecht e.V. (wiss. Red.: Frank Peter Goebel), S. 175 ff., München 1994 (zit.: Kur, in: FS 100 Jahre DPA)

Kur, Annette: TRIPs und Designschutz, GRUR Int. 1995, 185 ff.

Kur, Annette: Gedanken zur Systemkonformität einer Sonderregelung für must-match-Ersatzteile im künftigen europäischen Geschmacksmusterrecht, GRUR Int. 1996, 876 ff.

Kur, Annette: Die Zukunft des Designschutzes in Europa – Musterrecht, Urheberrecht, Wettbewerbsrecht, GRUR Int. 1998, 353 ff.

Kur, Annette: Ansätze zur Harmonisierung des Lauterkeitsrechts im Bereich des wettbewerbsrechtlichen Leistungsschutzes, GRUR Int. 1998, 771 ff.

Kur, Annette: Die Auswirkungen des neuen Geschmacksmusterrechts auf die Praxis, GRUR 2002, 661 ff.

Kur, Annette: Alles oder Nichts im Formmarkenschutz?, GRUR Int. 2004, 755 ff.

Lehmann, Michael: Anmerkungen zu Wal-Mart v. Samara, GRUR Int. 2000, 814 f.

Lettl, Tobias: Die „Verkehrsauffassung" im Markenrecht, NJW-Sonderheft 100 Jahre Markenverband, 2003, 44 ff.

Lettl, Tobias: Rechtsprechungsübersicht zum Wettbewerbsrecht 2003/2004 – Relevanz im neuen UWG, BB 2004, 1913 ff.

Lettl, Tobias: Gemeinschaftsrecht und neues UWG, WRP 2004, 1079 ff.

Lettl, Tobias: Das neue UWG, München 2004

Lettl, Tobias: Rechtsprechungsübersicht zum Wettbewerbsrecht 2004/2005, BB 2005, 1913 ff.

Lewalter, Ivo/Schrader, Paul: Das Gemeinschaftsgeschmacksmusterrecht – Aufweichung des Markenrechts oder zweite Chance für gescheiterte Marken, Mitt. 2004, 202 ff.

Loewenheim, Ulrich: Der Schutz der kleinen Münze im Urheberrecht, GRUR 1987, 761 ff.

Loewenheim, Ulrich: Handbuch des Urheberrechts, München 2003 (zit.: Loewenheim, Urheberrecht)

Loewy, Raymond: Häßlichkeit verkauft sich schlecht, Düsseldorf 1992

Lorenzen, Birte: Designschutz im europäischen und internationalen Recht, Hamburg 2002

Loschelder, Michael: Der Schutz technischer Entwicklungen und praktischer Gestaltungen durch das Marken- und Lauterkeitsrecht, GRUR Int. 2004, 767 ff.

Lubberger, Andreas: Technische Konstruktion oder künstlerische Gestaltung? – Design zwischen den Stühlen, in: Festschrift für Willi Erdmann zum 65. Geburtstag, hrsg. von Hans-Jürgen Ahrens u.a., S. 145 ff., München 2002

Luk, Thomas: Patentstrategien in F&E-intensiven Unternehmen, Wissenschaftsmanagement 2005, 30 ff.

Maier, Paul/ Schötelburg, Martin: Das HABM bereitet sich auf das EU-Geschmacksmuster vor, Mitt. 2001, 285 ff.

Mankowski, Peter: Ist die Bagatellklausel des § 3 UWG bei belästigender Werbung (§ 7 UWG) zu beachten? WRP 2008, 15 ff.

Marx, Claudius: Deutsches und europäisches Markenrecht, Berlin 1997

Maschinen made in Germany: Deutsche Standards Editionen, hrsg. von *Sepp Heckmann/Florian Langenscheidt*, Köln 2006

Mayer, Silke: Wettbewerbsfaktor Design: Zum Einsatz von Design im Markt für Investitionsgüter, Hamburg 1996

Mees, Hans-Kurt: Umdenken bei Anwendung des neuen UWG? Mitt. 2004, 534 ff.

Meister, Herbert: Markenfähigkeit und per se-Ausnahmen im Gemeinschaftsrecht, WRP 2000, 967 ff.

Möhring, Philipp/Nicolini, Käte: Urheberrechtsgesetz, 2. Aufl., München 2000

Mountstephens, Andrew: Der markenrechtliche Schutz technisch bedingter Warenformen und naturgetreuer Warenabbildungen nach der Ersten Markenrichtlinie 89/104/EWG, GRUR Int. 2000, 393 ff.

Mountstephens, Andrew: Bedürfen nach europäischem Recht Warengestaltungen zur Erlangung eines markenrechtlichen Schutzes der Verkehrsdurchsetzung?, GRUR Int. 2000, 694 ff.

Mühlendahl, Alexander von: Das künftige Markenrecht der Europäischen Gemeinschaft, GRUR Int. 1989, 353 ff.

Mühlendahl, Alexander von: Das neue Markenrecht der Europäischen Union, in: Festschrift DPA: 100 Jahre Marken-Amt, hrsg. vom Deutschen Patentamt unter Mitwirkung der Deutschen Vereinigung für Gewerblichen Rechtsschutz und Urheberrecht e.V. (wiss. Red.: Frank Peter Goebel), S. 215 ff., München 1994 (zit.: Mühlendahl, in: FS 100 Jahre DPA)

Mühlendahl, Alexander von/ Ohlgart, Dietrich: Die Gemeinschaftsmarke, München 1998

Müller-Broich, Jan D.: Das Sichtbarkeitserfordernis bei bestimmungsgemäßer Benutzung im Geschmacksmusterrecht, Mitt. 2008, 201 ff.

Münker, Reiner/ Kaestner, Jan: Das reformierte UWG im Überblick – Die Sicht der Praxis, BB 2004, 1689 ff.

Neuer Entwurf eines Geschmacksmuster-Gesetzes. Vorgelegt vom Fachausschuss für Wettbewerbs- und Warenzeichenrecht in der Akademie für Deutsches Recht, GRUR 1940, 243 ff.

Nicolini, Käte: Der Modeschutz im Urheber-, Geschmacksmuster- und Kunstschutzrecht, NJW 1958, 368 ff.

Nicolini, Käte: Die Neuheit im Geschmacksmusterrecht, GRUR 1963, 407 ff.

Niedlich, Wolfgang: Veröffentlichungen im Internet, Mitt. 2004, 349 ff.

Nordemann, Axel/ Heise, Friedrich Nicolaus: Urheberrechtlicher Schutz für Designleistungen in Deutschland und auf europäischer Ebene, ZUM 2001, 128 ff.

Nordemann, Wilhelm: Wie sich die Zeiten ändern – Der Wandel der Rechtsprechung zum Verbraucherleitbild in § 3 UWG, WRP 2000, 977 ff. (zit.: W. Nordemann)

Ohly, Ansgar: Das neue UWG – Mehr Freiheit für den Wettbewerb?, GRUR 2004, 889 ff.

Ohly, Ansgar/ Bodewig, Theo/ Dreier, Thomas/ Götting, Horst-Peter/ Haedicke, Maximilian/ Lehmann, Michael: Festschrift für Gerhard Schricker zum 70. Geburtstag, München 2005 (zit.: Bearbeiter, in: FS Schricker)

Oldekop, Axel: Das nichteingetragene Gemeinschaftsgeschmacksmuster – Eine Chance für Designer?, WRP 2006, 801 ff.

Omsels, Hermann-Josef: Kritische Anmerkungen zur Bestimmung der Irreführungsgefahr, GRUR 2005, 548 ff.

Oppermann, Bernd/ Müller, Sandra: Wie verbraucherfreundlich muss das neue UWG sein?, GRUR 2005, 280 ff.

Osenberg, Ralph: Markenschutz für urheberrechtlich gemeinfreie Werke, GRUR 1996, 101 ff.

Osterloh, Eilert: Die Ware als Marke, in: Festschrift für Willi Erdmann zum 65. Geburtstag, hrsg. von Hans-Jürgen Ahrens u.a., S. 445 ff., München 2002

Osterrieth, Albert: Die Reform des Geschmacksmusterrechts in Frankreich, GRUR 1909, 73 ff.

Osterrieth, Albert: Das Nachbauen von Maschinen, GRUR 1925, 131 ff.

Otero Lastres, José Manuel: Gedanken zur Richtlinie 98/71/EG über den Rechtsschutz von Mustern und Modellen, GRUR Int. 2000, 408 ff.

Pagenkopf, Oliver: Ein Streifzug durch Geschichte, Gegenwart und Zukunft des Geschmacksmusters, GRUR 1999, 875 ff.

Pagenkopf, Oliver: 125 Jahre Geschmacksmustergesetz, Mitt. 2002, 206 ff.

Pastor, Wilhelm/ Ahrens, Hans-Jürgen: Der Wettbewerbsprozess, 4. Aufl., München 1999

Pataky, T.S.: TRIPs und Designschutz – Bemerkungen zum Beitrag von Annette Kur, GRUR Int. 1995, 653 ff.

Pentheroudakis, Chryssoula: Die Umsetzung der Richtlinie 98/71/EG über den rechtlichen Schutz von Mustern und Modellen in den EU-Staaten, GRUR Int. 2002, 668 ff.

Pilla, Marcus: Der Schutz von Ersatzteilen zwischen Geschmacksmuster- und Kartellrecht. Eine rechtsvergleichende Studie zum italienischen, deutschen und europäischen Recht unter besonderer Berücksichtigung der Schutzrechtsfunktion im Geschmacksmusterrecht, Berlin 2000

Plaß, Gunda: Die Probleme der Formmarke in der neuen Rechtsprechung, WRP 2002, 181 ff.

Potinecke, Harald: Das Geräte- und Produktsicherheitsgesetz, DB 2004, 55 ff.

Probe, Anja: Alles nur geklaut, in: TextilWirtschaft vom 12.1.2006, Heft 1/2006, 42 ff.

Rahlf, Sylvia/ Gottschalk, Eckart: Neuland: Das nicht eingetragene Gemeinschaftsgeschmacksmuster, GRUR Int. 2004, 821 ff.

Rehmann, Thorsten: Geschmacksmusterrecht, München 2004

Renck, Andreas/ Petersenn, Morten: Das Ende dreidimensionaler Marken in der EU?, WRP 2004, 440 ff.

Riehle, Gerhard: EG-Geschmacksmusterschutz und Kraftfahrzeug-Ersatzteile, GRUR Int. 1993, 49 ff.

Riehle, Gerhard: Funktion der Marke und europäisches Markenrecht, MarkenR 2001, 337 ff.

Ritscher, Michael: Bericht über das Ringberg-Symposium „Europäisches Musterrecht" des Max-Planck-Instituts vom 11. bis 14. Juli 1990, GRUR 1990, 559 ff.

Rohnke, Christian: Zum Prüfungsmaßstab bei Formmarken, MarkenR 2001, 199 ff.

Rohnke, Christian: Schutz der Produktgestaltung durch Formmarken und wettbewerbsrechtlichen Leistungsschutz, in: Festschrift für Willi Erdmann zum 65. Geburtstag, hrsg. von Hans-Jürgen Ahrens u.a., S. 455 ff., München 2002

Rohnke, Christian: Die Entwicklung des Markenrechts seit Mitte 2003, NJW 2005, 1624 ff.

Rother, Gereon: Die prozessuale Durchsetzung des nicht eingetragenen Gemeinschaftsgeschmacksmusters, in: Festschrift für Günther Eisenführ zum 70. Geburtstag, hrsg. von Christian Spintig/Jochen Ehlers, S. 85 ff., Köln 2003

Sack, Rolf: Die wettbewerbsrechtliche Klagebefugnis des „unmittelbar Verletzten" nach der Neufassung des § 13 Abs. 2 Nr. 1 UWG, BB 1995, 1 ff.

Sack, Rolf: Vergleichende Werbung nach der UWG-Novelle, WRP 2001, 327 ff.

Sack, Rolf: Das Einschieben in eine fremde Serie: Sonderfall oder Normalfall des ergänzenden wettbewerbsrechtlichen Leistungsschutzes?, in: Festschrift für Willi Erdmann zum 65. Geburtstag, hrsg. von Hans-Jürgen Ahrens u.a., S. 697 ff., München 2002

Sack, Rolf: Auswirkungen des europäischen Verbraucherleitbilds auf das Markenrecht, Mitt. 2002, 494 ff.

Sack, Rolf: Vergleichende Werbung und die Erheblichkeitsschwelle in § 3 des Regierungsentwurfs einer UWG-Novelle, WRP 2004, 30 ff.

Sack, Rolf: Markenschutz und UWG, WRP 2004, 1405 ff.

Sack, Rolf: Die lückenfüllende Funktion der Generalklausel des § 3 UWG, WRP 2005, 531 ff.

Saint André, Benedict von: Der Einfluss der Musterrichtlinie auf das deutsche Geschmacksmustergesetz, Mitt. 2001, 544 ff.

Sambuc, Thomas: Ware oder Zeichen?, GRUR 1989, 547 ff.

Sambuc, Thomas: Der UWG-Nachahmungsschutz, München 1996 (zit.: Sambuc)

Sambuc, Thomas: Das Freihaltebedürfnis an beschreibenden Angaben und der Ware selbst nach dem Markengesetz, GRUR 1997, 403 ff.

Sambuc, Thomas: Was soll das Markenrecht?, WRP 2000, 985 ff.

Schack, Haimo: Kunst und Recht – Bildende Kunst, Architektur, Design und Fotografie im deutschen und internationalen Recht, München 2004

Schaeffer, Michael: Der Einfluss der EuGH-Entscheidung „Philips/ Remington" auf die Markenfähigkeit (§ 3 Abs. 2 Ziff. 2 MarkenG), in: Festschrift für Günther Eisenführ zum 70. Geburtstag, hrsg. von Christian Spintig/ Jochen Ehlers, S. 29 ff., Köln 2003

Schennen, Detlef: Das Gemeinschaftsgeschmacksmuster – Neuland für Alicante, in: Festschrift für Günther Eisenführ zum 70. Geburtstag, hrsg. von Christian Spintig/ Jochen Ehlers, S. 99 ff., Köln 2003

Schlötelburg, Martin: Das neue Europäische Geschmacksmusterrecht, Mitt. 2002, 70 ff.

Schlötelburg, Martin: Musterschutz an Zeichen, GRUR 2005, 123 ff.

Schmidt, Holger: Markenmanagement bei erklärungsbedürftigen Produkten, Wiesbaden 2001

Schrader, Paul T.: Begrenzung des ergänzenden wettbewerbsrechtlichen Leistungsschutzes, WRP 2005, 562 ff.

Schrader, Paul T.: Konsequenzen der Markenfähigkeit äußerer Gestaltungsformen, MarkenR 2006, 310 ff.

Schramm, Peter: Der europaweite Schutz des Produktdesigns, Saarbrücken 2005

Schricker, Gerhard: Abschied von der Gestaltungshöhe im Urheberrecht, in: Wanderer zwischen Musik, Politik und Recht. Festschrift für Reinhold Kreile zu seinem 65. Geburtstag, hrsg. von Jürgen Becker, S. 715 ff., Baden-Baden 1994

Schricker, Gerhard: Urheberrecht, 2. Aufl., München 1999 (zit.: Schricker, Urheberrecht)

Schricker, Gerhard/ Henning-Bodewig, Frauke: Elemente einer Harmonisierung des Rechts des unlauteren Wettbewerbs in der Europäischen Union, WRP 2001, 1367

Schuhmacher, Katja: Die Marken(artikel)piraterie, Frankfurt am Main 2005

Schulte, Rainer: Patentgesetz mit EPÜ, 6. Aufl., München 2001

Schulte-Beckhausen, Thomas: Das Verhältnis des § 1 UWG zu den gewerblichen Schutzrechten und zum Urheberrecht, Bonn 1993

Schultz, Detlef von: Kommentar zum Markenrecht, Heidelberg 2002

Schulze, Erich: Rechtsprechung zum Urheberrecht – Entscheidungssammlung, Stand: Februar 2005 (zit.: Entscheidungssammlung) (zit.: E. Schulze)

Schulze, Gernot: Der Schutz der kleinen Münze im Urheberrecht, GRUR 1987, 769 ff.

Schulze, Gernot: Das Urheberrecht und die bildende Kunst, hrsg. von Friedrich-Karl Beier u.a., Band II, 1303 ff., Weinheim 1991 (zit.: G. Schulze, in: FS GRUR)

Schulze, Gernot: Mehr Urheberrecht oder mehr Leistungsschutz?, in: Perspektiven des geistigen Eigentums und Wettbewerbsrechts. Festschrift für Gerhard Schricker zum 70. Geburtstag, hrsg. von Ansgar Ohly/ Theo Bodewig/ Thomas Dreier/ Horst-Peter Götting/ Maximilian Haedicke/ Michael Lehmann, S. 523 ff., München 2005 (zit.: G. Schulze, in: FS Schricker)

Schünemann, Wolfgang: „Unlauterkeit" in der Generalklausel und Interessenabwägung nach dem UWG, WRP 2004, 925 ff.

Seibt, Katrin: Die dreidimensionale Marke unter besonderer Berücksichtigung der Abgrenzung zu den Produktschutzrechten, Heidelberg 2002

Seichter, Dirk: Der Umsetzungsbedarf der Richtlinie über unlautere Geschäftspraktiken, WRP 2005, 1087

Sosnitza, Olaf: Die Richtlinie über unlautere Geschäftspraktiken – Voll- oder Teilharmonisierung?, WRP 2006, 1 ff.

Statistisches Handbuch für den Maschinenbau s. VDMA

Steinmeier, Ina: Industriedesign als Innovationsfaktor für Investitionsgüter, Frankfurt am Main 1998

Steinmetz, Wolfgang: Der „kleine" Wettbewerbsprozess, München 1993

Stieper, Malte: Das Verhältnis von Immaterialgüterschutz und Nachahmungsschutz nach neuem UWG, WRP 2006, 291 ff.

Stoll, Carsten: Die dreifache Schadensberechnung im Wettbewerbs- und Markenrecht als Anwendungsfall des allgemeinen Schadensrechts, Tübingen 2000

Stolz, Ekkehard: Geschmacksmuster- und markenrechtlicher Designschutz, Baden-Baden 2002

Straus, Joseph: Ende des Geschmacksmusterschutzes für Ersatzteile in Europa? Vorgeschlagene Änderungen der EU Richtlinie: Das Mandat der Kommission und seine zweifelhafte Ausführung, GRUR Int. 2005, 965 ff.

Ströbele, Paul: Die Eintragungsfähigkeit neuer Markenformen, GRUR 1999, 1041 ff.

Ströbele, Paul: Absolute Eintragungshindernisse im Markenrecht, GRUR 2001, 658 ff.

Ströbele, Paul: Die neuen Markenformen im Widerspruchsverfahren, in: Festschrift für Willi Erdmann zum 65. Geburtstag, hrsg. von Hans-Jürgen Ahrens u.a., S. 491, München 2002

Ströbele, Paul: Schutzvoraussetzungen und Schutzbereich von Marken, NJW-Sonderheft 100 Jahre Markenverband, 2003, 78 ff.

Ströbele, Paul/Hacker, Franz: Markengesetz, 7. Aufl., München 2003

Thewes, Stephanie: Der Schutz der dreidimensionalen Marke nach dem Markengesetz, Berlin 1998

Thiele, Clemens: Schutz dreidimensionaler Marken und Designschutz in Österreich, GRUR Int. 2006, 827 ff.

Tilmann, Winfried: Der wettbewerbsrechtliche Schutz vor Nachahmungen, GRUR 1987, 865 ff.

Tilmann, Winfried: Die UWG-Novelle 1994, BB 1994, 1793 ff.

Trimborn, Michael/Schmitz, H. Thomas, Aktuelle Rechtsprechung und Entwicklungen im Wettbewerbsrecht 2006, Mitt. 2006, 540 ff.

Ullmann, Eike: Die Form einer Ware als Marke – Illusion oder Chance? NJW-Sonderheft 100 Jahre Markenverband, 2003, 83 ff.

Ullmann, Eike: Interdependenz von Eintragungsverfahren und Verletzungsverfahren in der Entscheidungspraxis des Bundesgerichtshofs, GRUR 2005, 89 ff.

Ullrich, Hanns: Patente, Wettbewerb und technische Normen: Rechts- und ordnungspolitische Fragestellungen, GRUR 2007, 817 ff.

VDMA (Verband Deutscher Maschinen- und Anlagenbau e.V.) (Hrsg.: Justus Fürstenau): VDMA – 100 Jahre im Dienste des Maschinenbaus, Band 2: Maschinenbau, Politik, Wirtschaft, Frankfurt am Main 1992 (zit.: Bearbeiter, in: VDMA 100 Jahre)

VDMA (Verband Deutscher Maschinen- und Anlagenbau e.V.) (Hrsg.): Europäische Richtlinien und Sicherheitsnormen für Maschinen, 9. Aufl., Frankfurt am Main 2003

VDMA (Verband Deutscher Maschinen- und Anlagenbau e.V.) (Hrsg.): Statistisches Handbuch für den Maschinenbau, Frankfurt am Main 2008

Vieregge, Henrike: Aktuelle Berichte – November 2004, Designschutz für Ersatzteile, GRUR 2004, 924.

Vogel, Martin: Die Geschichte des Urheberrechts im Kaiserreich, GRUR 1987, 873 ff.

Vormbrock, Ulf: Der Schutz der technischen Zeichnung, Mitt. 2003, 12 ff.

Wandtke, Artur: Die Kommerzialisierung der Kunst und die Entwicklung des Urheberrechts im Lichte der Immaterialgüterrechtslehre von Josef Kohler, GRUR 1995, 385 ff.

Wandtke, Artur/Ohst, Claudia: Zur Reform des deutschen Geschmacksmustergesetzes, GRUR Int. 2005, 91 ff.

Wang, Markus: Die schutzfähige Formgebung, Wien 1998

Weiden, Henrike: Aktuelle Berichte – März 2006, GRUR 2006, 212 ff.

Weiß, Andrea: Die Verbandsklagebefugnis nach neuem Recht – wirksames Regulativ oder unüberwindbare Hürde, WRP 1995, 155 ff.

Wendenburg, Albrecht: Marktmacht auf Sekundärmärkten, München 2004

Wiebe, Andreas: Bindung an Unterlassungsverträge nach der Novellierung von § 13 Abs. 2 Nr. 1 und 2 UWG, WRP 1995, 75 ff.

Wiebe, Andreas: Unmittelbare Leistungsübernahme im neuen Wettbewerbsrecht, in: Perspektiven des geistigen Eigentums und Wettbewerbsrechts. hrsg. von Ansgar Ohly/ Theo Bodewig/ Thomas Dreier/ Horst-Peter Götting/ Maximilian Haedicke/ Michael Lehmann, S. 773 ff., München 2005 (zit.: Wiebe, in: FS Schricker)

Würtenberger, Gert: Schutzumfang bei Warenformen, GRUR 2003, 671 ff.

Würtenberger, Gert: Waren als Marken, GRUR 2003, 912 ff.

Schriften zur Praxis des Gewerblichen Rechtsschutzes

Herausgegeben von Gerhard Ring

Band 1 Gerhard Ring (Hrsg.): Freiberger Symposium zum Gewerblichen Rechtsschutz. Tagungsband des 2. Freiberger Seminars zur Praxis des Gewerblichen Rechtsschutzes. 2000.

Band 2 Gerhard Ring (Hrsg.): Freiberger Symposium zum Gewerblichen Rechtsschutz. Tagungsband des 3. Freiberger Seminars zur Praxis des Gewerblichen Rechtsschutzes. 2001.

Band 3 Gerhard Ring (Hrsg.): Freiberger Symposium zum Gewerblichen Rechtsschutz. Tagungsband des 4. und 5. Freiberger Seminars zur Praxis des Gewerblichen Rechtsschutzes. 2003.

Band 4 Gerhard Ring (Hrsg.): Freiberger Symposium zum Gewerblichen Rechtsschutz. Tagungsband des 6. Freiberger Seminars zur Praxis des Gewerblichen Rechtsschutzes. 2005.

Band 5 Gerhard Ring (Hrsg.): Freiberger Symposium zum Gewerblichen Rechtsschutz. Tagungsband des 7. und 8. Freiberger Seminars zur Praxis des Gewerblichen Rechtsschutzes. 2008.

Band 6 Gerhard Ring (Hrsg.): Freiberger Seminare zum Gewerblichen Rechtsschutz. Tagungsband des 9. und 10. Freiberger Seminars zur Praxis des Gewerblichen Rechtsschutzes. 2008.

Band 7 Gerhard Ring (Hrsg.): Freiberger Seminare zum Gewerblichen Rechtsschutz. Tagungsband des 11. und 12. Freiberger Seminars zur Praxis des Gewerblichen Rechtsschutzes. 2008.

Band 8 Heiko J. Beplat: Formenschutz von Maschinen und Anlagen. Schutz des äußeren Erscheinungsbildes von Investitionsgütern im Spannungsverhältnis zwischen Geschmacksmuster-, Marken-, Wettbewerbs- und Urheberrecht. 2008.

Gerhard Ring (Hrsg.)

Freiberger Symposium zum Gewerblichen Rechtsschutz

Tagungsband des 7. und 8. Freiberger Seminars zur Praxis des Gewerblichen Rechtsschutzes

Frankfurt am Main, Berlin, Bern, Bruxelles, New York, Oxford, Wien, 2008.
XIII, 89 S.
Schriften zur Praxis des Gewerblichen Rechtsschutzes.
Herausgegeben von Gerhard Ring. Bd. 5
ISBN 978-3-631-56797-5 · br. € 24.50*

Im Tagungsband werden aktuelle Entwicklungen und Tendenzen in der Judikatur des Bundesgerichtshofs in Patentsachen vorgestellt. So wird aus der Praxis von durch das Bundespatentgericht zu entscheidenden erstinstanzlichen Einspruchsverfahren berichtet. Ferner wird das einstweilige Verfügungsverfahren in Patent- und Gebrauchsmustersachen dargestellt. Im übrigen werden Möglichkeiten und Probleme beim Schutz dreidimensionaler Marken im Kontext mit dem Schutz des äußeren Erscheinungsbildes von Investitionsgütern diskutiert.

Aus dem Inhalt: Aus der Praxis von durch das Patentrecht zu entscheidenden erstinstanzlichen Einspruchsverfahren · Anmerkungen zu neuen Entscheidungen des Bundesgerichtshofs in Patentsachen · Einstweilige Verfügungen in Patent- und Gebrauchsmustersachen · Schutz des äußeren Erscheinungsbildes von Investitionsgütern – Möglichkeiten und Probleme beim Schutz dreidimensionaler Formen

Kolibri 360 GmbH
Ferdinand-Jühlke-Straße 7
99095 Erfurt, Deutschland
produktsicherheit@kolibri360.de

Druck:
CPI Druckdienstleistungen GmbH
im Auftrag der
Kolibri 360 GmbH
Ferdinand-Jühlke-Str. 7
99095 Erfurt